기계요소설계

이호근
은종명
이옥배
김규로
공저

도서출판 명진

preface 머리말

세계 기계 산업의 환경은 재래식 가공 제조방식에서 탈피하여 로봇화, 친환경화, 첨단화 되어 가고 있으며, 신기술의 발달로 로봇을 이용한 무인 자동화 제조 시스템이 도래할 것으로 전망된다. 특히 선진국에서는 공작기계의 친환경설계가 도입되고 있으며, 기계들은 소형화, 자동화되고 인공지능, IT와 결합하면서 첨단화 되어가고 있다.
기계공학 중 기계설계는 기본적이고 가장 핵심적인 분야이다.

기계설계에서 창의력이나 품질이 우수한 제품을 양산하려면 기계를 구성하는 각 요소에 대한 지식이 필요하게 된다. 또한, 이 기계요소를 설계하려면 각 요소들의 재료에 대한 성질과 규격, 용도, 제조기술등을 숙지하여야 한다.

저자는 다년간 교단에서 강의한 경험과 현장 실무에서 체험된 것들을 바탕으로 생산현장의 실무자에게 필요한 기본 지침서로 구성하였다.

1. 본 교재는 1장에서는 설계의 원리, 국제단위계 (SI 단위계) 기계재료의 허용응력, 크리이프등 기계설계에서 필수적으로 이해해야 하는 기초적인 내용을 다루었다.

2. 각종 전문 기술 용어는 교육인적자원부의 규정에 따랐고, 단위 등은 KS와 ISO에서 규격된 것을 사용하였다

3. 단원 말미에 계산문제를 게재하여 설계 공식을 쉽게 이해하고 응용할 수 있게 하여 국가 기술 자격시험 및 공무원 시험에 충분히 대비할 수 있도록 편찬 하는데 최대한 노력을 하였다.

4. 현장 실무에서 활용되는 계산문제을 그림과 함께 자세히 기술 하였습니다.
   단 실무와 관련된 문제들은 복합적이므로 재료역학, 기계재료, 카다로그 등을 반드시 참고 할 것
   [예) 자동차 차축 계산, 베어링수명 계산, 기어 강도 계산등]

이 책을 집필함에 있어서 기계설계학 관점보다는 기계요소설계내용을 함축한 관계로 부족한 점이 많으리라 봅니다.
이 책을 집필하는데 도움을 준 도서출판 명진 출판사 및 사장님께 진심으로 감사드립니다.

저자 일동

contents 목 차

CHAPTER 01 기계설계의 서론-1

CHAPTER 02 나사(SCREW) -27

contents 목 차

contents 목 차

CHAPTER 10 베어링(BEARING)-225

CHAPTER 11 마찰 전동장치(Friction Gearing)-261

CHAPTER 12 벨트 전동장치 -279

CHAPTER 13 체인 전동장치(Chain Driver)-315

CHAPTER 14 기어 전동장치(Gear Driver)-345

contents 목 차

제1장 기계설계의 서론

1 기계설계의 개요

특정된 목적을 가진 기계장치를 만들어 내는데 필요한 모든 조건을 생각하고, 그것에 따라서 실제로 기계를 만들어내는 데 기본이 되는 것이 설계이다.

아무리 복잡한 기계라 할지라도 이것을 분해해보면 반드시 몇 개의 같은 종류의 기계 부품으로 조립되어있는 것을 알 수 있다. 이와 같은 기계부품을 기계요소라고 한다.

2 기계 요소 설계

기계에 사용하는 요소 부품에 대한 설계를 의미합니다. 예를 들어 간단한 자전거라고 하면 전체를 지탱해주는 body(프레임), 동력을 전달해 주는 페달, 페달을 통해 바퀴에 기계에너지를 회전에너지로 변환해주는 스프라킷와 체인 등이 있습니다.

(1) 기계 요소의 종류

여러 가지 기계에 사용되는 부품과 비교적 간단한 기계의 구성 부품을 기계요소라 하며 사용목적에 따라 다음과 같이 분류한다.

① 결합 요소 : 나사, 핀, 코터, 리벳, 용접이음, 접착이음, 키, 볼트, 너트 등
② 축 부속 요소 : 키, 스플라인, 축이음(커플링), 클러치
③ 회전 전달 요소 : 벨트, 로프, 체인, 기어
④ 지지 요소 : 베어링
⑤ 이송 운동 요소 : 이송나사, 유공압 장치
⑥ 에너지 축척 요소 : 압력용기, 플라이 휠
⑦ 밀봉 요소 : 캐스킷, 오일실, 패킹
⑧ 완충 및 제동용 요소 : 스프링, 브레이크

그림 1-1
자전거의 예

3 기계설계에 사용되는 SI 단위

(1) 국제 표준화

국제 표준화로는 1928년 ISA(萬國규격 통일협회; international Federation of the National Standardizing Association)가 설립되어 각국 공통의 통일된 규격이 시도되었고, 1949년에 ISO(국제 표준화 기구; international Organization for Standardization)가 설립되어 각종 규격이 제정되었다. 표 1-1은 각국의 산업규격을 나타낸 것이다.

[표 1-1] 각국의 산업 규격]

국가규격명칭	기 호	명 칭	설정년도
국제표준화기구	ISO	International Standardization Organization	1928
한국산업규격	KS	Korean Industrial Standard	1962
일본공업규격	JIS	Japanese Industrial Standard	1921
미국공업규격	ANSI	American National Standards Institute	1918
영국공업규격	BS	British Standard	1901
독일공업규격	DIN	Deutsche Industrie Normen	1917
스위스공업규격	VSM	Norman des Vereins Scheweirerischer Machinendustieller	1918

(2) SI 단위계

국제단위계(SI)는 프랑스어 Système International d'Unités의 약자로서 국제적으로 공인된 미터단위계의 현대판이다. 표 1-2과 같이 SI 단위계에서 길이는 미터(meter, m), 시간은 초 (second, s), 질량은 킬로그램(kilogram, kg) 단위를 채택하고 있다. 힘의 단위 뉴터(newton, N)은 $F=(m)a$로부터 유도된다. 따라서 1N은 1kg의 질량이 $1\mathrm{m/s^2}$의 가속도를 갖기 위해 필요한 힘($\mathrm{N=kg\cdot m/s^2}$)에 해당된다. 그러므로 그림 1-2와 같이 질량이 1kg인 물체의 무게는 9.8N, 2kg인 물체의 무게는 19.62N, 등으로 된다.

[표 1-2] 단위계

명칭	길이	시간	질량	힘
국제단위계 (SI)	미터(meter) (m)	초(second) (s)	킬로그램(kilogram) (kg)	뉴턴(newton)* (N) $\left(\frac{\mathrm{kg\cdot m}}{\mathrm{s^2}}\right)$

* 유도 단위

[표 1-3] 단위계의 비교

양 / 길이	길이	질량	시간	온도	힘	입력,응력	에너지	일률	점도	동점도
SI	m	kg	s	K	N	Pa	J	W	pa • s	m^2/s
CGS계	cm	g	s	℃	dyn	dyn/cm^2	erg	erg/s	P	St
공학단위계	m	kgf · s^2/m	s	℃	kgf	kgf/m^2	kgf • m	kgf • m/s	kgf • m/s^2	m^2/s

(3) 국제 단위계(SI)

SI(국제단위계)는 International System of Units의 머리글자를 취한 것이다. 국제단위계는 기본 단위로서 길이, 질량, 시간, 전류, 열역학 온도 및 광도의 단위를 채용하였다. SI 단위는 기본단위, 유도단위, 보조 단위 및 조립 단위로 구성된다.

① 기본단위

SI 기본 단위는 독립된 차원을 가지는 것으로 명칭 및 기호는 , 표 1-4와 같다.

[표 1-4] SI 기본단위

기본량	명 칭	기 호
길 이	미 터	m
질 량	킬로그램	kg
시 간	초	s
전 류	암 페 어	A
열역학적 온도	켈 빈	K
물 질 량	몰	mol
광 도	칸 델 라	cd

② 유도단위

관련된 양들을 연결시키는 대수관계에 따라 기본 단위들을 조합시킨 단위이다. 기계공학에 주로 사용되는 특별한 명칭을 갖는 SI 유도 단위에는 힘(N), 압력 또는 응력(Pa), 에너지, 일 및 열량(J), 주파수(Hz) 등이 있다.

③ 보조 단위

SI 보조 단위는 표 1–5와 같이 2개의 기하학적 양으로 무차원양이며, 기본 단위나 조립 단위 어느 쪽에 속한다고 해도 상관없으나 약속에 의하여 보조 단위라고 한다.

[표 1–5] 보조 단위

기 본 량	명 칭	기 호
평 면 각	리 디 안	rad
입 체 각	스테라디안	sr

④ 조립 단위

SI 조립 단위는 기본 단위와 보조 단위를 사용하여 대수적인 관계로 구성된 단위이다. 표 1–6은 고유의 명칭을 가진 조립 단위이다.

[표 1–6] 고유 명칭을 가진 SI 조립 단위

기 본 량	명 칭	기 호	정의
주 파 수	헤 르 츠	Hz	s^{-1}
힘	뉴 턴	N	$kg \cdot m/s^2$
압 력, 응 력	파 스 칼	Pa	N/m^2
에너지, 일, 열량	줄	J	$N \cdot m$
일 률, 전 력	와 트	W	J/s
전기량, 전하량	쿨 롱	C	$A \cdot s$
전 압, 전 위	볼 트	V	W/A
전 기 용 량	패 럿	F	C/V
전 기 저 항	옴	Ω	V/A
전기 전도도	지 멘 스	S	Ω^{-1}
자기선속밀도	웨 버	Wb	$V \cdot s$
자 속 밀 도	테 슬 라	T	Wb/m^2
인 덕 턴 스	헨 리	H	Wb/A
섭 씨 온 도	섭 씨 도	℃	$t℃ = (t+273.15)K$
광 선 속	루 멘	lm	$cd \cdot sr$
조 명 도	럭 스	lx	$1m/m^2$

⑤ 기계 설계에 사용되는 SI 단위

표 1–7은 기계 설계에 사용되는 주요한 조립단위를 나타낸 것이고, 표 1–6은 자주 사용되는 물리량들을 각 단위계 별로 비교한 것이다.

[표 1–7] 기계 설계에 사용되는 주요 조립 단위

기 본 량	SI 단위 (명칭)	SI 단위 기호
면 적	제곱미터	m^2
체 적	세제곱 미터	m^3
속 도	미터 매초	m/s
가 속 도	미터 매 제곱 초	m/s^2
각 속 도	라디안 매 초	rad/s
각 가 속 도	라디안 매 제곱 초	rad/s^2
진동수, 주파수	헤르츠	Hz
회 전 속 도	회매초	s^{-1}
밀 도	킬로그램 매 세제곱미터	kg/m^3
운 동 량	킬로그램 미터 매 초	$kg \cdot m/s$
운동량의 모멘트 각운동량	킬로그램 제곱미터 매 초	$kg \cdot m^2/s$
관 성 모 멘 트	킬로그램 제곱미터	$kg \cdot m^2$
힘	뉴턴	N
힘 의 모 멘 트	뉴턴 미터	$N \cdot m$
압 력	파스칼	Pa
응 력	파스칼(뉴턴 매 제곱미터)	$Pa(N/m^2)$
표 면 장 력	뉴턴 매 미터	N/m
에 너 지, 일	줄	J
일 률, 동 력	와트	W

⑥ SI 접두어

아주 크거나 작은 양을 표시 하기위해 위 단위의 10의 정수승배를 나타내는 16개의 접두어 명칭과 기호를 표1–8에 나타낸다.

양을 표시하는 숫자가 0.1에서 1000사이가 되도록 적절한 SI접두어를 사용하는 것이 편리하다.

[표 1-8] SI 접두어

배수	접두어 명칭	기호	배수	접두어 명칭	기호
10^{24}	요타(yotta)	Y	10^{-1}	데시(deci)	d
10^{21}	제타(Zetta)	Z	10^{-2}	센티(centi)	c
10^{18}	엑사(exa)	E	10^{-3}	밀리(milli)	m
10^{15}	페타(peta)	P	10^{-6}	마이크로(micro)	μ
10^{12}	테라(lera)	T	10^{-9}	나노(nano)	n
10^{9}	기가(giga)	G	10^{-12}	피코(pico)	P
10^{6}	메가(mega)	M	10^{-15}	펨토(femto)	f
10^{3}	킬로(kilo)	k	10^{-18}	아토(atto)	a
10^{2}	헥토(hecto)	h	10^{-21}	젭토(zepto)	z
10^{1}	데카(deka)	da	10^{-24}	욕토(yocto)	y

4 속도와 가속도

(1) 속도(velocity)

속도는 변위의 단위 시간당 변화로 벡터양이다.

$$v = \frac{s}{t}[\mathrm{m} / \mathrm{dec}]$$

(2) 상대 속도와 절대 속도

① 상대속도(relative velocity) : 운동하고 있는 물체를 기준으로 한 다른 운동 물체를 볼때의 속도, 즉 운동하는 관측자가 본 물체의 속도를 관측자에 대한 **상대속도**라고 한다.

② 절대속도(abxolyte velocity) : 대지를 기준으로 하는 운동 물체의 속도

(3) 가속도(acceleration)

가속도는 1초 동안의 속도의 변화이다.

$$a = \frac{v}{t}[m/\sec^2]$$

(4) 응력 및 압력 Pa 파스칼 (N/m^2)

단위면적당 작용하는 힘을 나타내며 힘을 받는면이 유체일때는 압력이고, 힘을 받는면이 고체일때는 응력이라고 한다.

- $KPa = 10^3 Pa$
- $MPa = 10^6 Pa$
- $GPa = 10^9 Pa$

SI 단위에서는 응력의 단위는 Pa또는(N/m^2)의 이느것을 표시해도 좋으나 보통의 경우 응력 및 탄성계수는 각각(MPa) 및(GPa)로 표시하는 것이 바람직하다.

예 종탄성계수 G = 80GPa = $80 \times 10^9 Pa$

예 $10\,MPa = 10 \times 10^6\ N/m^2 = 10 \times 10^6 N/\,(1000mm\,)^2 = 10\,N/mm^2$

$15\,kgf/mm^2 = 15 \times 9.81\,N/\,(\frac{1}{1000}m)^2 = 147.15 \times 10^6\ N/m^2 = 147MPa$

(5) 힘의 단위

기계설계에 있어서는 종래 단위 질량의 물체에 작용하는 중력을 힘의 단위로 하는 중력 단위계 kgf를 사용하였다.

$$\text{힘 (N)} = \text{힘 (N)} = \text{질량(kg)} \times \text{가속도}(\text{m/s}^2)$$

$$\therefore \text{1N (뉴턴)} = 1\text{kg} \times 1\text{m/s}^2 = 1\text{kg} \cdot \text{m/s}^2$$

1kgf는 1kg의 물체가 중력을 받아 아래로 누르는 힘을 의미한다. 따라서 표준 중력 가속도가 $g = 9.80665m/s^2$ 이므로

$1kgf = 9.81N$

$1kN = 10^3N = 102kgf$

$1MN = 10^6N, 1GN = 10^9N$

(6) 일량 Joule

일이란 힘이 작용하여 움직인 거리며 힘과 거리의 곱으로 나타내고 모멘트의 단위와 같다.

- 1 J (줄) = 1 N · m   1KJ = $1Kn \cdot m$
- $1kgf \cdot m = 9.80665\, N \cdot m ≒ 9.81\, J$

(7) 동력

일률은 단위시간에 하는 일의 양으로 정의되며 일률이 일정할 때 큰힘을 내면 속력은 작아지고 속력을 크게 하면 힘이 작아진다.

- $1Ps = 75Kg_f \cdot m/s = 75 \times 9.81 ≒ 735.5\, W = 0.735Kw$
- 1W = 1J/S = $1N \cdot m/s$
- $ps = \dfrac{P(Kg_f) \times V(m/s)}{75} = \dfrac{P(N) \times V(m/s)}{735}$

① 동력을 힘 X 속도 표현

와트(W)의 정의로부터 다음식을 얻을 수 있다.

$$H_{kW} = \frac{P(N) \cdot v\,(m/s)}{1000} = \frac{9.81 \times P\,(kgf) \cdot v(m/s)}{1000}$$

$$≒ \frac{P\,(kgf) \cdot v\,(m/s)}{102}$$

② 동력을 토크 X 각속도 표현

속도는 $v = w \times r$로 표시되므로 다음의 관계가 성립된다.

속도 $v = w \times r \ (m/s)$

$P \cdot v = P \cdot (rw) = T \cdot w$

$$H_{kW} = \frac{T(N \cdot m) \cdot w(rad/s)}{1000} = \frac{T(N \cdot m) \cdot \frac{2\pi n(rpm)}{60}}{1000}$$
$$= \frac{T(N \cdot m) \cdot N(rpm)}{9550}$$

(8) 회전력

- $T = 716200 \times \frac{ps}{n}\ [Kg_f \cdot mm] = 7020 \times 10^3 \times \frac{ps}{n}\ [N \cdot mm]$
- $T = 974000 \times \frac{kw}{n}\ [Kg_f \cdot mm] = 9550 \times 10^3 \times \frac{kW}{n}\ [n \cdot mm]$

> **참고** $T = 716.2 \times 9.8 \times \frac{ps}{n}\ [Kn \cdot m]$
>
> $T = 974 \times 9.8 \times \frac{Kw}{n}\ [Kn \cdot m]$

5 하중(load)

기계나 구조물을 구성하고 있는 각 부분의 재료는 외부에서 작용하는 힘을 받고 있는데, 이와 같은 힘을 **하중**(load)이라 한다.

기계의 각 구성 요소는 이와 같은 하중에 충분히 견딜 수 있는 강도를 가지고 있어야 하며, 결코 파손되어서는 안 된다.

하중을 분포상태에 따라 분류하면 집중하중과 분포하중으로 구분되고 시간의 경과에 대하여 하중의 크기가 일정한 정하중(static load)과 시간에 따라 하중의 크기가 변하는 동하중(dynamic load)으로 구분되며 다음과 같다.

- 하중
  - 정하중
  - 동하중
    - 충격하중(impulsive load)
    - 반복하중(repeated load)
    - 변동하중(varying load)
    - 이동하중(moving load)

(1) 하중의 작용상태(방향)에 따른 종류

① 인장 하중(tensile load) : 재료의 축 방향으로 늘어나게 하려는 하중

② 압축 하중(compressive load) : 재료를 누르는 하중

③ 전단 하중(shearing load) : 재료를 가위로 자르려는 것과 같이 작용하는 하중

④ 휨 하중(bending load) : 재료를 구부려 휘어지도록 작용하는 하중

⑤ 비틀림 하중(torsional &twisting load) : 재료가 비틀어지도록 작용하는 하중

그림 1-2
하중의 종류

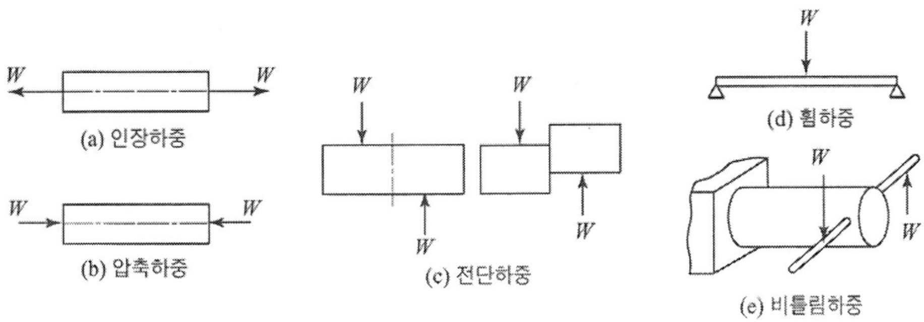

(2) 하중의 시간적인 작용에 따른 종류

하중을 2분포 상태에서 분류하면 집중하중과 분포하중으로 나누어지고 작용하는 시간상태에서 분류하면 다음과 같이 나누어진다.

① 정 하중 : 시간과 더불어 크기와 방향이 변화하지 않거나 또는 변화하더라도 무시할 수 있을 정도로 아주 작은 하중

예 선반 · 탁자 위에 물건(물체)이 놓여져 있는 경우
고장난 괘종시계의 추

② 동하중 : 하중의 크기와 방향이 시간에 따라 변화하는 하중으로 다음과 같이 분류한다.

- 교번하중 : 크기뿐만 아니라 방향도 변하는 하중
- 반복하중 : 내연기관의 크랭크축 등은 회전함에 따라 연속적으로 크기가 다른

힘이 반복해서 작용하는 하중

- **충격하중** : 극히 짧은 시간안에 격렬히 작용하는 하중
- **이동하중** : 물체 위를 이동하며 작용하는 하중
- **변동하중** : 시간고 더불어 불규칙하게 변동하며 작용하는 하중
- **우력(모멘트)** : 비틀림이나 굽힘을 부여하는하중

예 그네를 타고 있는 사람
다리,도로위를 다니는 자동차
파도가 치는 방파제
물체가 충돌할때나 떨어져서 생기는 충격
고층빌딩에 부는 바람
회전하는 물체의 진동

6 응력 (Stress)

물체에 외력이 가해지면 변형이 일어나는 동시에 저항력이 생겨 외력과 평행을 이룬다.

이 저항력을 **내력**이라 하며, 단위면적당의 내력의 크기를 보통 **응력**이라 한다.

$$\text{응력 } \sigma = \frac{\text{하중, 힘 } (W, P)}{\text{단면적}(A)} \quad \text{Pa } (N/m^2 \text{ or } N/mm^2)$$

(1) 응력의 종류

- 응력
  - 수직응력
    - 인장응력(σ_t)
    - 압축응력(σ_c)
  - 접선응력
    - 전단응력(τ)

응력의 종류는 인장응력(수직응력) 압축응력, 전단응력등이 있다.

① 수직응력(축응력) (σ=sigma 시그마)

물체의 양단에 인장력이 작용하면 이 하중방향에 대하여 직각인 단면에 수직응력이 발생하게 되는데 이를 **인장응력**이라 한다. 양단에 걸리는 인장력을 $OP.(N)$하중에 직각이 임의 단면적을 $A(m^2)$이라하면 인장응력은 다음과 같다.

$\sigma_t = \dfrac{P}{A}$(인장응력) [Pa or KPa]

$\sigma_c = -\dfrac{P}{A}$ (압축응력) [Pa or KPa]

A (단면적) : $\dfrac{\pi d^2}{4}$ → 원 일때

A (단면적) : bh → 직사각형 일 때

그림 1-3
수직응력

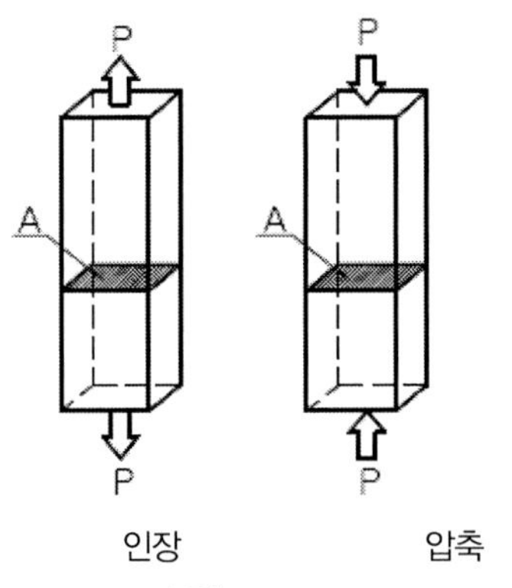

② 전단응력(τ = Tau 타우)

가위로 물체를 자르거나 전단기로 철판을 절단할때와 같이 재료에 전단하중을 작용시켰을 때 생기는 응력을 전단응력이라 한다. 하중 $OP.(N)$을 받는 물체의 단위적을 $A(m^2)$이라 하면 전단응력 r은 다음과 같다.

$\tau = \dfrac{P}{A}$ (Pa or KPa)

그림 1-4
전단응력

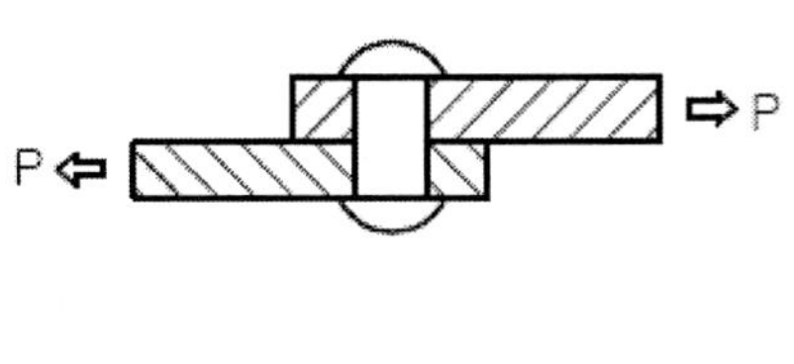

③ 굽힘응력

$M = \sigma Z$

Z (단면계수)

정사각형 : $Z = \dfrac{bh^2}{6}$　　정사각형 : $Z = \dfrac{a^3}{6}$

원 : $Z = \dfrac{\pi d^3}{32}$

그림 1-5
굽힘응력

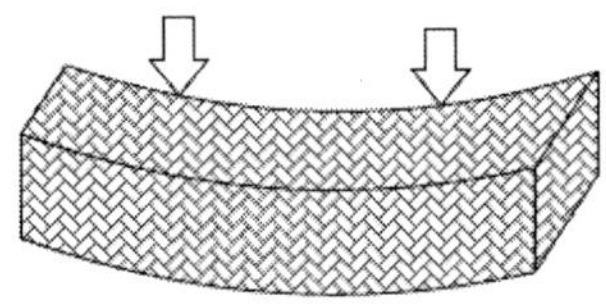

7 변형율(strain)

환봉에 인장하중을 가하면 환봉은 늘어난다. 하중과 변형량과의 관계를 선도로 나타낸 것은 하중의 **변형량선도**라하고, 이때 단위길이당의 변형량을 변형률이라한다. 단위길이당의 변형량(변형량과 원래의 치수와의 비)

(1) 세로(인장) 변형율

세로변형률 $\epsilon = \dfrac{\delta}{L} = \dfrac{L^{'} - L}{L}$ (인장의 경우)

여기서 ϵ = Epsilon 입실론
δ = Delta 델타

(2) 가로 변형률

가로변형률 $\epsilon^{'} = \dfrac{\lambda}{d} = \dfrac{d^{'} - d}{d}$ (인장의 경우)

여기서 δ : 길이 변형량 ($L^{'} - L$)

L : 원래의 길이

L' : 변형후의 길이

λ : 지름의 변화량 ($d^{'} - d$)

d : 원래의 지름

$d^{'}$: 변형후의 지름

λ : Lambda(람다)

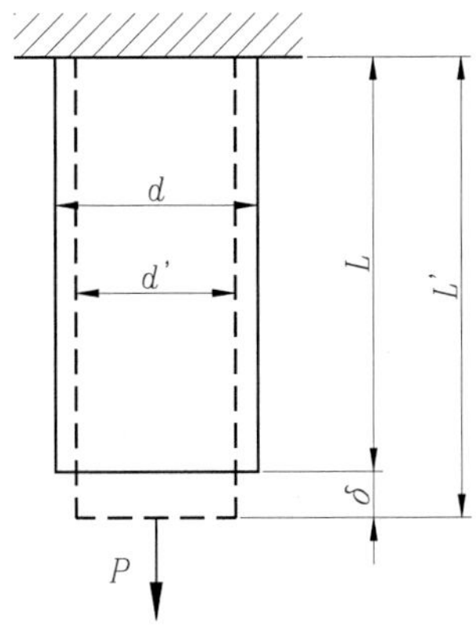

그림 1-6
변형률

8 후크의 법칙과 탄성계수

물체에 하중을 가하면 하중이 어느 한도에 이르기까지는 하중과 변형은 서로 정비례한다는 법칙. 즉 $\sigma \propto \epsilon$

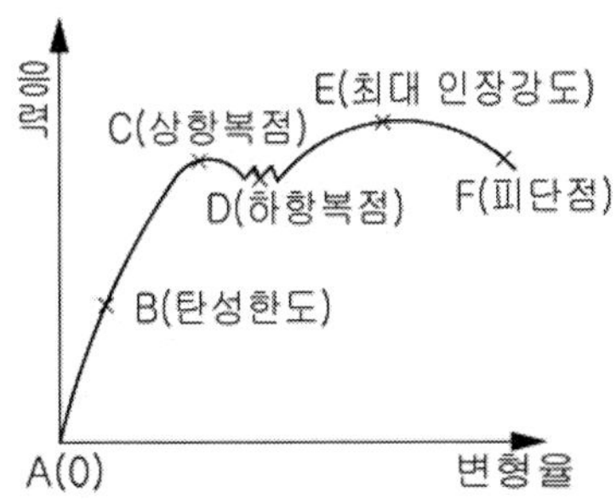

그림 1-7
응력과 변형률 선도

AB : 비례한도 (후크의 법칙 성립)

BC : 탄성한도

C : 상항복점

D : 하항복점

E : 최대 인장강도 (극한강도)

F : 파괴점

(1) 세로탄성계수, 종탄성계수(영률)

$$\text{정수}\ E = \frac{\text{응력}(\sigma)}{\text{변형률}(\epsilon)} = \frac{\frac{P}{A}}{\frac{\delta}{\ell}} = \frac{P\ell}{A\delta} \qquad \delta = \frac{P\ell}{AE}$$

즉 인장력과 재료의 길이에 비례하고 단면적과 탄성계수에 반비례한다.

9 응력집중(stress concentration)

기계의 구성 부품에 구멍, 홈, 단, 노치, 모서리 등과 같은 곳에는 하중이 가해질때 그 단면에는 응력 분포 상태가 불규칙하고, 부분적으로 큰 응력이 집중하게 되는데 이러한 현상을 응력집중이라 한다.

그림 1-8
재료의 표면이나 내부에 존재하는 결함부에 의해 생기는 응력 집중현상

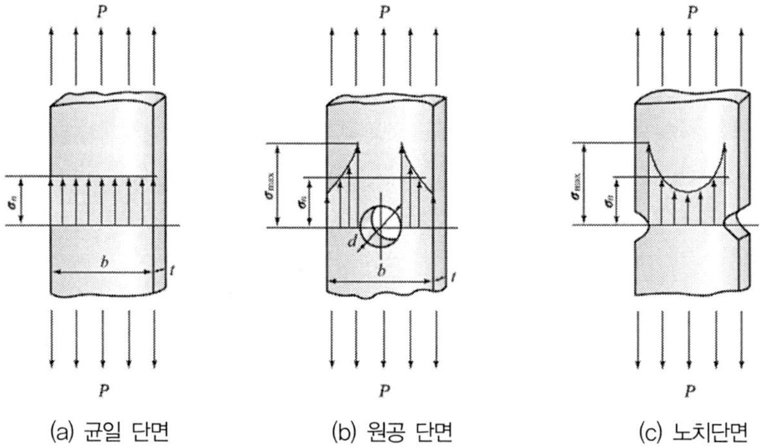

$$\alpha\ (\text{응력집중계수 or 형상계수}) = \frac{\text{최대응력}}{\text{공칭응력}}$$

(1) 실생활에서 응력집중효과를 이용하는 사례들

캔 뚜껑, 커터칼날, 스카치 테이프, 우표, 쌍쌍바, 과일 등

① **쌍쌍바** : 친구와 나눠먹기 위해 막대기를 잡고 양쪽으로 힘을 가하면 두터운 양쪽 부분에 비해 얇은 가운데 부분에 응력이 집중되어 가운데 부분부터 갈라지기 시작한다.

② **과일** : 사과, 감, 배, 등 이런 과일들은 꼭지 부분에 응력집중을 받아서 꼭지가 끊어져 떨어진다. 그래서 꼭지 부분을 가위로 자르거나 하면 쉽게 과일을 딸수가 있는 것이다.

> **참고** • **공칭응력** : 노치 현상을 고려 하지 않은 응력
> • **노치**(notch) : 기계 및 구조물에서 구조상 부득이 홈, 구멍, 나사, 돌기, 자국 등 단면의 치수와 형상이 급격히 변화하는 부분

10 안전계수 (safety factor) 또는 안전율

설계에서는 허용응력의 값은 재료시험에 의하여 얻어진 재료의 기준강도를 기준으로 하여 앞에서 논술한 여러 가지 조건을 감안해서 결정한다. 이 때 사용되는 기준강도로서 정하중에 크리이프 한도를 기준강도로 잡는 수가 많다.

이와 같이 하중의 종류 등의 사용 조건에 따라 결정되는 기초강도 σ_s와 허용응력 σ_a와의 비S_f를 **안전율**(safety factor)이라고 한다. 즉

$$\text{안전율} = \frac{\text{재료의 기준강도}(\sigma_u)}{\text{허용응력}(\sigma_a)} = \frac{\text{인장강도}}{\text{허용응력}} = \frac{\text{항복강도}(\sigma_y)}{\text{허용응력}(\sigma_a)}$$

여기서 인장강도σ_u(취성재료) 항복강도σ_y(연성재료)

모든 기계는 탄성한도 이내의 응력으로 설계되어져야 하며 이 응력을 **허용응력**(σ_a) 이라 한다.
안전계수를 가능한 작게 선정한 것이 최적설계에 해당

(1) 기준강도의 선정

① 정하중이 작용하는 연강과 같은 연성재료는 항복점을 기준강도
② 정하중이 작용하는 주철과 같은 취성재료는 극한강도를 기준강도
③ 반복하중이 작용하면 피로한도를 기준강도
④ 고온에서 정하중이 작용할 때에는 크리프 한도를 기준강도

11 크리프(creep)

기계를 구성하고 있는 재료가 어느 고온 밑에서 일정하중을 받으면서 장기간에 걸쳐 방치해 놓으면, 재료 내의 응력은 일정함에도 불구하고 그 변형률 시간의 경과와 더불어 증대하여 간다. 이 현상을 크리이프라 하고, 크리이프에 의한 변형률을 **크리이프 변형률**(creep strain)이라고 한다.

12 피로

기계와 구조물의 각 요소에는 반복하중을 받는 곳이 있으며 이들 요소에 반복하중의 횟수가 많으면 극한강도보다 아주 작은 값에서도 파괴가 시작된다. 이와 같은 현상은 반복하중이 작용하는 요소의 재료에 피로가 발생하였기 때문이며, 이와 같이 재료에 피로가 일어나 파괴되는 현상을 피로파괴(fatigue fracture)라 한다. 반복하중을 받으면 재료의 어느점에서나 미세한 균열(crack)이 발생하고 이 균열이 서서히 전파되어 증대되면, 균열이 일어나지 않는 부분에서는 하중을 견딜 수 없게 되어 갑자기 파괴된다. 이와 같이 파괴된 재료의 파단면을 보면 균열이 점진적으로 일어난 부분과 급격하게 진행되어 파단된 부분을 뚜렷이 구별할 수 있다. 이와 같은 피로파괴에서 연성이 강한 재료도 주철과 같은 취성 재료가 파괴되는 성질과 같

이 거의 변형하지 않고 파단되는 특성이 있다.

13 피로한도(S-N곡선)

시험편에 적당한 응력진폭 $\sigma_v = S$(양진의 경우)의 반복응력을 작용시켜서 피로 파괴할 때까지의 반복수 N을 구하고, 세로축에 응력진폭 S의 값, 가로축에 N의 값을 취하여 변형치를 보통눈금의 그래프용지에 그리면 **그림1-8**에서 보는 바와 같은 완만한 곡선이 얻어진다. 그러나 대수그래프용지를 사용하여 세로축에 $\log_{10} N$을 취하면 **그림 1-10**에 보는바와 같은 절선이 있는 곡선이 얻어진다.

시험편에 적당한 응력진폭 $\sigma_v = S$(양진의 경우)의 반복응력을 작용시켜서 피로 파괴할 때까지의 반복수 N을 구하고, 세로축에 응력진폭 S의 값, 가로축에 N의 값을 취하여 변형치를 보통눈금의 그래프용지에 그리면 **그림1-8**에서 보는 바와 같은 완만한 곡선이 얻어진다. 그러나 대수그래프용지를 사용하여 세로축에 $\log_{10} N$을 취하면 **그림 1-10**에 보는바와 같은 절선이 있는 곡선이 얻어진다.

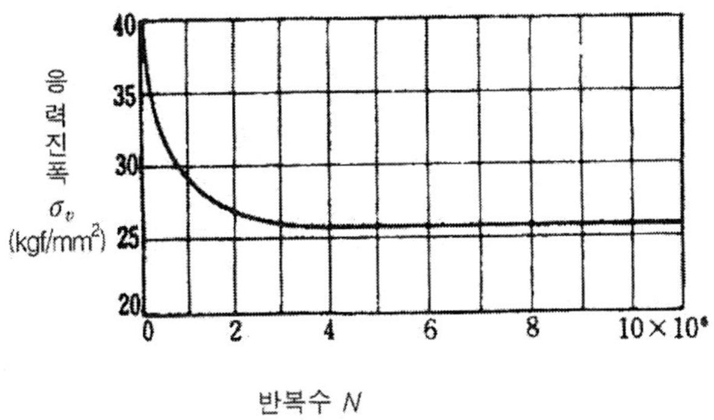

그림 1-9
S-N 곡선(보통눈금)

이와 같이 S와 N과의 관계를 표시하는 곡선을 ***S*－*N*곡선** 또는 **욀러**(Wohler)**곡선**이라 하고, $S-N$곡선의 수평부의 응력은 무한반복을 가하더라도 재료가 파괴되지 않는 최대응력이다. 이 응력이 **피로한도**(fatigue limit)가 되는 것이다. 이 피로한도 이하에 있어서는 반복회수가 여하히 많더라도 파괴되지 않는다.

그림 1-10
S-N 곡선(대수눈금)

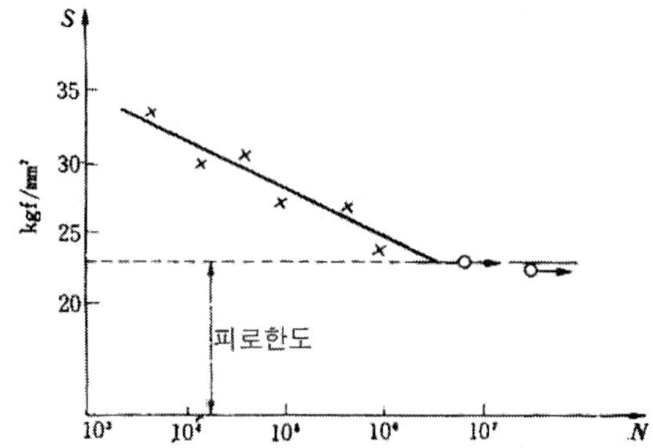

강에서는 경사직선은 10^6회에서 10^7회 사이에서 굽혀져서 수평직선으로 옮겨간다. 비철금속에서는 10^7이하에서도 수평직선으로 되지 않고 강과 같이 뚜렷한 피로한도가 없다. 즉 **그림 1-11**에서 연강에서는 절선이 뚜렷이 나타나고 있으나, 듀랄루민에서는 전체가 완만한 곡선으로 뚜렷한 절선이 없어 명확한 피로한도를 볼 수 없다.

그림 1-11
S-N선도로 표시된 피로파괴가 생기는 한계조건

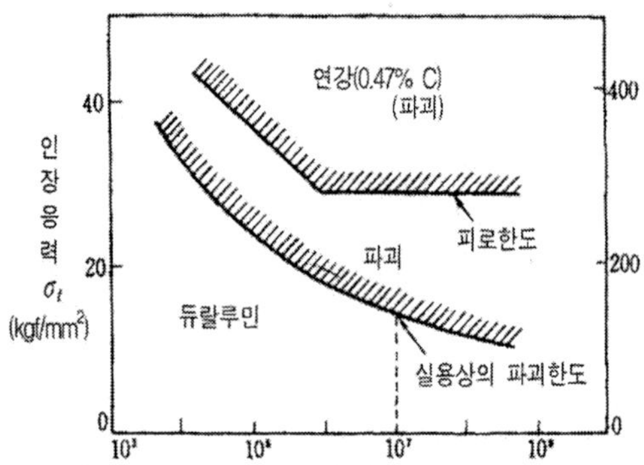

그림 1-12
S-N 곡선

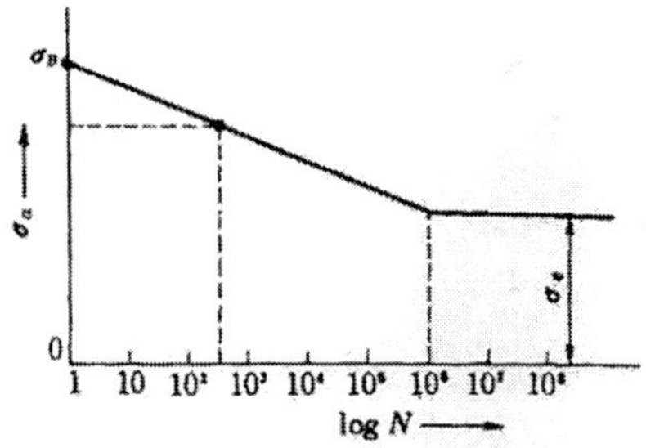

계 산 문 제

01 정사각형의 봉에 10kN의 인장하중이 작용할 때 이 사각봉 단면의 한 변 길이는?
(단, 하중은 축방향으로 작용하며 이 때 발생한 인장 응력은 100 N/cm²이다.)

SOL $\sigma=\dfrac{P}{A}=\dfrac{P}{a^2}=\dfrac{10}{a^2}=0.1\,(\text{kN/cm}^2)$

$a=\sqrt{\dfrac{10}{0.1}}=10\text{ cm}$

02 재료의 기준강도(인장강도)가 400N/mm^2이고, 허용응력이 100N/mm^2일 때 안전율은?

SOL $S=\dfrac{\text{기준강도}}{\text{허용응력}}=\dfrac{400}{100}=4$

03 지름 14mm의 연강봉에 8000N의 인장하중이 작용할 때 발생하는 응력은 약 몇 N/mm² 인가?

SOL $\sigma=\dfrac{P}{A}=\dfrac{8000}{\dfrac{\pi}{4}\times 14^2}\fallingdotseq 52\ N/mm^2$

04 지름 20mm, 길이 500mm인 탄소강재에 인장하중이 작용하여 길이가 502mm가 되었다면 변형률은?

SOL $\epsilon=\dfrac{\ell'-\ell}{\ell}=\dfrac{502-500}{500}=\dfrac{2}{500}=0.004$

05 단면적이 600mm^{2}인 봉에 600N의 추를 달았더니 이 봉에 생긴 인장응력이 재료의 허용인장응력에 도달하였다. 이 봉재의 극한강도가 5MPa이면 안전율은 얼마인가?

SOL 허용응력(σ_a)

$$\sigma_a = \frac{600}{600} = 1N/mm^2 \qquad \text{안전율 } S = \frac{\text{극한강도}(\delta_u)}{\text{허용응력}(\delta_a)} = \frac{5}{1} = 5$$

$$5\text{MPa} = 5\times 10^6\ Pa = 5N/mm^2$$

06 길이가 300mm인 봉이 인장력을 받아 1.5mm 늘어났을 때 길이 방향 변형률은?

SOL $\epsilon = \dfrac{\lambda}{\ell} = \dfrac{1.5}{300} = 5\times 10^{-3}$

07 단면 50mm x 50mm 이고, 길이 100mm의 탄소강재가 있다. 여기에 10 kN의 인장력을 길이 방향으로 주었을 때, 0.4 mm가 늘어 났다. 이 때 변형률은 얼마인가?

SOL $\epsilon = \dfrac{\delta}{\ell} = \dfrac{\ell' - \ell}{\ell} = \dfrac{0.4}{100} = 0.004$

08 단면적이 $2cm^2$, 길이가 $6m$의 강선에 인장하중 2000N을 작용시키면 얼마만큼 늘어나는가?(단, 세로탄성률 $E = 2.1\times 10^{-6}\ N/cm^2$이다)

SOL $\sigma = E\cdot\epsilon$

$$\lambda = \frac{W\times l}{A\times E} = \frac{2000\times 600}{2\times 2.1\times 10^6} = 0.2857\,cm$$

09 지름이 5cm인 봉에 800N의 인장력이 작용할 때 응력(MPa)은 약 얼마인가?

SOL 인장하중 $W = \dfrac{\pi d^2}{4}\sigma_t$ 에서

$$\text{인장응력 } \sigma_t = \frac{4W}{\pi d^2}$$

$$= \frac{4\times 800}{\pi\times 5^2} = 40.74\ MPa$$

기출 및 예상문제

01 연강의 응력-변형률 선도에서 후크의 법칙(Hook's law)이 성립하는 구간으로 알맞은 것은?

㉮ 항복점　　　　㉯ 극한강도
㉰ 비례한도　　　㉱ 소성변형

답 ㉰

02 안전율에 대한 설명으로 틀린 것은?

㉮ 안전율은 항상 1보다 큰 값을 갖는다.
㉯ 재료의 허용응력에 대한 기준강도는 비이다.
㉰ 재료의 허용응력이 기준강도보다 반드시 커야한다.
㉱ 충격하중은 정하중보다 안전율을 크게 한다.

답 ㉰

03 질량 1kg의 물체가 1m/s^{2}의 가속도로 움직일 수 있도록 가하는 힘은?

㉮ 1 [N]　　　　㉯ 1 [dyne]
㉰ 1 [kgf]　　　㉱ 1 [kg]

답 ㉰

04 동력의 단위에서 1 PS는 약 몇 [Kw] 인가?

㉮ 0.735　　　　㉯ 0.875
㉰ 1.25　　　　㉱ 1.36

SOL $1Ps = 75Kg_f \cdot m/s = 75 \times 9.81 \fallingdotseq 735.5\,W = 0.735Kw$

답 ㉮

05 반복하중을 받는 스프링에서는 그 반복속도가 스프링의 고유진동수에 가까워지면 심한 진동을 일으켜 스프링의 파손 원인이 된다. 이 현상을 무엇이라 하는가?

㉮ 캐비테이션 ㉯ 박리현상
㉰ 환상 균열 ㉱ 서징

SOL 서징 : 밸브 스프링의 고유진동수와 스프링에 가해지는 외력의 주기와 일치하게 되면 나타나는 공진 현상을 말하며, 밸브서징 현상이 나타나게 되면 밸브 개폐가 불규칙하게 된다.

(1) 밸브 서징 방지법

① 밸브 스프링의 고유진동수를 높인다.
② 코일은 부동피치로 하며, 피치가 적은 쪽을 밸브 헤드의 반대쪽에 둔다.
③ 피치가 서로 다른 2중 스프링을 사용한다.
④ 원추형 스프링을 사용한다.

답 ㉱

06 SI 단위와 기호로 잘못 짝지어진 것은?

㉮ 주파수 – 헤르츠(Hz) ㉯ 에너지 – 줄(J)
㉰ 전기량, 전하 – 와트(W) ㉱ 전기저항 – 옴(Ω)

SOL 전기량, 전하 : 쿨롱 (C)

답 ㉰

07 재료에 높은 온도로 큰 하중을 일정하게 작용시키면 응력이 일정해도 시간의 경과에 따라 변형률이 증가하는 현상은?

㉮ 크리프현상 ㉯ 시효현상
㉰ 응력집중현상 ㉱ 피로파손현상

답 ㉮

08 『비례한도 이내에서 응력과 변형률은 비례한다.』라는 법칙을 무엇이라 하는가?

㉮ 오일러의 법칙 ㉯ 프아송의 법칙
㉰ 아베의 법칙 ㉱ 후크의 법칙

SOL 세로탄성계수 $E = \dfrac{응력(\sigma)}{세로변형률(\epsilon)}$

답 ㉱

09 **하중을 작용방향과 작용시간 등에 따라 분류할 때, 작용방향에 따른 분류에 속하지 않는 것은?**

㉮ 압축하중　　㉯ 충격하중

㉰ 인장하중　　㉱ 전단하중

답 ㉯

10 **다음 중 안전율을 구하는 식으로 맞는 것은?** (단, 안전율 S, 항복응력 σ_u, 허용응력 σ_a)

㉮ $S=\sigma_u \times \sigma_a$　　㉯ $S=\dfrac{\sigma_u}{\sigma_a}$

㉰ $S=\dfrac{\sigma_a}{\sigma_u}$　　㉱ $S=\sigma_u - \sigma_a$

답 ㉯

11 **응력과 변형률에 관한 설명중 올바른 것은?**

㉮ 탄성한계 내에서 변형률과 응력은 반비례 한다.

㉯ 포와송 비는 세로변형률과 가로변형률의 곱으로 나타낸다.

㉰ 응력은 단위 부피당 내력의 크기를 말한다.

㉱ 변형률은 응력이 작용하여 발생한 변형량과 변형전 상태의 비를 말한다.

SOL 포와송의 비 $\mu = \dfrac{\text{가로변형률}(\epsilon')}{\text{세로변형률}(\epsilon)}$

응력 $\sigma = \dfrac{\text{내력}\,(P)}{\text{단면적}\,(A)}$

답 ㉱

12 **재료가 일정온도에서 일정 하중을 장시간 동안 받은 경우 서서히 변화되는 현상과 가장 관계가 깊은 것은?**

㉮ 노치　　㉯ 크리프

㉰ 피닝　　㉱ 피로

SOL • 노치 : 단면적이나 형상이 급변하는 부위를 노치(Notch)라 한다. 이와 같은 노치의 밑(최소 단면적을 가지는 곳)에는 노치를 생각하지 않고 계산한 값(공칭응력)보다 큰 응력이 작용된다.

• 피닝(Peening) : 용접부를 각 층마다 끝이 둥근 해머로 연속적으로 두드려 표면층에 소

성 변형을 부여하는 조작. 피닝은 용접부의 잔류 응력이나 변형을 완화하는 효과가 있기 때문에 응력 제거를 요하지 않는 정도의 간단한 용접 보수의 경우, 잔류 응력이나 변형의 감소를 꾀하는 방법으로서 사용되기도 한다.

답 ㉯

13 사용응력과 허용응력에 관한 설명중 틀린 것은?

㉮ 허용응력은 재료의 안정성을 고려하여 안전할 것이라고 허용 되는 최대의 응력

㉯ 허용응력은 사용재료와 그치수결정의 기초가 된다.

㉰ 사용응력은 기계나 구조물을 사용할 때 실제로 부분에 생기는 응력을 말한다.

㉱ 사용응력은 당연히 허용응력보다 크다

SOL 응력의 크기: 극한강도 〉 허용응력 ≥ 사용응력

답 ㉱

제2장 나사(SCREW)

1 나사의 개요

우리 주변에 있는 많은 물건과 구조물들은 나사의 도움으로 결합되거나 지탱되고 있다. 나사는 물체와 물체를 쉽게 결합하기 위해 사용되거나, 기름을 짤 때 쓰는 압착기나 공장에서 사용하는 기계에 큰 힘을 전달하기 위해 사용되기도 한다. 만약 어느 날 나사가 사라진다면 어떤 일이 벌어질까? 집안에 있는 가구나 전기제품이 모조리 분해되어 후루룩 떨어지고 달리던 자동차도 부품 별로 해체되어 여기 저기 흩어져 버릴 것이다.

(1) 나사의 원리와 모양

기계부품의 결합에는 영구적인 것(리벳, 용접, 접착 등)과 조립과 분해를 필요로 하는 것(볼트, 너트, 키 등)이 있다. 이 가운데 나사는 기계에서 뺄 수 없는 중요한 기계요소의 하나로서, 모든 산업부분에 사용되고 있다. 이들 나사는 규격에 의해 표준화되어 같은 지름, 같은 피치의 것이면 어느 시장품이라도 호환성(互換性)이 있다
원통이나 원투의 표면 또는 내면에 코일 모양의 단면의 돌기부분을 만들면, 그것은 **나사산**(thread ridge)이 되며, 나사산을 가진 원통이나 원추를 **나사**(screw thread)라고 한다(그림 2-1).

그림 2-1
나사의 원리

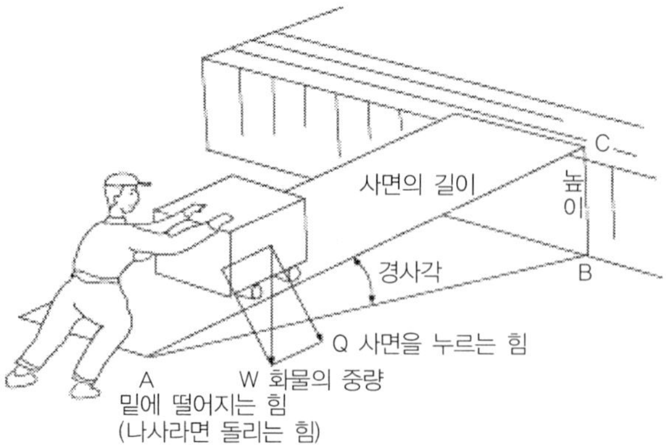

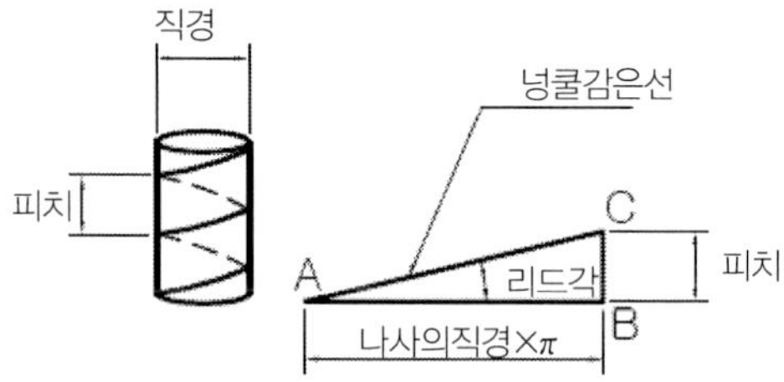

나사의 축선에 따라 서로 이웃한 나사의 산 또는 골 사이의 대응점까지의 거리를 피치(pitch), 수나사(external thread)의 산까지 접하는 원통의 지름을 바깥 지름, 암나사(internal thread)의 골에 접하는 원통의 지름을 수나사의 골지름, 나사의 홈 너비가 나사산의 너비와 같은 원통의 지름을 **유효 지름**이라 한다.

또, 암나사의 골에 접하는 원통의 지름을 **암나사의 골지름**, 암나사의 산에 접하는 원통의 지름을 **안지름**이라 한다.

나사곡선이 원통을 한 바퀴 돌아서 축방향으로 나아간 거리(l)를 **리드**(lead)라 한다

직사각형의 종이를 **그림2-2**와 같이 원통을 따라 감으면 나사곡선(helix)이 생긴다. 여기에 여러 가지 모양의 산들을 만들면 그와 같은 모양의 나사가 생긴다.

나사곡선이 생기는 방향에 따라 오른나사(right hand thread)와 왼나사(left hand thread)로 구별한다. 즉, 나사를 오른쪽으로 돌려 전진시키는 나사를 **오른나사**, 왼쪽에서 돌려 전진시키는 나사를 **왼나사**라 부르기도 하는데, 보통 오른나사를 사용한다.

그림 2-2
나사산

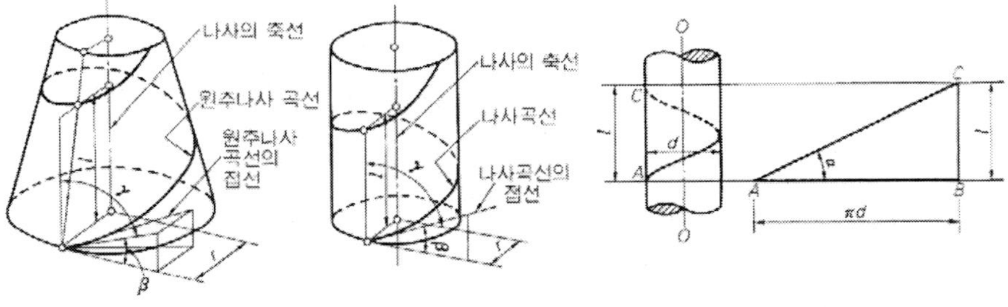

(a) 원추나사 (b) 평행나사 (c) 나사곡선

그리고 1개의 리드 속에 몇 개의 피치가 들어 있는가에 따라 한 줄 나사, 두 줄 나사, …, 많은 줄(多重) 나사라 한다(그림 2-3).

그림 2-3
나사곡선의 작도

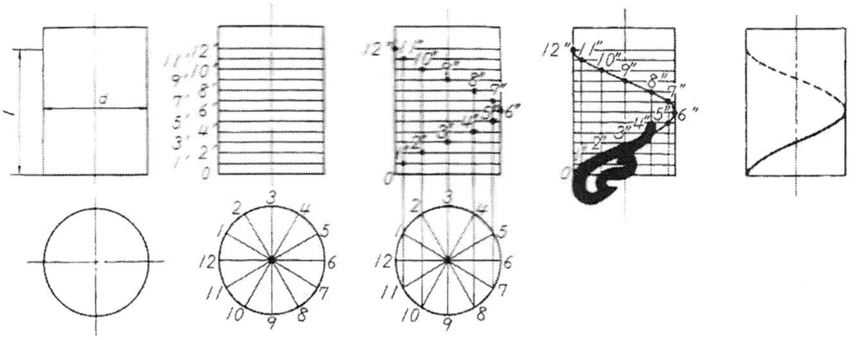

(a) (b) (c) (d) (e)

그림 2-4
나사의 줄수

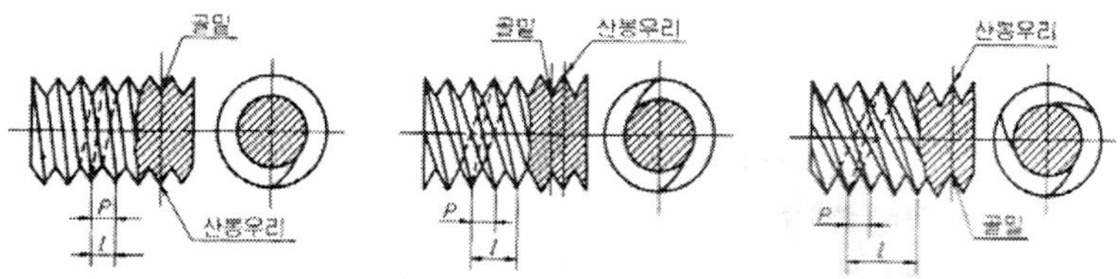

(a) 1줄 나사 (b) 2줄 나사 (c) 3줄 나사

나사는 모양, 재료, 가공법, 사용목적 등에 따라 여러 가지 명칭이 있으나, 여기에서는 대표적인 것만을 설명한다.

(2) 나사 각부의 명칭

나사는 나사산, 나사봉우리, 나사골 및 나사면 등으로 이루어진다. 나사면은 플랭크(flank)라고도 하며, 나사의 봉우리와 나사골을 연결하는 나사산의 경사면을 말한다. 플랭크각(flank angle)은 플랭크가 축 중심선에 직각인 단면과 이루는 각을 말하며, 일반적으로 플랭크각은 나사산각의 1/2이 된다. 또한 피치(pitch)는 나사의 축선을 포함하는 단면에서 서로 이웃한 나사산에 대응하는 2점 사이의 축 방향 거리를 말한다.

그림 2-5
나사 각부의 명칭

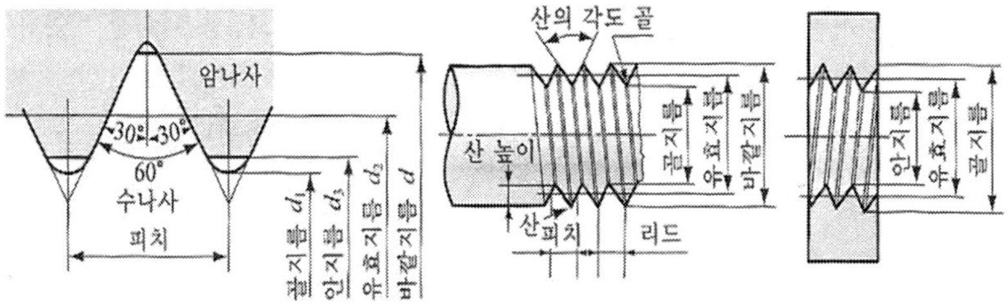

나사 각부에 대한 명칭은 **그림 2-5**에 나타낸 것과 같이 되고, 다음과 같이 설명된다.

① 바깥지름(d) : 수나사의 축에 직각으로 측정한 최대지름을 말하고, 미터나사의 크기는 수나사의 바깥지름으로 표시하며, 이것을 공칭지름이라고도 한다.

② 골지름(d_1) : 수나사에 있어서는 최소지름이 되고, 암나사에서는 최대지름을 말한다.

③ 안지름(d_3) : 암나사의 최소지름을 말한다.

④ 유효지름(d_2) : 바깥지름과 골지름의 평균지름$(d+d_1)/2$를 말한다.

⑤ 나사산각(α) : 나사산이 서로 인접한 2개의 플랭크가 만드는 각을 말한다.

⑥ 플랭크각($\alpha/2$) : 플랭크와 축 중심선과 직각인 단면과 이루는 각을 말하며, 나사산의 반각이 된다.

(3) 나사의 규격화

나사는 일반적으로 가장 많이 사용되는 기계요소로서 호환성이 요구되므로 여러 나라에서 나사의 모양, 지름, 피치 등에 관한 사항을 표준 규격화하고 있으며, 한국산업규격(KS)중 중요한 나사의 KS 규격은 다음 표와 같다.

[표 2-1] 나사의 KS 규격

규격 번호	규격명	규격 번호	규격명
KS B 0003	나사 제도	KS B 1005	나비 볼트
KS B 0201	미터 보통 나사	KS B 1012	육각 너트
KS B 0203	유니파이 보통 나사	KS B 1013	사각 너트
KS B 0204	미터 가는 나사	KS B 1014	나비 너트
KS B 0208	유니파이 가는 나사	KS B 1020	홈붙이 나사못
KS B 0221	관용 평행 나사	KS B 1021	홈붙이 작은 나사
KS B 0222	관용 테이퍼 나사	KS B 1023	+자 홈붙이 작은 나사
KS B 0023	전선관 나사	KS B 1033	아니 볼트
KS B 0226	29° 사다리꼴 나사	KS B 1034	아이 너트
KS B 0227	30° 사다리꼴 나사	KS B 1056	+자 홈붙이 나사못
KS B 1002	육각 볼트	KS B 1324	스프링 와셔
KS B 1004	사각 볼트	KS B 1325	이불이 와셔

2 나사의 종류와 특징

사산의 모양에 따라 그림 2-6과 같은 삼각나사, 사다리꼴 나사, 각나사, 톱니나사, 둥근 나사 등이 있는데, 주로 삼각나사는 기계부품을 죄는 데 쓰이고, 사다리꼴 나사 및 각나사는 운동용에, 톱니나사는 한 방향의 하중(荷重)을 받는 운동용에, 둥근 나사는 전구의 소켓 등에 사용된다.

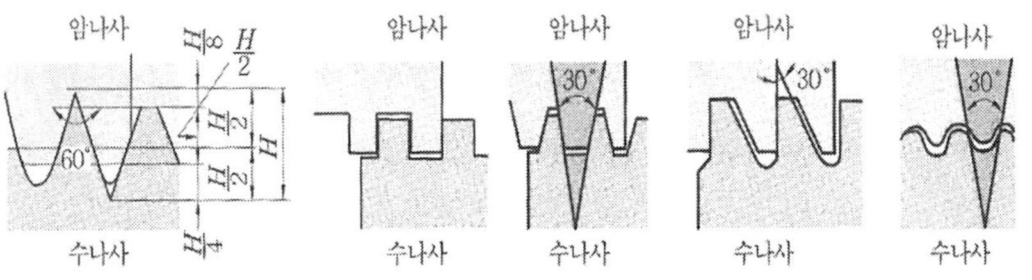

(a) 삼각 나사 (b) 사각 나사 (c) 사다리꼴 나사 (d) 톱니 나사 (e) 둥근 나사

그림 2-6 나사산의 종류

(1) 결합용나사(삼각나사)

나사산의 단면 모양이 삼각형인 것으로, 주로 결합용으로 사용되며, 한 줄 나사가

많이 쓰인다. 삼각나사는 나사산의 모양에 따라 미터나사, 유니파이나사, 관용나사 등으로 나우어진다.

① **미터나사** (metric thread)

지름 및 피치를 밀리미터(mm)로 표시한 나사산의 각도 60°의 삼각나사로, 프랑스, 독일 등에서 사용하고 있으며, 현재는 ISO가 국제 규격으로 채용한 삼각 나사이다.

㉠ 미터나사의 종류

ⓐ **미터보통나사** : 일반적인 나사이며, 피치가 하나씩 정해져 있다. 주로 죔용에 사용한다.

ⓑ **미터가는나사** : 공작물의 제작사에서 직접만들어서 유통하는 제품 (용도 : 강도, 수밀, 기밀, 공작기계 등의 진동에 의한 이완방지)

㉡ **크기와 산의 각도** : 지름과 피치를 mm 로 표시하며 산의 각도 60°이다.

㉢ **호칭** : 수나사의 바깥지름 mm 표시

그림 2-7
마이크로미터는 미터나사의 원리를 이용

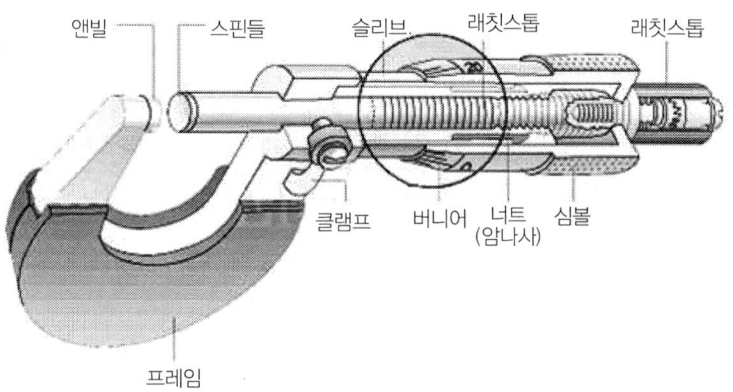

예 미터보통나사 (M12) Tap 부분 여기에 해당 미터가는나사 (M80 x 3)

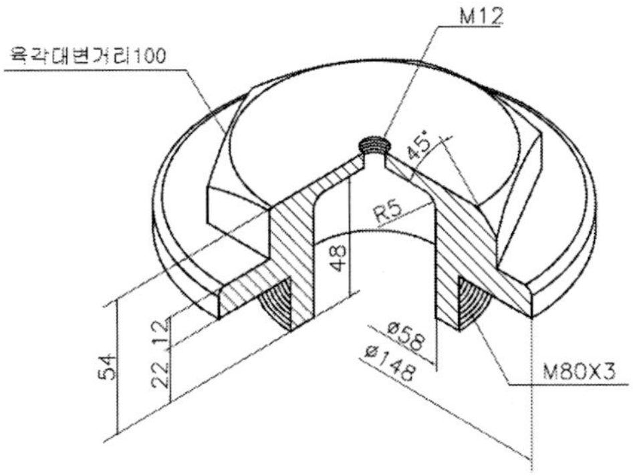

② **유니파이나사** (ABC나사 or inch 나사)

미국, 영국, 캐나다가 공통의 목적을 위하여 만든 것으로, 나사산은 60°, 기준산 모양은 미국의 보통나사와 같다. 나사의 호칭 지름을 인치(inch)로 표시하며, 피치는 25.4 mm(1 inch)에 대한 산수를 표시한다. 가공 정도에 따라 수나사는 3A, 2A, 1A의 등급으로, 암나사는 3B, 2B, 1B의 등급(KS B)으로 나누어진다.

나사의 호칭은 호칭 지름 1/4 미만은 No.로 표시하고 그 이상의 지름의 것은 인치로 표시한다.

그림 2-8
유니파이나사

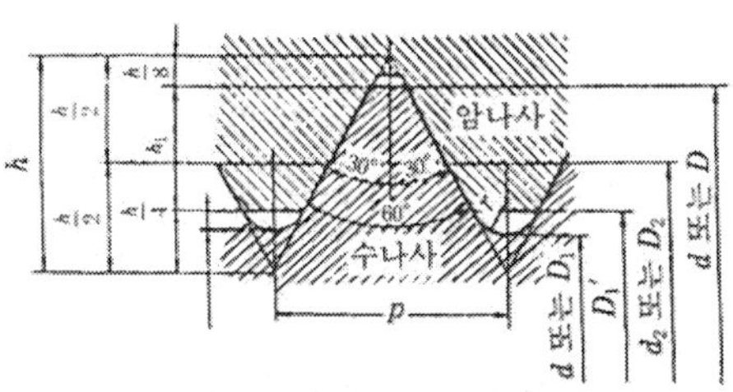

$p = \frac{25.4}{n}$

$h = 0.86603p$, $d_2 = d - 0.64952p$, $D = d$

$h_1 = 0.61343p$, $d_1 = d - 2h_1$, $D_2 = d_2$

$r = 0.14434p$, $D_1 = d_1$

$D_1' = d_1 + 2 \times \frac{h}{12}$

(a) 유니파이 보통나사

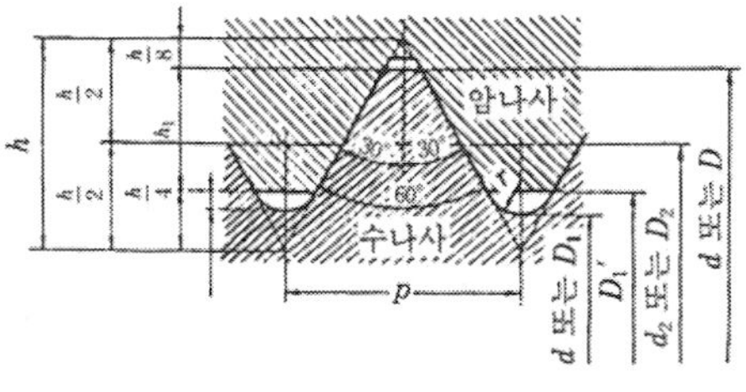

$p = \frac{25.4}{n}$ $d_1 = d - 2h_1$

$h = 0.86603p$, $D = d$

$h_1 = 0.61343p$, $D_2 = d_2$

$r = 0.14434p$, $D_1 = d_1$

$d_2 = d - 0.64952p$, $D_1' = d_1 + 2 \times \frac{h}{12}$

(b) 유니파이 가는나사

㉠ 종류

ⓐ **유니파이 보통나사** (3/8" - 16UNC) : 거친나사, 이 나사는 미터보통나사와 같이 죔용에 사용된다.

ⓑ **유니파이 가는나사** (No8 - 36UNF) : 피치가 작으므로 나사산의 높이도 낮아서 두께가 얇은 부품과 체결하는데 알맞다. 또한 리드각이 작기 때문에 쉽게 풀리지 않는다.

㉡ **크기와 산의 각도** : 1인치당의 산수로 표시하며 산의각도 60°이다.

$$\text{피치 } P = \frac{25.4}{n} \quad n : \text{나사산의수}$$

㉢ **호칭** : 수나사의 바깥지름을 인치 (or 번호)로 표시

3/8" -16 UNC : 수나사의 바깥지름 (3/8인치) 1인치당 16산

No8 - 36UNF : 1인치당 36산 (1/4 " 이하는 번호로 표시)

③ **관용나사** (pipe thread)

이 나사는 주로 가스관 · 수도관 등의 이음부분 압력계의 고정부 유체기계 등의 접촉을 목적으로 하는 부분에 사용된다.

그림 2-9
관용나사

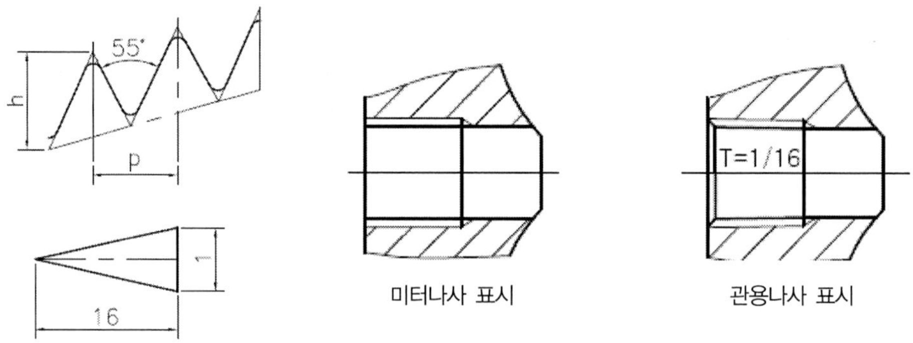

㉠ 종류

ⓐ **관용테이퍼나사**(R_C) : 기밀을 유지하는 관 연결 나사이며, 전체가 1/16 의 경사를 가진다.

※ 용도 : 밀봉을 필요로 하는 파이프의 외측나사, 밸브 등의 내측 및 외측 등에 사용된다.(가스관, 수도관 등)

ⓑ **관용 암나사**(R_P) : 관용 테이퍼 나사와 결합용

ⓒ **관용 평행나사**(G) : 파이프의 직선연결용 소켓에 사용되며, 주로 거리를 조정하는 용도로 사용된다.

㉡ 크기와 산의 각도 : 1인치당의 나사산수(n)로 표시하며, 산의 각도 55°이다.

㉢ 용도 : 가는나사보다 피치도 작고 나사산의 높이도 낮아 누설을 방지하고, 기밀을 유지할 때 사용한다.

참고 • 기밀을 좋게하기 위하여 테이퍼값을 T = $\frac{1}{16}$로 한다.

• **밸브 및 파이프 규격**
인치 1/8" 1/4" 3/8" 1/2" 3/4" 1" 2" 3" 4" 5"등
미터법 6A 8A 10A 15A 20A 25A 32A 등 ㊕ 10A (파이프 내경 약 10mm)

[표 2-2] 관용나사 규격

나사의 호칭	기본지름		
	수나사		
	바깥지름(d)	유효지름(d_e)	골지름(d_1)
	암나사		
	골지름(D_1)	유효지름(D_e)	안지름(D)
Rc1/8	9.728	9.147	8.566
Rc1/4	13.157	12.301	11.445
Rc3/8	16.662	15.806	14.950
Rc1/2	20.955	19.793	18.631
Rc3/4	26.441	25.279	24.117
Rc1	33.249	31.770	30.291

④ I.S.O나사 : 국제표준기구에 의하여 제정된 나사.

(2) 운동용 나사(전동용 나사)

운동나사는 힘을 전달하거나 물체를 움직이게 할 목적으로 사용되는 나사를 말하며 다음과 같은 종류가 있다.

① **사다리꼴 나사**(ACME 나사 or 재형나사)

나사의 효율면에서 4각나사가 이상적이나 가공일 어려움이 있을 때 사용한다.

㉠ 산의 뿌리 부분이 강하고 또 자동조심 작용이 사각 나사 보다 좋은 점이 있다.

㉡ 양방향의 추력을 받아서 정확한 운동을 전달시킬 수 있다.

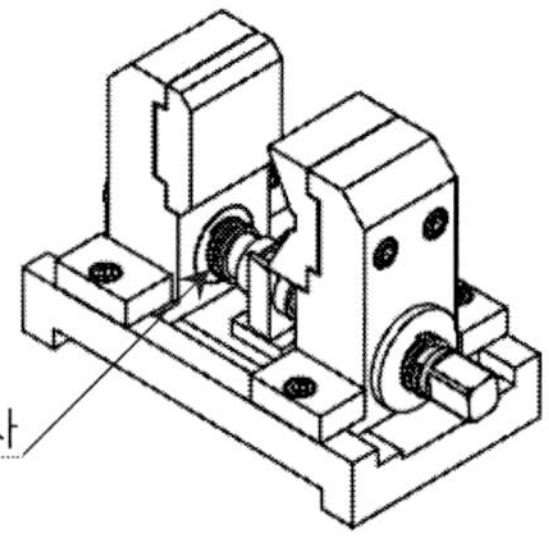

㉢ 나사의 규격으로는 미터계 30° (Tr), 인치계 29°(Tw)의 각도의 2종류가 있으며, 공작기계의 리드나사, 이송나사 등에 사용된다.

㉣ **표시법** : Tr 40 × 7 (바깥지름 40mm × 7mm)

② **사각 나사**(Square thread 각나사)

축방향의 하중을 받아 운동을 전달하는데 적합하도록 나사산을 사각모양으로 만든 나사다.

㉠ 교번하중을 받을 때 효과적인 운동용 나사

㉡ 다른 나사에 비해 나사의 효율은 좋으나 공작이 어려우므로 고정밀도의 나사로서는 적합하지 않다. 나사프레스나 대형선반의 이송 나사 등에 사용되고 있다.

㉢ **표시법** : Sq 60 × 9 (바깥지름 60mm 피치 9mm)

참고 사각나사 표준 사이즈

직경 (mm)	피치(mm)
22, 24, 26, 28	5
30, 32, 36	6
40, 44	7
48, 50, 52	8
55, 60	9
65, 70, 75, 80	10

스크루우잭

③ **톱니 나사**(buttress thread)

축 방향의 힘이 한쪽 방향으로만 작용하는 경우에 사용하는 나사로 큰힘을 전달할수 있으며, 바이스나프레스등에 사용된다.

압착기

㉠ 나사산의 단면이 톱니 모양이며 삼각 나사와 사각 나사의 장점을 모두 가지고 있으며 한쪽 방향으로 강력한 축하중을 전달하는 경우에 적합하다.

㉡ 힘을 받는 면은 축에서 직각이고 나사산의 각도는 30도와 45도의 두가지가 있다

㉢ **표시법** : B48

④ **둥근 나사**(너클나사, 전구나사) : 나사산의 봉우리와 골의 모양이 둥근 나사로서, 전구와 그 소켓의 나사에 사용되며, 충격을 받거나 먼지 · 모래 등이 들어가기 쉬운 곳에 사용된다.

㉠ **용도** : 큰 힘에 견딜 수 있고, 격렬하게 움직이는 부분

㉡ **표시법** : E10

백열전구

그림 2-10
나사산의 종류

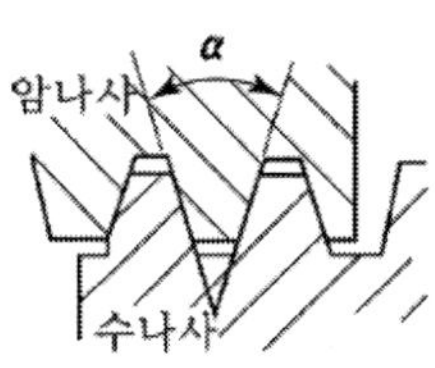

미터나사

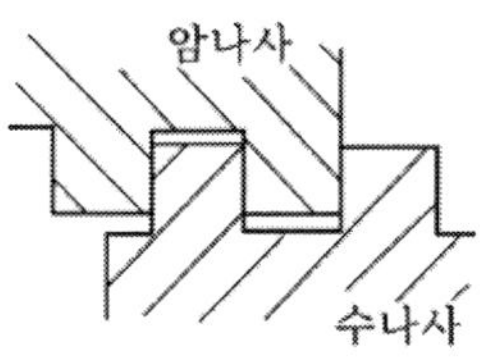

각나사

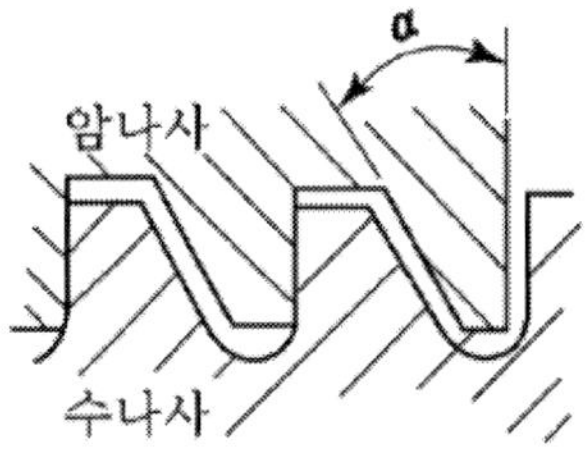

톱니나사

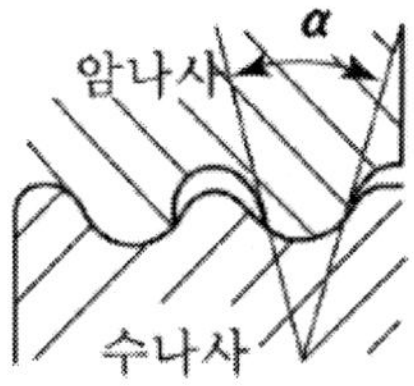

둥근나사

⑤ **볼 나사**(ball screw) : 나사축의 홈과 너트의 홈 사이에 강구(볼)를 넣어 미끄럼 마찰을 구름 운동으로 변환시켜 이송마찰을 줄이고 마모량을 줄여서 정밀도와 수명을 향상시킨 동력 전달용 나사이다

㉠ **장점**

- 나사의 효율이 좋다
- 백래시를 작게 할 수 있다.
- 고정밀도를 유지 할 수 있다.
- 윤활에 그다지 주의하지 않아도 좋다

㉡ **단점**

- 너트의 크기가 커진다.(피치를 작게 할수 없다.)
- 자동체결이 곤란하다.
- 고속회전시 소음이 발생

㉢ **용도** : 자동차의 스티어링부, 공작기계의 이송나사, CNC, 머시닝 센타

그림 2-11
볼나사

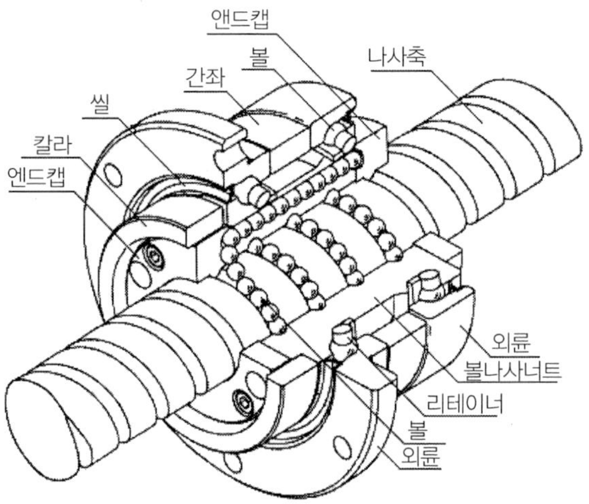

⑥ **롤러 나사**(roller screw) : 볼나사와 마찬가지로 동력전달이나 위치결정용으로서 사용되는 기계 효율이 높은 이송나사이며, 롤러 나사의 리드는 롤러의 피치와 너트의 줄수에 의해 결정되는데 볼나사에 비하여 리드를 작게 할 수 있다. 볼나사는 볼이 크기 때문에 리드를 일정 크기 이하로 제작하는 것이 어렵다. 연삭기, 밀링 머신, 호빙머신, 대형 공작기계의 이송부분, 유압모터의 흡입밸브장치, 전

차의 대포, 미사일의 조준 장치 등에 사용 된다.

⑦ **특수나사** : 특수나사로서 많은 나사가 규격화되어 있으나, 여기서는 중요한 것에 대해서만 설명하기로 한다.

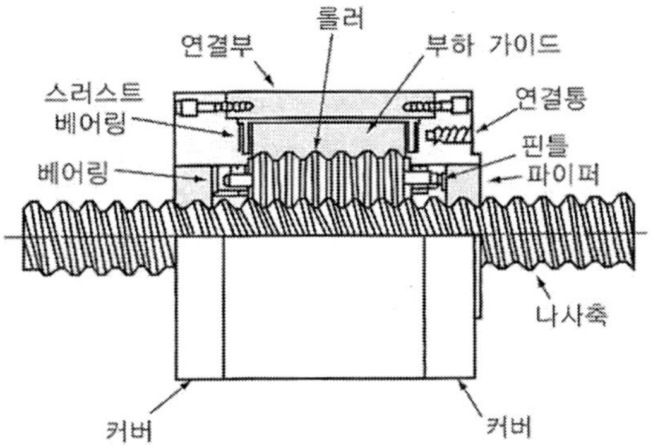

그림 2-12
작은 나사

1. 박강전선관 나사(conduit tube thread)

박강 전선관 및 부속품의 나사에 적용된다. 나사의 호칭은 관의 호칭에 따르며, 피치는 25.4 mm당의 산수로 표시한다. 다만, 후강 전선관 나사는 관용 평행나사의 B급에 따른다.

2. 전구나사(electric lamp thread)

전구의 꼭지쇠나 소켓에 사용되는 나사로서, 나사의 호칭은 꼭지쇠의 바깥 지름에 의해 피치는 mm로 표시한다.

전구나사의 모양은 나사의 산과 골을 반지름이 같은 원호로 접하게 하며, 그 접선이 이루는 각도는 75~93°로 되어 있다. 둥근나사에 속하는 것으로 박판을 굽혀서 만든다.

3. 자전거 나사(bicycle thread)

자전거나 리어카 등에 사용되는 것으로, 일반용과 스포크용이 있다. 일반용의 나사 호칭은 수나사의 바깥 지름(인치)에 따르며, 피치는 25.4 mm에 대한 산수로 표시한다. 스포크용의 호칭은 스포크선의 지름에 따르고, 피치는 25.4 mm당의 산수로 표시한다.

4. 미싱용 나사(sewing machine thread)

미싱에 사용되는 나사로서, 나사의 호칭은 바깥 지름(인치)에 의해 피치는 25.4 mm에 대한 산수로 표시한다.

3 작은나사와 세트스크루우

(1) 작은나사(machine screw)

작은나사는 6각 볼트와 같이 대표적인 수나사 부품의 하나이다. 비교적 호칭이 작고 (M3 ~M8) 머리가 달린 수나사인데 머리모양에는 6각, 4각, 냄비형, 접시형, 트러스트형, 바인드형, 납작형 등이 있다. 주로 작은 분해, 조립을 하는 부위에 적합하다.

그림 2-13
작은나사류

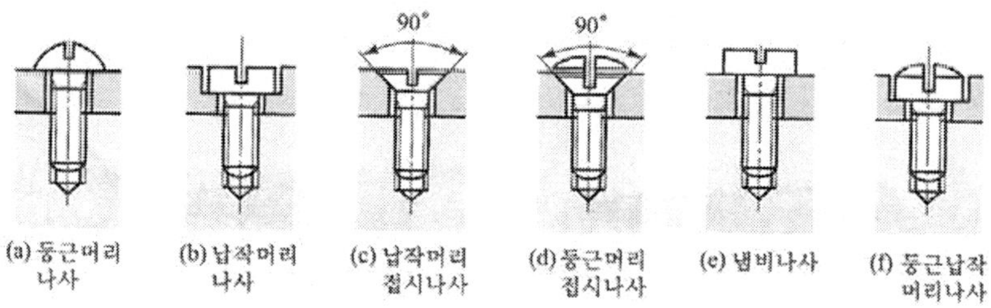

(2) 세트스크류(set screw) 멈춤나사 or 정지나사, 무두렌치 볼트

멈춤 나사 또는 정지 나사라고도 하며 두 개의 부품사이에서 회전 또는 미끄럼을 방지하는데 사용하며 키(key) 대용으로 사용한다.

그림 2-14
Set screw 사용예

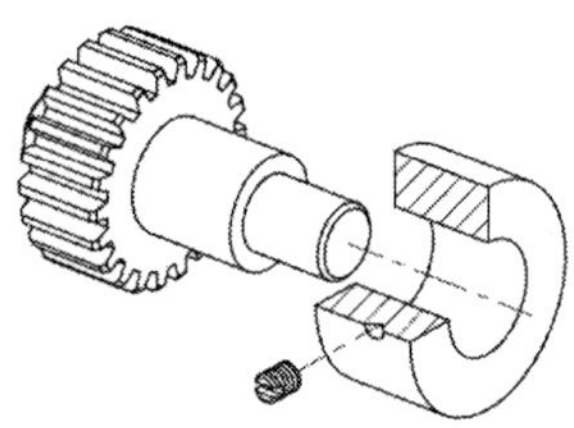

(3) 태핑나사(tapping screw) 일명 나사못, 도면에서는 T/screw 표기

나사끝을 침탄 담금질하여 얇은 판 또는 무른 재료의 암나사 쪽을 아래 구멍만 뚫어 놓고, 암나사를 만들어 조여 가는 나사이다. 주로 박판을 고정하는데 사용하거나 전기 기구 조립등에 사용된다.

그림 2-15
태핑나사

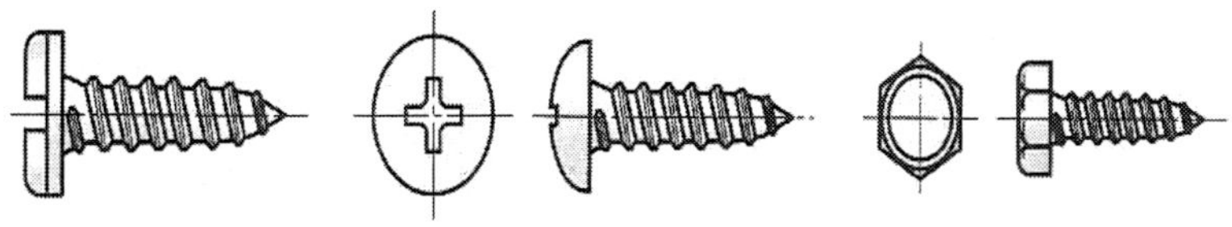

(a) 홈붙이 태핑나사 (b) +구멍붙이 태핑나사 (c) 6각 태핑나사

(4) 멈춤나사

멈춤나사(set screw)는 나사의 끝단을 이용하여 축에 기어나 벨트 풀리 등을 고정시키는 데 사용된다. 보스의 키홈이나 나사부로 회전을 멈추는 데도 사용한다(그림 2-16). 머리의 모양에 따라 홈붙이 멈춤나사, 4각 멈춤나사 및 6각 구멍붙이 멈춤나사의 3종류가 있다. 대부분 강제로 나사끝을 담금질한다. 멈춤나사의 모양 및 치수나 나사끝의 종류 및 재료를 나타낸다.

그림 2-16
멈춤나사의 사용 보기

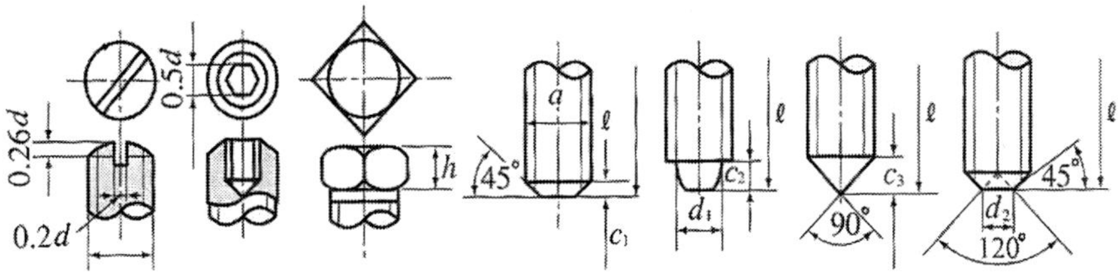

(a) 홈붙이 (b) 구멍붙이 (c) 사각머리 (d) 납작끝 (e) 막대끝 (f) 뾰족끝 (g) 오목끝

(5) 나사의 표시방법

나사의 표시방법에 의해 기입방법을 사용해서 제도한다.

- 나사산의 감김방향 : 왼나사의 경우 "좌"또는 "L"로 표시하고, 오른나사의 경우 생략한다.
- 나사산의 줄수 : 두줄 나사의 경우 "2중" 또는 "2N", 세줄나사의 경우 "3줄" 또는 "3N"으로 표시하고, 한줄 나사의 경우 생략한다.
- 나사의 호칭 : 나사의 종류에 따른 호칭 방법을 따른다.
- 나사의 등급 : 공차의 위치 및 IT등급을 표시한다.

[나사산의 감김방향] [나사산의 줄수] [나사의 호칭] – [나사의 등급]

(1) 피치를 밀리미터로 표시하는 나사의 경우

[나사의 종류를 표시하는 기호] [나사의 호칭 지름을 표시하는 숫자] × [피치]

(2) 피치를 산의 수로 표시하는 나사(유니파이 나사를 제외)의 경우

[나사의 종류를 표시하는 기호] [나사의 지름을 표시하는 숫자] × 산의 수

관용나사와 같이 동일 지름에 대해 산의 수가 하나만 규정되어 있을 때 산의 수를 생략한다. 또한 혼동의 우려가 없을 때는 "산" 대신 "—"을 사용한다.

(3) 유니파이 나사의 경우

[나사의 지름을 표시하는 숫자 또는 번호] – [산의 수] × [나사의 종류를 표시하는 기호]

나사의 표시방법의 보기

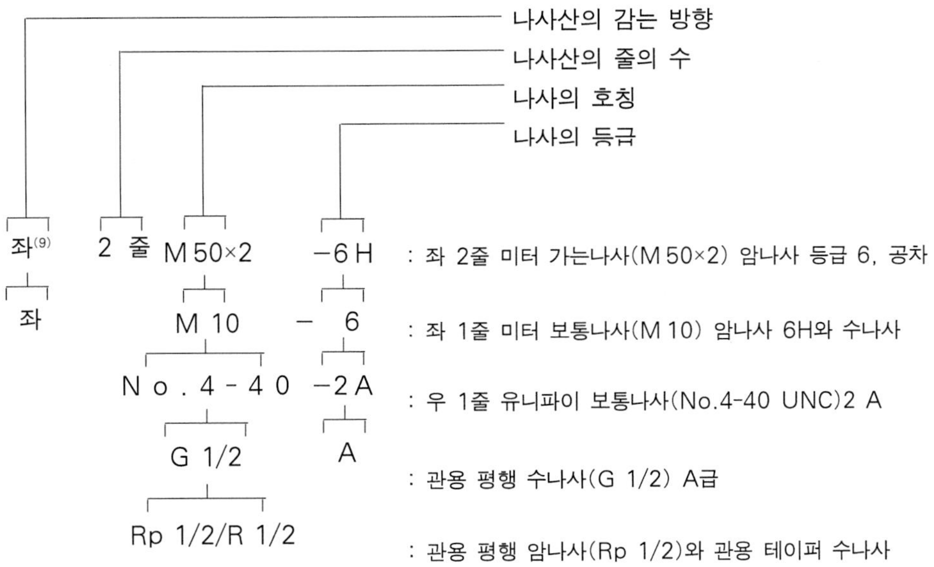

주(9) 각인의 경우에는 'L 2N M50×3-6H'로 표시하여도 좋다.

4 볼트 및 너트 종류

볼트(bolt)와 너트(nut)의 재질은 인장강도 $\sigma_B = 34 \sim 45\text{kgf/mm}^2$, 연신율 15~30%의 냉간인발재인 연강이 많이 사용되고 있으나, 부식을 염려할 때는 황동, 청 또는 스테인리스강 등이 사용되고 있다. 규격에는 가공정도에 따라서 상, 중, 하 3종으로 구분하고 있다. 상볼트는 치수 정밀도가 높고 외관도 아름답다. 중볼터는 6각의 측면만 흑피로 남게하고, 하볼트는 나사부 이외에는 흑피로 남기고 목재의 죔에 사용된다. 또한, 볼트는 사용 목적과 방법에 따라서 그림2-16과 같은 명칭이 있다.

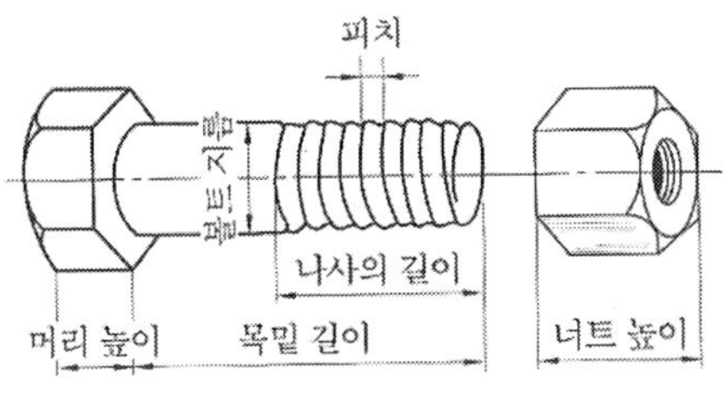

그림 2-17
볼트와 너트

(1) 일반볼트

① **관통 볼트** : 같이 죄려고 하는 2개의 부분에 볼트 지름보다 약간 큰 구멍을 뚫고 머리붙이 볼트를 관통시켜서 너트로 죈다.

② **탭 볼트** : 너트를 사용하지 않고 직접 암나사를 낸 구멍에 죄어 넣는다.

③ **스터드 볼트** : 볼트에 머리가 없으며 한쪽은 영구적으로 나사 박음을 하게 된다. 용도는 자주 분해 결합하는데 사용 된다.

그림 2-18
일반용 볼트

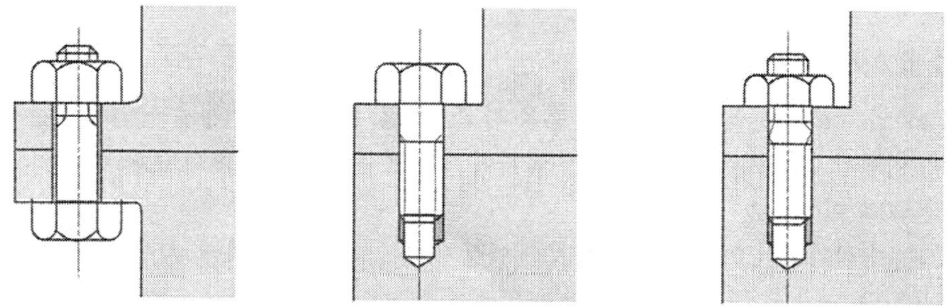

(a) 관통 볼트 (b) 탭 볼트 (c) 스터드 볼트

(2) 특수형 볼트

① **스테이 볼트** : 2개의 부품 간격을 일정하게 유지 할수 있게 원통부를 나사부보다 크게 하고 양 끝에 나사를 만든 볼트이다.

② **T홈 볼트** : 공작기계의 테이블에 공작물을 고정할 때 사용

③ **아이 볼트** : 기계의 두껑을 자주 분해 하거나 자주 옮겨야 하는 중량물에 사용

④ **기초 볼트**(앙카볼트) : 기계구조물을 설치할 때, 구조물을 콘크리트 기초에 고정시키기 위하여 사용하는 볼트

⑤ **U 볼트** : U자형을 한 양다리에 나사를 낸 볼트로 비교적 무거운 하중을 지지하는 용도로 사용

⑥ **캡너트** : 유체가 나사의 접촉면 사이의 틈새나 볼트와 너트의 구멍 틈으로 흘러나오는 것을 방지할 필요가 있을 때 사용. (재질 스테인 레스강 SUS)

⑦ **둥근너트** : 자리가 좁아서 육각너트를 사용할수 없을 때

⑧ **슬리이브 너트** : 수나사의 편심을 방지 하는데 사용한다.

⑨ **6각 너트 :** 6각모양으로 되어 있으며, 가장 많이 사용된다.

⑩ 나비볼트(wing bolt) : 머리 부분을 나비 날개 모양으로 만들어 손으로 쉽게 돌릴 수 있게 한 볼트이다. 이 볼트는 머리 부분과 축 부분을 용접 또는 리벳팅하여 두 부분이 견고하게 결합되어 있어야 한다. 볼트는 머리 모양에 따라 1종, 2종, 3종 볼트가 있다.

⑪ 리머 볼트(reamer bolt) : 리머로 다듬질한 구멍에 꼭 맞게 끼워 정확히 결합시켜 주기 위하여 정밀하게 가공한 볼트이다.

⑫ 테이퍼 볼트(taper bolt) : 다듬질 구멍에 꼭 맞게 끼워 미끄럼을 방지할 수 있도록 원통부에 약간의 테이퍼를 주고 머리를 없앤 볼트이다.

그림 2-19
특수 볼트의 종류

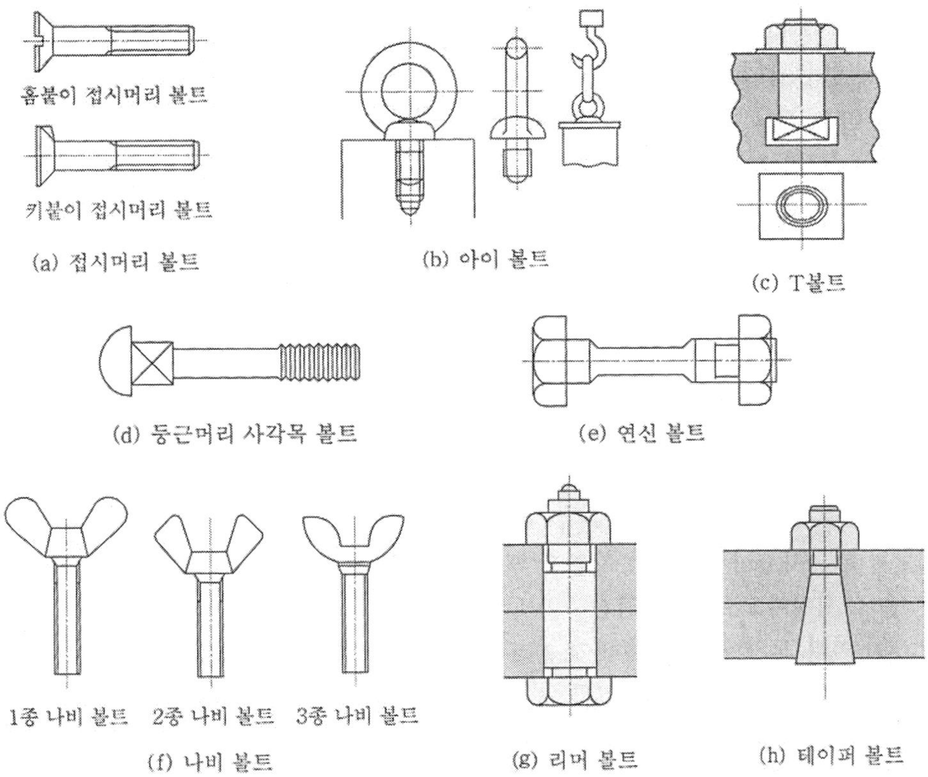

그림 2-20
특수 볼트의 종류(계속)

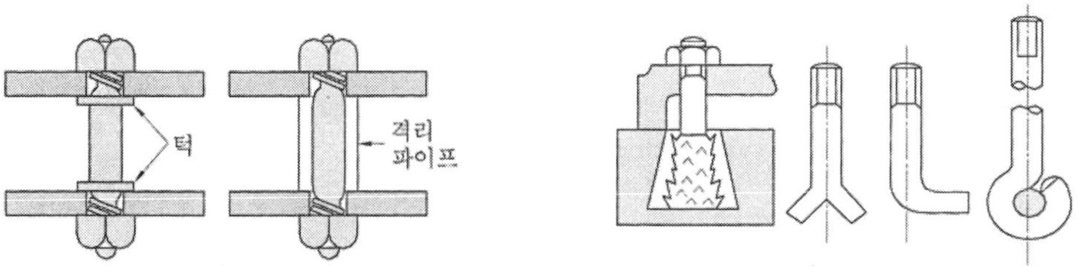

(i) 스테이 볼트 (j) 기초 볼트

5 너트

축심부에 암나사를 낸 것을 총칭하여 **너트**(nut)라 하며, 볼트나 작은 나사와 함께 사용된다. 그 모양과 기능, 재료 또는 용도 등에 따라 종류가 다양하며, 보통 사용되는 것은 외형이 육각형인 강너트이다.

그림 2-21
너트의 종류

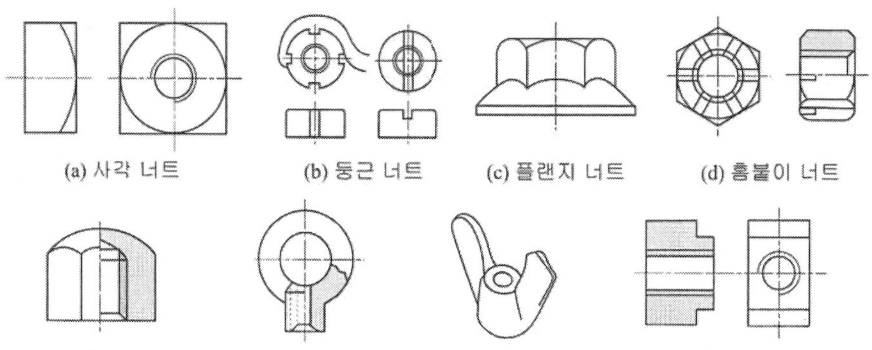

(a) 사각 너트 (b) 둥근 너트 (c) 플랜지 너트 (d) 홈붙이 너트
(e) 캡 너트 (f) 아이 너트 (g) 나비 너트 (h) T너트

㉠ 6각 너트(hexagon nut)

가장 대표적인 6각 너트는 볼트와 한 쌍이 되어 기계, 자동차, 건축물에 널리 사용된다.

강너트의 등급은 6각 볼트와 같이 표시되며, 강 이외의 재료(황동, 스테인리스 등)를 사용할 때에는 이것을 지정한다. 특히, 기계적 성질이 요구되는 너트에는 너트의 기계적 성질을 적용한다.

그림 2-21
너트의 종류(계속)

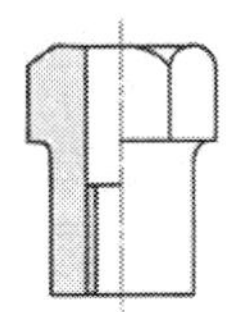

(i) 슬리브 너트

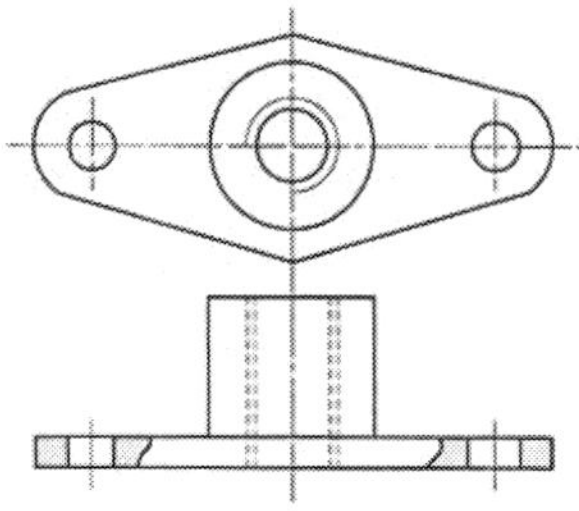

(j) 플레이트 너트

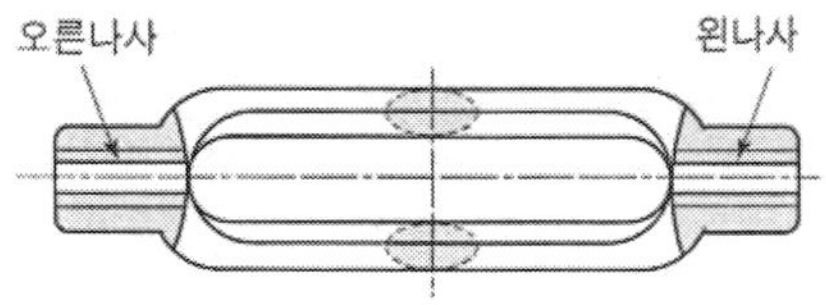

(k) 턴 버클

예 볼트의 크기 M20 X 50$^{\ell}$ − 30^{S} (호칭지름 20 길이50 유효나사부길이30)

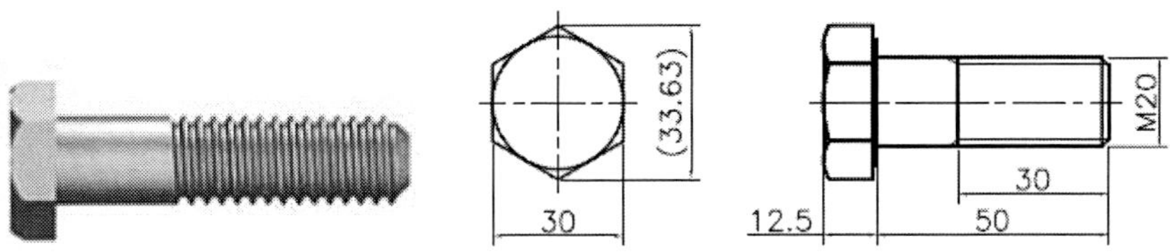

참고 ① 고장력볼트 (예 M10 F10T) 스프링 와셔를 사용하지 않음

F : Friction Grip

10 : 인장강도(100 kg_f/mm^2)

T : Tensile Strength

보통 볼트에 비하여 훨씬 높은 인장강도를 지닌 볼트로, 철골구조 부재의 마찰접합에 사용한다.

② 볼트길이 : 8, 10, 12, 14, 16, 18, 20, 22, 25, 28, 30, 35, 40, 45, 50, 55, 60, 65

① 사각 너트 : 너트이 모양이 사각으로 목재에 많이 사용된다.

② 플랜지 너트 : 너트 밑면에 육각보다 큰 지름의 와셔가 있는 너트로, 볼트의 구멍이 클 때, 접촉면이 거칠 때 사용한다.

③ 캡 너트 : 나사 사이나 접촉면 등에서 유체가 새는 것을 방지하는 데 사용한다.

④ 홈붙이 너트 : 너트의 위쪽에 6개 또는 10개의 홈이 있어 이곳에 분할핀을 끼워 너트의 풀림방지에 사용된다.

⑤ 둥근 너트(circular nut) : 자리가 좁아 보통의 육각 너트를 쓸수 없는 경우 또는 너트의 높이를 작게 해야 할 경우 회전축 등에 쓰인다.

⑥ 턴 버클(turn buckle) : 양 끝에 오른나사 및 왼나사가 깍여 있는 것으로 막대와 로프등을 당기거나 풀 때 사용한다.

⑦ 모떼기 너트(chamfering nut) : 축선이 조절되어 중심 위치를 맞출 때 사용한다.

6 와셔 (washer)

와셔는 볼트 결합부의 구멍이 크거나 너트 자리 면이 고르지 못할 때, 또는 자리면의 재료가 너무 연하여 볼트 체결 압력에 견딜수 없을 때 사용한다.

(1) 종류

① **기계용** : 평와셔(볼트, 너트 작은 나사류에 사용된다.재료는 강, 황동, 알리미늄 등)

② **너트 풀림 방지용** : 스프링 와셔, 이붙혀 와셔 혀붙혀 와셔, 클로우 와셔

※ 스프링와셔는 풀어지는 것을 막기위해 볼트나 작은나사에 사용된다.

(2) 용도

① 볼트 구멍이 볼트 지름보다 많이 클 경우

② 무른 재질의 모재(나무, 고무 등)

③ 볼트, 너트 머리가 닿는 부분의 요철이 심한 경우 또는 경사진 경우

7 너트의 풀림방지

체계용 나사는 접촉면의 마찰력으로 풀리지 않도록 설계되어 있다. 그러나 진동과 충격을 받으면 순간적으로 접촉력이 감소되어 마찰력이 거의 없어지는 경우가 생기며 이와같은 일이 반복되며 너트는 풀리게 된다. 너트를 풀리는 것을 방지하고자 할 때 다음과 같은 방법을 사용한다.

① 로크너트에 의한 방법

② 자동죔너트 및 너트의 회전방향에 의한 방법

③ 와셔에 의한 방법 (스프링 와셔, 이붙이 와셔, 혀붙이 와셔)

④ 작은나사, 핀, 멈춤나사에 의한 방법

⑤ 강선(철사)에 의한 방법

그림 2-22
너트풀림 방지법

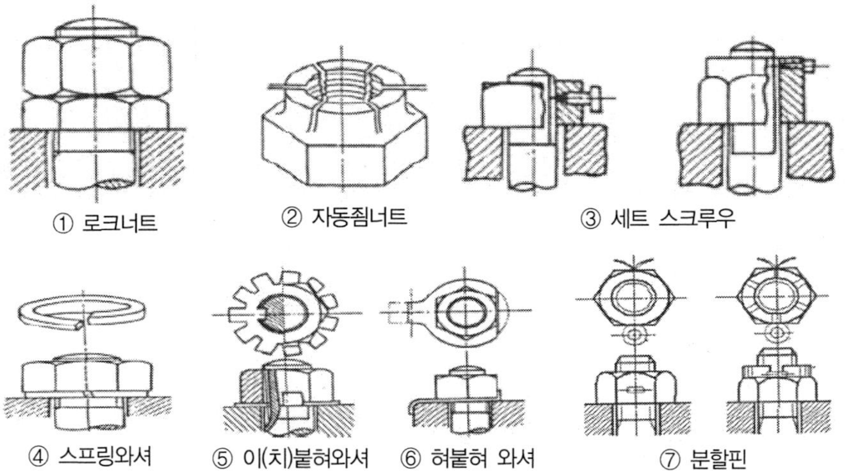

참고 너트의 풀림방지

① 로크(Lock) 너트: 2개의 너트를 사용하여 서로 죄여 너트 사이를 미는 상태로 하여 외부에서의 진동이 작용해도 항상 하중이 작용하고 있는 상태를 유지하도록 하는 방법

② 분할핀: 보울트, 너트에 구멍을뚫고 분할핀을 끼워 너트를 고정시키는 방법. 머리핀처럼 생긴 핀을 구멍에 끼운 후 양쪽으로 벌려서 빠지지 않도록 고정하는 방법.

③ 세트 나사 : 너트의 옆면에 나사 구멍을 뚫어서 여기에 세트 나사(Set Screw)를 끼워 보울트 나사부를 고정시키는 방법.

④ 특수 와셔를 사용: 스프링 와셔, 혀붙이 와셔, 포올 와셔 등을 끼워 너트가 자립 조건을 만족시키게 하는 방법.

⑤ 나사면에 플라스틱이 들어간 너트를 이용하는 방법.

8 나사의 설계

기계 부품으로 사용 중인 볼트·너트는 여러 가지의 하중이 조합하여 작용하고 있기 때문에 어떤 한 가지 작용 상태의 하중만 고려하여 강도나 크기를 정하기는 곤란하다. 볼트의 하중 지름은 일반적으로 다음 세 가지의 경우로 나누어 계산한다.

① 볼트에 축 하중만을 받을 때 (그림 2-23(a))

② 볼트에 축 하중과 비틀림을 동시에 받을 때 (그림 2-23(b))

③ 볼트에 직각으로 전단만을 받을 때 (그림 2-23(c))

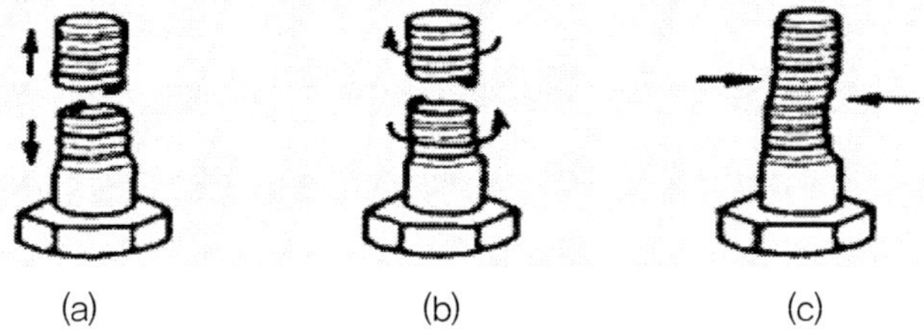

그림 2-23
볼트의 파손보기

(1) 볼트 설계

볼트는 일반적으로 축방향으로 힘을 받는 이음에 주로 많이 사용된다. 볼트의 축에 각각 방향으로 힘을 받을때도 있다.

① **축방향으로 하중이 작용할 때**(아이볼트, 턴버클, 후크 볼트에 적용)

$$\sigma_a = \frac{Q}{A} = \frac{Q}{\frac{1}{4}\pi d_1^2} = \frac{4Q}{\pi(0.8d)^2} = \frac{4Q}{\pi \times 0.064d^2}$$

[골지름(d_1)은 바깥지름(d)의 0.8배

$$d = \sqrt{\frac{2Q}{\sigma_a}}$$

(단, Q는 볼트1개 가 받는 하중)

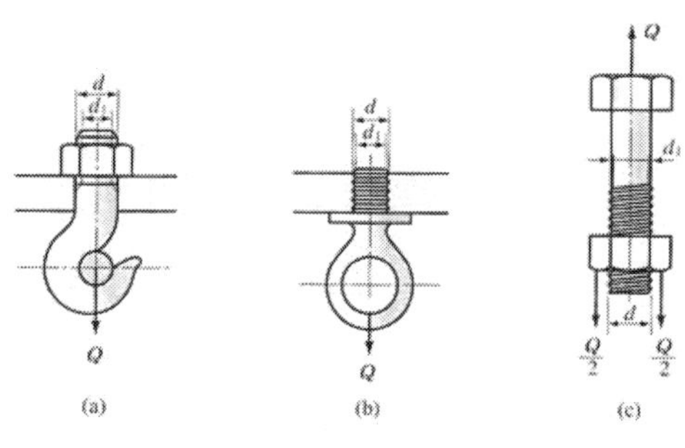

그림 2-24
축하중만 받는 볼트

식 ①에서 구한 볼트의 지름은 KS에 규정된 값이 아닌 경우가 많으므로 안전을 고려하여 항상 계산값보다 큰 KS 규격값을 선정하여야 한다. 허용응력 σ_a의 값은 공작이 양호할 때는 60[MPa](6.0[kgf/mm^2]), 공작이 불량할 때는 48[MPa] ([kgf/mm²])정도이다.

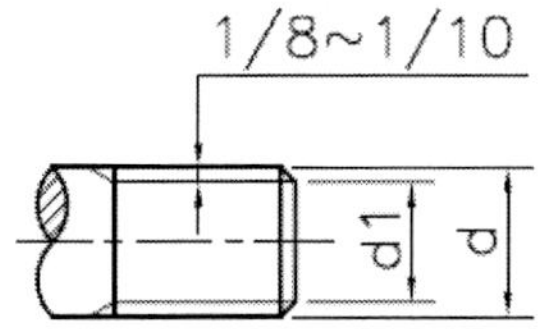

여기서 d_1 : 나사의 골지름(mm)

d : 나사의 바깥지름(mm)

Q : 나사부에 작용하는 축방향하중 (N)

σ_a : 나사부 재료의 허용응력 (N/mm^2)

② 축하중과 비틀림하중을 동시에 받을때(각나사, 사다리꼴나사, 죔나사(잭나사))

$$d = \sqrt{\frac{2Q'}{\sigma_a}} = \sqrt{\frac{2(1+1/3)Q}{\sigma_a}}$$

$$d = \sqrt{\frac{8Q}{3\sigma_a}}$$

여기서 비틀림하중 : 축하중의 $\frac{1}{3}$

인장하중 : 1

상당하중 : $(1+\frac{1}{3})Q$

③ 전단하중만을 받을 때 : 볼트의 축에 직각방향으로 힘을 받을 때

$$\tau = \frac{Q}{A} = \frac{Q}{\frac{\pi d^2}{4}} = \frac{4Q}{\pi d^2}$$

여기서 d : 볼트의 바깥지름 (mm)

참고 전단력을 받는 경우 볼트 결합부분의 설계

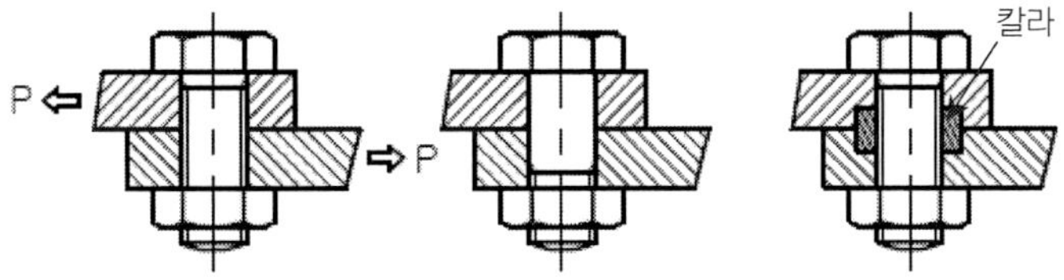

(a) 불가 (b) (c)

(a)는 불가능이다. (b)와 같이 나사산이 없는 부분에서 전단력을 받도록 하고, 구멍의 지름은 될 수 있는 대로 작게 한다. 구멍에 리머가공을 한 후 리머볼트로 조이면 더욱 좋다. (c) 같이 링(칼라)을 넣는 것도 한가지 방법이다.

9 나사의 회전력(Torque)

그림 2-25
나사의 원리

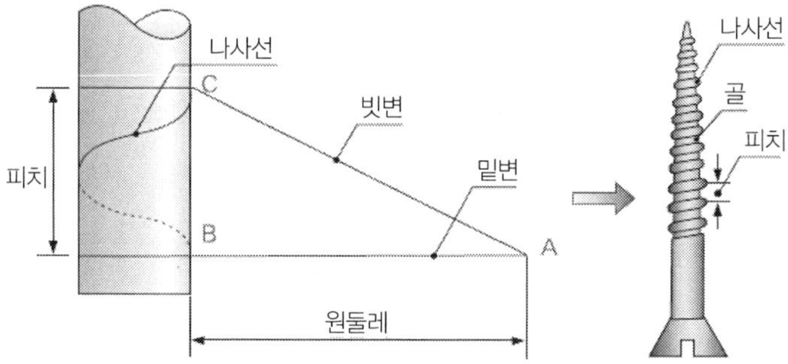

(1) 사각나사

나사의 자립조건이란 뒤힘을 제거해도 줄이지 않아야 하는 것을 말한다. 너트를 돌리는 힘p와 저항력Q는 각각의 경사면에서 평행한힘과 수직한힘으로 나눈다.

① 나사에서 너트를 돌리는데 필요한 회전력(P)과 축방향의 저항력(Q)과의 관계

그림 2-26
나사를 체결할 때의 힘

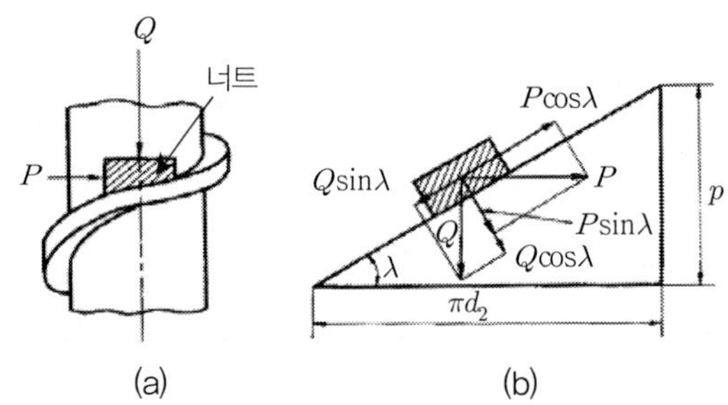

② 나사를 죌 때

여기서 P : 나사를 조이기 위해 필요한 축 수직 방향의 힘

Q : 축방향의 저항력

R : 나선에 수직인 힘 $R = Q\cos\lambda + P\sin\lambda$

F : 나선에 평행한 마찰력 $F = P\cos\lambda - Q\sin\lambda$

λ : 나선각 $(\tan\lambda = \frac{p}{\pi d_2})$

ρ : 마찰각 (빗면에 놓인 물체가 미끄러지기 시작하였을 때의 빗면의 각도)

μ : 정지 마찰계수 $(\mu = \tan\rho)$

마찰력과의 평행 : F = μR [수평력(마찰력) = μ수직력]

$$P\cos\lambda - Q\sin\lambda = \mu(Q\cos\lambda + P\sin\lambda)$$

$$P\cos\lambda - Q\sin\lambda = \mu Q\cos\lambda + \mu P\sin\lambda)$$

$$P(\cos\lambda - \mu\sin\lambda) = Q(\mu\cos\lambda + \sin\lambda)$$

$$P = Q \cdot \frac{\mu \cdot \cos\lambda + \sin\lambda}{\cos\lambda - \mu \cdot \sin\lambda} \qquad \mu = \tan\rho$$

$$P = Q \cdot \frac{\tan\rho \cdot \cos\lambda + \sin\lambda}{\cos\lambda - \tan\rho \cdot \sin\lambda} \quad \div \cos\lambda$$

$$P = Q \cdot \frac{\tan\rho + \tan\lambda}{1 - \tan\rho \cdot \tan\lambda} = Q \cdot \tan(\rho + \lambda)$$

참고 **빗면의 원리** : 직각 삼각형을 연필과 같은 원기둥에 아래 그림처럼 감아보자. 삼각형의 빗면이 나선을 그리는 것을 볼 수 있다. 빗면을 사용하면 작은힘으로도 일을 할수 있는데 높은산을 올라 갈 때 완만한 경사을 따라 걸어가는 것이 가파른 길을 걸어갈 때 보다 훨씬 힘이 적게 든다.

즉 빗면을 이용하면 너무 무거워서 직접 위로 이동시키기 힘든 물체를 작은 힘으로 원하는 높이까지 이동할수 있다. 빗면의 경사각이 작을수록 끌어 올리는 힘은 감소하지만 이동거리는 상대적으로 증가 한다.

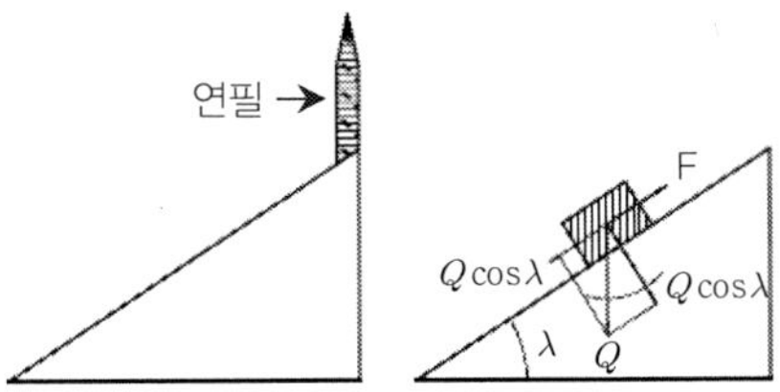

여기서 Q : 물체의 무게

λ : 경사각(리드각)

F : 빗면을 이용할때의 힘

마찰(friction)

$F = \mu N$

μ : 마찰계수(정지상태가 가장크다.)

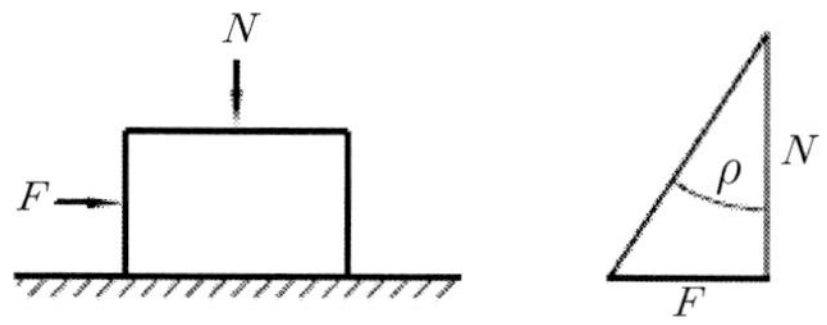

$\mu = \frac{F}{N} = \tan\rho$ (ρ : 마찰각)

③ **회전력** (torque)

$$T = Q\tan(\lambda + \rho) \times \frac{d_e}{2} = F \times L$$

그림 2-27
사각나사

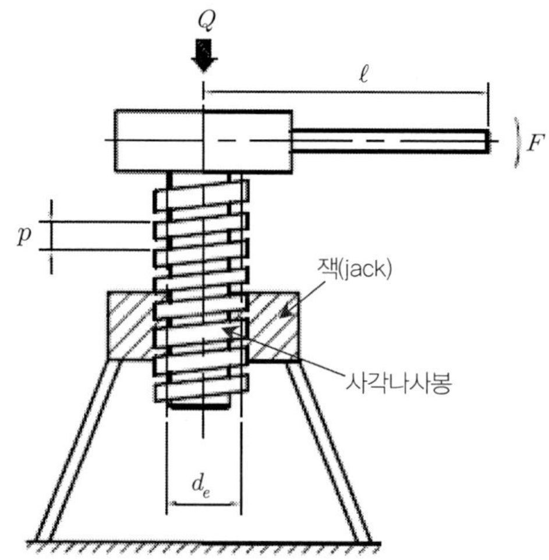

여기서 Q = 들어올리는 힘 (조일수 있는 힘)

F = 레버를 돌리는 힘

L = 레버의 유효 길이

p = 피치

λ = 리드각 (경사각)

ρ = 마찰각

$\tan\lambda = \frac{p}{\pi d_e}$ $\tan\rho = \mu$

유효 지름 $d_e = \frac{d_2 + d_1}{2}$

산 높이 $h = \frac{d_2 - d_1}{2} = \frac{p}{2}$

(2) 삼각나사

삼각나사의 경우 수직으로 작용하는 힘Q는 나사산의 각도를 d라하면 $Q\cos\frac{1}{2}$의 크기로 나사면에 수직하여 작동하게 되므로 같은 마찰계수어를 가진면이라도 실질적으로 아래와 같은 마찰계수를 가진 사각나사의 경우와 같은 효과가 있다.

$$T = Q\tan(\lambda+\rho')\times\frac{d_e}{2} = F\times\ell$$

$$\tan\lambda = \frac{p}{\pi\times d_e} \qquad \tan\rho' = \mu' = \frac{\mu}{\frac{\cos\alpha}{2}} = \frac{\mu}{\cos 30^\circ}$$

> 참고 법선력 $N' = \dfrac{Q}{\cos\frac{\alpha}{2}}$
>
> 마찰력 $= \mu N' = \mu\dfrac{Q}{\cos\frac{\alpha}{2}} = \mu' Q$
>
> $\mu' = \dfrac{\mu}{\cos\frac{\alpha}{2}} = \dfrac{\mu}{\cos 30^\circ}$

그림 2-28
삼각나사 상당마찰계수

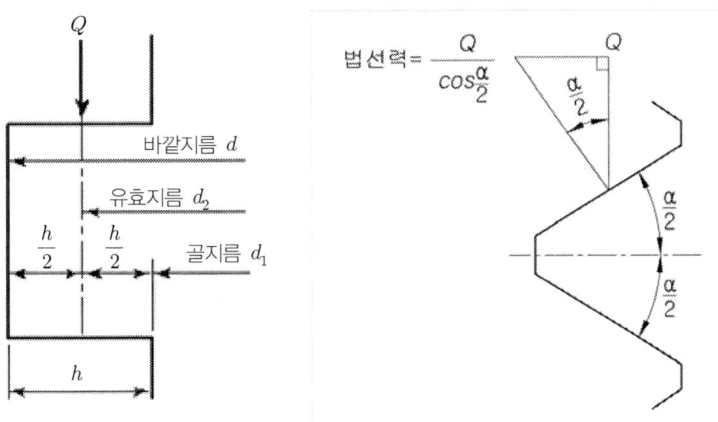

(a) 사각나사　　(b) 삼각나사

여기서 α : 산의각도 (flank 각)

α 가 작을수록 μ' 도 작아진다. 따라서 3각나사 보다 사다리꼴 나사가, 사다리꼴 나사보다 4각나사가 조이고 쉽게 풀리기도 한다. 즉 3각나사가 체결도 어렵고 풀리기도 어렵다.

(3) 공구(스패너) 나사를 죌 때 회전력(Torque)

그림 2-29
스패너에 의한 체결

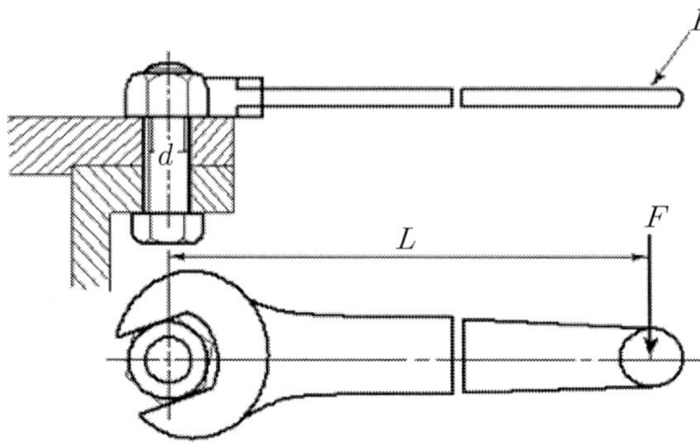

① 나사면의 마찰 및 너트와 와셔간의 마찰도 고려

$$T = T_1 + T_2 = Q\mu_n r_n + Q\frac{d_e}{2}\tan(\lambda + \rho') = FL$$

여기서 T_1 : 너트와 와셔 사이에 발생하는 마찰로 인한 토크 저항

T_2 : 나사를 죌 때 필요한 회전력

μ_n : 너트나 와셔의 자리면 마찰계수

r_n : 너트나 와셔의 자리면의 평균 반지름

10 나사의 자립조건

결합용 나사의 경우에는 나사가 풀어지지 않는 것이 필요한 조건이다. 푸는 힘을 가하지 않으면 나사가 결합된 채 풀리지 않는 상태를 **자립 상태**(self subtenance)라 하며, 외력의 작용없이 스스로 풀어지지 않는 조건을 **자립조건**이라 한다.

(1) 나사를 푸는힘($\rho \geqq \lambda$)

P′= Q tan (ρ − λ) $P' > 0$ $\rho > \lambda$ 자립상태 (힘을 가해야만 나사가 풀림)

$\rho = \lambda$ 자동체결

$\rho < \lambda$ 자연히 풀림

11 나사의 효율

나사효율(screw efficiency)은 외부에서 실제로 행한 일에 대한 유효한 일의 비를 말한다. 이것은 나사를 1회전시키는 동안에 Q의 하중을 올리기 위하여 한 일 pQ와 하중을 밀어 올리는 힘 P가 한 일 $\pi d_2 P$와의 비를 말한다.

따라서 사각나사의 효율 η는 다음 식으로 표시된다.

$$\eta = \frac{\text{유효한 일}}{\text{실제로 행한 일}} = \frac{\text{마찰이 없는 경우의 회전력}}{\text{마찰이 있는 경우의 회전력}} \tag{1}$$

$$= \frac{pQ}{\pi d_2 P} = \frac{pQ}{2\pi T} = \frac{pQ}{\pi d_2 Q \tan(p+\lambda)} = \frac{\tan\lambda}{\tan(p+\lambda)}$$

식 ①에서 나사의 효율은 리드각 λ의 함수이며, η와 λ의 함수이며, η와 λ의 관계는 그림2-29]와 같이 $\lambda = 0$ 및 $\lambda = \frac{\pi}{2} - \rho$에서 0이 된다. 그러므로 나사의 최대효율은 식 (1)을 리드각 λ로 미분하여 $\frac{d\eta}{d\lambda} = 0$로 놓으면, 리드각 λ는 다음 식으로 표시된다.

$$\lambda = \frac{\pi}{4} - \frac{\rho}{2} = 45^\circ - \frac{\rho}{2} \tag{2}$$

따라서 식(1)에 식(2)을 대입하면 최대효율 η_{max}는 다음 식과 같이 표시된다.

$$\eta_{max} = \frac{\tan(45^\circ - \frac{\rho}{2})}{\tan(45^\circ + \frac{\rho}{2})}$$

여기서, $\tan(45° + \frac{\rho}{2})\tan(45° - \frac{\rho}{2}) = 1$이 되므로 다음 식이 얻어진다.

$$\eta_{max} = \tan^2(45° - \frac{\rho}{2})$$

그러나 나사가 스스로 풀리지 않는 자립상태를 유지하려면, $\lambda = \rho$이므로

$$\eta = \frac{\tan\lambda}{\tan(\lambda+\rho)} = \frac{\tan\rho}{\tan 2\rho} = \frac{\tan\rho(1-\tan^2\rho)}{2\tan\rho} = \frac{1}{2} - \frac{1}{2}tan^2\rho < 0.5$$

가 된다. 그러므로 자립상태를 유지하는 사각나사의 효율은 50[%]미만이 된다.

12 너트의 설계

나사산은 굽힘이나 전단으로 파괴되고, 삼각나사는 굽힘으로, 각 나사와 사다리꼴 나사는 전단력으로 파괴된다. 일반적으로 볼트 재료가 너트의 재료보다 강하다.

(1) 접촉면의 압력(q)

$$q = \frac{Q}{A} = \frac{Q}{n \times \frac{\pi}{4}({d_2}^2 - {d_1}^2)} = \frac{Q}{n\pi d_e h}$$

(2) 너트의 높이

너트의 높이는 나사산의 접촉면에 작용하는 접촉면 입력과 나사산의 휨 전단력등을 생각하여 결정한다.

$$\begin{aligned} H &= n \times p \\ &= \frac{Q}{q\pi d_e h} \times p \ \text{(mm)} \end{aligned}$$

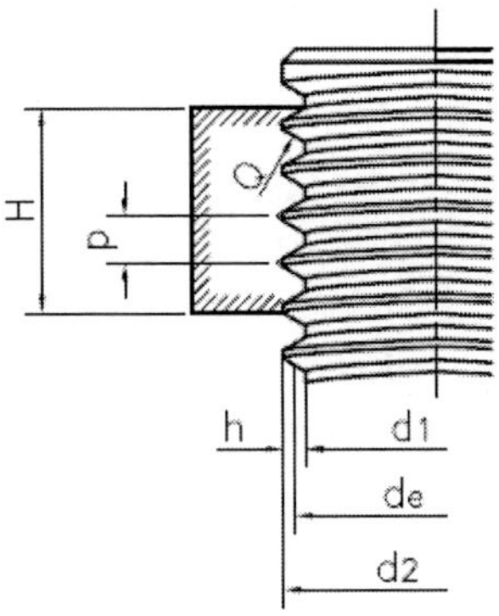

여기서 n : 산의수

p : 피치(mm)

d_e : 유효지름 $\dfrac{d_2+d_1}{2}$ mm

h : 산높이 $\dfrac{d_2-d_1}{2}\,mm$

그림 2-30
볼트 너트 체결

참고 일반적인 너트의 높이

H ≒ 0.8M (나사의 바깥지름)

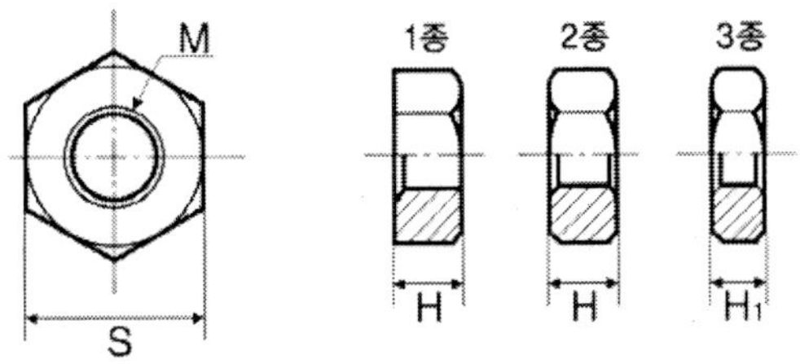

13 나사 잭 소요동력

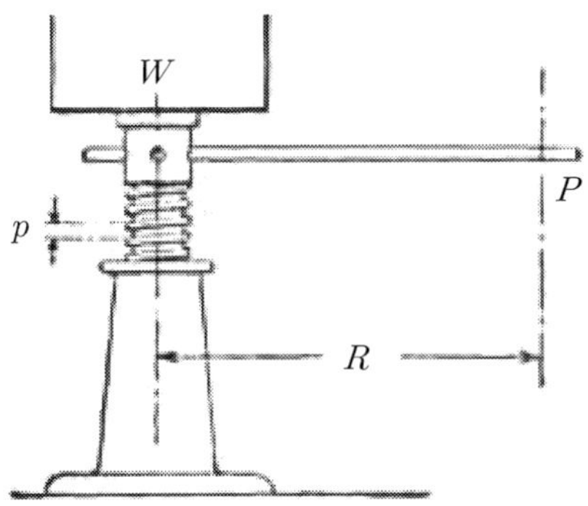

그림 2-31
중량물(W)을 들어 올릴 때 나사 잭의 소요동력

$$Kw = \frac{Wv}{1000\eta}$$

여기서 W : 나사잭의 하중 (N)

V : 속도 (m/sec)

p : 피치

η : 나사의 효율 ($\eta = \frac{W \times p}{2\pi T}$)

14 각종 구멍

볼트가 관통하는 구멍이나 암나사의 카운터 보링 등, 나사나 볼트에 관련되는 것을 다음에 설명한다.

1. 볼트 구멍

볼트 구멍은 볼트나 작은나사의 축부가 관통하는 틈새의 구멍으로, 나사의 호칭(바깥 지름)과 구멍 지름과의 틈새에 1급에서 4급까지의 등급이 있다. 또, 구멍은 가공 방법에 따라 펀칭 구멍, 드릴 구멍, 리머 구멍, 테이퍼 구멍, 선삭 구멍 등이 있다.

2. 자리파기

볼트의 자리면이 구멍의 중심선과 직각이 아닐 때는 자리파기를 한다. 자리파기의 깊이는 보통 묵피를 취하는 정도로, 그 지름은 규격에 의해 주어진다.

3. 카운터 보링, 카운터 싱킹

볼트나 작은나사의 머리 또는 너트가 자리면보다 높게 되어 있으면, 위험하거나 취급에 불편하므로 구멍파기를 한다.

4. 나사의 골지름

암나사의 나사를 깎을 때에 나사의 골지름이 적합하지 않으면 작업능률, 공구의 수명, 나사의 정밀도에 영향을 마친다. 골지름이 작으면 절삭력이 커지고 공구파손의 원인이 된다.

15 스패너

볼트 또는 네트를 돌릴수 있도록 고안된 공구를 스패너라 한다.

스패너에는 그림2-32와 같은 여러 종류가 있다.

그림 2-32
스패너의 종류

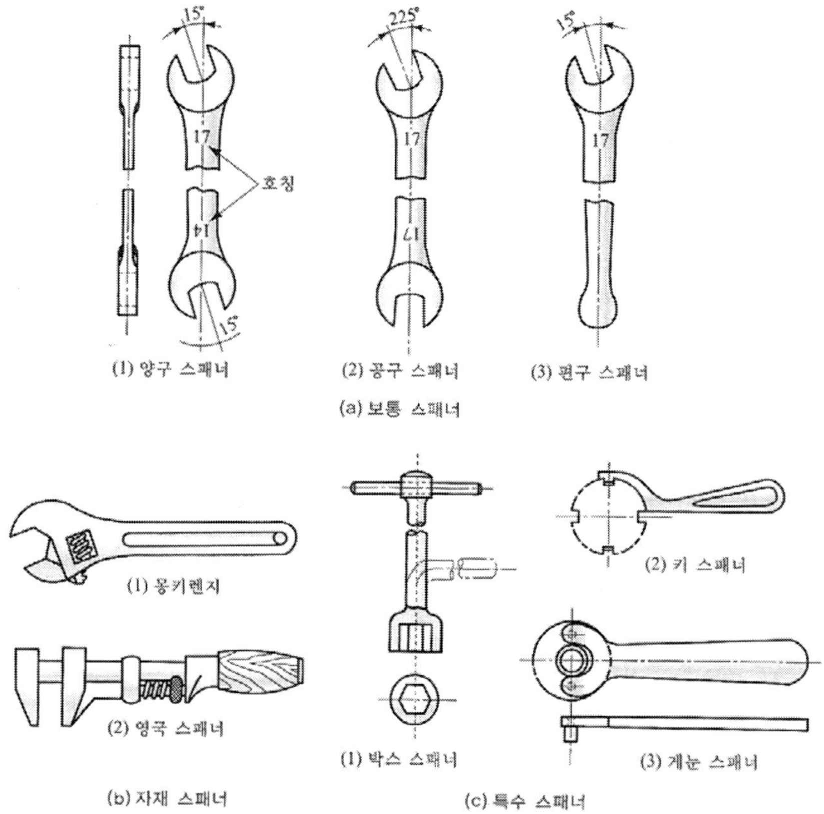

계 산 문 제

01 **암나사와 수나사가 결합되어 있을 때 암나사를 2회전하면 축방향으로 10mm 산수는 4산 전진한다. 나사의 피치와 리드는?**

SOL 이동거리 L = N ℓ = 2 × ℓ = 10　　　리드 ℓ = 5 mm

리드 $\ell = np$ = 2 × p = 5　　　피치 p = 2.5mm

(if 2회전에 4산 이동이면 1회전당 2산 이동 되므로 2중나사)

02 **그림과 같은 아이 볼트에 27kN의 하중(W)이 걸릴 때 사용 가능한 나사의 최소 크기는?** (단, 나사부 허용인장응력을 60 MPa로 한다.)

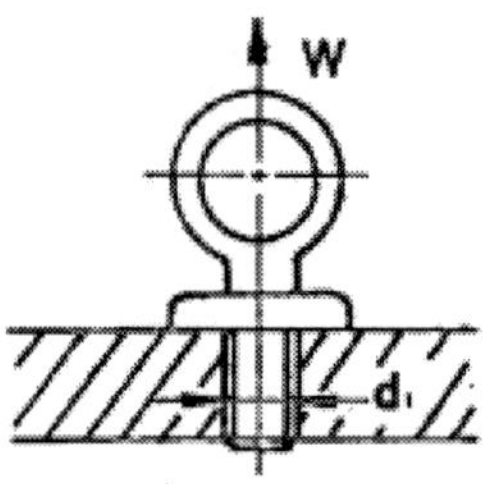

SOL $d = \sqrt{\dfrac{2W}{\sigma_a}} = \sqrt{\dfrac{2 \times 27 \times 1000}{60}}$ = 30mm

안전율을 고려하여 항상 그 계산값보다 큰 KS 규격값을 선정한다.

KS 규격집에서 미터 보통나사 M36 정도

참고 60MPa ($60 \times 10^6\ Pa\ (N/m^2) = 60\ N/mm^2$

03 10kN의 하중을 올리는 나사 잭의 나사 막대의 지름을 몇 mm로 하면 가장 적당한가? (단, 나사막대의 허용응력은 60MPa로 하고, 비틀림 응력은 수직응력의 1/3정도로 본다)

SOL $d=\sqrt{\dfrac{8W}{3\sigma_a}}=\sqrt{\dfrac{8\times 10\times 1000}{3\times 60}}=21.08\ \text{mm}$

약 22mm　　Tr 22

04 M20×2.5 나사가 유효지름이 18.396mm 이고, 마찰계수가 0.1일 때 나사의 효율 구하라

SOL 삼각나사 (M20 x 2.5) 피치 2.5　　마찰계수 $\mu=0.1$　　산의 각도 $\alpha=\dfrac{60^\circ}{2}=30^\circ$

$$\eta=\frac{\tan\lambda}{\tan(\lambda+\rho')}=\frac{\tan 2.477}{\tan(2.477+6.5867)}=0.27=27\%$$

$$\tan\lambda=\frac{p}{\pi d_e}=\frac{2.5}{\pi\times 18.396}\qquad \lambda=\tan^{-1}\frac{2.5}{\pi\times 18.396}=2.477^\circ$$

상당마찰계수 $\mu'=\dfrac{\mu}{\cos 30}=\dfrac{0.1}{\cos 30}=0.1155$

$$\tan\rho=\mu'\qquad \rho=\tan^{-1}0.1155=6.5867^\circ$$

05 무게 6 Kn의 물체를 4개의 볼트로 매어 달랐다 이때 볼트의 허용인장응력을 $\sigma_a=8MPa$라 하면 볼트의 크기는?

SOL 볼트 1개가 받는 힘 W = $\dfrac{w}{n}=\dfrac{6000}{4}$ =1500N

$d=\sqrt{\dfrac{2\times W}{\sigma_a}}=\sqrt{\dfrac{2\times 1500}{8}}=19.38\ \text{mm}$　　M =20 선정

06 다음 그림과 같이 10Kn의 전단력을 가할 때 볼트의 치수는 얼마인가? (단, 볼트의 허용 전단응력 35MPa 이다)

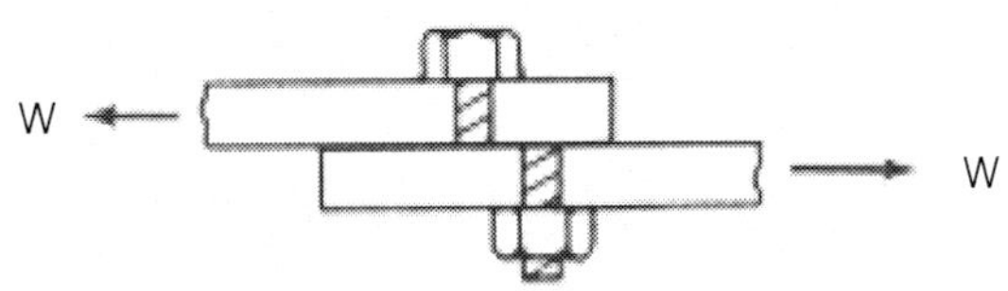

SOL $d = \sqrt{\dfrac{4W}{\pi\sigma_a}} = \sqrt{\dfrac{4\times10\times1000}{\pi\times35}} = 19.1\ \text{mm}$

미터 보통 나사 M20

07 15 kN의 인장 하중을 받는 보올트의 호칭 지름으로 다음중 가장 적합한 것은? (단, 안전율 3 재료의 인장강도는 54MPa 이며, 골지름/ 바깥지름 (d_1/d)=0.62 로 가정한다.)

SOL $\sigma_a = \dfrac{W}{A} = \dfrac{W}{\dfrac{\pi d_1^2}{4}} = \dfrac{\sigma_u}{S} = \dfrac{4\times15\times1000}{\pi\times0.62\,d^2} = \dfrac{54}{3} = 18$

$d = \sqrt{\dfrac{4\times15\times1000}{\pi\times0.62\times18}} = 41.3\text{mm} \fallingdotseq 42\ \text{mm}$ M42

참고 54 MPa = 54 N/mm^2

08 다음과 같은 외경이 25㎜, 피치가 4㎜인 스크로우 잭으로 500kN의 하중을 들어 올리려고 한다. 사각나사이고 축하중을 받는 칼라부위의 평균지름이 38㎜, 마찰계수(f, fc) 가 0.12 라면 잭 레버에 가해야 할 힘 F를 구하면?

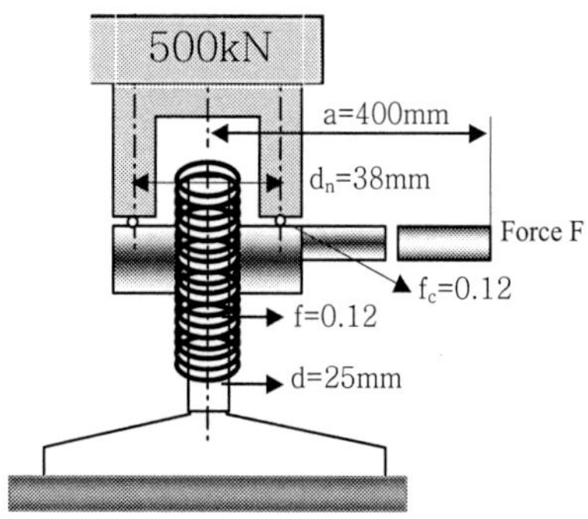

SOL 나사를 죌 때의 필요한 모우멘트

$$T = T_1 + T_2 = Q\tan(\lambda+\rho)\frac{d_e}{2} + \mu Qr = F\ell$$

$$= 500\tan(3.168^\circ + 6.84^\circ)\times\frac{23}{2} + 0.12\times500\times19 = F\times400$$

$F = 5.4Kn$

$\tan\lambda = \dfrac{p}{\pi \times d_e}$ $\lambda = \tan^{-1}\dfrac{p}{\pi \times d_e} = \tan^{-1}\dfrac{4}{\pi \times 23}$ =3.168°

마찰각 $\tan\rho = \mu$ $\rho = \tan^{-1}\mu = \tan^{-1}0.12 = 6.84°$

$h = \dfrac{1}{2}(d_2 - d_1) = \dfrac{p}{2} = \dfrac{1}{2}(25 - d_1) = \dfrac{4}{2}$

$d_1 = 21\text{mm}$

$d_e = \dfrac{1}{2}(25 + 21) = 23\text{mm}$

09 **내부 압력에 의해 16900N의 하중을 받는 압력용기 뚜껑을 볼트로 체결하려고 한다. 볼트의 인장강도는 $420\,N/mm^2$ 이고, 안전계수는 5로 할때, 필요한 볼트의 최소수는?** (단, 볼트지름은 13mm 이고, 굽힘에 의한 응력은 없다)

SOL 허용응력 $\sigma_a = \dfrac{420}{5} = 84\,N/mm^2$

볼트가 1개 받는힘 $P = \sigma_a A = 84 \times \dfrac{\pi}{4} \times 13^2$ = 11149.51N

볼트 2개만 있으면 16900N 힘을 버틸 수 있다

2개 이상

10. **20[kN]의 무게를 들어 올리는 나사잭을 설계하려고 한다. 나사는 사다리꼴 나사로서 축방향 하중과 비틀림 하중을 동시에 받는다면, 나사의 지름을 결정하시오, 단, 나사재료의 안장강도는 240[MPa]이고, 안전계수는 5로 한다,**

SOL 인장강도가 240[MPa]이고 안전계수가 5이므로 허용인장강도 $\alpha_a = 48[MPa] = 48[N/mm^2]$이므로 식(2-35)에 $Q = 20000[N], \alpha_a = 48[MPa]$을 대입하면

$d = \sqrt{\dfrac{8Q}{3\alpha_a}} = \sqrt{\dfrac{8 \times 20000}{3 \times 48}} = 33.3[mm]$

따라서 표2-7의 사다리꼴 미터나사에 Tr 34로 한다.

기출 및 예상문제

01 마찰계수 μ=0.2, 유효지름 $d_2 = 9.03mm$, 피치 p=1.5 mm인 사각 한줄나사의 효율은?

㉮ 16.7%　　㉯ 18.4%
㉰ 20.7%　　㉱ 24.4%

SOL $\eta = \dfrac{\tan\lambda}{\tan(\lambda+\rho)} = \dfrac{\tan 3.027}{\tan(3.027+11.31)} = 0.207 = 20.7\%$

$\tan\lambda = \dfrac{p}{\pi d_2}$　　$\lambda = \tan^{-1}\dfrac{p}{\pi d_2} = \tan^{-1}\dfrac{1.5}{\pi \times 9.03} = 3.027°$

$\tan\rho = \mu$　　$\rho = \tan^{-1}0.2 = 11.31°$

답 ㉰

02 다음의 설명 중 맞는 것을 고르시오.

㉮ 나사의 자립조건이란 나사가 스스로 풀리지 않는 조건으로서 나선각이 마찰각보다 클 때 이 조건을 만족한다.
㉯ 자립상태를 유지하는 나사의 효율은 반드시 50% 이하이어야 한다.
㉰ 모든 나사는 반드시 나사의 자립조건을 만족해야 한다.
㉱ 나사의 효율이란 나사에 가하여진 일량을 나사가 1회전 하는 동안 실제로 행한 일량으로 나눈 것이다.

SOL ① $\eta = \dfrac{\tan\rho}{\tan 2\rho} = \dfrac{1}{2} - \dfrac{1}{2}tan^2\rho < 0.5$

나사의 자립 상태를 유지 하는 나사의 효율은 반드시 50% 보다 작아야 한다.

② 자립조건 마찰각 〉 리드각 (나선각)
③ 나사를 1회전 하는 동안 이루어진 유효한 일량과 실제로 행한 일량과의 비를 나사의 효율이라 한다.

답 ㉯

03 볼나사(ball screw)의 장점에 해당되지 않는 것은?

㉮ 마찰이 매우 적고, 기계효율이 높다.
㉯ 예압에 의하여 치면높이(backlash)를 작게 할 수 있다.
㉰ 미끄럼 나사보다 내충격성 및 감쇠성이 우수하다.
㉱ 시동 토크, 또는 작동 토크의 변동이 적다.

SOL 볼나사의 장점

① 미끄럼 나사에 비해 구동 토오크가 1/3로 감소 : 나사축과 너트 사이에 볼이 구름운동을 하기 때문에 높은 효율이 얻어지며 종래의 미끄럼 나사에 비하여 구동 토크가 1/3 이하이다.
② 미동 이송이 가능 : 볼에 의한 구름 운동을 하기 때문에 기동 토오크가 극히 적고 미끄럼 운동의 경우처럼 스틱슬립을 일으키지 않으므로 정확한 미동 이송이 가능하다
③ 백러쉬(backlash)가 작고 강성이 높음 : 볼나사는 예압을 부여할 수 있으므로 예압에 의하여 축방향 클리어런스를 제로 이하로 가능하여 높은 강성을 얻을 수 있다.

답 ㉰

04 파이프와 같이 두께가 얇은 곳을 깎는 나사로서 호칭치수는 나사산의 수로 나타내며, 수밀, 기밀, 유밀을 유지하려고 할 때 사용되는 나사는?

㉮ 미터나사　　㉯ 휘트워드나사
㉰ 유니파이나사　　㉱ 관용나사

답 ㉱

05 유니파이 나사(unifed screw thread) UNC 1/4-20의 피치는 얼마인가?

㉮ 2.54mm ㉯ 1.27mm
㉰ 0.254mm ㉱ 25.4mm

SOL $p = \frac{25.4}{n} = \frac{25.4}{20} = 1.27mm$

답 ㉯

06 축 방향에 큰 하중을 받아 운동을 전달하는 데 적합하며 하중의 방향이 일정하지 않고 교번 하중을 받을 때 효과적인 나사는?

㉮ 볼나사 ㉯ 사각나사
㉰ 톱니나사 ㉱ 너클나사

답 ㉯

07 마이크로미터는 일반적으로 어떤 나사를 사용하는가?

㉮ 삼각나사 ㉯ 사각나사
㉰ 테이퍼나사 ㉱ 애크미나사

답 ㉮

08 너클나사에 대한 설명으로 틀린 것은?

㉮ 나사산의 산마루와 골의 모양이 매우 둥글다.
㉯ 나사산의 각은 55° 이다.
㉰ 먼지, 모래 등이 들어가기 쉬운 곳에 쓰인다.
㉱ 원형나사, 둥근나사 등으로 불린다.

SOL 둥근나사 : 전구 등에 쓰이는 나사로 먼지, 모래 등이 들어가기 쉬운 곳에 사용되는 나사

답 ㉯

09 **다음 중에서 운동용 나사에 속하지 않는 것은?**

㉮ 톱니나사　　㉯ 너클나사
㉰ 사다리꼴나사　　㉱ 유니파이나사

SOL 체결용나사 : 미터나사, 유니파이 나사, 관용나사, 미니어처나사

답 ㉱

10 **나사산 수, 나사 유효지름, 나사산의 높이, 나사 줄 수를 설계 변수로 하여 설계된 너트로 어떤 물체를 체결하고자 할 때, 너트 나사의 접촉면 압력이 너무 크다. 해결책으로 가장 옳은 것은?** (단, 너트의 높이는 일정 값으로 제한되어 있으며, 각 항에서 주어진 설계인자와 그에 종속된 변수 외는 변하지 않는다고 가정한다)

㉮ 나사산 수를 감소시킨다.　　㉯ 나사 유효지름을 증가 시킨다.
㉰ 나사 산의 높이를 줄인다.　　㉱ 나사의 줄수를 증가 시킨다.

SOL $q = \dfrac{Q}{A} = \dfrac{Q}{n \times \dfrac{\pi}{4}({d_2}^2 - {d_1}^2)} = \dfrac{Q}{n\pi d_e h}$

d_e : 나사의 유효지름　　$d_e = \dfrac{1}{2}(d_2 + d_1)$

h : 나사 산의 높이　　$h = \dfrac{1}{2}(d_2 - d_1)$

답 ㉯

11 **다음의 나사 기호 중에서 인치 나사는 어느 것인가?**

㉮ M12　　㉯ B12
㉰ Tw12　　㉱ Tr12

답 ㉰

12 **미끄럼 접촉을 하는 나사에 비하여 마찰이 매우 작은 나사는?**

㉮ 둥근 나사　　㉯ 톱니나사
㉰ 볼나사　　㉱ 사다리꼴 나사

답 ㉰

13 다음중 기계 등을 콘크리트 바닥에 설치하는데 사용되는 볼트의 명칭은?

㉮ 스테이볼트 ㉯ 아이볼트
㉰ 충격볼트 ㉱ 기초볼트

답 ㉱

14 나사산의 각도가 틀린 것은?

㉮ 미터 나사-60° ㉯ 애크미(미터계)-29°
㉰ 관용나사 -55° ㉱ 유니파이나사-60°

답 ㉯

15 도면에 나사표시가 Tr10 x 2로 표시되어 있을 때 올바른 해독은?

㉮ 볼나사 호칭경 10인치
㉯ 둥근나사 호칭경 10mm
㉰ 미터 사다리꼴나사 호칭경 10mm
㉱ 자동차 타이어 밸브나사 호칭경 10mm

답 ㉰

16 수나사 중심선의 편심을 방지하는 데 사용하는 너트는?

㉮ 플랜지 너트(flange nut) ㉯ 플레이트 너트(plate nut)
㉰ 슬리브 너트 (sleeve nut) ㉱ 캡 너트(cap nut)

답 ㉰

17 와셔를 기계용과 너트 풀림 방지용으로 분류할 때, 기계용으로 사용되는 것은?

㉮ 혀붙이 와셔 ㉯ 클로 와셔
㉰ 둥근 평와셔 ㉱ 스프링 와셔

답 ㉰

18 다음은 와셔의 용도를 말한 것이다. 해당 없는 것은?

㉮ 볼트(bolt)의 구멍이 너무 클 때
㉯ 접촉면이 기울어져 있을 때
㉰ 목재나 고무같이 압축 강도가 낮을 때
㉱ 표면이 매끈하여 미끄러질 염려가 있는 경우

답 ㉱

19 나사 끝을 침탄 담금질하여 얇은 판 또는 무른 재료의 암나사 쪽을 아래 구멍만 뚫어 놓고, 암나사를 만들어 조여 가는 것은?

㉮ 태핑 나사(tapping screw) ㉯ 스터드 볼트(stud bolt)
㉰ 세트 스크루(set screw) ㉱ 관통 볼트(through bolt)

SOL 태핑나사 : 얇은 판 또는 연한 재료의 구멍에 암나사를 만들면서 고정하는 나사

답 ㉮

20 다음 기계조립 작업에서 나사의 풀림을 방지하는 방법으로 틀린 것은?

㉮ 캡 너트에 의한 방법 ㉯ 로크 너트에 의한 방법
㉰ 분할핀에 의한 방법 ㉱ 스프링와셔에 의한 방법

답 ㉮

21 다음 중 일반적으로 너트를 사용하지 않는 볼트는?

㉮ 스터드 볼트 ㉯ 관통 볼트
㉰ 탭 볼트 ㉱ T볼트

답 ㉰

22 볼트와 볼트 구멍 사이의 틈새에 의하여 발생하는 전단응력 및 휨 응력을 방지하는 방법이 아닌 것은?

㉮ 리머 볼트 사용 ㉯ 테이퍼 볼트 사용
㉰ 로크너트 사용 ㉱ 볼트의 바깥쪽에 링 사용

SOL 리머볼트 : 리머로 다듬질한 구멍에 박아 체결하는 볼트로서 구멍과 볼트의 축 부분이 꼭 맞도록 다듬질한 볼트를 사용한다. 주로 전단력이 작용하는데 적합하다.

답 ㉰

23 두 개의 부품 사이의 거리를 일정하게 작용할 때 사용되는 볼트는?

㉮ 리머 볼트 ㉯ 스테이 볼트
㉰ 슬롯 볼트 ㉱ 기초 볼트

답 ㉯

24 spac 너트의 이점이 아닌 것은?

㉮ 설치비가 절감 된다. ㉯ 중량이 감소된다.
㉰ 조립형상을 개선할 수 있다. ㉱ 진동풀림에 대한 저항력이 감소

SOL SPACE NUT : 너트 자체를 판에 때려 박아 지속적인 높은 강도의 나사 역할

※ 장점

① 진동풀림에 대한 저항력 증가
② 용이한 요소 조립
③ 신속한 작업

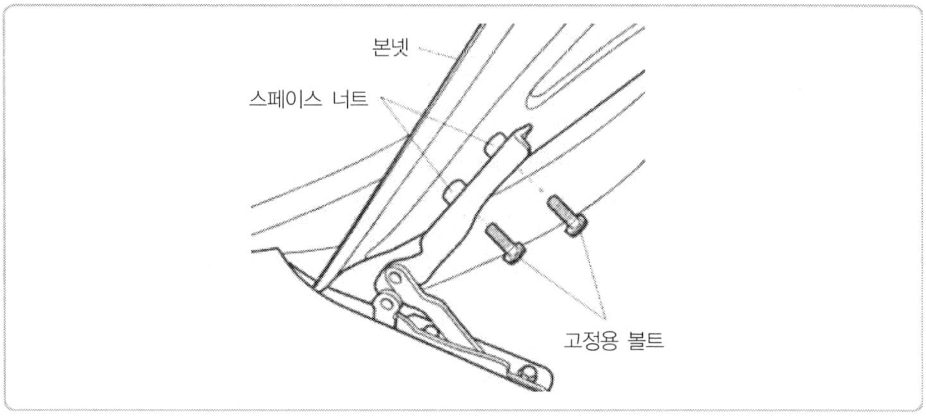

답 ㉱

25 생크(shank)부의 단면적을 작게 하여 늘어나기 쉽게 한 볼트는?

㉮ 스테이 볼트 ㉯ 리머 볼트
㉰ 아이 볼트 ㉱ 충격 볼트

SOL 충격볼트(연신볼트) : 원통형의 일부 또는 전부를 가늘게 깎아 충격력에 의해 쉽게 늘어날 수 있게 한 볼트

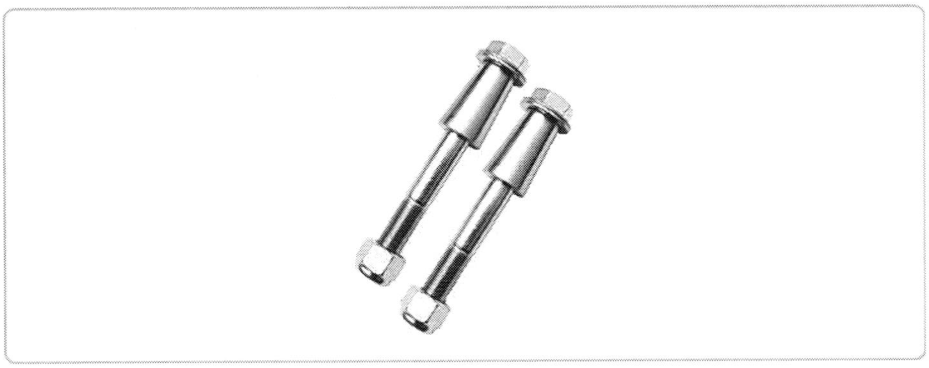

답 ㉱

26 너트의 종류 중에서 유체의 누출을 방지하기 위한 것이 주목적인 특수너트는?

㉮ 아이너트　　㉯ 캡너트
㉰ T너트　　㉱ 나비너트

SOL 캡너트 : 유체의 누설을 막기 위하여 위가 막힌 것
나비너트 : 손으로 돌릴수 있는 손잡이가 있다.

답 ㉯

27 힘을 한방향으로만 받는 부품에 이용되는 나사로 나사산각은 30°와 45° 2종류가 있다. 다음중 어느 나사인가?

㉮ 사각나사　　㉯ 사다리꼴나사
㉰ 톱니나사　　㉱ 둥근나사

답 ㉰

28 자리가 좁아 보통의 육각 너트를 쓸 수 없을 경우나, 너트의 높이를 적게 할 경우 또는 선반의 주축 같은 회전축 등에 사용되는 너트는?

㉮ 캡 너트　　㉯ 플랜지 너트
㉰ 홈붙이 너트　　㉱ 둥근 너트

SOL 둥근너트 : 회전체의 균형을 좋게 하거나 너트를 외부에 돌출 시키지 않으려고 할 때 주로 사용하며, 너트를 죄는데 특수한 스패너가 필요하다.

답 ㉱

29 양단에 수나사가 만들어져 있고 한쪽을 본체에 조임나사 박음을 하고 다른 쪽에 너트를 끼우는 것은?

㉮ 관통 볼트 ㉯ 탭 볼트
㉰ 스터드 볼트 ㉱ 스테이 볼트(stay bolt)

답 ㉰

30 항공기, 자동차, 정밀기계, 공작기계 등 진동이 심한 곳의 이완방지용으로 사용되는 나사는?

㉮ 미터나사 ㉯ 유니파이 나사
㉰ 미터 가는나사 ㉱ 관용테이퍼 나사

답 ㉰

31 다음 중 보스와 축을 고정하는데 주로 쓰이고, 축에 끼워진 기어나 풀리의 위치 조정 및 키의 대용으로 쓰이며, 끝이 담금질 되어 있어 마찰 걸림 등에 의한 정지 작용도 할 수 있는 나사로 가장 적합한 것은?

㉮ 육각 볼트 ㉯ 태핑 나사
㉰ 작은 나사 ㉱ 멈춤 나사

답 ㉱

32 다음 ( )안에 들어갈 말로 적절한 것은?

> 나사에서 나사가 저절로 풀리지 않고 체결되어 있는 상태를 자립상태(self-sustenance)라고 한다. 이 자립상태를 유지하기 위한 나사 효율은 ( )이어야 한다.

㉮ 30% 이상 ㉯ 40% 이상
㉰ 50% 미만 ㉱ 60% 미만

답 ㉰

33 나사에 대한 설명 중 틀린 것은?

㉮ 미터나사는 피치를 mm로 표시한다.

㉯ 체결용 나사는 주로 삼각나사로 사용된다.

㉰ 운동용 나사는 사각나사 사다리꼴 나사 등이 있다.

㉱ 사다리꼴 나사에서는 미터계는 29° 인치계는 30° 의 나사산을 갖는다.

SOL 미터계 30°(T_r)　　인치계 29°(T_w)

답 ㉱

34 마찰계수가 μ일 때, 유효지름이 d_2, 피치가 p인 n줄 나사의 자립 상태를 유지하기 위한 조건은?

㉮ $\mu \geqq \frac{\pi d_2}{pn}$　　㉯ $\mu \geqq \frac{np}{\pi d_2}$

㉰ $\mu \geqq \frac{p}{\pi n d_2}$　　㉱ $\mu \geqq \frac{\pi n d_2}{p}$

SOL 자립 조건　마찰각 $\rho > \lambda$ (리드각)

$$\tan\rho = \mu \quad \tan\lambda = \frac{p}{\pi d_2}$$

답 ㉯

35 피치가 1mm인 2줄 나사에서 90° 회전시키면 나사가 움직인 거리는 몇 mm인가?

㉮ 4　　㉯ 2

㉰ 1　　㉱ 0.5

SOL 이동거리 $L = N \times \ell = \frac{1}{4} \times 2 \times 1 = 0.5$

답 ㉱

제3장 키(KEY)

1 키(key)의 개요

키는 축에 풀리, 커플링 핸들과 같은 회전체를 고정시키기 위해 사용하는 쐐기 모양의 쇠막대입니다. 우리가 나무를 결합할 때 못을 박는 것과 같지만, 기계는 금속으로 이루어져 바로 박을 수 없기 때문에, 축에 키 자리를 만들고 회전체에 키 홈을 만들어 그 사이에 키를 꽂아 두 부분을 고정하게 됩니다.
스플라인은 축의 일부분이 기어모양을 하는 축으로 각 스플라인과 인벌류트스플라인의 두 종류가 있으며 키 보다 큰 회전력을 전달한다.

(1) 특징

① 확실히 고정하기 위하여 키의 윗면에는 1/100의 기울기를 붙인다.
② 축보다 강한 재질을 사용한다.(SM45C or SF550)
③ 전단력에 의해 파괴 된다.

그림 3-1
키(Key)

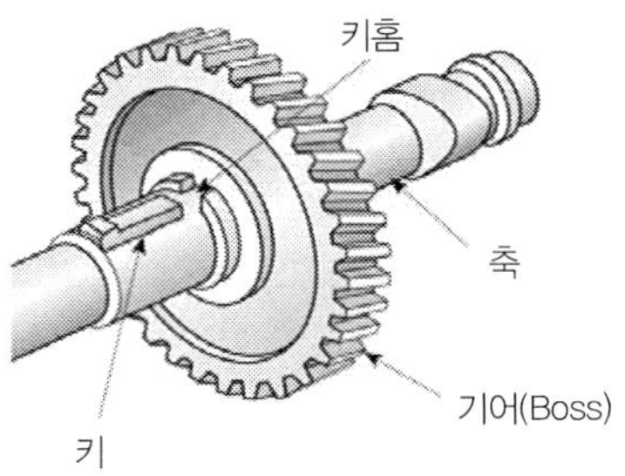

2 키(key) 가공 방법

키의 재료는 축재료보다 단단한 양질의 강을 사용한다. 축에 키홈을 파려면 밀링카터 또는 앤드밀로 가공하고, 풀리의 보스의 홈 가공을 브로처나 슬로터 세이프 등으로 가공한다.

- 보스(Boss) 부분 : 슬로터, 셰이퍼
- 축(Shaft) 부분 : 성크키 및 접선키(엔드밀), 반달키(밀링 커터), 스플라인(브로우칭 머신)

(1) 엔드밀에 의한 키홈가공

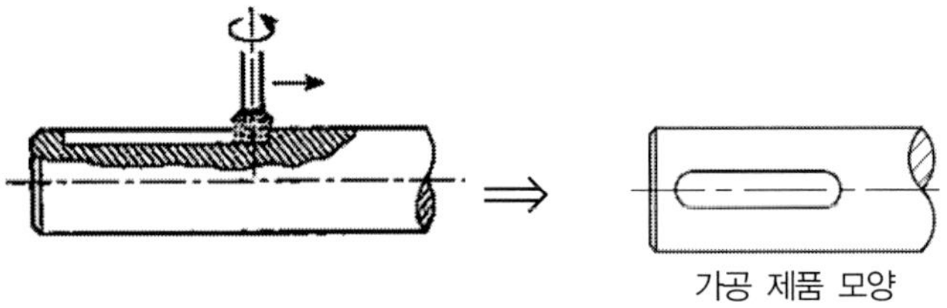

(2) 밀링커터에 의한 키홈가공

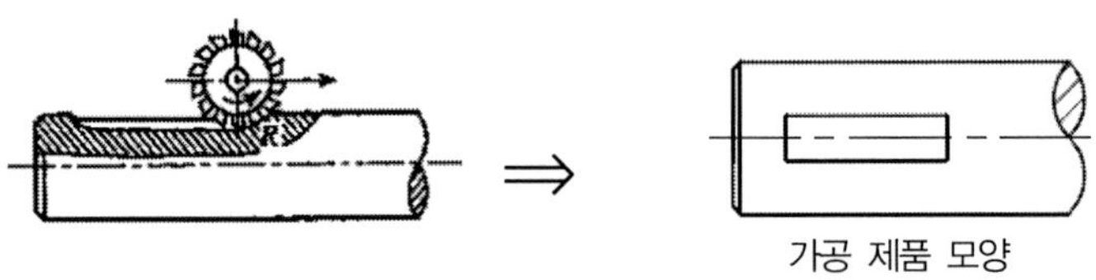

3 키의 종류

키의 종류에는 용도에 따라 성크기, 미끄럼키, 반달키, 평키, 접선키 등가키, 원뿔키 등이있다.

(1) 안장 키(새들 키)

축에 키홈을 파면 축의 강도를 저하시키므로 축에 홈을 만들지 않고, 보스에만 기울기 키홈을 만들어서 키이를 때려 박아 사용한다. 키의 뒷면은 축과 완전히 밀착되도록 가공되어 있다.
밀착면의 마찰력으로 동력을 전달하므로 큰 동력은 전달할 수 없다.

그림 3-2
새들키

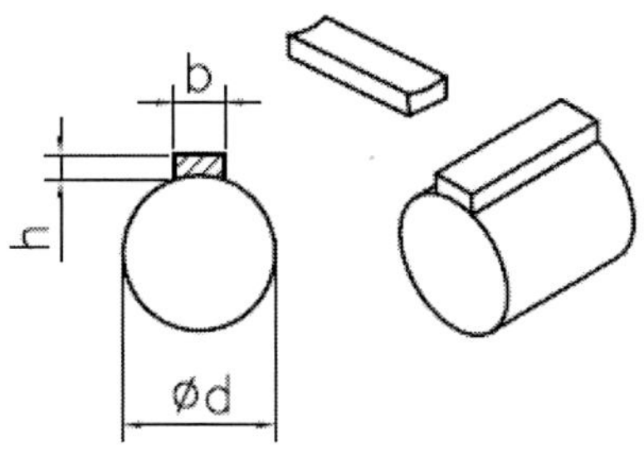

(2) 평키(flat key)

축의 윗면을 편평하게 깍고, 그 면에 때려 박는 키이다. 안장키보다 큰 힘을 전달할 수 있다.

그림 3-3
평키

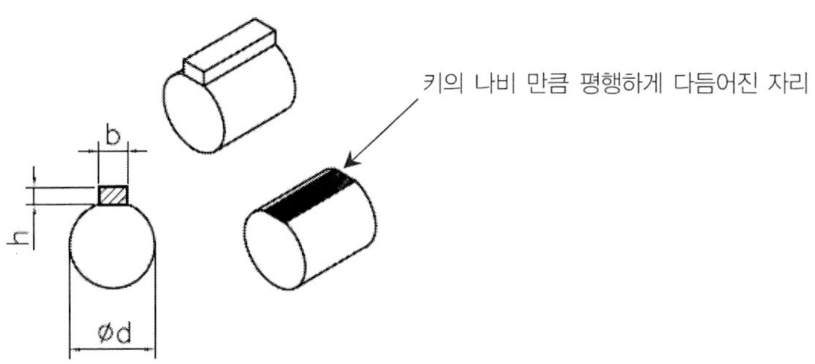

(3) 접선 키(tangential key)

키가 전달하는 힘은 축 둘레의 접선방향으로 작용하므로 큰힘을 전달 할수 있다 1/100 ~1/60의 기울기를 가진 2개의 키를 한 쌍으로 하여 사용하며 역회전을 가능하게 120°각도로 두 곳에 키를 끼운다.

정사각형 단면의 키를 90°로 배치한 것을 **케네디 키**(kennedy key)라고 한다. 주로 큰 힘이나 힘의 방향이 바뀌는 곳에 사용한다.

그림 3-4
접선키와 케네디 키

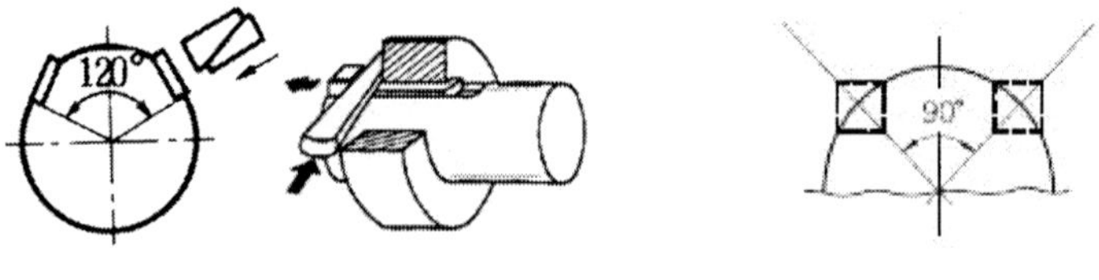

접선키 케네디 키

(4) 성크 키(단속키)

가장 널리 사용되는 키로서 양쪽에 키홈을 파서 키를 때려 박는다. 종류에는 경사키(테이퍼), 머리붙이 경사키, 평행키등이 있다.

① **평행 키** : 키의 위 아래면이 평행인 키. 축방향으로의 이동방지 위해 멈춤나서 사용하여 고정

② **테이퍼 키** : 키의 양측면 평행, 윗면 1/100 경사

③ **머리붙이 테이퍼 키** : 한쪽 면이 1/100인 키홈이 가공된 보스에 끼워 넣음

그림 3-5
성크키(평행키)

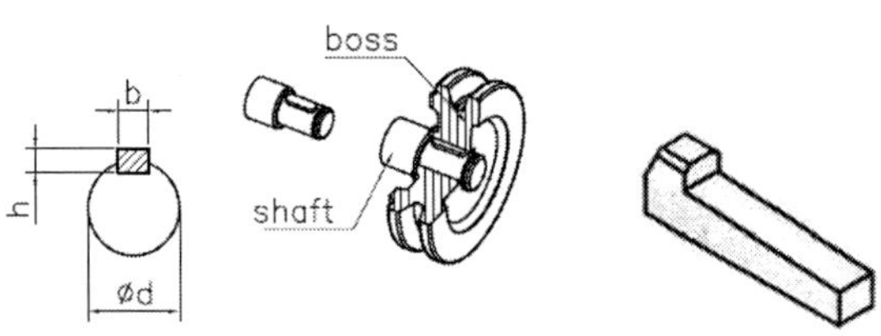

테이퍼키 및 머리붙이 테이퍼키

(5) 반달 키(woodruff key)

지름이 60mm 이하 사용되며, 자동적으로 위치를 조절되며, 주로 테이퍼 축에 사용한다. 단, 축에 홈을 깊이 파야 하므로 축이 약해지는 결점이 있다.

그림 3-6
반달키

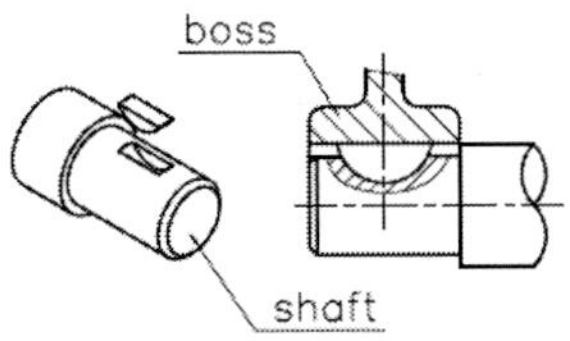

(6) 원뿔 키(원추 키 cone key)

축과 보스에 키홈을 파지 않고 외면이 원추로 된 2~3개의 원기둥으로 나누어 마찰에 의해 고정하는 것으로 임의 위치에 고정이 가능하다.

그림 3-7
원뿔키

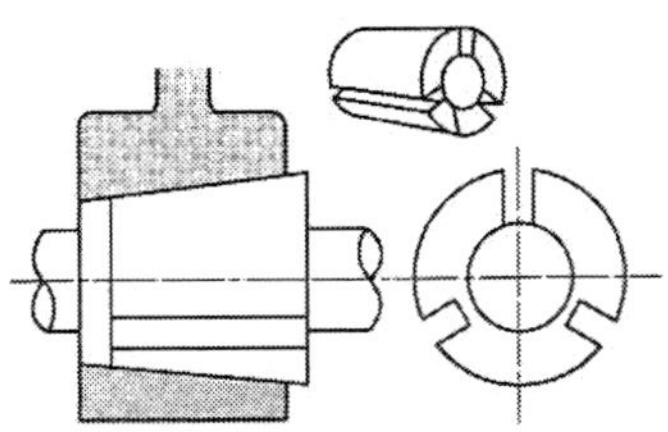

원뿔 키

(7) 핀키(pin key)

축과 보스를 끼운 상태로 드릴 및 리이머로 가공하여 원형 단면의 작은 핀을 때려 박음하여 사용한다. 작은 토크(torque)에 사용한다.

그림 3-8
핀키(둥근키)

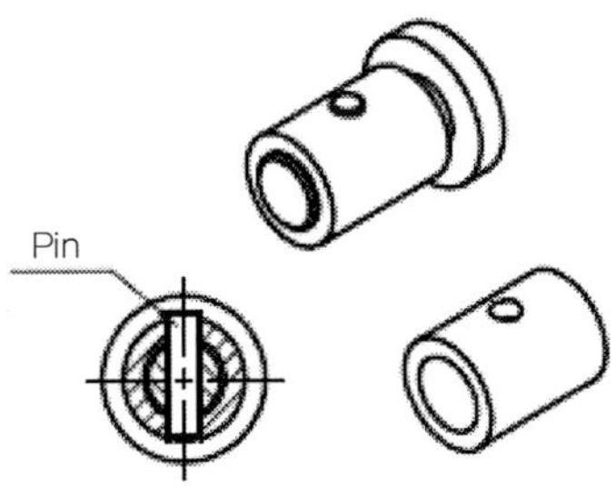

(8) 패터 키(미끄럼키) → 스플라인 대용

테이퍼가 없는 키이며, 보스를 축방향으로 미끄럼 이송 시킴과 동시에 회전력을 전달하기 위한 키이다.

그림 3-9
미끄럼키

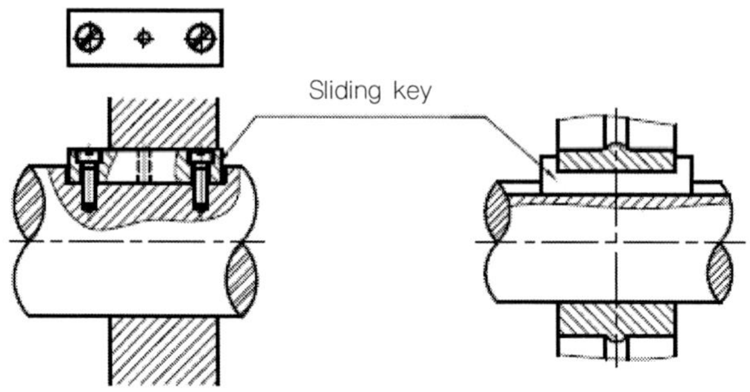

(a) 축에 키를 고정하는 방식 (b) 키를 보스에 고정하는 방식

(9) 스플라인(spline) 미끄럼키

축의 둘레에 4~20개의 턱을 만들고 보스에는 이에 맞물리는 홈을 가공하여 큰 회전력을 전달하며 또한 축방향으로 자유롭게 미끄럼 운동을할 수 있다.
용도 : 자동차, 공작기계, 항공기 등의 변속기어부에 사용된다.

그림 3-10
스플라인

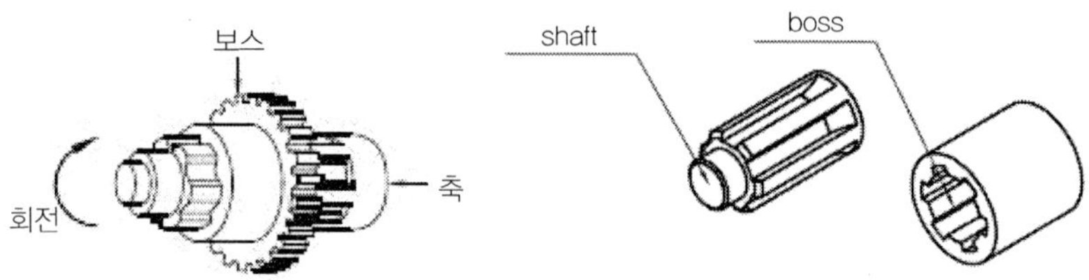

(a) 스플라인 (b) 스플라인체형

① **인벌류트 스플라인** : 스플라인의 잇면을 인벌류트곡선으로 가공하므로 정밀도가 높고 회전력을 원할하게 전달시킬수 있어 큰동력의 전달에 적합하다.

② **각형 스플라인** : 보통 스플라인이라고 부르며 잇수가 6,8,10개 등 인것이 있고 이의 끝이 사각으로 만들어져 있다. 이것은 자동차의 각부분에 강력하고도 가볍고 내구성이 있는 미끄럼 키의 필요성을 느끼게 된 것으로부터 발달한 것이며 활동용과 주로 공작기계에 사용되는 전동용이 있다.

(10) 세레이션(Serration)

축에 작은 삼각형의 모형을 만들어 축과 보스를 고정한다. 세레이션은 정적인 맞춤에만 쓰이고 슬라이딩에는 사용할 수 없다

※ **용도** : 자동차의 핸들

그림 3-11
세레이션

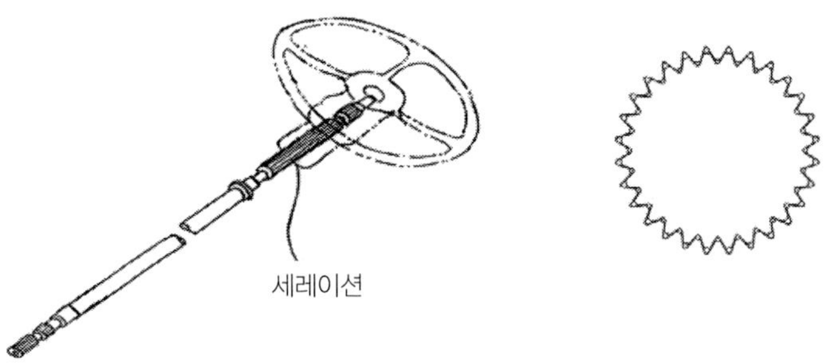

4 전달력이 큰 순서(동력전달순서)

세레이션 > 스플라인 > 접선키이 > 성크키 > 반달키이 > 평키 > 새들키이

5 키설계(표시법 : 폭 x 높이 x 길이 [$b \times h \times l$ 예 $12 \times 10 \times 20$]

키를 설계할 때에는 전달 토크가 완전히 전해지도록 키의 치수를 결정해야 한다. 일반적으로 성크 키가 가장 많이 사용되므로, 여기에서는 성크 키에 작용하는 접선력(회전력), 토크, 응력, 각부의 치수 등에 대하여 설명하기로 한다.

(1) 전단응력

그림 3-12
전단응력

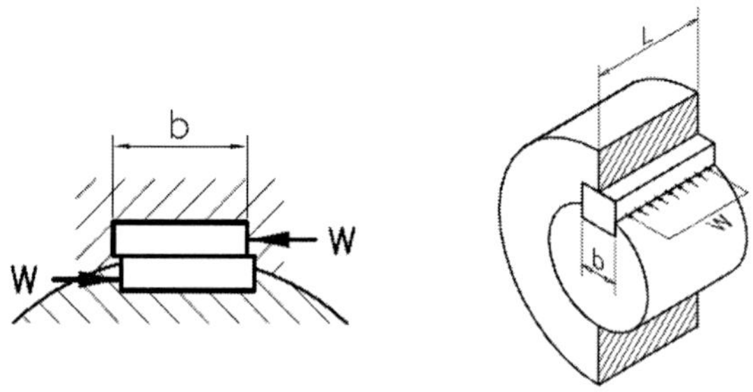

$$\tau_k = \frac{W}{bl} = \frac{\frac{2T}{d}}{bl} = \frac{2T}{bld}$$

① 전달토크(회전력)

$$T = W \times \frac{d}{2} = \tau_k bl \times \frac{d}{2} = \tau_s \times Z_p = \tau_s \times \frac{\pi d^3}{16}$$

$$\fallingdotseq 7020 \times 10^3 \times \frac{ps}{N} \fallingdotseq 9550 \times 10^3 \times \frac{kW}{N} \ [\mathrm{N \cdot mm}]$$

여기서 W : 축과 보스의 경계면에 작용하는 접선력(N)

τ_s : 축의 허용 전단응력(N/mm^2)

d : 축지름(mm)

Z_p : 극단면 계수(mm^3)

(2) 압축 응력(면압력, 압괴)

그림 3-13
압축응력

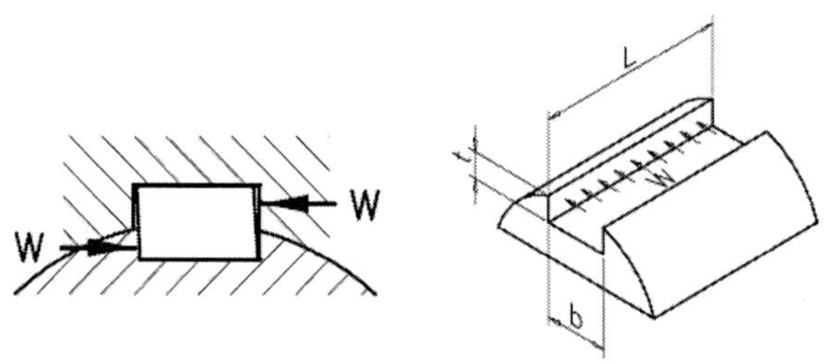

$$\sigma_c = \frac{W}{A} = \frac{W}{t\ell} = \frac{W}{\frac{h}{2} \times \ell} = \frac{2w}{h\ell} = \frac{4T}{h\ell d}$$

참고 $\sigma_c = 2\tau_k$ 로 하면 h=b 가 되어 정사각형 키가 된다. 그러나 키의 전단력의 문제가 되므로 이 힘에 견디기 위해서는 단면의 형상을 직사각형 (b 〉 h) 으로 하는 것이 바람직하다.

$$\tau = \frac{W}{b\ell} \qquad \sigma_c = \frac{2W}{h\ell}$$

즉 b 〉 h ⇒ 키의 높이가 높아지면 축과 보스에 깊은 홈을 파야하므로 축강도가 약해지고, 길이로서 강도를 조절한다.

6 스플라인의 치면강도(Excel 프로그램 이용이 가능함)

스플라인의 면압강도는, 키의 면압 강도와 같이 생각할 수 있습니다. 스플라인축은, 이 면압 강도 외에, 굽힘강도나 비틀림강도, 또 축의 휨 등도 검토할 필요가 있습니다.

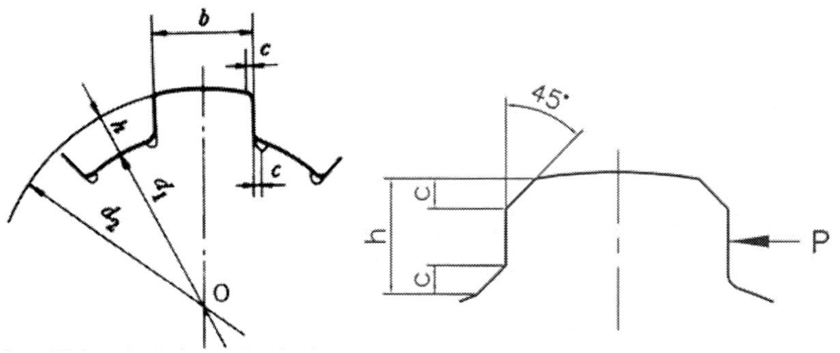

그림 3-14
스플라인

(1) 잇수 z 개의 스플라인 이의 측벽에 작용하는힘

$$P = z(h-2c)\sigma l \ \text{[N]}$$

(2) 스플라인이 전달하는 토크

$$T = \eta \cdot P \cdot \frac{d_m}{2} = \eta z(h-2c)l\,\sigma\,\frac{1}{4}(d_1+d_2) \ \text{[N·mm]}$$

여기서 b : 이나비 (mm)

h : 이높이 (mm)

l : 스플라인 접촉길이 또는 보스의 길이 (mm)

c : 잇면의 모따기 (면치)

d_m : 평균지름 or 유효지름 (mm) $d_m = \dfrac{d_1 + d_2}{2}$

z : 스플라인의 잇수

η : 치면의 접촉률 (75%)

σ : 스플라인 허용 면압력 (MPa)

d_1 : 스플라인의 작은지름 (mm)

d_2 : 스플라인의 작은지름 (mm)

예제 그림과 같이 잇수가 6, 호칭지름이 82mm 인 스플라인이 300rpm 으로 회전한다. 이의 허용면압력이 15MPa, 보스의 길이 120mm 일 때 전달 마력 (kW)은 얼마인가? (단, 치면접촉률 75%)

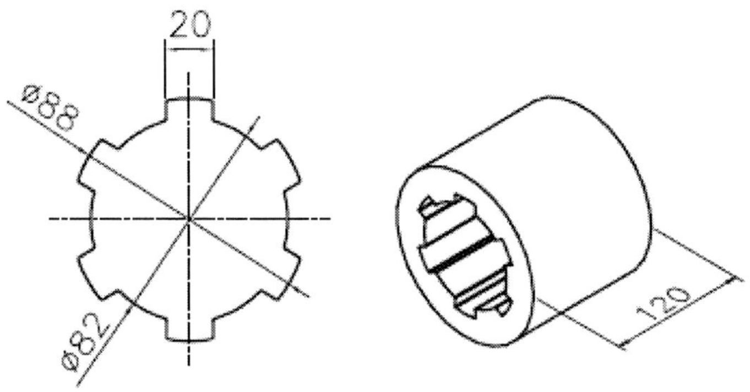

SOL $T = \eta \cdot P \cdot \dfrac{d_m}{2} = \eta z h \ell \, \sigma \dfrac{1}{4}(d_1 + d_2) = 9550 \times 10^3 \times \dfrac{H_{kw}}{N} [N \cdot mm]$

$$= 0.75 \times 6 \times 3 \times 120 \times 15 \times \frac{1}{4}(82 + 88) = 9550 \times 1000 \times \frac{H_{kw}}{300}$$

H_{kw} = 32.4 kW

이높이 $h = \dfrac{d_2 - d_1}{2} = \dfrac{88 - 82}{2} = 3\,mm$

$15MPa = 15 \times 10^5 Pa(N/m^2) = 15N/mm^2$

계 산 문 제

01 **축의 직경 d가 50mm이고, 회전수가 1500 rpm 이고, 12 ps 의 동력으로 전달하고자 할 때 사용할 묻힘키(Sunk key)의 치수결정 하라.** (단, 키의 허용압축응력 σ_a는 $9N/mm^2$ 이고, 키의 허용 전단응력τ_a 는 $5N/mm^2$ 이다.

[표3-1] 평행키 및 키홈의 모양과 치수

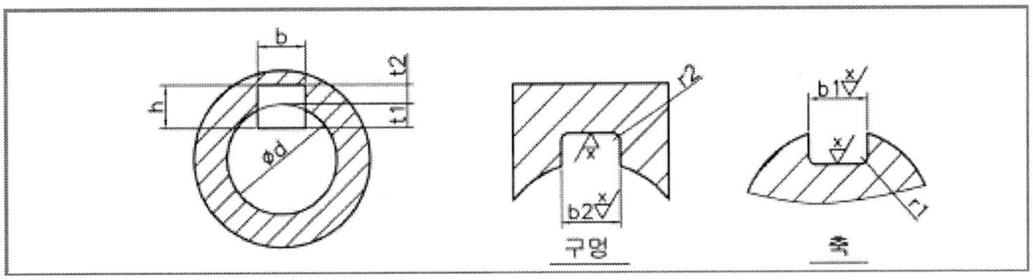

키의 호칭치수 $(b\times h)$	b_1b_2의 기준치수	키홈의 치수							참고
		정밀급	보통급		r_1 및 r_2	t_1의 기준치수	t_2의 기준치수	t_1t_2의 허용차	적용하는 축지름
		b_1 및 b_2 허용차 P9	b_1 허용차 N9	b_2 허용차 Js9					
2×2	2	−0.006 −0.031	−0.004 −0.029	±0.0125	0.08 ~0.16	1.2	1.0	+0.1 0	6~8
3×3	3					1.8	1.4		8~10
4×4	4	−0.012 −0.042	0 −0.030	±0.0150		2.5	1.8		10~12
5×5	5				0.16 ~0.25	3.0	2.3		12~17
6×6	6					3.5	2.8		17~22
8×7	8	−0.015 −0.051	0 −0.036	±0.0180		4.0	3.3	+0.2 0	22~33
10×8	10				0.25 ~0.40	5.0	3.3		30~38
12×8	12	−0.018 −0.061	0 −0.40	±0.0215		5.0	3.3		38~44
14×9	14					5.5	3.8		44~50
16×10	16					6.0	3.8		50~58
18×11	18					7.0	4.3		58~65

길이(L)의 표준 : 8, 12, 14, 16, 18, 20, 22, 25, 28, 32, 36, 40, 45, 50

SOL 표3-1 에서 지름이 50mm 일때 키의 호칭은 b x h (14 x 9) 선정

회전력 $T = 7020 \times \dfrac{Ps}{N} = 7020 \times \dfrac{12}{1500} = 56.16\ kN \cdot mm$

압축응력 $\sigma = \dfrac{4T}{dh\ell}$ $\quad \ell = \dfrac{4T}{dh\sigma_a} = \dfrac{4 \times 56.16 \times 1000}{50 \times 9 \times 9} = 55.46\ mm$

사용 전단응력 $\tau_w = \dfrac{2T}{b\ell d} = \dfrac{2 \times 56.16 \times 1000}{14 \times 55.46 \times 50} \fallingdotseq 2.9\ N/mm^2 < 5N/mm^2\ (\tau_a)$

key 길이 $\ell = 1.5d = 1.5 \times 50 = 75mm$

키의 호칭 $(b \times h \times \ell = 14 \times 9 \times 75)$ or $14 \times 9 \times 60$ 가능

02 **묻힘키이에서 전단응력을 τ 키이에서 생기는 압축응력을 σ라 하며 τ/ σ =1/2 일 때 키이폭 b와 높이 h의관계는?**

SOL $\tau = \dfrac{w}{b\ell}$ $\quad \sigma = \dfrac{2w}{h\ell}$ $\quad \dfrac{\tau}{\sigma} = \dfrac{1}{2}$ $\quad 2 \times \dfrac{w}{b\ell} = \dfrac{2w}{h\ell}$

b = h (폭과 깊이는 같다.)

03 **회전수 600rpm으로 20kW의 동력을 전달하는 지름 50mm의 회전축에 묻힘키**(폭과 높이가 각각 8mm)**가 설치되어 있다. 키 재료의 허용압축응력이 25 MPa일 때 키의 길이 (ℓ)는?** (단, 키의 묻힘 깊이는 키높이의 1/2로 하고 안전율은 1로 한다)

SOL $T = 9550 \times \dfrac{kW}{N} = 9550 \times \dfrac{20}{600} = 318.33\ kN \cdot mm$

$\sigma = \dfrac{4T}{dh\ell}$ $\quad \dfrac{4 \times 318.33 \times 1000}{50 \times 8 \times \ell} = 25(N/mm^2)$

$\ell = 127.33mm \fallingdotseq 130\ mm$

04 **평벨트 풀리의 지름이 1050mm, 축의 지름이 50mm라 하고, 풀리를 폭(b)×높이(h) = 14×9mm의 묻힘키로 축에 고정하고 벨트 장력에 의해 풀리의 외주에 2kN의 힘이 작용 한다면, 키의 길이는 몇 mm 이상이어야 하나?** (단, 키의 허용전단응력은 50 MPa 로 하고, 허용 전단응력만을 고려하여 계산한다.)

SOL

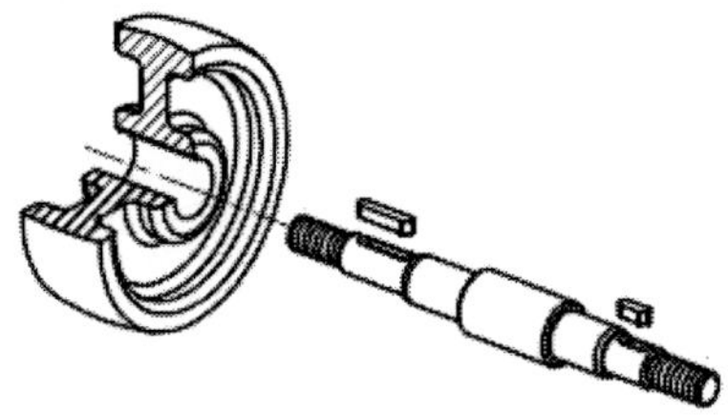

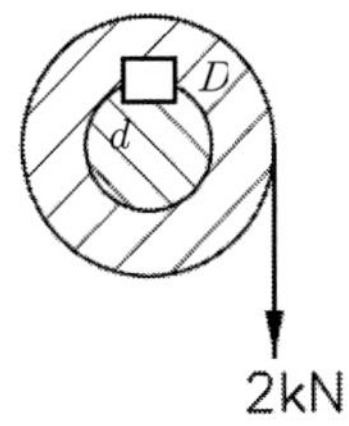

회전력 $T = W \times \dfrac{D}{2} = W \times \dfrac{d}{2} = \tau_k b\ell \times \dfrac{d}{2}$

$= 2000 \times \dfrac{1050}{2} = 50 \times 14 \times \ell \dfrac{50}{2} [N \cdot mm]$

$\ell = \dfrac{2{,}000 \times \dfrac{1{,}050}{2}}{50 \times 14 \times 25} = 60mm$

05 **지름50 mm의 축에 바깥지름 400 mm의 풀리가 묻힘 키로 고정되어있고, 풀리의 바깥지름에 1.5kN의 접선력이 작용한다면 키에 작용하는 전단력(kN) 및 전단응력(MPa)은?**
(단, $b \times h \times \ell = 14 \times 9 \times 60$)

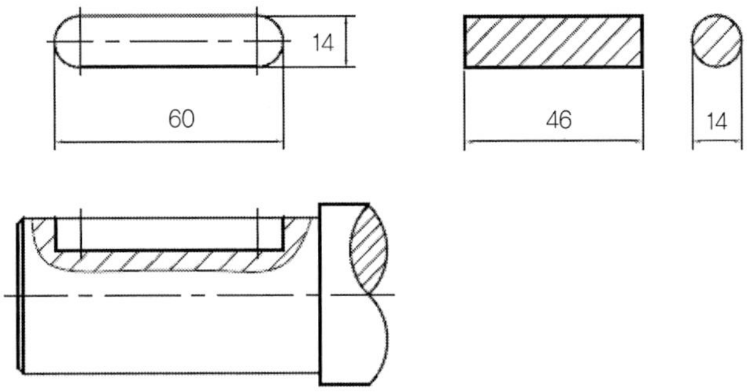

SOL ① 전단력

$$T = W\times \frac{D}{2} = P\times \frac{d}{2}$$

$$= 1.5 \times \frac{400}{2} = P\times \frac{50}{2}$$

$$P = 1.5\times \frac{200}{25} = 12kN$$

② 전단응력

$$\tau = \frac{P}{A} = \frac{12\times 1000}{798} = 15\,N/mm^2 = 15MPa$$

단면적 (A) = □ +○ = $(46\times 14 + \frac{\pi}{4}\times 14^2) ≒ 798\,mm^2$

06 **지름 60mm의 강축에 350rpm으로 50kW를 전달하려고 할 때 허용전단응력을 고려하여 적용 가능한 묻힘 키(sunk key)의 최소 길이(ℓ)는 약 몇 mm인가?** (단, 키의 허용전단응력 τ=40[N/mm^2], 키의 규격(폭×높이) b×h=12mm×10mm 이다)

SOL $T = 9550\times \frac{kW}{N} = 9550 \times \frac{50}{350} = 1364.29kN\cdot mm = 1364.29\times 10^3 N \cdot mm$

$$\tau = \frac{2T}{b\ell d} = \frac{2\times 1364.29\times 1000}{12\times \ell\times 60} = 40[N/mm^2]$$

$$\ell = 94.7mm ≒ 95mm$$

07 **성크 키의 길이가 150 mm, 키에 발생하는 전단하중은 60 kN 키의 너비와 높이와의 관계는 b=1.5h 라고 할 때 허용 전단응력 20 MPa 라 하면 키의 높이는 약 몇 mm 이상이어 하는가?** (단, b는 키의 너비, h는 키의 높이이다)

SOL $\tau_k = \frac{W}{b\ell} = \frac{60\times 1000}{b\times 150} = 20\,N/mm^2$

$b = 20mm \qquad h = \frac{b}{1.5} = \frac{20}{1.5} = 13.3 ≒ 14mm$

08 지름이 24㎜인 전동축에 키를 설계하려한다. 축과 키의 전단강도는 같고 키의 길이를 축지름의 1.5배로 제한한다면 키의 폭을 얼마로 하는 것이 바람직 하겠는가?

SOL $T = W \times \frac{d}{2} = \tau_k b \ell \frac{d}{2} = \tau_s \frac{\pi d^3}{16}$

$= \tau_k \times b \times 1.5d \times \frac{d}{2} = \tau_s \times \frac{\pi d^3}{16}$

$= \frac{1.5b}{2} = \frac{\pi \times 24}{16}$

$b = \frac{\pi \times 24 \times 2}{1.5 \times 16} = 6.3 ≒ 7mm$

(단, 축과 키의 전단강도는 같다 $(\tau_k = \tau_s)$)

10. 지름 5.5[mm]의 전동축에 적합한 묻힘키의 치수를 결정하시오. 단, 축 재료의 허용전단응력 $\tau_s = 20[\mathrm{MPa}]$, 키의 허용압축응력 $\sigma_c = 60[MPa]$ 이다.

SOL 키의 압축력에 의해 축의 토크가 전달되는 것으로 하면

$\frac{\pi d^3}{16}\tau_s = t\ell\sigma_c \cdot \frac{d}{2}$

이 성립하고, [표3-1]에서 축지름 55[mm]에 대한 키로서 $b \times h = 16 \times 10$를 선정하면 $t = 6[mm]$이므로 키의 길이는

$\ell = \frac{2\pi d^2 \tau_s}{16t\alpha} = \frac{2 \times \pi \times 55^2 \times 20}{16 \times 6 \times 60} = 66[mm]$

표3-1에서 길이 ℓ의 표준값으로 70[mm]를 결정하여 묻힘키의 치수는 $16 \times 10 \times 70[mm]$로 한다.

기출 및 예상문제

01 **축에 풀리, 기어, 플라이휠, 커플링 등의 회전체를 고정시켜서 원주 방향의 상대적인 운동을 방지하면서 회전력을 전달시키는 기계 요소는?**

㉮ 볼트　　㉯ 코너
㉰ 리벳　　㉱ 키

SOL 키(Key)는 축에 기어, 풀리, 플라이휠, 커플링, 클러치 등의 회전체를 고정 시켜서 회전운동을 전달시키는 결합용과 보스를 축에 고정하지 않고 축 방향으로 이동할 수 있게 한 것이 있다.

답 ㉱

02 **키(key)에 대한 설명으로 올바르지 못한 것은?**

㉮ 펑키는 연결부의 안정성이 부가적으로 요구되는 기계가구이다.
㉯ 안장키는 압축응력만으로 동력을 전달하며, 토크가 크고 변동하는 경우의 전달에 적합하다
㉰ 경사키는 테이퍼진 평행키로서 축과 보스를 고정시키가 쉽게 하기 위해서 머리붙이를 이용한다.
㉱ 성크키는 사각단면을 갖는 평행키의 한 종류이며, 높이의 반이 축에 그리고 반쪽이 보스에 묻히는 키이다.

SOL 성크키 종류 : 진 테이퍼키, 머리붙이 경사키, 평행키

답 ㉯

03 **축에는 키 홈이 없고, 축의 원호에 접할 수 있도록 하며 보스에만 키 홈을 파는 경하중용에 사용하는 키는?**

㉮ 안장 키 ㉯ 접선 키
㉰ 평 키 ㉱ 반달 키

답 ㉮

04 **스플라인에 대한 설명으로 틀린 것은?**

㉮ 축에 여러 개의 같은 키 홈을 파서 여기에 맞는 한 짝의 보스 부분을 만들어 축방향으로 서로 미끄러져 운동할 수 있게 한 것이다.
㉯ 종류에는 각형 스플라인, 헬리컬 스플라인, 세레이션 등이 있다.
㉰ 용도는 주로 변속장치, 자동차 변속기 등의 속도 변환용 축에 사용된다.
㉱ 키 보다 큰 토크를 전달할 수 있다.

SOL 스플라인
① 자동차, 공작기계, 항공기, 발전용 증기터빈 등에 널리 쓰인다.
② 축의 둘레에 수많은 키를 깎아 붙인 것과 같은 것이다.
③ 축과 보스와의 중심축을 정확하게 맞출 수 있다.
※ 종류 : 각형, 스플라인, 인벌류우트 스플라인(세레이션)

답 ㉯

05 **축에 홈이 깊게 파여 축의 강도가 약하게 되기는 하나 키와 키홈 등이 모두 가공하기 쉽고 키가 자동적으로 축과 보스 사이에 자리를 잡을 수 있으며 자동차, 공작기계 등의 축에 널리 사용되며 특히 테이퍼 축에 사용하면 편리한 키는?**

㉮ 둥근 키 ㉯ 접선 키
㉰ 묻힘 키 ㉱ 반달 키

SOL 반달키(woodruff) : 일반적으로 60mm 이하의 작은 축에 사용되고, 특히 테이퍼축에 편리한 키(key)

답 ㉱

06 보스를 축방향으로 미끄럼 이송 시킴과 동시에 회전력을 전달하기 위한 키로 다음 중 가장 적합한 키는?

㉮ 안장키　　㉯ 페더키

㉰ 반달키　　㉱ 접선키

SOL 용도 : 맞물림 클러치 종동축

답 ㉯

07 다음 중 접선키에서 2개의 키를 끼우는 키 사이의 각도는?

㉮ 180°　　㉯ 60°

㉰ 120°　　㉱ 240°

SOL 접선 키에서 120° 의 각도로 두개의 키를 끼우는 가장 큰이유 : 역회전을 가능케 하기위해 (구배는 1/60~1/100 정도)

답 ㉰

08 다음 중 큰 회전력을 전달 할수 있는 기계요소 순으로 나열된 것은?

㉮ 안장키 〉 경사키 〉 스플라인 〉 평키　　㉯ 스플라인 〉 경사키 〉 평키 〉 안장 키

㉰ 안장키 〉 평키 〉 경사키 〉 스플라인　　㉱ 스플라인 〉 평키 〉 경사키 〉 안장 키

답 ㉯

제4장 핀 (pin)

1 핀(pin)의 개요

기계에서 큰 힘이 걸리지 않는 부분을 고정할 때, 볼트와 너트 결합 후 너트가 풀리는 것을 방지할 때 사용하는 결합용 기계요소를 핀이라 합니다.

2 핀의 종류

핀은 풀리, 기어 등에 작용하는 하중이 작을 때 설치 방법이 간단하기 때문에 키 대용으로 널리 사용된다. 평행 핀, 너클 핀(knuckle pin), 스플릿 핀(split pin), 테이퍼 핀, 스프링 핀 등이 있다.

(1) **평행핀**(dowel pin) : 부품의 맞춤면의 관계 위치를 사용하는데 사용

예 자전거의 체인

(2) **테이퍼핀**(taper pin) : 호칭지름은 작은쪽 지름이며, 1/50 테이퍼 값을 갖는다.

예 자전거의 크랭크와 크랭크 축 고정

(3) **분할핀**(split pin) : 너트의 풀림방지용으로 사용되며 호칭지름은 핀구멍의 지름으로 표시된다.

예 볼트에 너트를 조이고 빠지지 않게 하기 위해 볼트에 구멍을 뚫어 분할핀을 꽂아 고정한다.

(4) **스프링핀** : 구멍의 크기가 일정하지 않더라도 때려 박을 수 있다.

예 경금속(알루미늄) 고정

그림 4-1
핀의 종류

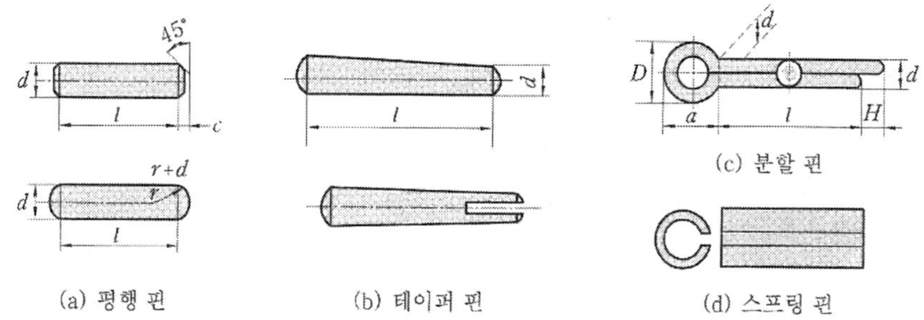

3 너클조인트(Knuckle jount) 너클핀

한쪽 축단이 두 가지로 분기되어 있고, 이것에 다른 쪽 축단을 끼워 핀으로 접합한 축 이음으로서 핀축의 주위를 자유로이 회전할 수 있는 것이 특징이다.

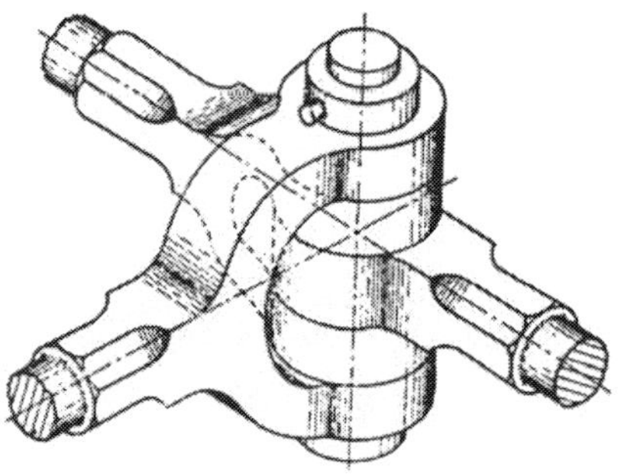

(1) 너클핀 설계

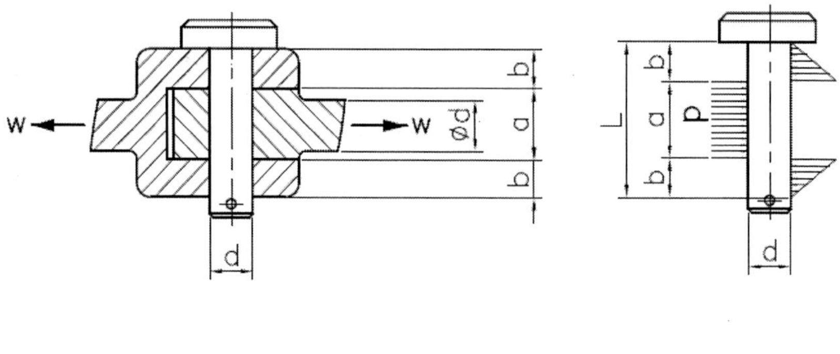

① 핀의 지름

핀의 투영면의 압력 $p_m = \frac{W}{da} = \frac{W}{dmd} = \frac{W}{d^2 m}$ $d = \sqrt{\frac{W}{mp_m}}$

(단, 핀의 허용면압 $p_m = 13.7 \sim 20.6\,MPa$)

② 전단응력

$$\tau = \frac{W}{2A} = \frac{2W}{\pi d^2}$$

③ 굽힘 강도

$$M = \frac{W\ell}{8} = \sigma Z = \sigma_b \frac{\pi d^3}{32} \quad (\ell \fallingdotseq 1.5\,md)$$

$$W = 0.52 \times \frac{d^2 \sigma}{m}$$

여기서 W : 축하중 (N)

d : 핀의 지름 (mm)

a : 핀과 핑거의 접촉 길이 (mm) (a=md)

m : 프아 송의 수 (m = 1~1.5)

ℓ : 핀과 이음과의 접촉 길이 (mm)

σ_b : 굽힘응력(N/mm^2)

(2) 너를 핀의 규격

규격으로는 평행핀은 KS B 1320에, 스플릿 핀은 KS B 1321에 규격화되어 있다.

[표 4-1] 핀의 KS 규격

핀의 종류	KS 규격번호	핀의 재료
스플릿 핀	B 1321	KS D 3554의 3종의 강, D 5553의 황동
		KS D 3554의 4종의 강, D 5554의 동
테이퍼 핀	B 1322	KS D 3752의 SM 50C 또는 SM 20C
슬롯 테이퍼 핀	B 1323	KS D 3752의 SM 20C 또는 SM 35C

4 고정링 (스냅링)

원형 단면을 갖는 축이나 원통형 내면을 갖는 기계부붐에 조립해서 박음되는 부재를 축방향으로 고정하거나 위치를 결정할 때 사용되는 기계요소를 고정링(retaining ring) 이라 한다.

축심방향으로 삽입하는 것과 축 직각방향으로 삽입하는 것이 있고, 축에 그댈 끼우는 것과 축에 정해진 홈을 만들어 그 홈에 끼워서 사용하는 것이 있다. 원통내면에 사용하는 경우에는 구멍의 정해진 위치에 홈을 만들어 고정링을 오므려서 축심방향으로 삽입한 후 홈 안에서 확장시켜 사용한다.

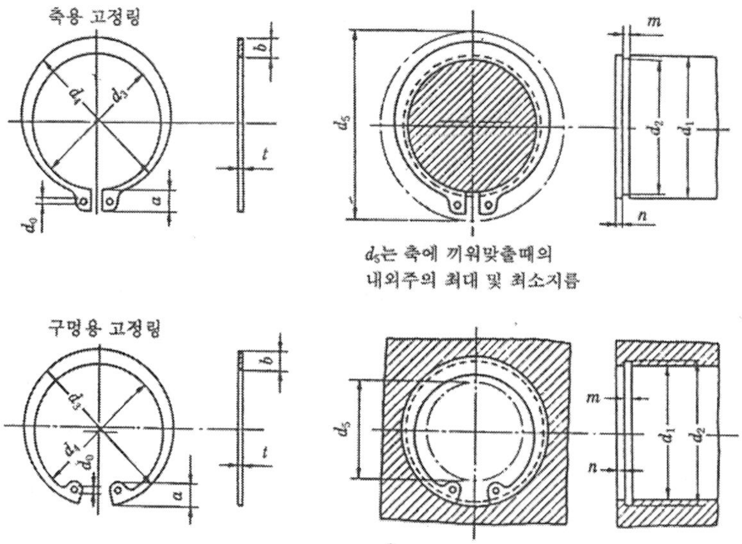

그림 4-2 C형 고정링의 모양과 사용상태

고정링은 C형과 E형이 있으며 그림 4-2에 C형 고정링이 표시되어 있다. 호칭지름은 10~125까지 규격화되어 있으며, 모양은 편심을 갖는 원형으로 개구부 양쪽에 벌리거나 오므리기 쉽도록 작은 구멍이 있으며, 이 구멍이 홈속에 묻히지 않도록 해야 한다. E형 고정링은 그림 4-3에 나타낸 바와 같이 비교적 작은 지름의 축용으로 사용되고 축의 지름은 1~38mm까지로 착탈이 편리하도록 고안되어 있다.

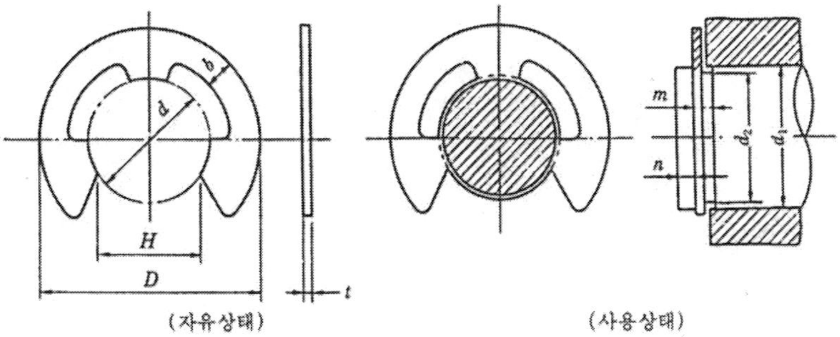

그림 4-3
E형 고정링의 모양과 사용상태

계 산 문 제

01 너클 핀 이음에서 인장력이 30KN 핀의 허용전단응력을 30MPa 이라고 할때 핀의 지름 d는 몇 mm 인가?

SOL $\tau = \dfrac{W}{2A} = \dfrac{30 \times 1000}{2 \times \dfrac{\pi}{4} \times d^2} = 30$

$d = \sqrt{\dfrac{2 \times 30 \times 1000}{\pi \times 30}} = 25.2mm$

$d = 25.2mm$

$(30\,MPa = 30\,N/mm^2)$

02 너클핀 이음에서 1200 N의 하중이 작용한다. 이때 m =1.3 허브의 허용면압력은 1.5 MPa 라고 할 때 핀의 전단응력(N/mm^2)은 얼마인가?

SOL $d = \sqrt{\dfrac{W}{mp_m}} = \sqrt{\dfrac{1200}{1.3 \times 1.5}} = 24.81mm$

$\tau = \dfrac{W}{2A} = \dfrac{1200}{2 \times \dfrac{\pi \times 24.81^2}{4}} = 1.24\ N/mm^2$

기출 및 예상문제

제4장 핀(pin)

01 다음 중 세로방향으로 쪼개어 있으므로 구멍의 크기가 정확하지 않더라도 해머로 때려 박을 수가 있어 편리한 핀은?

㉮ 평행핀 ㉯ 테이퍼핀
㉰ 스프링핀 ㉱ 분할핀

답 ㉰

02 분할핀의 호칭 지름과 같은 것은?

㉮ 핀 구멍의 지름 ㉯ 분할 상태의 단면 지름
㉰ 핀의 길이 ㉱ 분할 상태의 두께

SOL 홈붙이 너트 : 분할핀을 사용해서 너트의 풀림을 방지

답 ㉮

03 핀의 용도 중 틀린 것은?

㉮ 작은 핸들을 축에 고정할 때와 같이 힘이 많이 걸리지 않는 부품의 설치
㉯ 분해 조립하는 부품의 위치 결정
㉰ 너트의 풀림 방지
㉱ 분해할 필요가 없는 부품의 영구적 이음

답 ㉱

04 테이퍼 핀의 호칭은 어떤 부분으로 나타내는가?

㉮ 테이퍼의 큰 쪽 직경 ㉯ 핀의 길이
㉰ 테이퍼 작은 쪽의 직경 ㉱ 테이퍼 큰 쪽 직경과 작은 쪽의 직경

SOL 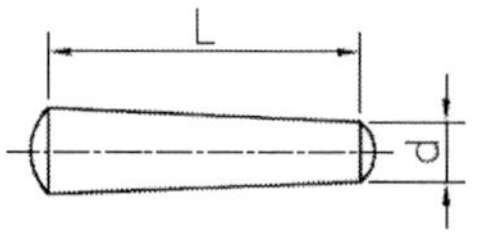

테이퍼 1/50

답 ㉰

05 **핀 이음에세 한쪽 포크(fork)에 아이(eye)부분을 연결하여 구멍에 수직으로 평행핀을 끼워 두분이 상대적으로 각운동을 할수 있도록 연결한 것은?**

㉮ 코터 ㉯ 너클핀

㉰ 분할핀 ㉱ 스플라인

SOL 너클핀 : 한쪽 축단이 두 가지로 분기되어 있고, 이것에 다른 쪽 축단을 끼워 핀으로 접합한 축 이음으로서 핀축의 주위를 자유로이 회전할 수 있는 것이 특징이다.

답 ㉯

제5장 코터(cotter)

1 코터(cotter)의 개요

축의 길이방향에 직각 으로 끼워서 축을 결합시킨다. 코터의 모양은 상하로 테이퍼를 주어 빠지지 않도록 한다. 즉 쪼개져 있는 것이 한곳에 들어가서 경사진 각도로 인해 부품들을 고정해 주는 용도로 사용된다.

그림 5-1 코터 이음(cotter)의 구성

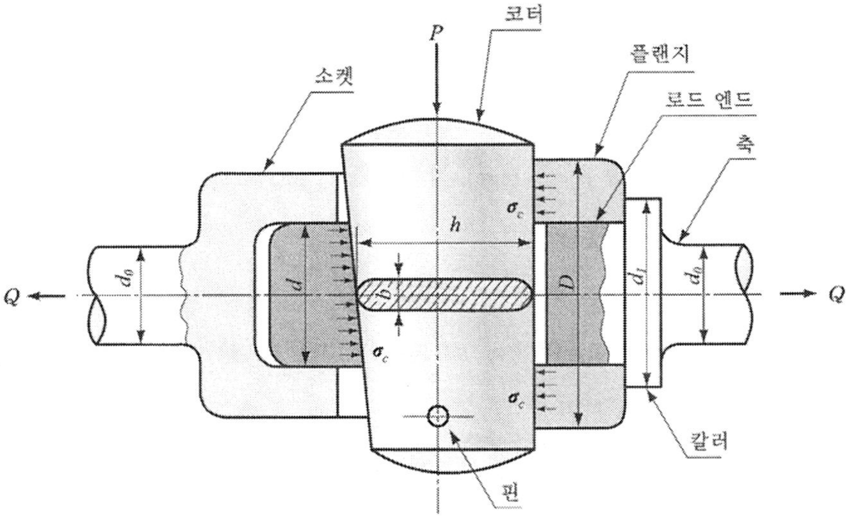

참고 압축하중이 작용하는 축을 연결할 때는 로드에 칼라를 붙이고, 코터를 때려 밖을때는 소켓이 쪼개질 염려가 있으므로 지브를 사용한다

(1) 코터의 자립조건

코터는 테이퍼면의 마찰력에 의하여 자립상태를 유지하며, 하나의 쐐기 역할을 한다.

그림 5-2
코터의 자립조건

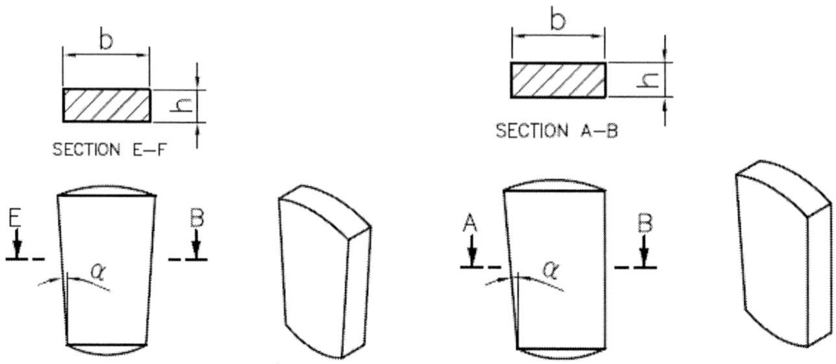

양쪽 기울기　　　　한쪽 기울기

$\alpha \leqq \rho$ (경사각 $\leq$ 마찰각) 양쪽기울기

$\alpha \leqq 2\rho$ (경사각 $\leq$ 마찰각) 한쪽기울기

(2) 코터의 기울기

코터는 한쪽 기울기와 양쪽 기울기가 있고 가공이 쉬운 한 쪽 기울기가 더 많이 사용되며 주로 피스턴로드 커넥팅모드의 결합에 이용된다.표 5-2는 코터에 사용되는 마찰계수와 마찰각을 나타낸 표이다.

① 자주분해 할 때 : $\tan\alpha = \frac{1}{5} \sim \frac{1}{10}$

② 반영구적일 때 : $\tan\alpha = \frac{1}{20} \sim \frac{1}{40}$

③ 일반적인 코터의 기울기 : $\tan\alpha = \frac{1}{20}$

표 5-1 코터의 기울기

사용 상태	기울기(α)	빠짐 방지
반영구적인 설치	$\frac{1}{20} \sim \frac{1}{40}$	–
자주 분리할 때	$\frac{1}{15} \sim \frac{1}{10}$	핀 사용
	$\frac{1}{10} \sim \frac{1}{5}$	너트 사용

표 5-2 마찰계수(μ)와 마찰각(ρ)값

윤활유 유무	μ	ρ
있 음	0.05 ~ 0.10	3° ~ 6°
없 음	0.15 ~ 0.40	8.5° ~ 22°

(3) 전단응력

$$\tau = \frac{W}{A} = \frac{W}{2bh} (N/mm^2 \text{ or } MPa)$$

여기서 W : 축방향 하중 (N)
b : 코터의 폭 (mm)
h : 코터의 두께 (mm)

(4) 코터 이음의 파괴강도

그림 5-3에서 다음 사항이 고려된다.

① 인장력에 의한 로드 축의 절단 : 그림 5-3(a)에서

$$P = \frac{\pi}{4} {d_0}^2 \sigma_t$$

② 인장력에 의한 로드의 코터 구멍 부분에서 절단 : 그림 5-3(b)에서

$$P = \left(\frac{\pi}{4} d - b\right) d\sigma_t$$

③ 코터의 압축력에 의한 로드의 코터 구멍과 축단 사이의 전단파괴 : 그림 5-3(c)에서

$$P = 2dh_1\tau_s$$

④ 코터의 압축력에 의한 로드의 압축 : 그림 5-3(d)에서

$$P = db\sigma_c$$

⑤ 소켓 끝의 압축력에 의한 로드 칼러의 전단 : 그림 5-3(e)에서

$$P = \frac{\pi}{4}({d_3}^2 - d^2)\sigma_c$$

⑥ 소켓 끝의 압축력에 의한 로드 칼러의 전단 : 그림 5-3(f)에서

$$P = \pi dh_3\tau_s$$

⑦ 인장력에 의한 소켓의 구멍 단면의 절단 : 그림 5-3(g)있어서

$$P = \left\{\frac{\pi}{4}({d_2}^2 - d^2) - (d_2 - d)b\right\}{\sigma_t}'$$

⑧ 코터의 압축력에 의한 소켓의 코터 구멍 측벽과 소켓 플랜지 사이의 전단 : 그림 5-3(h)에서

$$P = 2(D - d)h_2{\tau_s}'$$

그림 5-3
코터 이음의 파괴강도

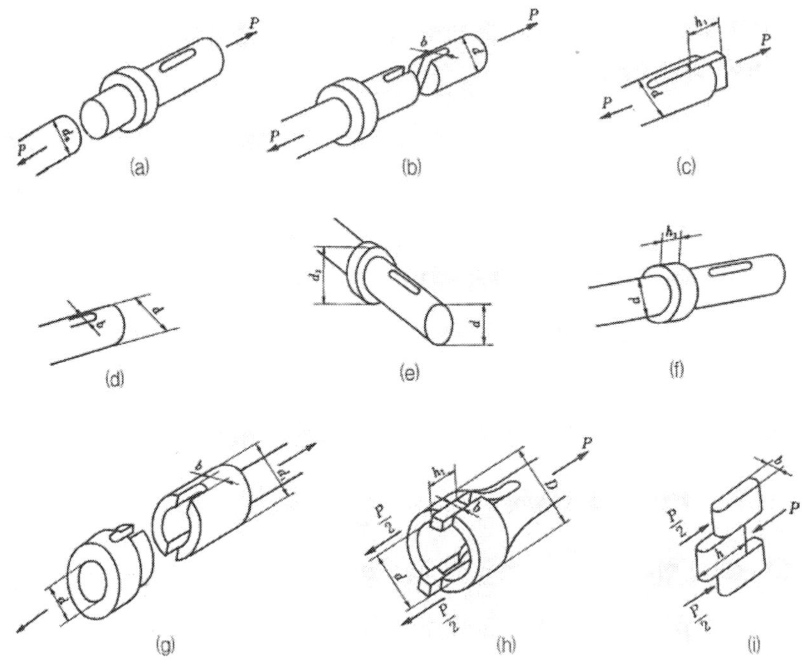

⑨ 로드와 소켓의 압축력에 의한 코터의 이면전단 : 그림 5-3(i)에 있어서

$$P = 2bh\tau_s''$$

⑩ 코터의 압축력에 의한 소켓 플랜지부의 압축 :

$$P = (D-d)b\sigma_c'$$

⑪ 로드와 소켓의 압축력에 의한 코터의 굽힘 :

$$P = \frac{4bh^2\sigma_b}{3D}$$

계 산 문 제

01 코터의 폭이 20mm 두께가 10mm, 코터의 허용전단응력 2 MPa,이라면 코터에 가할 수 있는 하중(N)은?

SOL $\tau = \dfrac{W}{A} = \dfrac{W}{2bh} = \dfrac{W}{2 \times 20 \times 10} = 2$ W= 800N

02 코터의 이음에서 코터, 로드, 소켓의 $\sigma_t : \sigma_c : \tau = 6 : 11 : 4$ 의 강도비를 갖을 때 가장 약한 부분은? (단, 축의 지름 d_o = 75mm 로드의 지름 d=70mm 소켓의 지름 D =140 mm 코터의 두께 h = 90mm 코터의 나비 b = 20mm)

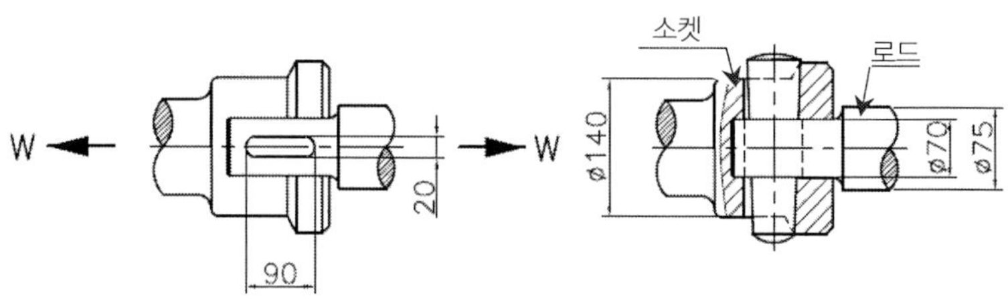

SOL ① 로드에 생기는 인장 하중

$$W_1 = \frac{\pi d_o^2}{4}\sigma_t = \frac{\pi\, 75^2}{4} \times 6 = 26507.2N = 26.5kN$$

② 로드의 코터 구멍 부분의 인장력

$$W_2 = \sigma_t\left(\frac{\pi d^2}{4} - db\right) = 6\left(\frac{\pi \times 70^2}{4} - 70 \times 20\right) = 14690.7\ N \fallingdotseq 14.7\,kN$$

③ 코터가 전단에서 받는 힘

$W_3 = 2hb\tau = 2 \times 90 \times 20 \times 4 = 14400N = 14.4kN$

④ 코터가 로드엔드에 가하는 압축응력으로 받을 수 있는 힘

$W_4 = d_1 b\sigma_c = 70 \times 20 \times 11 = 15400N = 15.4kN$

결론 가장 약한 곳은 코터의 전단부분으로 $W = 14.4kN$ 임을 알 수 있다. 가장 약한 곳은 코터의 전단부분으로 $W = 14.4kN$ 임을 알 수 있다.

03. 코터와 봉끝 그리고 소켓의 재질들이 연강이고 $\sigma_t : \sigma_c : \tau = 5:10:4$의 강도비를 갖는 경우 가장 취약한 부분은 어느 곳인가(축지름 $d_0 = 70mm$, 봉끝지름 $d = 85mm$, 코터의 두께 $b = 20mm$, 코터의 폭 $h = 90m$)?

SOL 축에 작용하는 인장력

$p = \frac{\pi}{4} d_{0^2} \sigma_t = (\frac{\pi}{4})(70)^2(5) = 19245kgf$

코터구멍이 있는 봉 글부분의 인장력은 식(3.400에서

$F = \sigma_t(\frac{\pi d^2}{4} - bd) = (5)(\frac{\pi \times 85^2}{4} - 20 \times 85) = 20246\,kgf$

코터의 전단력은

$F = 2bh\tau = (2)(20)(90)(4) = 14400\,kgf$

코터가 봉 끝에 가하는 압축력은

$F = bd\sigma_c = (20)(85)(10) = 17000\,kgf$

따라서, 힘을 제일 작게 지탱하는 코터부분이 가장 취약한 부분임을 알 수 있다.

기출 및 예상문제

01 코터 이음(cotter joint)에서 압축 하중을 받는 축에서는 로드(rod)에 무엇을 만드는가?

㉮ 라운드(round) ㉯ 기울기
㉰ 칼라(collar) ㉱ 테이퍼

답 ㉰

02 코터 이음에서 지브(Gib)를 사용하는 경우는 어느 것인가?

㉮ 코터가 작은 하중을 전달하는 경우 ㉯ 축이 약한 경우
㉰ 소켓이 갈라질 염려가 있는 경우 ㉱ 로드가 갈라질 염려가 있는 경우

답 ㉰

03 코터 이음에서 자주 분해하기 위한 기울기는?

㉮ 1/50 ㉯ 1/25
㉰ 1/100 ㉱ 1/10

답 ㉱

04 축 방향으로 압축력이나 인장력을 받는 봉의 결합에 사용되며 두께가 일정하고 폭이 테이퍼(taper)져 있는 평판 모양의 쐐기로 된 기계요소는?

㉮ 코터(cotter) ㉯ 키(key)
㉰ 커플링(coupling) ㉱ 클러치(clutch)

SOL 코터 : 인장이나 압축력이 축에 수직한 방향으로 작용하면서 회전하는 부분

답 ㉮

05 한쪽 경사진 코터이음에서 코터의 자립조건은 어느 것인가? (단, α :경사각, ρ :마찰각)

㉮ $\alpha \leq \rho$ ㉯ $2\rho \geqq \alpha$

㉰ $\alpha \geq \rho$ ㉱ $2\rho \leqq \alpha$

답 ㉯

06 다음 중 코터에 대한 설명으로 틀린 것은 어느 것인가?

㉮ 일반적으로 한쪽 기울기 코터가 양쪽 기울기 코터보다 많이 사용된다.

㉯ 코터의 기울기는 빼기 쉽게 하기 위하여 1/50~1/70정도로 한다.

㉰ 반영구적인 코터의 기울기는1/20~1/40으로 한다.

㉱ 코터는 편평한 키의 일종이다.

SOL 코터 (cotter) : 단면이 평판 모양의 쐐기이며, 주로 인장 또는 압축을 받는 두 축을 흔들림 없이 연결하는 이음에 쓰입니다. 한쪽 구배의 것과 양쪽 구배의 것이 있으나 한쪽 구배가 많이 쓰입니다. 코터 이음에서 코터는 주로 굽힘 모멘트를 받게 됩니다.

※ 코터의 구배(경사)

- 자주 분해 조립하는 것은 1/5~1/10
- 일반적인 것에는 1/20
- 영구 결합의 경우는 1/50

답 ㉯

제6장 리벳 (Rivet)

1 리벳의 개요

리벳 이음은 철판, 형강등의 금속재료를 영구적으로 결합하는데 사용하는 기계요소로서 구조가 비교적 간단하고 잔류변형이 없기 때문에 응용 범위가 넓다. 기밀을 요하는 압력용기, 보일러 등에 사용되기도 하며, 힘을 전달하는 철제 구조물 또는 교량 등에 사용되고 있다.

그림 6-1
리벳이음의 예

2 리벳이음 장단점

(1) 장점

① 열응력에 의한 잔류변형이 생기지 않으므로 취성파괴가 일어나기 어렵다.

② 구조물 등에 사용할 때 현장조립의 경우에는 용접 작업보다 용이하다.
③ 경합금과 같이 용접이 곤란한 재료의 결합에는 신뢰성이 있다.

(2) 단점

① 분해나 재조립을 할 수 없다.
② 용접이음과 같이 기밀성을 얻기는 어렵다.
③ 리벳 길이 방향으로 인장응력이 생기므로 이 방향의 인장하중에는 약하다.
④ 강판의 두께에 한계가 있으며, 이음효율이 낮다.

3 리벳작업

그림 6–2와 같이 제2의 머리를 성형하여 판재를 결합하는 작업을 **리벳작업**이라한다. 리벳작업과정을 다음과 같이 정리했다.

① 펀치나 드릴을 사용하여 결합하려고 하는 재료에 리벳 구멍을 뚫는다.
② 리벳 구멍에 리벳을 넣고 리벳 몸체의 끝에 스냅을 대고 두드려서 리벳의 머리를 성형 한다.

그림 6–2
리벳작업

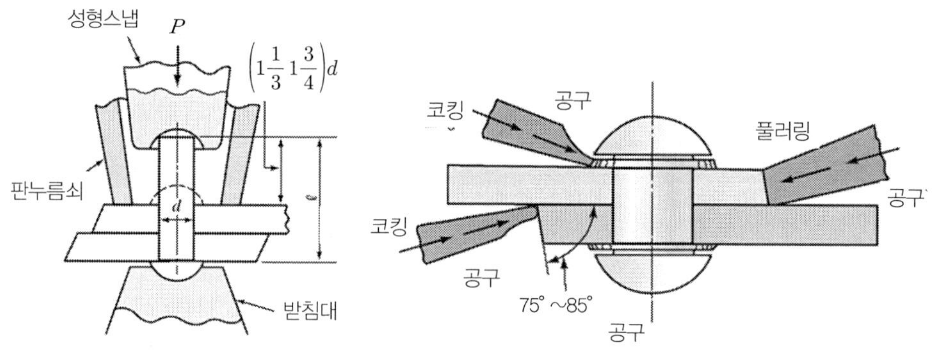

③ 리벳의 구멍은 보통 리벳지름보다 1~1.5 ㎜ 크게 뚫는다.
④ 리벳의 지름 8㎜ 이하일 때에는 상온에서 냉간작업(cold working)을 하며, 10㎜

이상일 때에는 **열간작업**(hot working)을 한다.

⑤ 기밀 용기의 리벳이음의 순서 펀치 or 드릴링 - 리밍 - 리벳팅 - 코킹- 플러링

> **용어** ① **코킹**(caulking) : 보일러와 같이 기밀(접시 머리 리벳)을 필요로 할 때는 리벳 작업이 끝난 후 리벳머리의 주위와 강판의 가장자리를 정과 같은 공구로 두드리는 작업(단, 강판의 가장자리를 75~85° 정도 경사지게 한다)
>
> ※ 이유 : 밀착된 부분의 틈을 밀봉하기 위한 작업(단, 강판의 두께가 5mm 이하의 경우에는 코킹 효과가 없으므로 기름종이, 대마천, 같은 재질 패킹 재료를 강판에 끼워 리벳작업만 한다)
>
> ② **플러링**(fullering) : 기밀성을 더욱 좋게 하기 위하여 강판과 같은 두께의 풀러링 공구로 때려 붙이는 작업

4 리벳의 재질

① 일반적으로 체결하려는 판재와 같은 재료 사용

② 강판용 열간 성형 리벳 재료 : 일반용(SV 330), 인장강도 350~450 MPa

③ 리벳은 무리하게 성형되므로 리벳재료는 신장률이 큰 것을 사용

5 리벳작업의 종류

리벳은 오래 전부터 사용되어 왔으나, 최근에는 용접이나 마찰 접합용 고력볼트로 바꾸어지는 경향이 있다.

리벳에는 냉간가공에 의하여 머리부분을 성형한 냉간성형 리벳과 소재의 변태점 이상의 온도에서 머리부분을 성형한 열간성형 리벳이 있다.

(1) 리벳의 머리 모양에 의한 종류

리벳의 머리모양에 따라 분류하며, 그 크기는 리벳 자루(rivet shank)의 지름으로 표시한다. 자루는 머리 쪽보다 끝 쪽이 약간 가늘게 되어 있으므로 목 밑으로부터 리벳 자루길이 (l)의 $\frac{1}{4}$ 되는 곳에서 측정한 리벳의 지름을 호칭 지름으로 한다.

그림 6-3
리벳 머리모양에 의한 종류

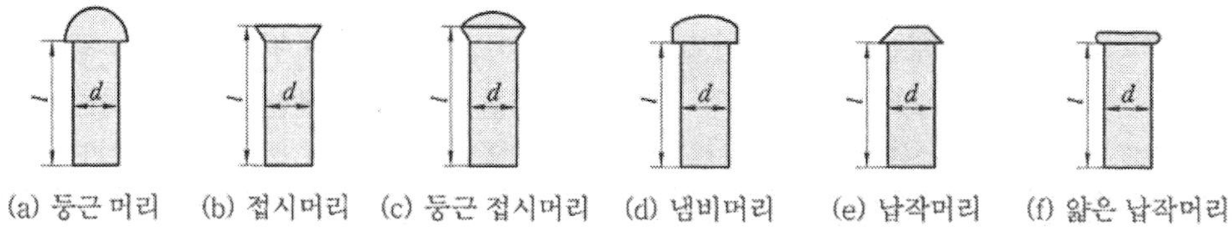

(2) 제조방법에 의한 종류

리벳의 머리부분을 성형하는 방법에 따라 상온, 즉 재결정 온도 이하에서 만든 비교적 작은 지름(호칭 지름 1~13mm)의 냉간 성형 리벳과, 가열, 즉 재결정 온도 이상에서 만든 큰 지름(호칭 지름 10~44mm)의 열간 성형 리벳으로 나눈다.
냉간 성형 리벳에는 둥근 머리, 소형 둥근 머리, 접시머리, 얇은 납작머리, 냄비머리 리벳이 있으며, 열간 성형 리벳에는 둥근 머리, 접시머리, 납작머리, 둥근 접시머리, 보일러용 둥근머리, 보일러용 둥근 접시머리, 선박용 둥근 접시머리 리벳이 있다.

그림 6-4
리벳의 모양에 의한 종류

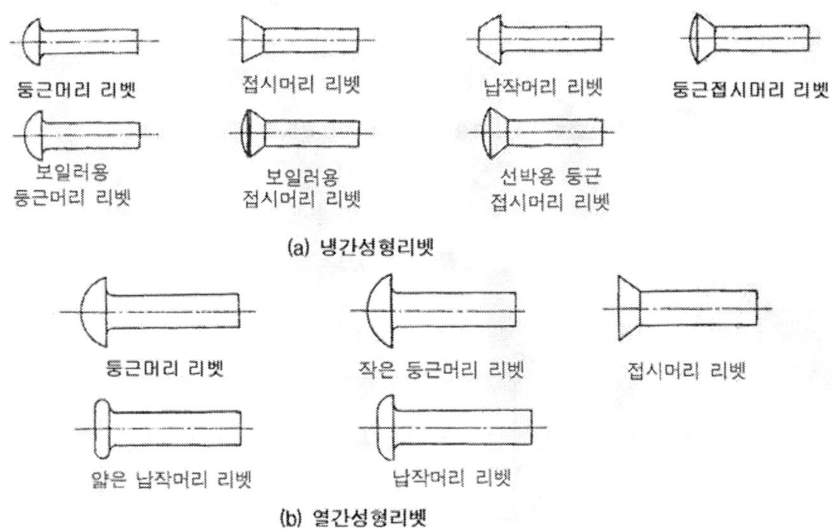

6 리벳이음의 종류

(1) 형식에 따라

① 겹치기 이음 : 2장의 판을 겹쳐서 체결하는 이음으로서, 가스와 유체용기의 이음 또는 보일러의 원주이음에 사용된다.

② 맞대기 이음(덮개판) : 양쪽의 철판을 서로 끝을 맞추고, 한쪽 또는 양쪽에 덮개판을 대고 리벳팅하는 형식이고, 보일러의 세로방향에 사용된다.

(2) 사용 목적(용도)에 따라

① 구조용 리벳 : 힘의 전달과 강도가 요구되는 곳(구조물, 교량)

② 저압용 리벳 : 강도와 기밀을 요하는 것(저압용 탱크)

③ 보일러용 리벳 : 주로 기밀을 요하는 것(보일러 고압용기)

예 리베팅을 제일 많이 사용하는 경우는 항공기 분야이다 (무게 감소)

그림 6-5
리벳이음의 종류

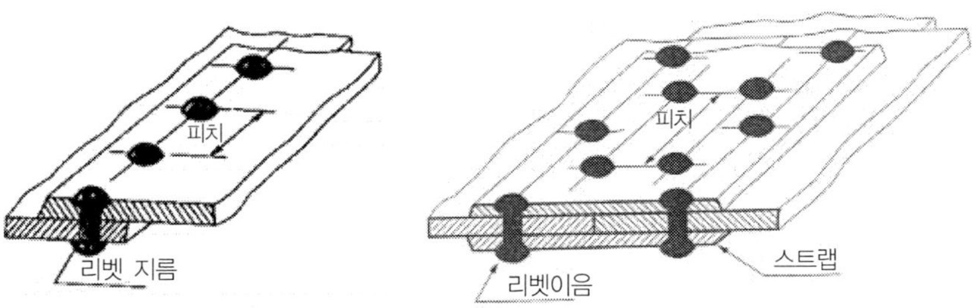

겹치기 이음 (lap joint) 맞대기 이음 (butt joint)

(3) 리벳의 배열방법에 의한 분류

① 평행형 리벳 이음 : 리벳 이음이 2열 이상일 때 수평으로 나란하게 이음을 평행형 리벳 이응(chain type rivet joint)이라 한다.

② 지그재그형 리벳 이음 : 수평으로 볼 때 어긋나게 이음한 것을 지그재그형 리벳 이음(zigzag rivet joint)이라 한다.

그림 6-6
평행형과 지그재그형 이음

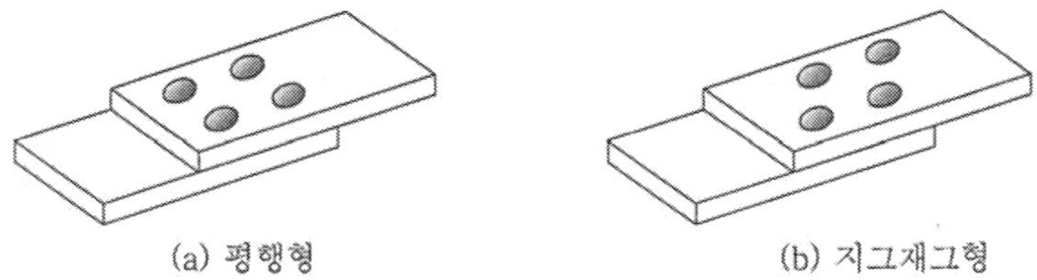

(4) 이음방향에 의한 분류

① 길이방향 이음(longitudinal seam, 세로 이음) : 원통의 가로방향으로 리벳 이음된 것이다.
② 원방향 이음(circumferential seam, 원주 이음) : 원통의 둘레방향으로 리벳 이음된 것이다.

그림 6-7
길이방향 이음과 원방향 이음

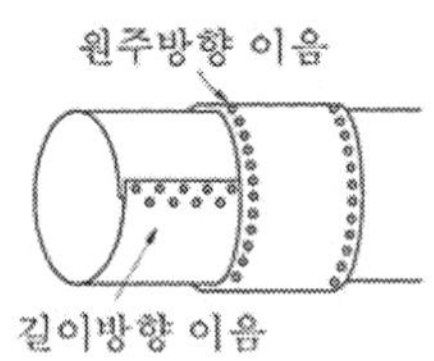

(5) 리벳의 줄 수에 의한 분류

한 줄 리벳 이음, 두 줄 리벳 이음, 여러 줄 리벳 이음 등이 있다.

7 리벳의 파괴강도

(1) 리벳 전단에 의해 파괴 될 때

그림 6-8
리벳의 전단 파괴

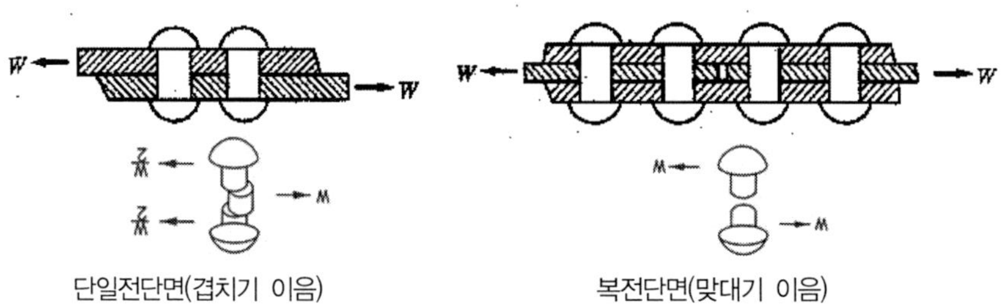

① 단일 전단면 일 때 전단응력

그림 6–8과 같이 리벳이 음에 작용하는 인장하중을 w라고 할 때 라벨, 몸체에 작용하는 절단응력은 다음 식과 같이된다.

$$\tau = \frac{W}{A} = \frac{W}{\frac{\pi d^2}{4}} [\ N/mm^2\ ]$$

여기서 W : 1피치당 하중 (N)

d : 리벳의 지름 (mm)

② 복전단면 일 때 전단응력

$$\tau = \frac{W}{A} = \frac{W}{n\frac{\pi d^2}{4}} [\ N/mm^2\ ]$$

(단, n = 2 로 하지 않고 안전을 고려하여 n =1.8 계산한다.)

③ 양쪽 덮개판에서 전단응력

$$\tau = \frac{W}{A} = \frac{W}{1.8n\frac{\pi d^2}{4}}$$

(단, n 은 리벳의 개수)

그림 6–9
양쪽 덮개판 맞대기 이음

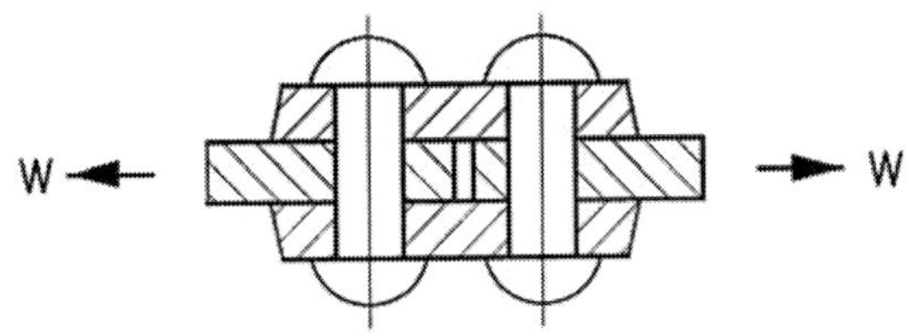

④ 여러줄 리벳일 때 리벳 1피치 사이 전단응력

$$\tau = \frac{W}{z\alpha(\frac{\pi d^2}{4})}$$

여기서 z : 리벳의 줄 수

α : 줄수에 따른 부하 평균 계수

(2) 작용하중으로 리벳구멍사이의 판이 파괴 될 때

① 판의 인장응력

그림 6-10
강판의 인장파괴

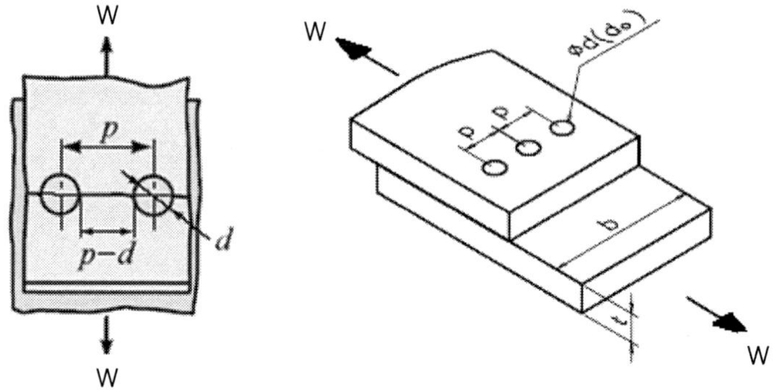

$$\sigma_t = \frac{W}{(p-d)t} = \frac{W}{(b-nd_o)t} \; [\, N/mm^2]$$

여기서 p : 피치 (mm)

d : 리벳 지름 (mm)

b : 판의 나비 (mm)

d_o : 구멍의 지름 (d + (1 ~1.5)) (mm)

n : 리벳의 수

W : 리벳에 생기는 인장하중

(3) 판이 압축으로 인해 파괴

그림 6-11와 같이 리벳구멍이 압축으로 파괴될 때 압축응력은 다음식과 같이 표시된다.

① 리벳 구멍의 압축응력

$$\sigma_c = \frac{W}{dt} \; [\, N/mm^2]$$

여기서 W : 인장 하중 (N)

d : 리벳 지름 (mm)

t : 판의 두께 (mm)

그림 6-11
강판의 압축파괴

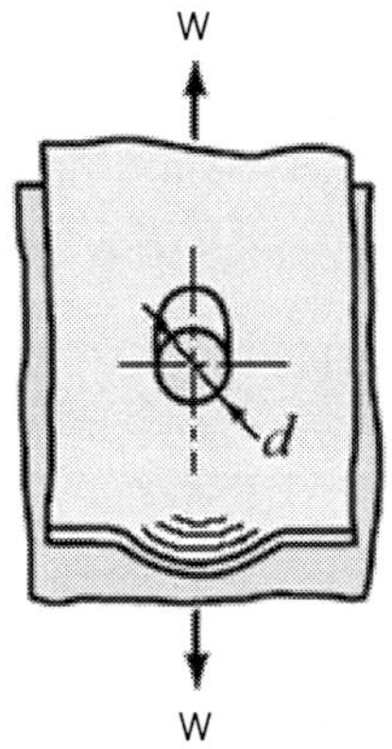

(4) 강판끝이 전단되는 경우

그림 6-12와 같이 판끝과 리벳구멍사이의 판이 전단되는 경우 다음식으로 표시한다.

① 판의 전단응력

$$\tau' = \frac{W}{2et}$$

여기서 W : 인장하중 (N)

t : 강판의 두께(mm)

e : 리벳 구멍으로부터 강판 끝까지 거리(mm) (마진)

그림 6-12
강판의 전단파괴

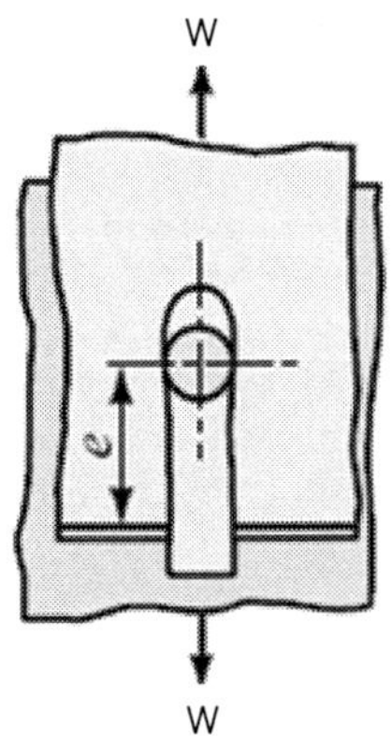

(5) 강판이 절개 될 때(판끝이 균열)

리벳의 지름과 같은 길이의 판 중앙이 집중하중을 받아서 판이 구부러진다.

① 판의 굽힘응력

$$M = \frac{Wd}{8} \quad Z = \frac{1}{6}(e - \frac{d}{2})^2 t$$

$M = \sigma_b Z$ 에서

$$\sigma_b = \frac{M}{Z} = \frac{3Wd}{(2e-d)^2 t}$$

그림 6-13
판의 휨 파괴

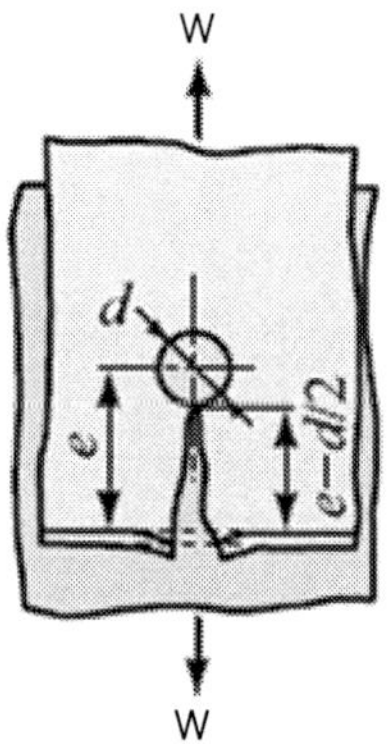

8 리벳의 지름과 피치 크기

(1) 리벳의 지름

리벳의 전단 응력과 판재의 압축 응력은 같다.

$$W = \frac{\pi d^2}{4}\tau = d t \sigma_c$$

$$\therefore \quad d = \frac{t\sigma_c}{\frac{1}{4}\pi\tau}$$

(2) 리벳의 피치

리벳의 전단응력과 판재의 인장 응력은 같다.

$$W = \frac{\pi d^2}{4} n\tau = (p-d)t\sigma_t$$

$$\text{피치 } p = \frac{\pi d^2 n\tau}{4t\sigma_t} + d$$

> 참고 겹치기 이음 d = $\sqrt{50t}$ − 4
> 맞대기 이음 d = $\sqrt{50t}$ − 5 (1렬)　　d = $\sqrt{50t}$ − 6 (2렬)

9 리벳이음의 효율

그림 6–14와 같이 리벳구멍이 없는 강판과 리멧이음을 한 강판의 강도비를 리벳이음의 효율이라고 한다.

리벳이음의 효율에는 판효율 리벳효율,연합효율의 3종류가 있고 그 중에서 가장 작은 값을 리벳이음의 효율이라 한다.

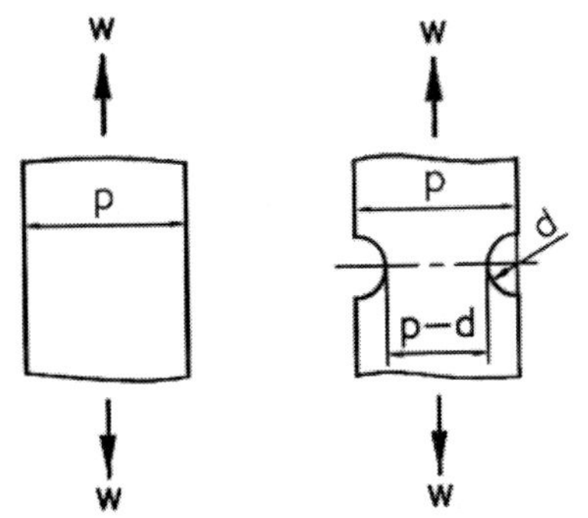

그림 6–14
리벳이음의 효율

(1) 판의 효율

판의효율은 리벳구멍이 없는 판의 인장 강도에 대한 리벳구멍이 있는 판과의 인장 강도비율이다.

$$\eta_1 = \frac{\text{리벳구멍이 뚫린 판의 강도}}{\text{리벳구멍이 없는 판의 강도}}$$

$$= \frac{(p-d)\,t\,\sigma_t}{p\,t\,\sigma_t} = \frac{p-d}{p}$$

(2) 리벳의 효율

리벳의 효율은 구멍없는 판의 인장강도에 대한 리벳의 **전단강도비**이다.

$$\eta_2 = \frac{\text{리벳의 전단강도(리벳의 전단응력)}}{\text{리벳구멍 없는 판의 강도(모재의 인장응력)}} = \frac{\frac{\pi d^2}{4}\tau_a\, n}{p\,t\,\sigma_a}$$

(단, 단전단면 n =1　복전단면 n =1.8)

(3) 연합 효율 : η_3

2줄 이상의 리벳 이음에서 리벳의 피치가 다를 때 피치가 큰 곳에서는 리벳이 전단되고, 피치가 작은 곳에서는 강판이 동시에 절단되므로 이때의 효율은 판 효율과 리벳 효율을 합하여 표시하는데 이것을 리벳의 연합 효율이라 한다.

(4) 결론

η_1, η_2 작은 값을 리벳이음의 효율로 한다.

10 보일러의 구조

그림 6-15와 같이 강판을 원통형으로 말아서 리벳작업을 하는데, 길이방향의 리벳이음을 세로(길이)이음(longitudinal seam)이라고 하고, 원둘레 방향을 따른 리벳이음을 원주이음(circumferential seam)이라 한다. 원통의 양쪽끝은 원판(end plate)을 대고 역시 원주이음을 하게 된다.

그림 6-15
보일러의 원통

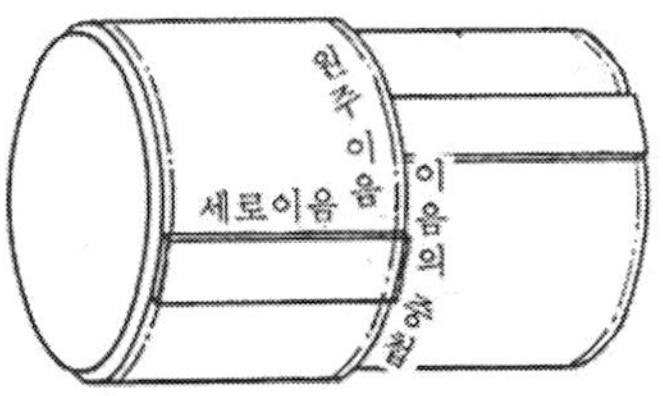

리벳 이음은 장소에 따라서는 3장, 4장이 겹치는 부분이 생기므로, 이런 중첩부분을 피하기 위해 인접된 세로이음은 서로 어긋나게 한다. 그러나, 중첩부분을 피할 수 없는 것은 판을 고온에서 늘어나게 하든가 경사지게 깍아내어 포개서 리벳이음을 한다. 그림 6-16에서는 판의 접합부분을 나타내고, 그림 6-17에서는 여러 장의 겹치기 이음을 한 보기를 표시한다.

그림 6-16
판의 접합부분

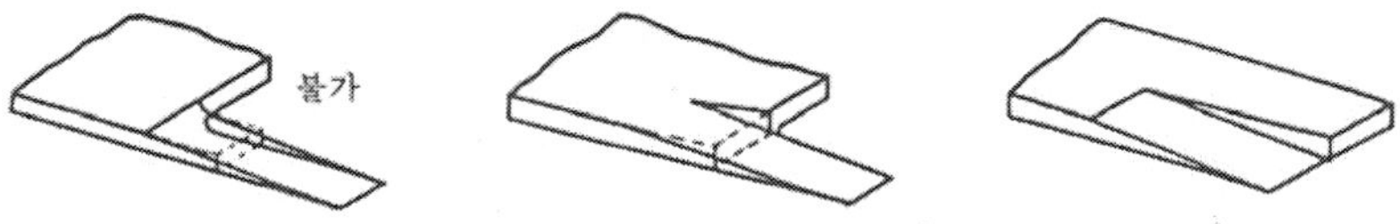

그림 6-17
중첩된 겹치기 이음

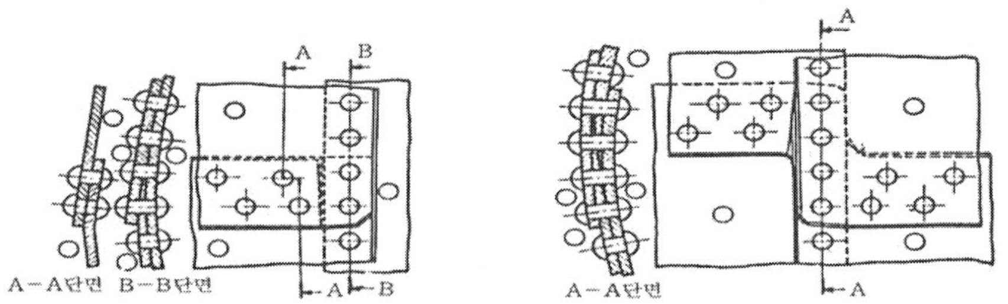

(1) 원주방향의 응력(후우프 응력 or 세로이음)

길이 이음의 리벳에서 발생

W = 증기의 압력 $(p_o D\ell)$ = 동판의 저항력 $(2t\ell\sigma_1)$

$$\sigma_1 = \frac{p_o D}{2t}$$

여기서 p_o : 내압 (Pa or N/mm^2)

d : 안지름 (mm)

σ_1: 허용응력 (Pa or N/mm^2)

(2) 길이 방향(축방향)의 응력

원주이음의 리벳에 발생

$$W = p_o \frac{\pi D^2}{4}$$

$$\sigma_2 = \frac{W}{A} = \frac{p\frac{\pi D^2}{4}}{\pi D t} = \frac{pD}{4t}$$

결론은 $\sigma_1 = 2\sigma_2$가 되며, 길이 방향의 응력(원주이음의 리벳 파괴)은 원주방향의 응력(길이 이음의 리벳의 파괴)의 1/2 알수 있다. 원주 방향이 길이 방향보다 파열되기 쉬우므로 강도 및 두께 계산은 원주 방향의 허용 인장응력 으로 결정한다.

(3) 보일러 동판의 두께

$$t = \frac{p_o D}{\frac{2\sigma_u}{S} \times \eta} + C \quad (단,\ 바깥지름\ D_o = D + 2t)$$

여기서 σ_u : 강판의 인장강도 (Pa or N/mm^2)

S : 안전율

p_o : 내압 (Pa)

D : 보일러 원통의 안지름 (mm)

η : 리벳이음의 효율

C : 부식여유 (일반적으로 1 ~ 2.5 mm)

이음 형식 / 리베팅작업	겹치기 이음	맞대기 이음		
		한쪽 덮개판 이음	양쪽 덮개판 이음	
			2줄,바깥쪽 덮개판 1줄	2중 이상
손 리베팅	4.72	4.75	4.75	4.75
기계 리베팅	4.50	4.50	4.50	4.50

11 보일러용 리벳이음의 선정

보일러의 리벳이음은 길이이음과 원주이음으로 구별하고, 원주이음의 강도는 길이

이음의 강도에 대해 50% 이상이어야 한다.

① 한쪽 덮개판 맞대기 이음은 사용하지 않는다.

② $D > 1000\text{mm}$ 인 경우 겹치기 이음은 사용하지 않는다.

③ $D < 1000\text{mm}$, $p < 7\text{kgf/cm}^2$인 경우에는 겹치기이음을 해도 좋다.

④ 외부 연소식 가로연관 보일러에서는 길이이음을 화염에 접촉하는 위치에 설치하지 않는다.

보일러를 설계할 때 이음의 형식선정기준으로서 압력 $P\,\text{kgf/cm}^2$와 보일러의 지름 $D\text{cm}$의 곱 PD의 값을 기준으로 하여 그 값이 클수록 복잡한 구조를 선정한다. 그림 6-18에서 소개한 보일러용 리벳이음의 종류에 대해 경험식을 표시하였다.

그림 6-18
보일러용 리벳이음의 종류

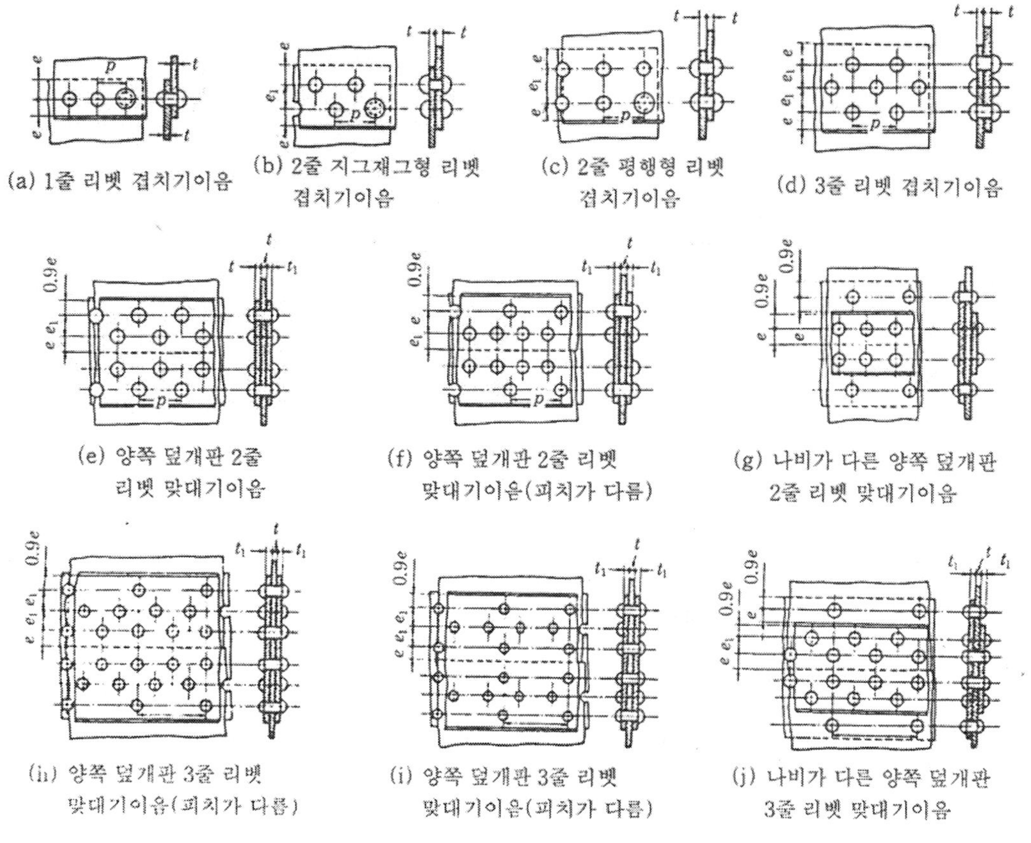

(a) 1줄 리벳 겹치기이음
(b) 2줄 지그재그형 리벳 겹치기이음
(c) 2줄 평행형 리벳 겹치기이음
(d) 3줄 리벳 겹치기이음
(e) 양쪽 덮개판 2줄 리벳 맞대기이음
(f) 양쪽 덮개판 2줄 리벳 맞대기이음(피치가 다름)
(g) 나비가 다른 양쪽 덮개판 2줄 리벳 맞대기이음
(h) 양쪽 덮개판 3줄 리벳 맞대기이음(피치가 다름)
(i) 양쪽 덮개판 3줄 리벳 맞대기이음(피치가 다름)
(j) 나비가 다른 양쪽 덮개판 3줄 리벳 맞대기이음

계 산 문 제

01 1열 겹치기 이음에서 피치가 50mm 리벳의 직경의 19mm 하중 1500kN 일 때 판의 두께가 8mm 이면 이판의 이음 효율은 ?

SOL $\eta = 1 - \frac{d}{p} = 1 - \frac{19}{50} = 0.62$

02 그림과 같이 겹치기 리벳이음에서 판의 두께 12mm, 리벳의 지름 19mm, 피치 50mm 리벳중심에서 판끝까지의 거리30mm에 1피치당 12 kN의 하중이 작용할 때 생기는 인장응력과 전단응력 $[N/mm^2]$은?

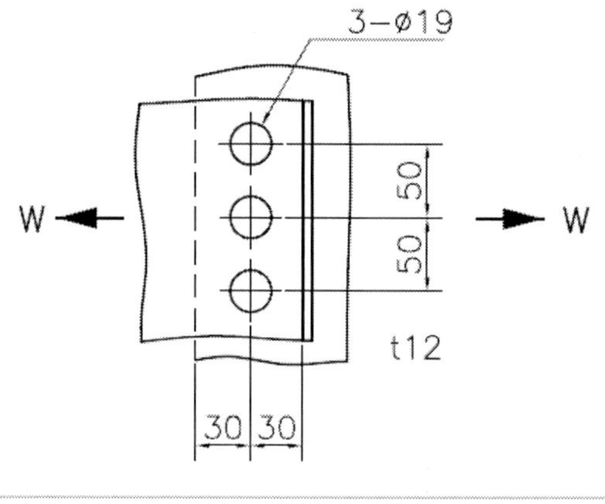

SOL 인장응력 $\sigma_t = \frac{W}{(p-d)t} = \frac{12 \times 1000}{(50-19)12} = 32.2\,N/mm^2$

전단응력 $\tau = \frac{W}{2et} = \frac{12 \times 1000}{2 \times 30 \times 12} = 16.7\,N/mm^2$

03 **리베팅 후의 리벳지름 또는 구멍의 지름 d(㎜), 리벳의 전단응력 τ $[N/mm^2]$ 리벳 또는 강판의 압축응력 σ_c $[N/mm^2]$인 겹치기 리벳이음에서 전단저항과 압축저항을 같도록하면 강판의 두께 t [㎜]를 구하는 식은?** (단, 리벳의 길이 방향에 직각 방향으로 인장력 W[Kn]이 작용한다.)

SOL • 전단저항 : $\tau = \dfrac{W}{A} = \dfrac{W}{\dfrac{\pi d^2}{4}}$ $\quad W = \dfrac{\pi d^2}{4}\tau$

• 압축저항 : $\sigma_c = \dfrac{W}{dt}$ $\quad W = dt\,\sigma_c$

$$\frac{\pi d^2}{4}\tau = dt\,\sigma_c$$

• 강판의 두께 : $t = \dfrac{d\pi\tau}{4\sigma_c}$

04 **판두께가 10mm 판을 리벳으로 1줄 겹치기 이음을 하였을 때 피치를 얼마로 하면 되겠는가?** (단, 리벳의 지름은19mm, 판의 허용 인장 응력은 $50N/mm^2$, 허용전단응력은 $35N/mm^2$로 한다.)

SOL $\tau = \dfrac{W}{A} = \dfrac{4W}{\pi d^2} = \dfrac{4W}{\pi \times 19^2} = 35$ $\qquad$ W = 9923.506 N

$$\sigma_t = \frac{W}{(p-d)t} = \frac{9923.506}{(p-19)\times 10} = 50$$

$$(p-19)10 \times 50 = 9923.506$$

$$p = \frac{9923.506}{10 \times 50} + 19$$

$$p = 38.84 \fallingdotseq 39mm$$

05 **150 kN의 인장력을 받는 양쪽 덮개판 맞대기 이음에서 리벳의 지름이 22mm이라면 리벳을 몇 개로 하면 되겠는가?** (단, 리벳의 허용 전단 응력은 $70N/mm^2$ 이다.)

SOL $\tau = \dfrac{W}{\dfrac{\pi d^2}{4}1.8n} = \dfrac{150 \times 1000}{\dfrac{\pi \times 22^2}{4}1.8n} = 70$

$$\frac{4 \times 150 \times 1000}{\pi \times 22^2 \times 1.8n} = 70$$

$$n = \frac{4 \times 150 \times 1000}{\pi \times 22^2 \times 1.8 \times 70} = 3.13 ≒ 4$$

06 강판의 두께가 10mm, 리벳의 지름이 20mm, 피치가 45mm, 리벳 중심에서 강판의 가장 자리까지의 길이가 30mm인 1줄 겹치기 리벳 이음의 효율을 구하여라.(단, 강판의 인장응력은 $90N/mm^2$, 허용압축응력은 $150N/mm^2$ 허용전단응력은 $70N/mm^2$ 이다.)

SOL ① 강판의 효율

$$\eta_1 = 1 - \frac{d}{p} = 1 - \frac{20}{45} = 0.555 ≒ 55.5\%$$

② 리벳의 효율

$$\eta_2 = \frac{\frac{\pi d^2}{4}\tau n}{p t \sigma_a} = \frac{\frac{\pi \times 20^2}{4} 70 \times 1}{45 \times 10 \times 90} = 0.543 = 54.3\ \%$$

즉 효율은 54.3 % 선택 한다.

07 다음 그림과 같이 겹치기 리벳이음에서 두께가 10mm, 리벳의 지름이 20mm, 구멍의 지름은 21.5 mm 판의 인장 응력이 $6\ kN/mm^2$ 폭이 110mm일 때 작용시킬 수 있는 하중은 몇 [KN]인가?

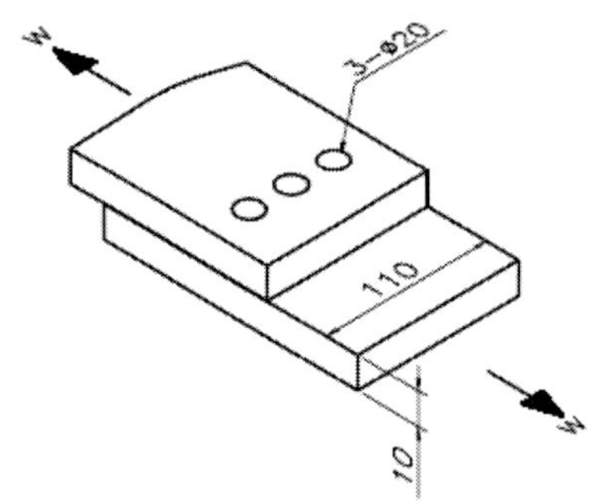

SOL $\tau = \frac{W}{(b - ndo)t}$

$$6 = \frac{W}{(110 - 3 \times 21.5)10}$$

W = 2730 kN

08 **인장강도 500MPa의 연강판 (SS410)의 지름 1012mm 에 3.2MPa의 내압을 받는 원통형의 보일러을 만드는데 필요한 연강판(SS4410)의 두께는?** (단, 안전율은 2.5이고, 효율 η은 70% 부식여유 C는 1mm로 한다)

SOL $t = \dfrac{pD}{2\times\dfrac{\sigma_a}{S}\eta} + C = \dfrac{3.2\times1012}{2\times\dfrac{500}{2.5}\times0.7} + 1 = 12.6\text{mm} ≒ 13\text{ mm}$

$$\left[\begin{array}{lll} 500MPa & 500\times10^6 Pa\ ro\ 500N/mm^2 \\ 3.2MPa & 3.2\times10^6 Pa\ \text{or}\ 3.2N/mm^2 \end{array}\right]$$

09 **그림과 같은 겹치기 리벳이음에서 인장하중 W=800N 이 작용하고 리벳 구멍 지름은 10mm이고 리벳의 중심에서 판자의 가장 자리 e=20mm 일 때 강판의 두께는 몇 mm인가?** (단, 강판의 허용 전단응력은 5MPa이다)

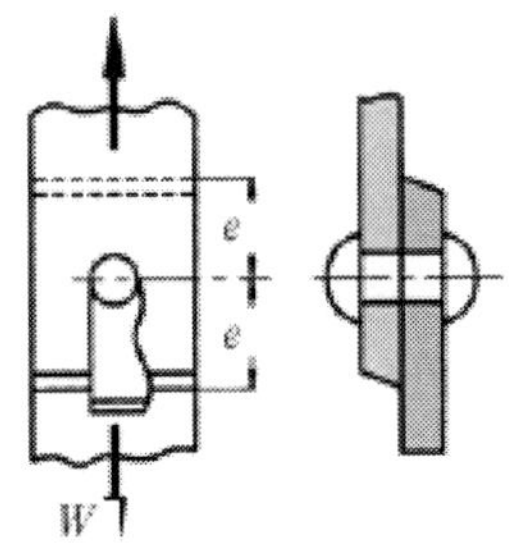

SOL $\tau = \dfrac{W}{2et} = \dfrac{800}{2\times20t} = 5$

t = 4mm

$5MPa = 5\times10^6 pa(N/m^2) = 5N/mm^2$

10 **안지름 500mm, 최고 사용압력 120N/cm²의 보일러 강판의 두께는 약 몇 mm인가? (단, 강판의 인장강도 $350MPa$, 안전율 4.75, 리벳 이음의 효율 $\eta = 0.58$로 하며, 부식여유는 $1mm$로 한다.)**

SOL 두께 $t = \dfrac{p_o D}{\dfrac{2\sigma_u}{S}\times\eta} + C = \dfrac{1.2\times500}{\dfrac{2\times350}{4.75}\times0.58} + 1 = 8.02mm$

기출 및 예상문제

01 주로 전단으로 파괴되는 것은?

㉮ 로프　　㉯ 체인
㉰ 압축기　　㉱ 리벳

답 ㉱

02 코킹 작업의 목적은?

㉮ 리벳팅에서 강판의 강도를 크게 하기 위해서
㉯ 용접에서 모재를 접합하기 위해서
㉰ 리벳팅에서 기밀을 유지하기 위해서
㉱ 용접에서 효율을 높이기 위해서

답 ㉰

03 5mm 이상의 강판 리벳이음에서 코킹작업이 끝난 후 더욱 더 기밀을 완전하게 유지하기 위하여 강판을 공구로 때려 밀착시키는 작업은?

㉮ 시밍(seaming)　　㉯ 플러링(fullering)
㉰ 업세팅(upsetting)　　㉱ 트리밍(trimming)

답 ㉯

04 코킹이나 풀러링 대신에 패킹을 끼워 유체의 누설을 막는 리벳 작업의 판 두께는 몇 mm 인가?

㉮ 3mm ㉯ 5mm
㉰ 7mm ㉱ 10mm

SOL 강판의 두께가 5mm 이하의 경우에는 코킹 효과가 없으므로 기름종이, 대마천, 같은 재질 패킹 재료를 강판에 끼워 리벳작업을 하며, 코킹은 하지 않는다.

답 ㉯

05 코킹이나 플러링을 하기 위하여 깎아 주는 판의 끝 각도는?

㉮ 50 − 60° ㉯ 60 − 70°
㉰ 75 − 85° ㉱ 80 − 90°

답 ㉰

06 리벳이음에서 피치란 무엇을 의미하는가?

㉮ 리벳 열에서 이웃하고 있는 리벳의 중심선 사이의 거리
㉯ 판의 끝과 바깥쪽 리벳열의 중심선 사이의 거리
㉰ 같은 중심선 위에 있는 인접한 이웃 리벳 사이의 중심거리
㉱ 맞대기 이음에서 덮개판과 덮개판 사이의 거리

SOL 피치 : 리벳의 중심간 거리

답 ㉰

07 다음 중 리벳의 파괴 형태가 아닌 것은?

㉮ 판 끝과 리벳 구멍 사이의 전단 파괴 ㉯ 강판의 인장 파괴
㉰ 리벳 구멍의 압축 파괴 ㉱ 리벳의 인장 파괴

SOL 리벳의 파괴
① 리벳자체의 전단
② 강판의 균열 및 파단
③ 강판의 압축파괴
④ 리벳 구멍사이에서 판이 파단

답 ㉱

08 리벳의 종류 중 사용목적에 의한 분류로서 주로 수밀을 중요시하는 저압 탱크에 사용되는 리벳은?

㉮ 보일러용 리벳　　㉯ 저압용 리벳
㉰ 구조용 리벳　　㉱ 열간용 리벳

답 ㉯

09 리벳의 지름이 d, 강판의 두께 합을 t라 하면 리벳의 길이 ℓ 은 어떻게 표시되는가?

㉮ ℓ = d + t　　㉯ ℓ =(1.3 ~ 1.6)d + t
㉰ ℓ =(2.5 ~ 3.6)d + t　　㉱ ℓ =(3.3 ~ 4.5)d + t

답 ㉯

10 리벳의 구조물에서 요구되는 강도 중에서 가장 중요한 강도는?

㉮ 압축　　㉯ 전단
㉰ 비틀림　　㉱ 굽힘

답 ㉯

11 판의 두께가 10mm, 리벳의 지름이 20mm 양쪽 덮개판 맞대기 이음의 리벳 길이는 몇mm 인가? (단, 덮개판의 두께는 6mm이다.)

㉮ 48 ~ 57　　㉯ 45 ~ 60
㉰ 40 ~ 45　　㉱ 35 ~ 40

SOL L = t + (1.3 ~ 1.6) d = 10 + (1.3 ~ 1.6) 20 = 36 ~ 42

답 ㉱

12 판의 두께가 t일 때 리벳의 직경은?

㉮ d= $\sqrt{50t}$ −0.4mm　　㉯ d= $\sqrt{50t}$ − 4mm
㉰ d= $\sqrt{5t}$ −0.4mm　　㉱ d= $\sqrt{5t}$ − 4mm

SOL 겹치기이음 $d = \sqrt{50t} - 4(mm)$
양쪽덮개판 $d = \sqrt{50t} - 5(mm)$1렬　$d = \sqrt{50t} - 6(mm)$ 2렬

답 ㉯

13 리벳의 효율은?

㉮ 1피치 폭의 구멍이 없는 판의 인장 강도 ÷ 1피치 내 인장 강도

㉯ 1피치 폭의 강판의 인장 강도 ÷ 1피치 내에 있는 리벳의 인장 강도

㉰ 1피치 내에 있는 리벳의 인장 강도 ÷ 1피치 폭의 강판의 인장 강도

㉱ 1피치 내에 있는 리벳의 전단 강도 ÷ 1피치 폭의 구멍이 없는 판의 인장 강도

답 ㉱

14 내압을 받는 얇은 원통형 관에서 축방향 응력이 σ_1 원주방향이 응력이 σ_2라고 하면 맞는 것은?

㉮ $\sigma_1 = \frac{1}{2}\sigma_2$　　㉯ $\sigma_1 = \frac{1}{4}\sigma_2$

㉰ $\sigma_1 = \sigma_2$　　㉱ $\sigma_1 = 2\sigma_2$

SOL 원주방향의 응력은 축방향의 응력 2배

답 ㉮

15 보일러용 리벳 이음에서 세로 이음의 경우와 원주 이음의 경우를 비교하면 인장 응력은 어떤 관계가 있는가?

㉮ 원주 이음이 세로이음에 비해 그 값이 2배이다.

㉯ 원주 이음과 세로이음이 서로 같다.

㉰ 원주 이음이 세로이음에 비해 그 값이 1/2이다.

㉱ 원주 이음과 세로이음은 서로 관계가 없다.

SOL ① 원주방향의 응력(후우프 응력 or 세로이음) : 길이 이음의 리벳에서 발생

$$\sigma_1 = \frac{p_o D}{2t}$$

② 길이 방향(축방향)의 응력 : 원주이음의 리벳에 발생

$$\sigma_2 = \frac{p_o D}{4t}$$

답 ㉰

16 리벳이음 방법이 아닌 것은?

㉮ 맞대기이음　　㉯ 겹치기이음

㉰ 단열리벳이음　　㉱ 겹침맞대기이음

SOL ① 겹침 이음 : 2개의 판을 겹쳐서 리벳팅하는 방법이다. 또 리벳의 배열은 열수에 따라 1열, 2열, 3열이 있으며, 지그재그형과 평행형이음이 있다.
② 맞대기 이음 : 겹판을 대고 리벳팅하는 방법

답 ㉰

17 **리벳 이음에서 리벳 이음의 줄 수가 많을수록 효율은?**

㉮ 줄 수가 많을수록 효율이 크다. ㉯ 줄 수가 많을수록 효율이 적다.
㉰ 줄 수와 관계없이 효율은 같다. ㉱ 줄 수와는 관계가 없다.

SOL 리벳조인트 효율 (η_{st})

$$\eta_{st} = \frac{\frac{\pi d^2 \tau}{4} + (p - zd)t\sigma_c}{pt\sigma_c}$$

이 음	리벳의 줄의수	효율
겹치기	1	45 ~ 60
	2	60 ~ 75
	3	65 ~ 84
맞대기	1	55 ~ 60
	2	70 ~ 85
	3	75 ~ 88
	4	85 ~ 95

답 ㉮

18 **리벳이음에서 1피치 내의 리벳 전단면 수가 증가함에 따라 리벳의 효율은?**

㉮ 증가 한다. ㉯ 감소한다.
㉰ 관계없다. ㉱ 반비례한다.

SOL $\eta = \frac{\text{리벳의 전단강도}}{\text{리벳구멍 없는 판의 강도}} = \frac{\frac{\pi d^2}{4}\tau_a n}{p t \sigma_a}$

(단, 단전단면 n =1　복전단면 n =1.8)

답 ㉮

19 **기밀용기를 제작하기 위하여 리벳체결을 할때 작업 순서는?**

㉮ 드릴링→리이밍→리벳팅→코오킹 ㉯ 리이밍→드릴링→리벳팅→코오킹
㉰ 드릴링→리이밍→코오킹→리벳팅 ㉱ 리이밍→드릴링→코오킹→리벳팅

답 ㉮

제7장 용접 (welding)

1 용접(welding)의 개요

접합하고자 하는 2개의 금속을 어떠한 열원으로 가열하여 용융, 반용융된 부분에 용가재를 첨가시켜 금속의 원자 간의 거리를 충분히 접근시켜 인력으로 접합시키는 것이다.

2 용접의 장단점

용접이음은 다른 종류의 이음방식인 리벳 및 볼트 이음방식에 비하여 다음과 같은 장 · 단점의 특징을 갖고 있다.

(1) 장점

① 재료를 절감할 수 있다.
② 리벳접합에 비해 강도가 크다
③ 리벳이음에 비해 기밀성이 좋다.
④ 사용하는 판재의 두께에 제한이 거의 없다. (두께 100mm가능)
⑤ 주조에 비해 강도가 크고, 중량도 경감 할수 있다.
예 회주철 GC200 철판 SS410

01 02 03 04 05 06 07 08 09

(2) 단점

① 품질검사가 곤란하다.
② 잔류응력이 남는다.
③ 용접자의 기술에 의하여 용접의 신뢰도 좌우된다.

3 용접의 종류

용접의 종류는 가열방법,처리방법 등에 따라 표7-1과 같이 분류한다. 용접은 모재의 접합부를 가열하여 용융 또는 반용융 상태로 접합하거나 용가재를 가열 용융시켜 융합하는 용접이다. 압접은 모재를 반용융 또는 냉간에서 기계적인 압력을 가하여 접합시키는 방법이다. 또한, 납땜(soldering)은 용점이 낮은 납을 용융시켜 접합할 부위에 충전하여 모재를 결합시키는 방법이다.
이상과 같이 용접법은 여러 가지 종류로 다양하게 분류되지만, 용접의 목적에 따라 가장 적합한 방법을 선택하여야 한다.
가장널리 사용되는 용접에는 가스용접광아트용접이 있으며 최근 많이 사용되는 고에너지 밀도 용접에는 전자범용접, 레이저 용접, 플라스마 용접등이 있다.

(1) 가스용접

가스용접법은 가스의 연소에 의하여 발생하는 연소열을 이용하며 이용하는 방법이다 가스용접에서 사용되는 가스종류는 많으나 그 중 대표적인 것으로는 아세틸렌, 수소, 프로판, 메탄 등이 있으며 이들 가스의 선택은 발열량이 화염이 최고 온도, 모래에 대한 화학반응등에 따라 결정된다. 이들 중 아세틸렌 가스는 화염온도가 가장높고 발열량에 비하여 가격도 저렴하므로 가장 많이 쓰이고 있다.

(2) 아크용접

피복 아크 용접은 피복 용접봉을 사용하기 때문에 큰 전류를 사용할 수 없고 용접봉의 길이가 한정되어 있어 용접 도중에 교체하여야 하므로 작업능률이 떨어진다.

또한, 공업의 발달로 용접할 재료가 다양해지고 작업의 능률도 향상시킬 수 있는 용접봉이 필요하게 되었다.

이와 같은 요구에 따라 개발된 용접법이 특수 아크 용접이다.

아르곤(Ar), 헬륨(He) 등 고온에서도 금속과 반응하지 않는 불활성 가스의 분위기 속에서 텅스텐 또는 금속선을 전극으로 하여 모재와의 사이에서 아크를 발생시켜 용접하는 방법이다

불활성 가스 아크 용접은 불활성 가스를 사용하므로 용접부가 대기로부터 차단되어 보다 강하고 전연성과 내식성이 풍부한 이음을 얻을 수 있다. 또한 용제(flux)를 이용하지 않으므로 용접 후의 청정 작업도 필요없어 경제적이며, 용접 작업 중에 스패티나 유해 가스의 발생이 거의 없다.

불활성 가스 아크 용접은 거의 모든 금속에 적용되며, 특히 스테인리스강, 알루미늄과 그 합금, 마그네슘과 그 합금, 네켈과 그 합금의 용접에 널리 이용되고 있다.

(3) 전자빔용접

전자 빔 용접(electron beam welding)은 **그림 7-2**와 같이 진공 속에서 발생된 고속의 전자 빔(electron beam)을 모재를 향해 충돌시켜 그 때에 생기는 충돌 발열을 이용하여 모재를 접합하는 방법이다. 1960년대에 개발된 전자 빔 용접은 용접 표면이 서로 평행하며 깊고, 좁은 곳을 매끄럽고, 열 영향부가 적도록 용접할 수 있다.

그림 7-2
전자 빔 용접

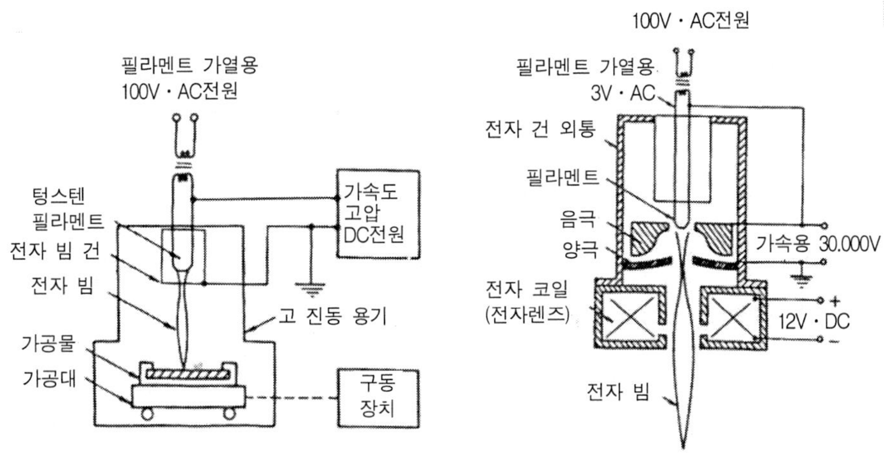

(a) 전자 빔 용접 원리

(b) 전자 빔 건

전자 빔 용접 장치(equipment)는 전자 빔을 발생하는 ① 전자 빔 건(electron beamgun)과 ② 가공품을 올려놓는 가공대(carriage)가 진공실 속에 밀폐되어 있으며, 두가지를 진공실 밖에서 자유로이 구동 제어하고, 용접은 설치된 감시창을 통하여 가공물을 관찰하면서 진행한다.
오늘날 전자 빔 용접이 각광을 받게 된 이유는 고진공 속에서 용접을 하기 때문에 산화 작용이 잘 일어나는 재료도 용접할 수 있고, 전자 빔을 집중시키므로 고용융 재료인 텅스텐, 몰리브덴 등도 용접할 수 있기 때문이다. 또 에너지 집중이 가능하기 때문에 얇은 판재(0.05 mm)에서 두꺼운 재료(300 mm)까지 광범위하게 고속 용접이 가능하다.

(4) 레이저용접

레이저 빔 용접은 용접에 필요한 열원으로 집중된 고출력 단색광(단일파장)을 이용한다. 빔은 에너지밀도가 높으므로 용접부에 깊이 침투할 수 있으며 용접물에 정확하게 초점을 맞추어 직접 전달될 수 있다. 따라서 이 공정은 특히 좁고 깊은 접합부를 용접하는 데 적합하다.
레이저 빔 용접은 두께 25 mm까지의 재료에 다양하게 사용되며 특히 얇은 재료에 효과적으로 사용된다. 용접속도는 40 mm/s로부터 얇은 금속에 대해서는 1.3 m/s 정도까지 가능하다. 이 공정 자체의 특성 때문에 접근할 수 없는 위치에 대해서도 용접할 수 있다. 레이저 빔 접합은 용접성이 뛰어나며 적은 양의 수축과 비틀림 그리고 깊이 대폭비가 최대 30 : 1인 경우에도 사용가능하다. 그러나 전자 빔 용접에서와 마찬가지로 깊이 대폭비가 크므로 접합부의 중심을 따라 균열을 일으킬 수 있는 단점이 있다.

(5) 프라스마용접

1960년대에 개발된 플라즈마 아크 용접에서는 집중된 플라즈마 아크를 만들어 용접부에 쏘아주는데 이 때 발생한 아크는 안정되며 최고 33,000℃(60,000°F)의 고온에 도달한다. 플라즈마는 거의 동수의 전자와 이온으로 합성된 이온화된 고온가스이다. 플라즈마는 저전류를 이용한 파일로트 아크를 이용하여 텅스텐 전극과 오리

피스(orifice) 사이에서 시작된다. 다른 공정과는 달리 플라즈마아크는 비교적 좁은 오리피스를 통과하므로 아크가 집중된다. 용접전류는 보통 100A 미만이나 특별한 작업에서는 이보다 높게 사용한다. 용가재를 사용할 때에는 텅스텐 아크 용접에서와 마찬가지로 아크 내로 이를 공급한다. 아크와 용접부는 아르곤, 헬륨 또는 혼합 가스로 보호한다.

다른 아크 용접방식에 비해 플라즈마아크 용접법은 에너지를 집중시킬 수 있어서 용입이 깊고 좁으며, 아크 안전성이 좋고 2~16 mm/s의 높은 용접속도를 가능케 하는 장점이 있다. 이 용접에 적합한 모재는 스테인리스강, 탄소강, 티탄, 니켈 합금, 구리 등이다. 플라스마 아크 용접의 특징은 다음과 같다.

① 열적 피치 효과에 의하여 열집중의 우수하므로, 용입이 깊고, 열 영향부가 좁으며, 용접속도가 빠르다.
② 이음 홈은 I 형으로 가능하며, 용접봉의 소모가 적다.
③ 1층으로 용접할 수 있으므로 능률적이다.
④ 용접부가 대기로부터 보호되므로 야금적, 기계적 성질이 좋고, 변형이 적다.
⑤ 각종 재료의 용접이 가능하다.

4 용접의 분류

용접부는 그림7-3과 같이 용접이 되는 금속을 모재라 하며, 용접봉 또는 모재의 일부가 용융되어 응고된 부분을 용착부, 용착된 금속을 용접금속이라 한다. 용접금속 중에서 용접봉이 녹아서 된 것을 용착금속(deposit metal)이라 한다.

그림 7-3
용접부의 구성

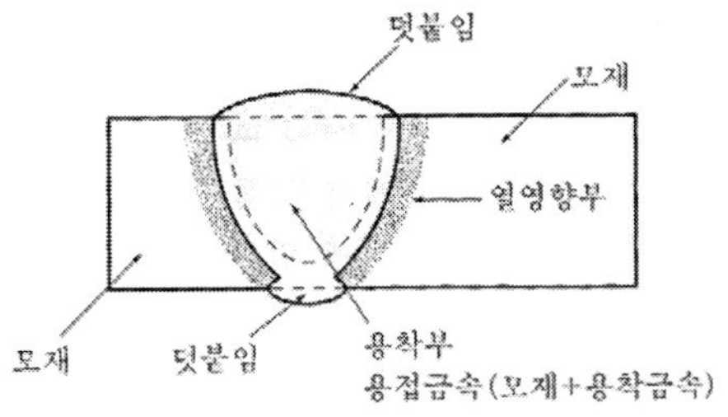

용융은 되지 않지만 열에 의해서 조직 및 특성 등이 변화된 모재 부분을 열영향부(heat affected zone : HAZ)라 하며, 용착부를 포함하여 용접부라 한다. 또한, 용접

부의 표면에 모재의 두께보다 올라온 용착금속을 덧붙임(reinforcement of weld)이라고 한다.

[표 7-1] 용접법의 분류

- 용접법
  - 용접
    - 아크 용접
      - 탄소 전극
        - 보호 아크 용접
        - 비피복 아크 용접
      - 금속 전극
        - 피복 아크
          - 피복 아크 용접
          - 가스 보호 스텃 용접
          - 서브머지드 아크 용접
          - 불활성 가스 아크 용접 (TIG 용접, MIG 용접)
          - 원자 수소 용접
          - 이산화탄소 아크 용접
        - 비피복 아크
          - 비피복 스텃 용접
          - 비피복 와이어 용접
    - 가스 용접
      - 산소 아세틸렌 용접
      - 공기 아세틸렌 용접
      - 산소 수소 용접
    - 특수 용접
      - 테르밋 용접
      - 일렉트로 슬래그 용접
      - 전자 빔 용접
  - 압접
    - 단접
    - 냉간 압접
    - 저항 용접
      - 겹치기
        - 스폿 용접
        - 심 용접
        - 프로젝션 용접
      - 맞대기
        - 플래시 맞대기 용접
        - 업셋 맞대기 용접
        - 방전 충격 용접
    - 유도 가열 용접
    - 초음파 용접
    - 마찰 용접
    - 가압 테르밋 용접
    - 가스 압접
  - 납땜
    - 연납땜
      - 인두 납땜
    - 경납땜
      - 가스납땜
      - 노재납땜
      - 저항납땜
      - 퀜칭 납땜
      - 진공 납땜
      - 유도가열납땜

(1) 용접이음의 형태

① 용착금속량을 줄이기 위한 적당한 루트간격과 홈각도를 선택할 것
② 용입이 깊은 용접법을 선택하여 가능한 이음의 베벨가공을 생략할 수 있도록 할 것
③ 후판용접(두꺼운판)의 경우 한면 V형 홈보다는 X형홈 을 이용하여 용착을 줄일 것
④ 필렛용접의 경우는 가능한 45°의 평면 또는 약간 볼록한 용접면이 경제적이다.
⑤ 지그등을 사용하여 용접하기 쉬운 아래보기 자세로 용접할 수 있도록 한다.

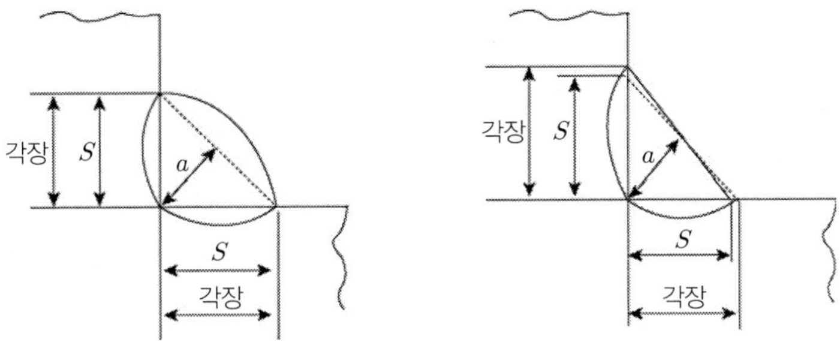

여기서 a : 목 두께 $S/\sqrt{2}$

그림 7-4
목두께의 형상

(2) 용접부 크기

① 필렛용접의 각 장은 용접부의 단면적과 용착량을 좌우하므로 잘 검토하여 정한다. 각장은 판두께의 보통 70% 를 합니다.

예 철판 두께 10mm 일 때 각장 S = 7mm정도

② 단속필렛용접의 경우는 각장을 작게하고 용접 길이를 길게 하는 것이 비용이 절감된다.
③ 자동용접을 할 수 있도록 직선이 되도록 용접선을 설계한다.
④ 용접을 해야 할 부분은 부재중에서 가장 얇은 부분이 되도록 설계하며 용접크기는 얇은 쪽을 기준으로 설계한다.
⑤ 보강재나 격판과 같은 것을 사용하여 용접량, 각장, 용접길이를 줄인다.

참고 (1) 루우트 간격 (3mm)과 홈각도(60°)

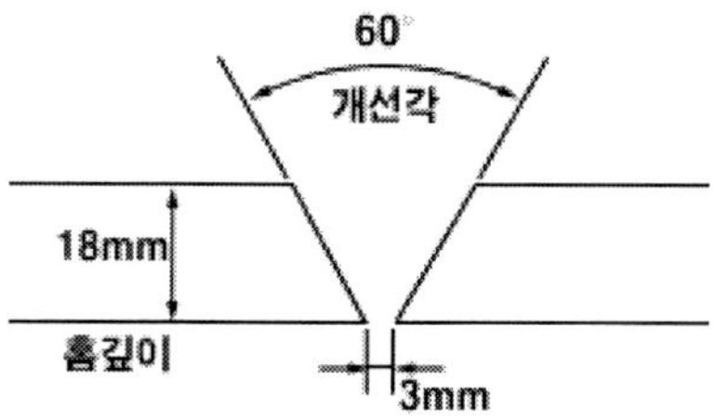

(2) 베벨 (Bevel) 가공 : 45° 각도로 면취한것

(3) 단속 필렛 용접부 (intermittent fillet welds)

① 피치(pitch) : 이음부의 한면상에에서 용접증분의 중심선 사이의 거리

② 피치 치수의 위치 (pitch dimension location) : 용접 길이 치수 우측에 "–" hypen을 사용하여 규정한다.

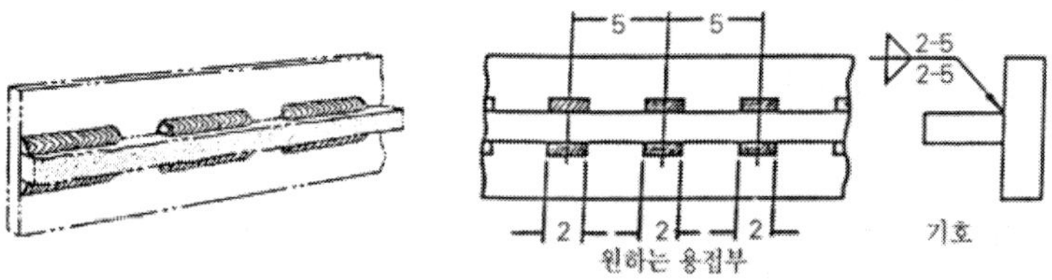

[단속 필렛 용접(병렬)의 예]

(4) 용접의 자세

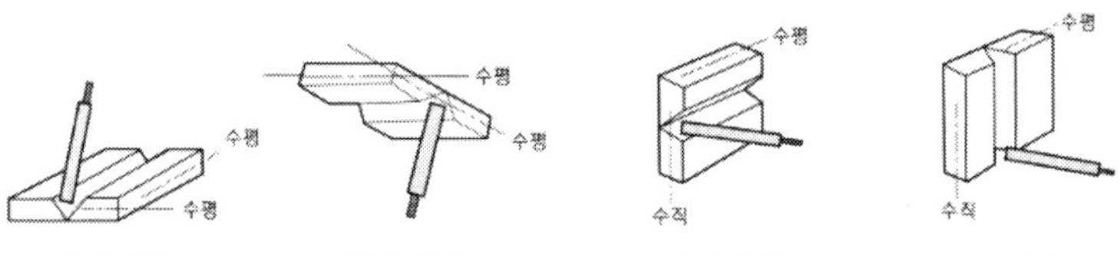

하향자세 상향자세 수평자세 수직자세

5 용접이음의 종류

용접 이음은 그림7-5와 같이 용접부의 모양에 따라 맞대기 이름(butt joint), 모서리 이음(corner joint), 가장자리 이름(edge joint), 겹치기 이음(lap joint), 덮개판 이음(strap joint), T 이음(T joint)등이 있다.

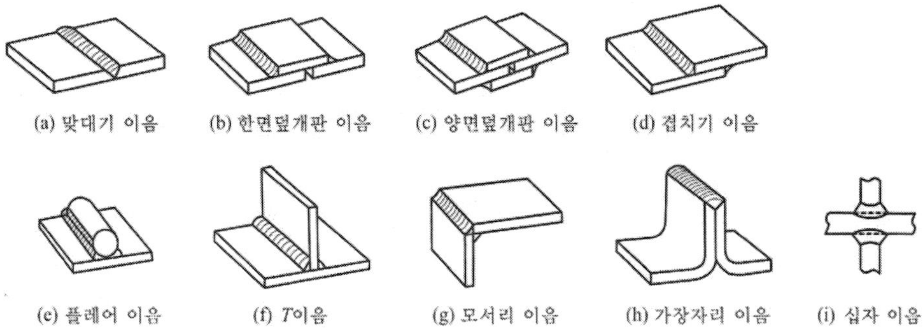

그림 7-5
용접이음의 종류

① 맞대기 이음(butt joint)

모재의 양 끝에 있는 홈을 일직선으로 놓고 용접하는 것으로서 그림 7-5(a)와 같은 이음이 되고, 각 부의 모양은 그림 7-6와 같으며, 각각의 치수는 표 7-2와 같다.

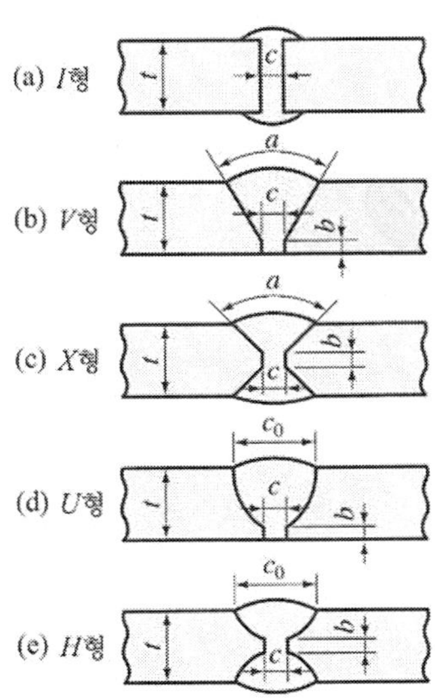

그림 7-4
맞대기 이음의 종류

[표 7-2] 맞대기 이음의 치수

형식	t[mm]	각부 치수 [mm]
I형	1~5	c=1~3
V형	6~12	a=60° ~90° , b=1.5~2.5, c= 2~4
X형	12~25	a=60° ~90° , b=2~4, c= 2.5~4
U형	16~50	c=3~5, c_0 = 15~22 , b=3~6
H형	25~50	c=3~5, c_0 =15~18, b=3~5

② 한쪽 덮개판 이음(single strap joint)

그림 7-4(b)와 같이 모재를 서로 맞대고 한쪽 덮개판에 필릿 용접을 한 것이다.

③ 양쪽 덮개판 이음

그림 7-4(c)와 같은 모재를 서로 맞대고 양쪽 덮개판을 필릿 용접한 것이다.

④ 겹치기 이음(lap joint)

그림 7-4(d)와 같이 두 모재의 일부를 겹쳐 필릿 용접하는 이음으로, $\alpha = 30°$ ~ $45°$로 하며, 단순 겹치기 이음(single lap joint)이라 한다. 또한, 양쪽으로 겹치기 용접하는 이음이 더욱 바람직하며, 이러한 용접이음을 이중 겹치기 이음(double lap joint)이라 한다.

⑤ 플레어 이음

그림 7-4(e)와 같이 원호와 직선, 또는 원호와 원호가 이루는 홈 부분을 필릿 용접하는 이음을 말한다.

⑥ T형 이음(T joint)

그림 7-4(f)에 나타낸 것 같이 T형으로 접합하는 용접이음이다.

⑦ 모서리 이음(corner joint)

그림 7-4(g)와 같이 두 모재를 L자 모양으로 접합하는 용접이음을 말한다.

⑧ 가장자리 이음(edge joint)

그림 7-4(h)에 도시한 것 같이 2개 이상의 모재가 거의 평행하게 겹친 끝면 사이를 용접하는 이음이다.

⑨ 십자이음

그림 7-4(i)와 같이 십자형으로 접합된 용접이음을 말한다.

6 용접이음의 강도

용접이음에는 여러형태가 있고, 작용하는 하중도 인장, 압축, 굽힘 및 비틀림 등 가지각색으로 응력도 복잡하다.

(1) 맞대기 용접이음의 강도

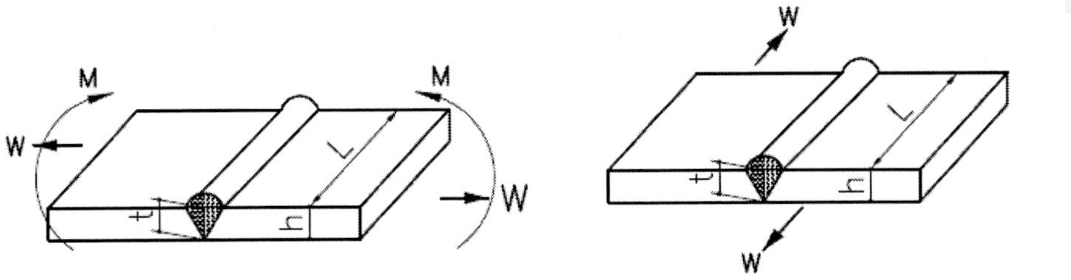

그림 7-5
맞대기 용접이음

① 인장응력 $\sigma = \dfrac{W}{h\ell} = \dfrac{W}{t\ell}$ (N/mm²)

여기서 h : 판두께 (mm)

t : 목두께 (mm)

ℓ : 용접부 길이 (mm)

② 굽힘응력 $\sigma = \dfrac{M}{Z} = \dfrac{M}{\frac{t^2\ell}{6}} = \dfrac{6M}{t^2\ell}(N/mm^2)$ (단, 단면계수 $Z = \dfrac{bh^2}{6}$)

③ 전단응력 $\tau = \dfrac{W}{h\ell} = \dfrac{W}{t\ell}$ (N/mm^2)

(2) 옆면 필렛용접 이음의 강도

> **용어** **필렛용접** : 겹치기 이음이나 이음에서 구석에 용접하는 것으로 목두께의 방향은 모재면과 45° 로 한다.

그림 7-5
전면 필렛 용접

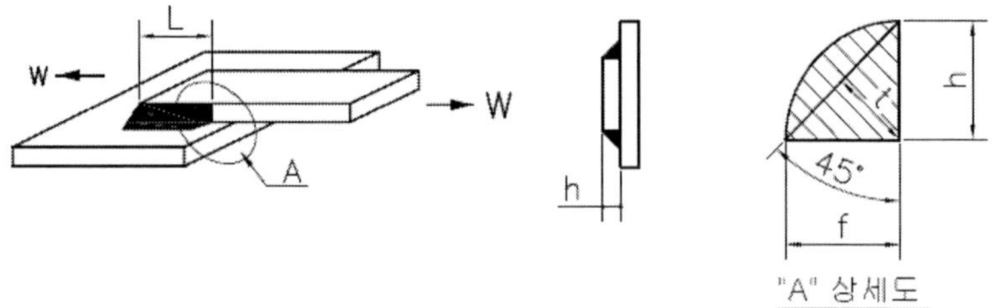

① 양쪽 필렛 용접일 때

$$\text{인장응력} \quad \sigma_t = \frac{W}{2t\ell} = \frac{W}{2f\cos 45^\circ \ell} = \frac{0.707\,W}{f\ell}(N/mm^2)$$

② 한쪽 필렛용접

$$\text{인장응력} \quad \sigma_t = \frac{W}{t\ell} = \frac{W}{f\cos 45^\circ \ell} = \frac{1.414\,W}{f\ell}(N/mm^2)$$

여기서 t : 목두께 (t= fcos45°)

h : 목재의 두께 (h = f)

f : 각장길이(mm)

(3) T형 용접이음

2개의 모재를 수직방향으로 놓고 용접하는 T형 용접이음은 **그림7-6**에서 보는 것처럼 반절형, 편절형, 양절형의 3가지 경우를 생각할 수도 있다

그림 7-6
T형 용접이음의 종류

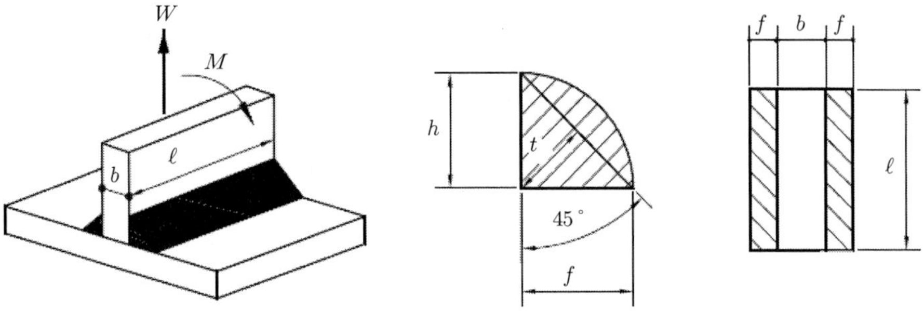

(a) 반절형 (b) 편절형 (c) 양절형

① 인장응력

$$\sigma_t = \frac{W}{2t\ell} = \frac{W}{2fcos45^\circ \ell} = \frac{0.707W}{f\ell}(\text{N/mm}^2)$$

② 굽힘응력

$$\sigma_e = \frac{M}{Z} = \frac{M}{2\frac{t\ell^2}{6}} = \frac{3M}{fcos45^\circ \ell^2} = \frac{4.24M}{f\ell^2}\ (\text{N/mm}^2)\ (\text{볼록형})$$

③ 합성응력

$$\sigma = \sigma_t + \sigma_e$$

④ 전단응력(그림 7-7)

$$\tau = \frac{W}{2t\ell} = \frac{W}{2fsin45^\circ \ell} = \frac{0.707W}{f\ell}\ (\text{N/mm}^2)$$

그림 7-7
직각하중

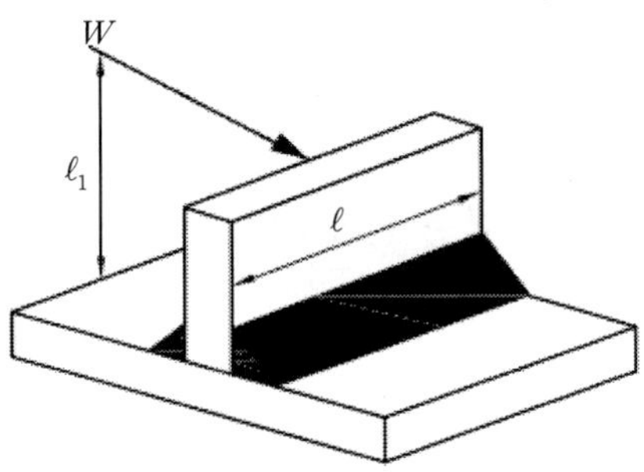

⑤ 굽힘응력(그림 7-7)

$$\sigma_e = \frac{M}{Z} = \frac{WL_1}{2\frac{t\ell^2}{6}} = \frac{3WL_1}{fsin45^\circ \ell^2} = \frac{4.24WL_1}{f\ell^2}\ (\text{N/mm}^2)$$

⑥ 용접부의 전단응력

a) 용접부 상태는 비틀림 모우멘트가 작용할 때

$$T = W \times \frac{D}{2} = \tau\pi Dt\frac{D}{2}(\text{N}\cdot\text{mm})$$

(단, 단면적 근사적으로 πDt 나타 낼 수 있으므로 $\tau = \frac{W}{\pi Dt}$ 이다)

b) 전단응력

$$\tau = \frac{2T}{\pi D^2 t} = \frac{2T}{\pi D^2 f \cos 45^\circ} = \frac{2.83T}{\pi f D^2} \ (\mathrm{N/mm^2})$$

그림 7-8
원주 T형 용접

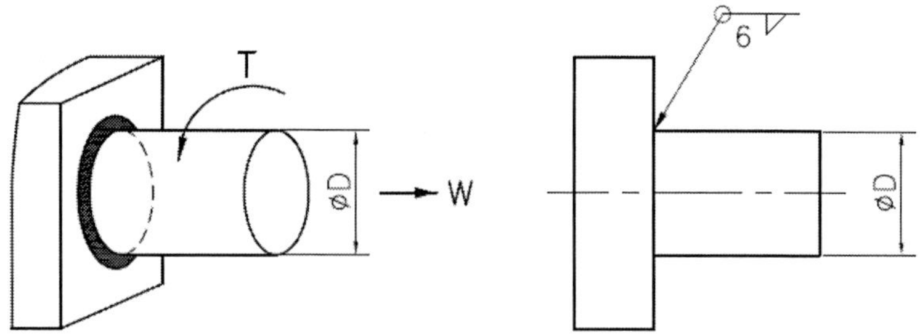

7 용접 이음에 대한 응력 계산식

표 7-3은 G. H. Jennings가 제시한 용접이음에 대한 기본적인 응력 계산식을 표시한 것이다. 이 계산식은 용접부의 목두께를 기준으로 유도한 식이다.

[표 7-3] 맞대기 이음의 치수

σ : 수직응력, σ_b : 굽힘응력, τ : 전단응력, P : 하중, M : 굽힘모멘트, T : 토크, L : 하중점의 거리, ℓ : 용접유효길이, h : 용접사이즈, a : 목두께, t : 판두께, e : 중심으로부터의 거리

1 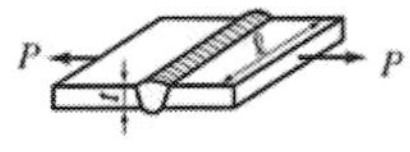 $\sigma = \frac{P}{\ell a}$, $(a = t)$	2 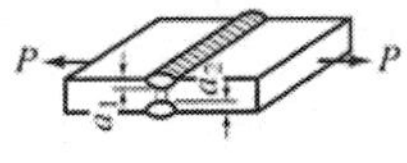 $\sigma = \frac{P}{\ell(a_1 + a_2)}$	3 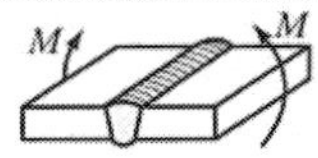 $\sigma_b = \frac{6M}{\ell a^2}$	4 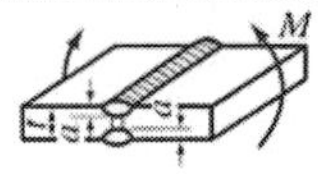 $\sigma_b = \frac{3tM}{\ell a(3t^2 - 6ta + 4a^2)}$
5 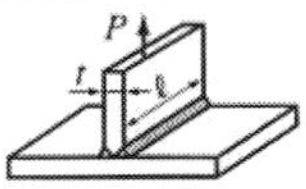 $\sigma = \frac{P}{\ell t}$	6 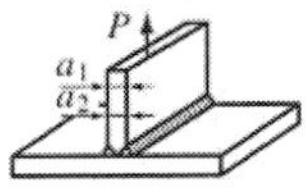 $\sigma = \frac{P}{\ell(a_1 + a_2)}$	7 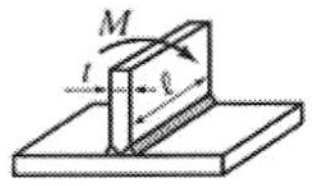 $\sigma_b = \frac{6M}{\ell t^2}$	8 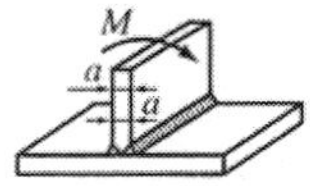 $\sigma_b = \frac{3tM}{\ell a(3t^2 - 6ta + 4a^2)}$
9 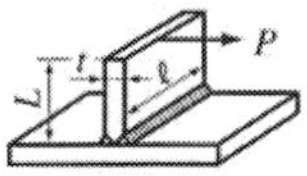 $\sigma_b = \frac{6PL}{\ell t^2}$, $\tau = \frac{P}{\ell t}$	10 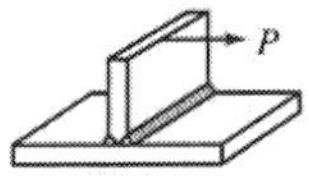 $\sigma_b = \frac{3tPL}{\ell a(3t^2 - 6ta + 4a^2)}$, $\tau = \frac{P}{2\ell t}$	11 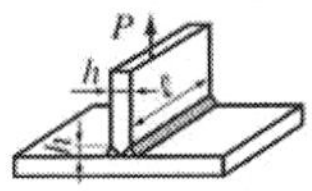 $\sigma = \frac{0.707P}{\ell h}$	12 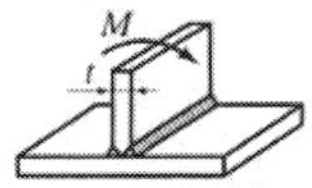 $\sigma_b = \frac{1.414M}{\ell h(t+h)}$
13 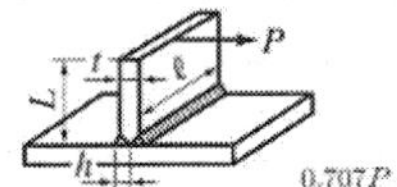 $\sigma = \frac{0.707P}{\ell h}$, $\sigma_{max} = \frac{P}{\ell h(t+h)}\sqrt{2L^2 + \frac{(t+h)^2}{2}}$	14 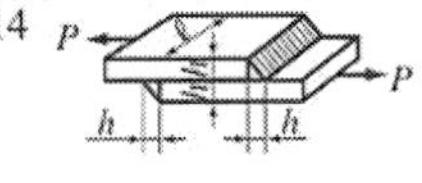 $\sigma = \frac{0.707P}{\ell h}$, $(h = t)$	15 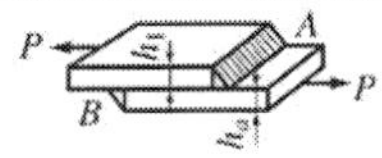 $\sigma = \frac{1.414P}{\ell(h_1 + h_2)} \begin{pmatrix} h_1 = t_1 \\ h_2 = t_2 \end{pmatrix}$	16 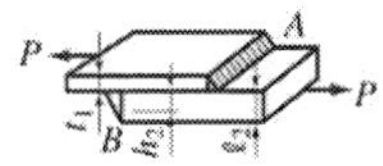 $\sigma_A = \frac{1.414P}{\ell(t_1 + t_2)}$, $\sigma_B = \frac{1.414Pt_2}{\ell h_2(t_1 + t_2)}$
17 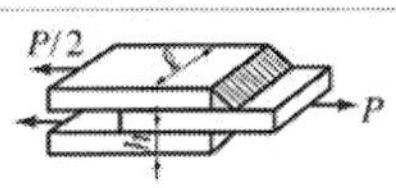 $\sigma = \frac{0.707P}{\ell h}$, $(h = t)$	18 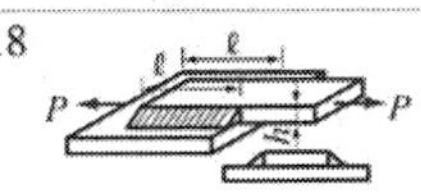 $\sigma = \frac{0.707P}{\ell h}$, $(h = t)$	19 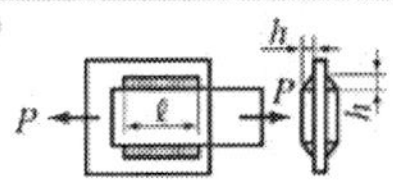 $\sigma = \frac{0.354P}{\ell h}$, $(h = t)$	20 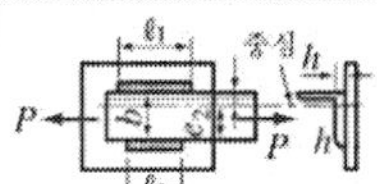 $\sigma = \frac{1.414P}{(\ell_1 + \ell_2)h}$, $\sigma = \frac{1.414Pe_2}{\sigma hb}$, $\ell_2 = \frac{1.414Pe_1}{\sigma hb}$
21 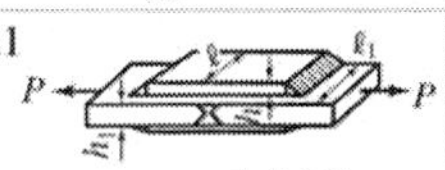 필릿 $\sigma = \frac{1.414P}{2\ell h + \ell_1 h_1}$ 버트 $\sigma = \frac{P}{2\ell h + \ell_1 h_1}$	22 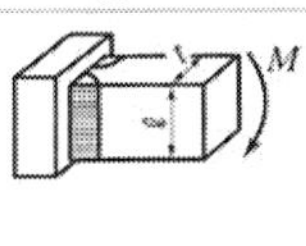 $\sigma_b = \frac{6M}{\ell^2 t}$	23 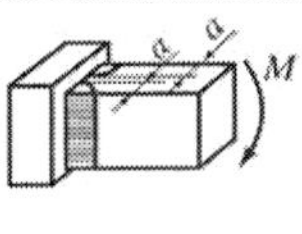 $\sigma_b = \frac{3M}{\ell^2 a}$	24 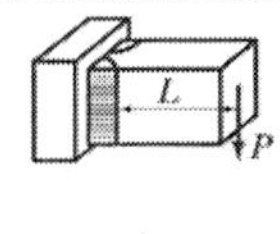 $\sigma_b = \frac{6PL}{\ell^2 t}$, $\tau = \frac{P}{\ell t}$
25 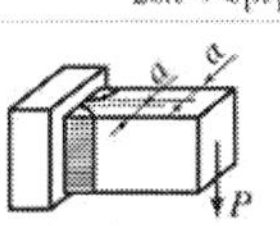 $\sigma_b = \frac{3PL}{\ell^2 a}$, $\tau = \frac{P}{2\ell a}$	26 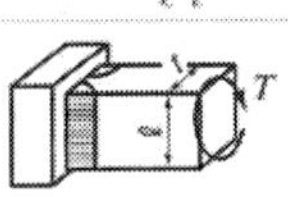 $\tau = \frac{T(3\ell + 1.8t)}{\ell^2 t^2}$	27 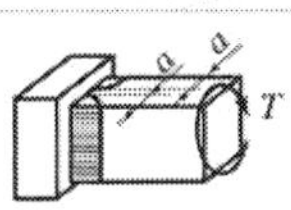 $\tau = \frac{T}{2(t-a)(\ell-a)a}$	28 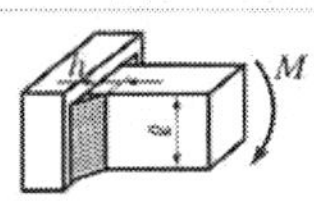 $\sigma_b = \frac{4.24M}{\ell^2 h}$
29 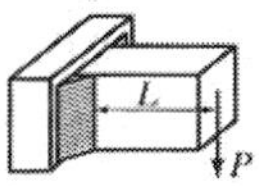 $\sigma_b = \frac{4.24PL}{\ell^2 h}$, $\tau = \frac{0.707P}{\ell h}$	30 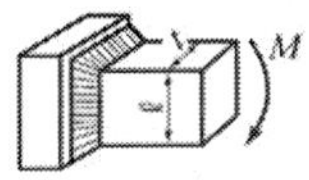 $\sigma_b = \frac{4.24M}{h\{t^2 + 3\ell(t+h)\}}$	31 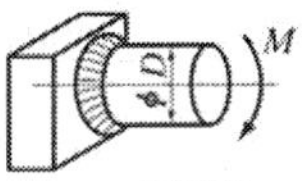 $\sigma_b = \frac{5.56M}{h\pi D^2}$	32 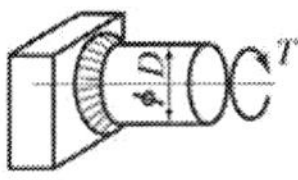 $\tau = \frac{2.83T}{h\pi D^2}$

계 산 문 제

제7장 용접(welding)

01 다음 그림과 같은 용접부에 하중 P = 5000N이 작용할 때 인장응력(N/mm^2)은?

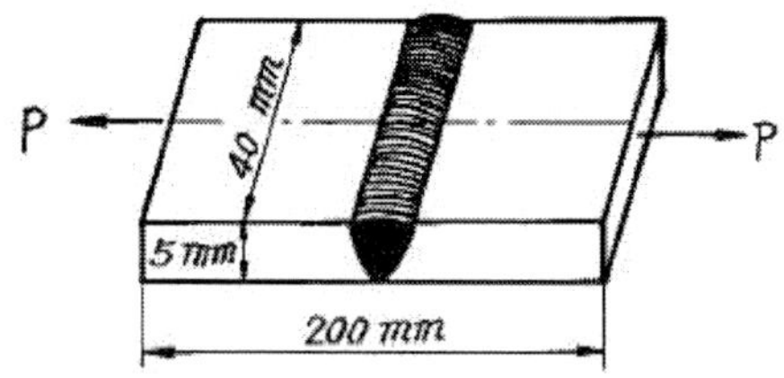

SOL $\sigma = \dfrac{P}{h\ell} = \dfrac{5000}{5\times 40} = 25\,N/mm^2$

02 그림과 같은 맞대기 용접이음에서 두께 10mm, 허용인장 응력 70 N/mm^2, 용접 길이100mm, 용접효율 70% 일 때, 용접 목두께(t)는? (단, 용접부의 허용응력 40 N/mm^2 이다)

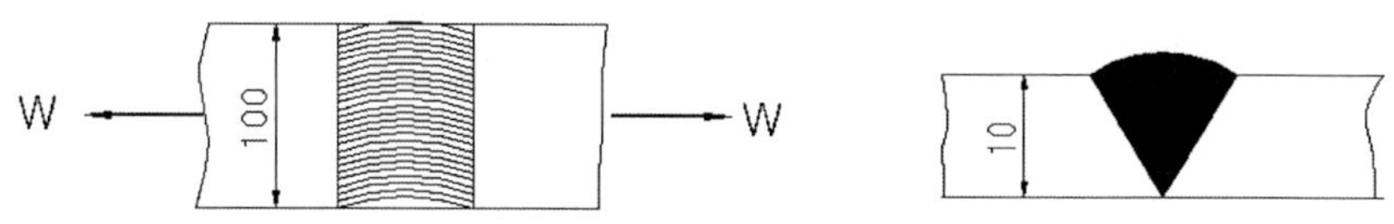

SOL 용접부 허용응력

$$\sigma_w = \frac{W}{t\ell} = \frac{49000}{t\times 100} = 40$$

목두께 t = 12.25 ≒ 13 mm

허용인장응력 $\sigma_a = \frac{W}{h\ell\eta} = \frac{W}{10 \times 100 \times 0.7} = 70$

$W = 49000\,N$

03 그림과 같은 V형 맞대기 용접에서 굽힘 모멘트가 (Mb)가 10000 kN · cm작용하고 있을 때, 최대 굽힘 응력은(N/mm^2)? (단, ℓ =150mm, t=20mm 이고 완전 용입일 때이다.)

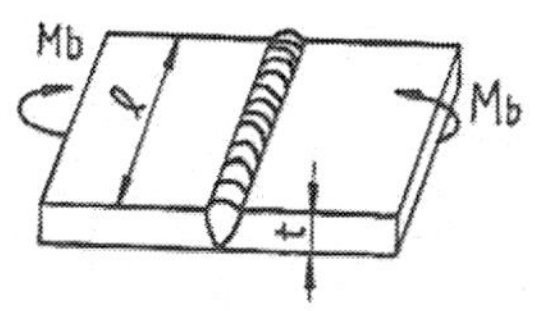

SOL $\sigma_b = \frac{M}{Z} = \frac{6M}{t^2\ell} = \frac{6 \times 10000}{2^2 \times 15} = 1000\,kN/cm^2 = 10000N/mm^2$

04 다음그림은 겹치기 용접에 의한 양면 이음을 나타낸다. 작용하중 F=50000N, 용접선의 허용인장응력 $50N/mm^2$, t =10mm일 때, 필요한 용접선의 최소길이 ℓ (mm)은?

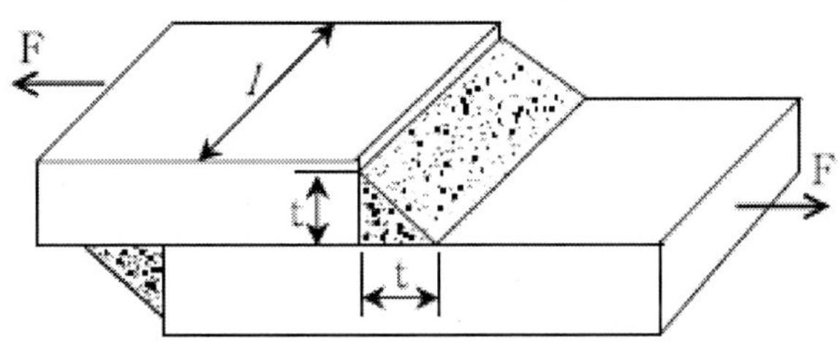

SOL $\sigma = \frac{F}{2tcos45^\circ\ell} = \frac{50000}{2 \times 10\cos45\ell} = 50$

$\ell = \frac{50000}{2 \times 10\cos45^\circ \times 50}$

$= 70.7 ≒ 71mm$

$\ell = 71mm$

05 그림에서 보는 바와 같이 맞대기 이음에서 불완전한 용입일 때 인장응력은? (단, 상하 용접부의 목 두께는 각각 h_1 h_2 이며, 강판의 두께는 t 이다)

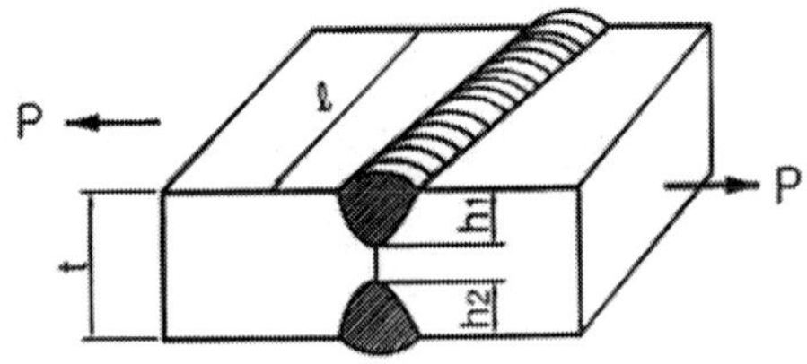

SOL $\sigma = \dfrac{P}{(h_1 + h_2)\ell}$

기출 및 예상문제

01 리벳이음에 비해 용접이음의 장점이 아닌 것은?

㉮ 이음 효율이 크다.
㉯ 기밀성 및 수밀성이 좋다.
㉰ 진동을 감쇄시킬 수 있다.
㉱ 이음 두께의 제한이 적다.

SOL 용접이음의 장점

① 이음효율은 리벳은 30 ~40% 정도이나 용접이음은 강판의 두께에 관계없이 200%이상
② 공작이 용이하고 재료가 절감된다.
③ 리베팅과 같이 폭음이 생기지 않는다.

답 ㉰

02 용접을 기계적 이음과 비교할 때 그 특징에 대한 설명으로 틀린 것은?

㉮ 이음효율이 대단히 높다.
㉯ 수밀, 기밀을 얻기 쉽다.
㉰ 응력집중이 생기지 않는다.
㉱ 재료의 중량을 절약할 수 있다.

답 ㉰

03 다음 그림에서 필렛 용접의 실제 목두께를 나타내는 것은?

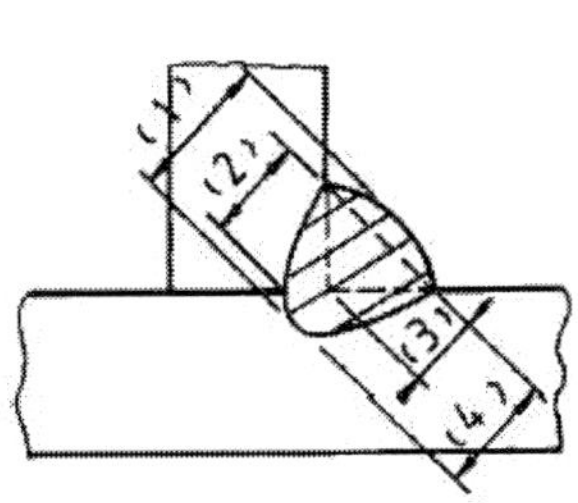

㉮ (1) ㉯ (2)

㉰ (3) ㉱ (4)

SOL 1 : 목의 실제 두께 2. 목의 이론 두께

답 ㉮

04 용접이음의 강도는 이음에 어떤 부하가 작용하는지를 생각해야 하는데 그 부하에 속하지 않는 것은?

㉮ 수직력 (P) ㉯ 굽힘모멘트 (M)

㉰ 비틀림 모멘트 (T) ㉱ 응력강도 (K)

답 ㉱

05 기계 구조물의 조립에서 많이 사용되는 용접이음과 리벳이음을 비교할 때, 용접이음의 장점이 아닌 것은?

㉮ 작업의 공정수가 적다. ㉯ 기밀성이 양호하다.

㉰ 진동감쇠 효과가 양호하다. ㉱ 중량을 절감할 수 있다.

SOL 용접은 주조에 비해 강도가 크고, 중량도 경감할 수 있다.

답 ㉱

제8장 축(shaft)

1 축(shaft)의 개요

일반적으로 베어링으로 받쳐진 채로 멈추고 있든지 회전운동 또는 회전요동운동을 하여 물체를 받치면서 동력을 전달시키는 기계요소를 **축**이라고 한다. 축은 주로 회전에 의하여 동력을 전달하는 목적으로 사용된다. 주로 강철로 만들어진다.

그림 8-1
축(shaft)의 기능

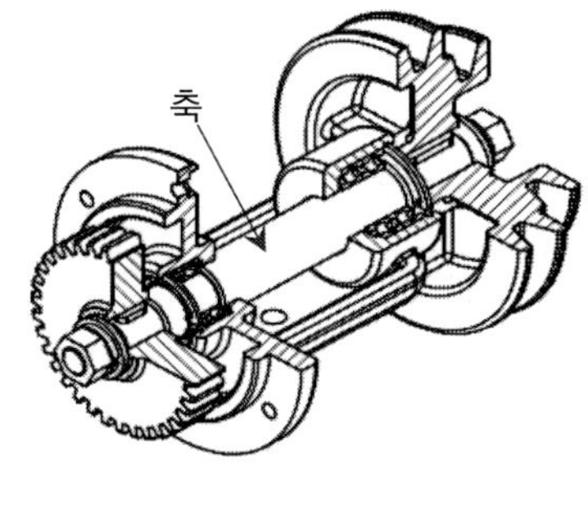

2 축에 작용하는 하중에 따른 분류

축은 막대모양의 부품으로 그 단면은 원형이 많은데 둥근축과 중공축으로 구분된다

(1) **차축**(axle) : 축은 고정되고 바퀴만 회전하면서 주로 휨 작용만을 받는 철도 차량, 자동차의 앞바퀴, 자전거 허브 축 등에 사용된다.

(2) **전동축**(transmission shaft) : 화물 자동차의 뒷바퀴의 축처럼 축과 바퀴가 고정

되어 함께 회전하는 축으로 굽힘과 비틀림 모우멘트를 받는다. 전동축의 동력전달 순서는 다음과 같다. 주축(main shaft)➔선축(line shaft)➔중간축(counter shaft)➔기계

(3) **스핀들**(spindle) : 지름에 비하여 짧은 축이고, 하중은 비틀림 모우멘트를 받는다. 선반, 밀링 머신의 주축으로 사용된다.

자동차

철도차량

차축(axle)

그림 8-2
하중에 따른 축의 종류

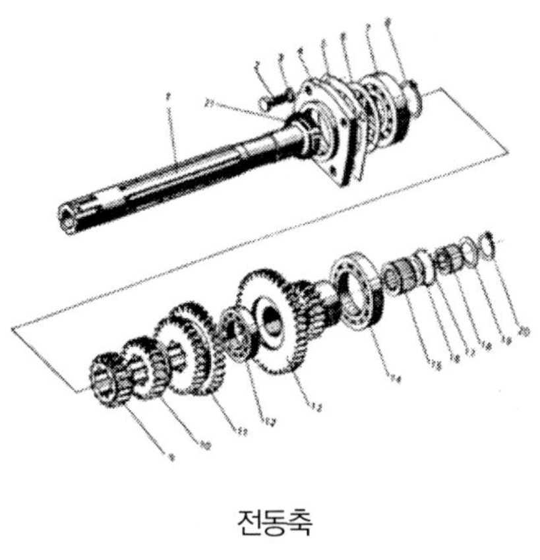

전동축

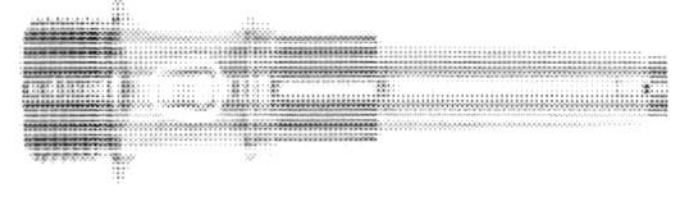

스핀들

3 축의 바깥 모양에 따른 분류

(1) **직선축** : 일반적으로 사용하는 곧은 축

(2) **크랭크 축** : 직선 운동을 회전 운동으로 바꾸는 데 사용하는 축

(3) **플렉시블 축** : 전동축에 휨성을 주어서 축의 방향을 자유롭게 변경할 수 있는 축

(4) **관축** : 가벼운 것을 필요로하는 회전축

그림 8-3
바깥 모양에 따른
축의 종류

크랭크축(crank shaft)

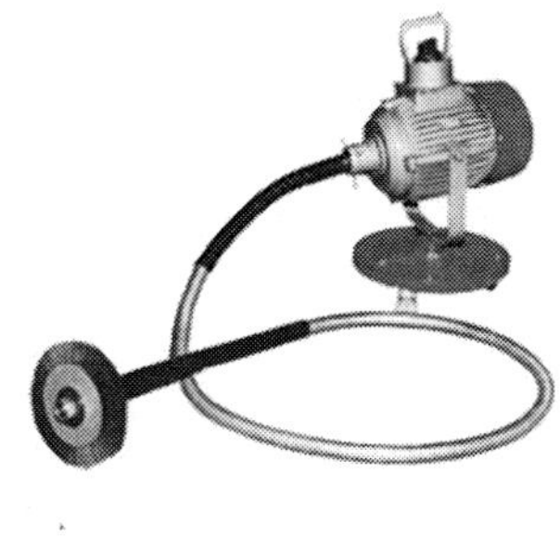

플렉시블 축(flexible shaft)

4 차축(axal) 재질

(1) **기계구조용 탄소강재**(SM45C) : 열처리 효과가 크기 때문에, 일반적으로 전동축에 주로 사용한다.

(2) **크롬 몰리브덴강(SCM) 강재** : 자동차 뒷차축

(3) **니켈 크롬 몰리브덴강(SNCM) 강재** : 크랭크축, 대형축류, 긴축

(4) **니켈 크롬강 (SNC)강재** : 소형축, 크랭크축, 프로펠러축 주로 침탄용강재(탄소함유량이(C) 0.2% 이하) 을 주로 사용한다.

5 축 설계에서 고려해야 할 사항

축을 설계하려면 주어진 운전조건과 하중조건에서 파손하지 않게 하기 위한 충분한 강도(strength)를 갖게 할 것과 처짐(deflection)과 비틀림이 어느 한도 이내에 있도록 필요한 강성도(stirrness)를 갖게 할 것과, 위험속도(ctitical speed)로부터 25%이

상 떨어진 상태에서 사용할 수 있도록 하는 조건들이 요구된다.

(1) 강도(Moore식)

물체의 강한 정도, 단단한 정도, 즉, 재료에 하중이 걸린 경우, 재료가 파괴되기까지의 변형 저항을 그 **재료의 강도**라고 한다.
하중의 종류에 따라서 인장(Tensile strength), 충격(Impact Strength), 굽힘 강도(Flexural Strength) 등이 있다.
강도가 크다는 것은 높은 외력이 작용해도 탄성을 유지할 수 있다는 의미이며, 강도가 크다는 것은 항복점이 높다는 뜻입니다.

> 참고 Moore식 : Key 홈에 대한 축의 보강. ($\beta = 0.75$)

(2) 강성

재료에 외부에서 변형을 가할 때 그 재료가 주어진 변형에 저항하는 정도를 수치화한 것이다. 이를 표현할 때에는 단위 변화량에 대한 외력의 값으로 나타낸다.
① 휨(deflection) : 직경d 및 길이L 규정. ($\ell = 100\sqrt[3]{d^2}$)
② 비틀림(twist) : Bach의 식 ⇒ 1m당 $\frac{1}{4}°$이내로 제한

> 참고 **차체 구조설계** : 부품을 단단하고 강하게 설계하는 것이 강도 설계라고 한다면 강성 설계는 구조물이 강제로 일정 변형을 받게 될때 변형에 탄력적으로 견딜 수 있는 강성을 가지도록 설계하는 것입니다

(3) 진동(던커레이 dunkerley)

축은 굽힘 진동 비틀림 진동에 의하여 공진 하게 되면, 진폭이 점차 증대되어 마침내 파괴 된다.
축의 위험속도 Ncr ⇒ 고유진동수에 해당하는 축의 회전수

(4) 열응력

증기 터빈(steam turbine), 제트 엔진(jet engine)의 축과 같이 고온에서 사용되는 축인 경우 열응력과 열팽창을 고려한다.

예 열응력이란 엔진의 기동에 의한 발열과 세워 놓았을 때의 냉각 상태가 반복됨에 따라 팽창과 수축을 되풀이 하는 것을 말하며, 열경화성 재질인 경우 수축된 채로 굳어버리는 경우도 있습니다. 개스켓이 수축되어 버리면 접촉면에 틈새가 생기게 마련이고 그 틈으로 오일이나 냉각수 등이 새어 나오는 것입니다

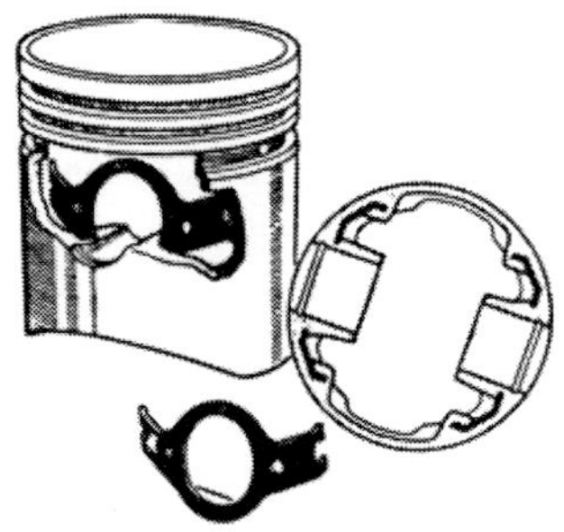

그림 8-4 원주방향의 열팽창을 억제시키는 강제 삽입물을 내장한 알루미늄-실리콘 합금의 내연기관 피스톤

(5) 부식

항상 물이나, 바닷물, 화학 약품 등 액체 속에서 사용되는 축은 부식을 고려한다.

참고 축설계의 일반적인 순서.

① 축의 사양을 결정 : 축의 회전수, 전달토크, 처짐량, 공간적 제약 (길이×지름), 축에 달리는 기소의 종류와 위치관계, 운전시의 분위기 등

② 부하의 형태 하중의 형태(정적, 충격 및 반복하중), 하중의 조합(비틀림, 굽힘, 굽힘과 비틀림의 조합, 비틀림과 인장, 압축하중의 조합)등의 하중의 형태를 구분한다.

6 축의 설계

축에 작용하는 하중에는 굽힘 모멘트, 비틀림 모멘트, 인장력, 압축력 등이 있고, 이들 하중은 단독으로 작용하는 경우도 있지만, 일반적으로 몇 가지 하중이 조합되어 복합적

으로 작용한다. 또한, 축에 작용하는 하중은 반복하중이나 변동하중이 동적으로 작용하는 경우가 많고, 축에는 키홈이나 단(段)이 붙어 있는 경우가 많기 때문에 응력집중이나 피로파괴에 의한 파손을 고려하여 설계하여 한다.

M : 축에 작용하는 굽힘 모멘트[N·m]

T : 축에 작용하는 비틀림 모멘트[N·m]

N : 축의 1분간의 회전수 [rpm]

H(PS) : 전달마력

H'(kW) : 전달동력

d : 중실축의 지름 [mm]

d_1 : 중공축의 안지름 [mm]

d_2 : 중공축의 바깥지름 [mm]

x : 지름비$(=d_1/d_2)$

ℓ : 축의 길이 [mm]

Z : 단면계수 [mm^3]

Z_p : 극단면계수 [mm^3]

σ_b : 굽힘응력 [MPa]

τ : 비틀림 전단응력 [MPa]

σ_a : 축의 허용 굽힘응력 [MPa]

τ_a : 축의 허용 비틀림 전단응력 [MPa]

라고 하면, 재료역학의 굽힘 공식(bending gormula) $M=\sigma_b \cdot Z$의 관계와 비틀림 공식(twisting formula) $T=\tau \cdot Z_p$의 관계에서 다음과 같은 관계들이 성립한다.

(1) 정하중을 받는 축

① 힘만을 받을 축(차축)

㉠ 실축

- 모우멘트 $M=\sigma_a Z = \sigma_a \times \dfrac{\pi d^3}{32}$

• 축지름 $d = \sqrt[3]{\dfrac{32M}{\pi \sigma_a}} \fallingdotseq \sqrt[3]{\dfrac{10.2M}{\sigma_a}}$ (mm)

여기서 σ_b : 굽힘 응력 (MPa, N/mm^2)

Z : 단면계수 ($\dfrac{\pi d^3}{32}$)

M : 굽힘 모우멘트 (단순보인 경우 $\dfrac{W\ell}{4}$)

그림 8-5
굽힘을 받는 차축

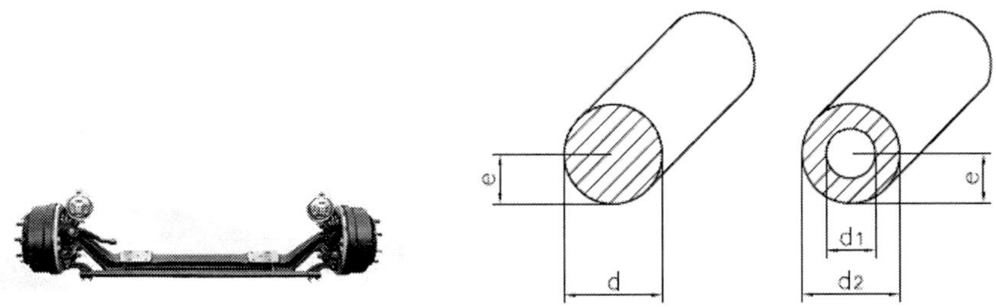

앞 차축 실축 중공축

㉡ 중공축

• 모우멘트 $M = \sigma_a Z = \sigma_a \times \dfrac{\pi}{32}(1-x^4)\,d_2^3$

• 축지름 $d_2 = \sqrt[3]{\dfrac{32M}{(1-x^4)\pi \sigma_a}} \fallingdotseq \sqrt[3]{\dfrac{10.2M}{(1-x^4)\sigma_a}}$ (mm)

㉢ 실축과 중공축 비교(단, 동일한 모우멘트, 재질은 같다)

$\dfrac{\text{중공축}(d_2)}{\text{실축}(d)} = \sqrt[3]{\dfrac{1}{1-x^4}}$

중공축은 선박, 항공기류에 주로 사용한다

여기서 x : 내외경비 ($\dfrac{d_1}{d_2}$)

참고

① 차축은 차량의 자체중량 및 적재된 화물의 직접 하중을 지탱해야 하는 내구성과 강성이 필요한 부품이다.

② 중공축에서 단면계수

$$Z = \frac{I(\text{단면 2차모우멘트})}{e(\text{도심까지 거리}}$$

$$= \frac{\frac{\pi}{64}(d_2^4 - d_1^4)}{\frac{d_2}{2}} = \frac{\pi}{32}(\frac{d_2^4 - d_1^4}{d_2}) = \frac{\pi}{32}(\frac{d_2^4 - d_1^4}{d_2^4})d_2^4$$

$$= \frac{\pi}{32}(1 - x^4)d_2^3$$

내외경비 $x = \frac{d_1}{d_2}$

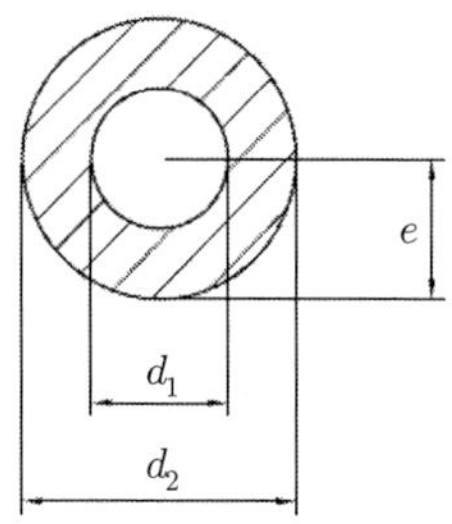

② 비틀림만을 받는 축(스핀들)

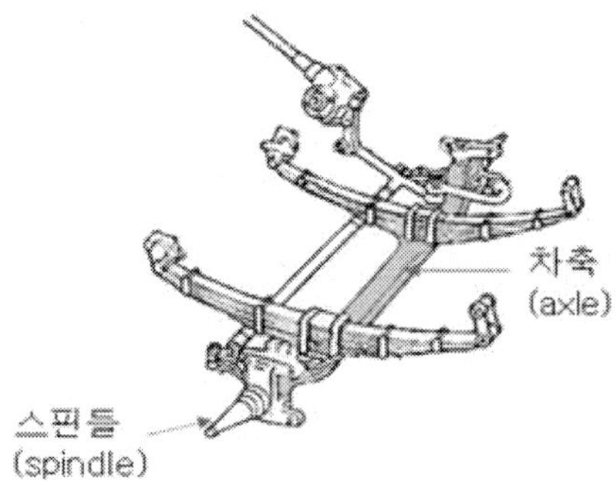

그림 8-6
비틀림을 받는 스핀들축

㉠ 회전 토르크 [T(N · mm)와 전달마력 (H_{kw})]

$$H_{kw} = P \times V = Prw = T(N \cdot m)w(rad/s) = \frac{T \times \frac{2\pi n}{60}}{1000}$$

$$T = \frac{60 \times 1000 \times H_{kw}}{2\pi n} \fallingdotseq 9550\frac{H_{kw}}{n}\ (N \cdot m)$$

$$\fallingdotseq 9550 \times 10^3 \frac{H_{kw}}{n}\ (N \cdot mm)$$

$$\fallingdotseq 9550\frac{H_{kw}}{n}\ (\mathrm{kN\cdot mm})$$

$$H_{ps}=\frac{T\cdot w}{75\times 9.80665}=\frac{T\cdot\frac{2\pi N}{60}}{75\times 9.80665}\ \left(H_{ps}=\frac{PV}{75}\right)$$

$$=\frac{T\times 2\pi N}{75\times 9.80665\times 60}$$

$$T=7020\times 10^3\times\frac{H_{ps}}{n}\ (N\cdot mm)$$

여기서 P : 힘 (N)

V : 속도 (V= rw)

w : 각속도 $\frac{2\pi n}{60}$ (rad/s)

T : 회전력 or 비틀림 모우멘트 (T $=P\times\frac{d}{2}=Pr$)

1ps : 0.735 Kw (1ps = 75 kgf · m/s 1kw =102 kf · m/s) }

1kgf = 9.80665N

> **참고** 와트 1Kw = 1000J/s = 1000 N · m/s

ⓛ 실축

비틀림 모우멘트 $T=\tau_a Z_p=\tau_a\times\frac{\pi d^3}{16}$

축지름 $d=\sqrt[3]{\frac{16T}{\pi\tau_a}}=\sqrt[3]{\frac{5.1T}{\tau_a}}$ (mm)

ⓒ 중공축

비틀림 모우멘트 $T=\tau_a Z_p=\tau_a\times\frac{\pi}{16}(1-x^4)d_2^3$

축지름 $d_2=\sqrt[3]{\frac{16T}{(1-x^4)\pi\tau_a}}=\sqrt[3]{\frac{5.1T}{(1-x^4)\tau_a}}$ (mm)

여기서 τ_a : 허용 전단응력 or 비틀림 응력 (MPa)

Z_p : 극단면계수 $\left(Z_p=2Z=\frac{\pi d^3}{16}\right)$

T : 비틀림 모우멘트 $(N\cdot mm)$

> **참고** 중공축에서 극단면계수 $Z_p = 2Z = 2\times\frac{\pi d^3}{32} = \frac{\pi d^3}{16}$
>
> $$Z_p = \frac{\frac{\pi}{32}(d_2^4 - d_1^4)}{\frac{d_2}{2}} = \frac{\pi}{16}\left(\frac{d_2^4 - d_1^4}{d_2}\right) = \frac{\pi}{16}\left(\frac{d_2^4 - d_1^4}{d_2^4}\right)d_2^4$$
>
> $$= \frac{\pi}{16}(1 - x^4)d_2^3$$
>
> 내외경비 $x = \frac{d_1}{d_2}$

7 굽힘모우멘와 비틀림모우멘를 동시에 받는 축(정하중)

풀리, 기어, 플라이 휠, 크랭크와 같이 동력을 전달하는 축들은 외력으로 비틀림 모멘트와 굽힘 모멘트가 동시에 작용하는 경우가 많다. 이와 같은 경우 축에 발생하는 최대 응력을 산출하기 위해 축내부에서 생겨나는 다음과 같은 3가지 응력들을 고려해야 한다.

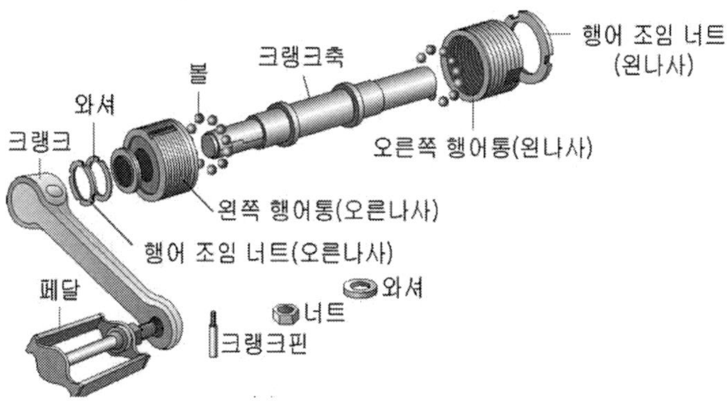

그림 8-7
휨과 비틀림을 받는 축
(자전거 페달)

(1) 취성재료(최대 주응력설 적용)

$$M_e = \frac{1}{2}(M + \sqrt{M^2 + T^2}) = \frac{1}{2}(M + T_e) = \sigma_e Z \ (\mathrm{N \cdot mm})$$

- key홈 고려 하지 않은 직경 $d = \sqrt{\dfrac{10.2M_e}{\sigma_e}}$ (mm)
- key홈을 고려한 직경 $d' = \dfrac{d}{0.75}$ (mm)

여기서 M_e ; 상당굽힘모우멘트 σ_e : 허용 휨응력 (MPa)

(2) 연성재료(최대 전단응력설 적용)

$$T_e = \sqrt{M^2 + T^2} = \tau Z_p \quad (\text{N} \cdot \text{mm})$$

- key홈 고려 하지 않은 직경 $d = \sqrt{\dfrac{5.1\,T_e}{\tau_a}}$ (mm)
- key홈을 고려한 직경 $d' = \dfrac{d}{0.75}$ (mm)

여기서 T_e ; 상당비틀림모우멘트 τ_a : 허용 전단응력 (MPa)

> **참고** 최대 전단응력
>
> $$\tau_{\max} = \frac{1}{2}\sqrt{\sigma^2 + 4\tau^2} = \frac{1}{2}\sqrt{\left(\frac{M}{Z}\right)^2 + 4\left(\frac{T}{2Z}\right)^2}$$
>
> **최대 주응력**
>
> $$\sigma_{\max} = \frac{1}{2}\sigma + \sqrt{\frac{1}{4}\sigma^2 + \tau^2}$$

8 굽힘모우멘와 비틀림모우멘를 동시에 받는 축(동하중)

변동하중, 반복하중, 충격하중이 있다.

(1) 취성재료(최대 주응력설 적용)

$$M_e = \frac{1}{2}\left(k_m M + \sqrt{(k_m M)^2 + (k_t T)^2}\right) = \sigma_e Z \quad (\text{N} \cdot \text{mm})$$

(2) 연성재료(최대 전단응력설 적용)

$$T_e = \sqrt{(k_m M)^2 + (k_t T)^2} = \tau Z_p \quad (\mathrm{N \cdot mm})$$

여기서 k_m : 굽힘 모우멘트 계수

k_t : 비틀림 모우멘트 계수

[표 8-1] 동적 효과 계수

하중의 종류	회 전 축		정 지 축	
	k_t	k_m	k_t	k_m
정하중 또는 극히 약한 동하중	1.0	1.5	1.0	1.0
심한 변동하중 또는 약한 충격하중	1.0~1.5	1.5~2.0	1.5~2.0	1.5~2.0
격렬한 충격하중	1.5~3.0	2.0~3.9	–	–

참고 축에 대한 파괴의 3가지 학설

① 최대주응력설 : 최대주응력이 인장 또는 압축의 한계응력에 이르렀을때 파손된다. (취성재료에 적용)

예 회전속도가 일정하고 재질이 주철인 회전 목마의 축설계 할 경우

② 최대전단응력설 : 재료 내에 발생된 최대전단응력이 단순인장일때, 항복점에 해당되는 최대전단응력이 같아지면 파손된다.(연성재료에 적용)

예 분필에 비틀림을 주면 분필은 45° 각도로 부러진다.

③ 최대 주변형률설(최대 스트레인 에너지설) : 연성재료에 발생하는 단위변형률이 인장에서 항복점의 단위 변형률과 같아질 때 재료는 파손된다. (취성 및 연성재료에 적용)

9 축의 강성설계

전동축에 토크가 작용하면 축에는 비틀림 각이라는 각 변위가 생긴다. 각 변위가 지나치게 커지면 전동기구의 작동 및 정밀도상에 오차가 발생하며 비틀림 진동을 유발하여 축파손의 원인이 되어 비틀림 각에 제한을 둔다.

일반적으로 연강재 축인 경우는 BACH가 주장한 이론에 따라 비틀림 각은 축길이

1m당 1/4。 미만이 되도록 제한한다. 또 다른 방법으로 축길이 $L=20d$에 대하여 비틀림 각 1。 이내로 되게 설계해야 한다고 주장하는 사람도 있다.

(1) 비틀림 변형에 의한 비틀림각

토크를 전달하는 축에서는 탄성적으로 어느 각도만큼은 비틀려진다. 이 값이 매우 크면 진동의 원인이 된다. 따라서 축의 파괴강도와는 관계없이 비틀림 각도에 어떤 제한을 줄 필요가 있다. (축길이 1 m 에 대해 $\frac{1}{4}$도 제한 bach 주장)

그림 8-8에서 축의 반지름 r, 길이 ℓ인 한쪽 끝을 고정하고 비틀림 모멘트 T를 작용시켜 $\overline{ab}$가 각도 ϕ만큼 비틀리어 $\overline{ab'}$의 위치로 이동하였다면, 축 길이 ℓ에 대한 전단변형률 γ는 다음 식으로 표시된다.

$$\gamma = \tan\phi = \frac{\widehat{bb'}}{\overline{ab}} = \frac{r\theta}{\ell}[\mathrm{rad}]$$

전단응력 τ는

$$\tau = \gamma G = G\frac{r\theta}{\ell}$$

여기서, G는 전단탄성계수(또는 가로탄성계수)를 의미한다.

비틀림모우멘트 $\mathrm{T} = \tau Z_p = \tau\frac{I_p}{r}$

비틀림각 $\theta = \frac{\tau\ell}{Gr} = \frac{T\ell}{GI_p}$ (rad)

라디안 값을 각도로 변환 (rad ⇒ deg)

$$\theta^{\circ} = \frac{180}{\pi}\times\frac{T\ell}{GI_p} = \frac{180}{\pi}\times\frac{32T\ell}{G\pi d^4}$$

여기서 극관성 모우멘트 $I_p = \frac{\pi d^4}{32}$ $(I_p = 2I)$

G : 축재료의 전단탄성계수 (GPa)

ℓ : 축의 길이 (mm)

그림 8-8
축의 비틀림 모우멘트

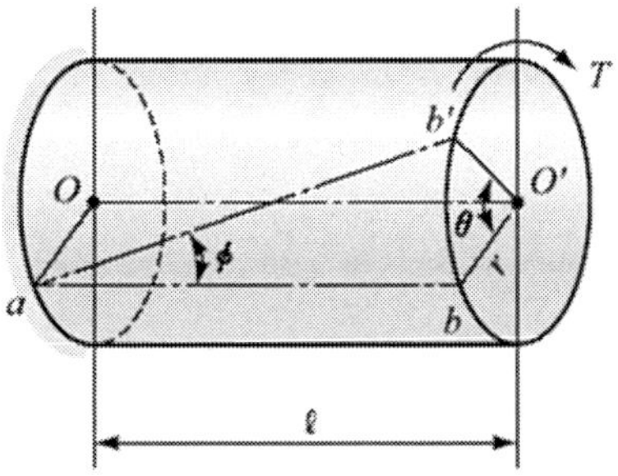

① 바하의 축지름 공식 : 각도 (θ) 1m $\leq 0.25°$제한(단, 연강일때 G = 80GPa)

$$\theta° = \frac{180}{\pi} \times \frac{T\ell}{GI_p} = \frac{180}{\pi} \times \frac{32T\ell}{G\pi d^4}$$

$$= \frac{180}{\pi} \times \frac{9550 \times 10^3 \dfrac{H_{kw}}{n} \times 1000}{80 \times 10^3 \times \pi d^4} = 0.25$$

축지름 $d \fallingdotseq 130\sqrt[4]{\dfrac{H_{kw}}{n}}$ (mm)

중공축 $d_2 \fallingdotseq 130\sqrt[4]{\dfrac{H_{kw}}{(1-x^4)n}}$ (내외경비 $x = \dfrac{d_1}{d_2}$)

(단, 여기서 80GPa $\Rightarrow 80 \times 10^3 MPa$ T = $9950 \times 10^3 \times \dfrac{H_{kw}}{n}$ (N · mm)

(2) 굽힘변형에 의한 처짐량과 처짐각

베어링 간격이 클 때 축의 자중(自重), 기어, 풀리, 벨트의 장력 등에 의하여 축이 기울어져 처짐이 발생 또한 축의 처짐은 축의 원활한 회전이 불가능, 베어링에 무리한 부담 되며, 수명감소의 원인이 된다.
그림 8-9와 같이 단순보 가정 할 때

최대 처짐량 $\delta = \dfrac{P\ell^3}{48EI}$ 처짐각 $\beta = \dfrac{P\ell^2}{16EI}$ 두식에서 $\dfrac{\delta}{\beta} = \dfrac{\ell}{3}$

처짐은 $\delta = \beta\dfrac{\ell}{3} \leq \dfrac{\ell}{3000}$ (최대처짐각 $\dfrac{1}{1000}$ (rad))

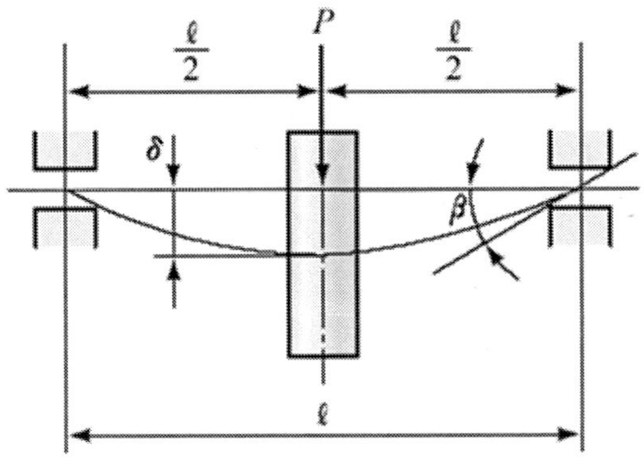

그림 8-9
축의 굽힘

따라서 축의 길이 1[m]에 대하여 축의 처짐량이 0.33[mm] 이하가 되도록 제한하여 설계하는 것을 의미한다. 축의 처짐량에 대한 제한은 사용목적에 따라 다르지만, 몇 가지 예를 들어 보면 다음과 같다.

① 공장 전동축 : $\delta/\ell \leq 0.35$[mm/m]

② 일반 전동축 : $\delta/\ell \leq 0.30$[mm/m](균일분포하중)

$\delta/\ell \leq 0.33$[mm/m](중앙집중하중)

③ 터빈축 : $\delta/\ell \leq 0.026 \sim 0.128$[mm/m] (원통형 축)

$\delta/\ell \leq 0.128 \sim 0.165$[mm/m] (원판형 축)

④ 선반주축 : $\delta/P \leq 0.05 \sim 0.2$[mm]/980[N] (주축 끝에서의 처짐/하중)

⑤ 기어축 : $\delta/b \leq 0.05$[mm]/[cm] (b : 이의 폭)

참고 축설계시 강도기준과 강성기준의 차이점

① 강도기준 : 축을 단순한 재료로만 보고 축의 비틀림모우먼트, 굽힘모우먼트, 비틀림+굽힘, 동적하중 작용시에 재료의 허용응력을 기준으로 설계. 즉, 계산상의 응력 $\sigma \leq \sigma_a$ (소재의 허용응력값)

② 강성기준 : 축이 비틀림모우먼트를 받을때 축이 마치 걸레를 쥐어 짜듯이 비틀어지게 되는데, 이때 비틀어지는 정도(비틀림 각)가 일정수준 이상이 되면 회전하는 축이 휘게 되면서 진동이 발생되는데 이 진동은 결국 회전속도의 상승이나 공진에 의해서 순간적으로 급격히 커지면서 축이 파괴되는 현상을 초래할수있는 것입니다. 따라서 축의 비틀림을 일정각도 이하가 되도록 축의 굵기나 재질을 고려하여 설계하는 기준을 말하는 것입니다.

예 크랭크축은 실린더내의 폭발압력에 의해 발생한 피스톤의 왕복운동을 회전운동으로 바꾸기 위한기구이지만 디젤엔진에서는 특히 강도를 크게 함과 동시에 진동의 발생이나 휨의 방지를 위해 축직경을 굵게 한다. 비틀림의 진동을 방지을 위해 탬퍼를 설치한다.

10 실축과 중공축의 강도비

(1) 비틀림강도

$$\xi = \frac{\text{중공축강도}}{\text{실축강도}} = \frac{\tau Z_p^{'}}{\tau Z_p} = \frac{(1-x^4)d_2^3}{d^3}$$

내외경비 $x = \dfrac{d_1}{d_2}$

(2) 굽힘강도

$$\xi = \frac{\text{중공축강도}}{\text{실축강도}} = \frac{\sigma Z'}{\sigma Z} = \frac{(1-x^4)d_2^3}{d^3}$$

11 위험속도(Critical Speed) 회전 축의 처짐 발생으로 인한 진동 ⇒ 공진

축 시스템의 설계시 고유진동수와 축의 회전수가 같게 되는 속도를 위험속도하고 하며 외부 댐퍼를 장착하지 않은 구름베어링 지지의 시스템에서는 이 속도를 넘기지 않는 것이 일반적이며 저어널 베어링의 경우에도 이속도 부근의 운전은 피하여야 한다.

고속으로 회전하는 축(전동기, 터빈, 내연기관 등의 축)에 생기기 쉽습니다.

(1) 한 개의 회전체를 가진축

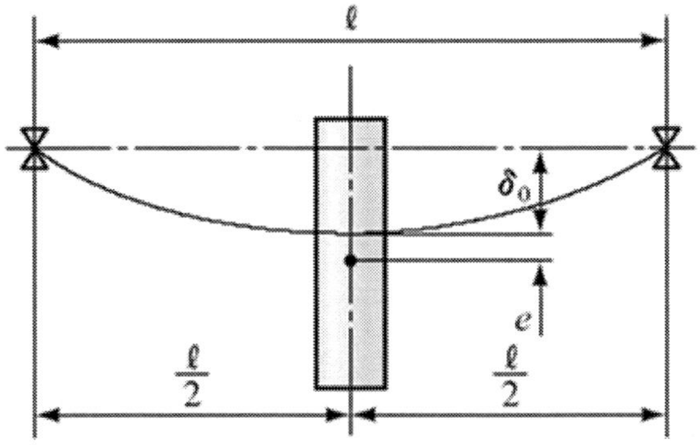

그림 8-10
보의 처짐

① 원심력 $(F = ma = m(e+\delta)w^2$

축의 원상태로 돌아오려는 복원력(탄성력) $W = k\delta$

여기서 m : 질량(N)

a : 가속도(m/s^2)

e : 편심량(mm)

k : 탄성률(N/mm)

δ : 처짐(mm)

$F = W$ 에서 $m(e+\delta)w^2 = k\delta$

$mew^2 + m\delta w^2 = k\delta$

$\delta = \dfrac{mew^2}{k - mw^2}$ $(e \neq 0 \quad k = mw^2$ 일 때 δ는 무한대가 되면 축은 파괴 된다)

$k = mw_c^2$ 위험각속도 $w_c = \sqrt{\dfrac{k}{m}} = \sqrt{\dfrac{\frac{W}{\delta}}{\frac{F}{g}}} = \sqrt{\dfrac{g}{\delta}} = \dfrac{2\pi N_{cr}}{60}$

위험속도

$N_{cr} = \dfrac{60w_c}{2\pi} = \dfrac{30}{\pi}\sqrt{\dfrac{g}{\delta}} \fallingdotseq 300\sqrt{\dfrac{1}{\delta}}$ (단, g : 중력가속도 $980\,cm/s^2$)

위험속도로부터 ±20%이상 떨어져 운전할 것

예제 자동차 차축 지름 구하라 (차종 SONATA)

1. 차축의 종류

(1) Front axle

차량 무게 분담, 방향 조절, 구동력 전달 따위의 역할을 한다.

(2) Rear Axle

① 드라이브 axle : 차량의 무게를 분담하고 구동력을 차바퀴에 전달하는 역할

② 데드axle : 차량의 무게를 지탱하는 역할

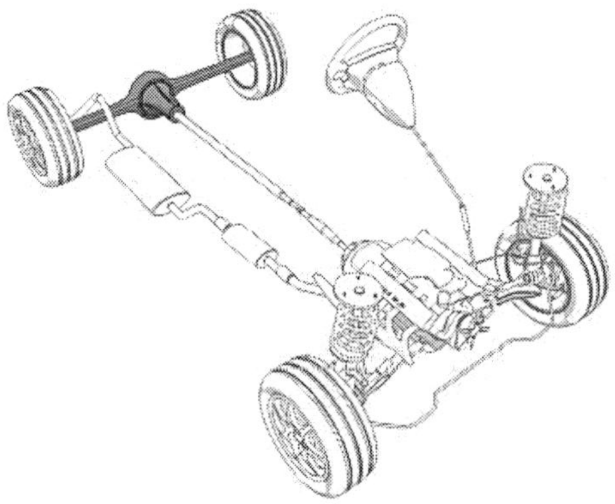

2. 소나타 제원(카다로그 참조)

전장 4800 mm, 축간거리 2730mm,

최고 출력 및 회전수 146 ps/ 4000rpm ⇒ 약 107 kw / 4000rpm

공차의 중량 약 1600kg

재질 : SCM430 가정 (고속 고회전용) or 단조강 (SM45) 사용할 수 있음

단위 kgf/mm^2 (N/mm^2)

탄소 % 구분	함금강 기호	인장강도	항복강도	회전굴곡 피로	양진인장 압축피로	양진비틀림 피로
0.27~0.35	SCM430	85	70	30	28	19
		(834)	(686)	(294)	(274)	(186)

참고 인장강도만 알고 피로한도를 모를 경우 다음과 같이 추정

① 회전굴곡 및 피로한도 = 0.9 × 인장강도

② 양진 인장압축 피로한도 = 0.48 × 인장강도

③ 양진 비틀림 피로한도 = 0.305 × 인장강도

3. 문제의 조건에서

출력 146 ps (약 107 kW)

허용비틀림응력 τ_a= 186 N/mm^2 (양진비틀림 피로를 선정)

허용굽힘응력 $\sigma_a = \dfrac{\text{최대인장강도}}{\text{안전률}} = \dfrac{834}{3.14} \fallingdotseq 266 N/mm^2$

$$\sigma_a = \frac{\text{항복강도}}{\text{안전률}} = \frac{686}{2.5} \fallingdotseq 274\ N/mm^2$$

작은값을 허용인장응력 선택 $\sigma_a = 266\ N/mm^2$

(1) 비틀림 모멘트만을 받는 경우

$$T = 9550\frac{H_{kw}}{n} = 9550\frac{107}{4000} = 255.46\ kN \cdot mm$$

$$d = \sqrt[3]{\frac{16T}{\pi\tau_a}} = \sqrt[3]{\frac{16 \times 255.46 \times 1000}{\pi 186}} = 19\ \text{mm} \fallingdotseq 20\text{mm}$$

(2) 굽힘 모멘트만 받는 경우

문제에서 전장 4800mm

축간거리 2730mm

공차의 중량 1600kgf (약16000N 계산)

$$W = \frac{\text{차축무게}}{4} + \frac{\text{자동차무게}}{2} + \text{사람무게}$$

$$= \frac{12800}{4} + \frac{3200}{2} + 2000 = 6800N \fallingdotseq 7kN$$

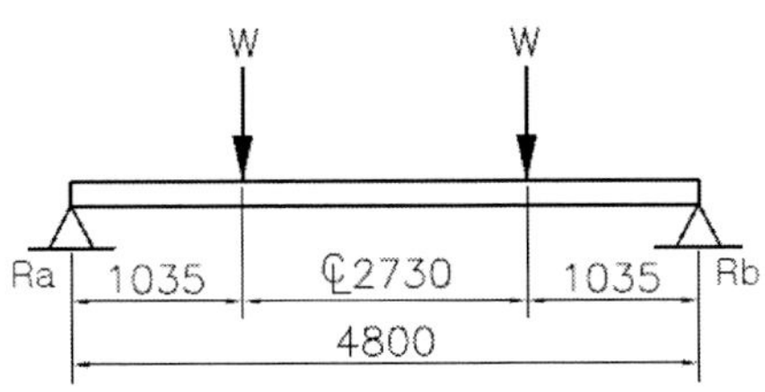

최대 모우멘트 $M_{\max} = W\ell = 7 \times 1000 \times 1035 = 7.235 \times 10^6 N \cdot mm$

$$d = \sqrt[3]{\frac{32M}{\pi\sigma_a}} = \sqrt[3]{\frac{32 \times 7.235 \times 10^6}{\pi \times 266}} = 63.6\ \text{mm} \fallingdotseq 65\ \text{mm 선택}$$

(3) 비틀림 모멘트와 굽힘 모멘트를 동시에 받는 경우

$$T = 9550\frac{H_{kw}}{n} = 9550\frac{107}{4000} = 255.46\ kN \cdot mm$$

$M = W\ell = 7 \times 1000 \times 1035 = 7.235 \times 10^6 N \cdot mm$

① 상당 굽힘모우멘트

$$M_e = \frac{1}{2}(M + \sqrt{M^2 + T^2})$$

$$= \frac{1}{2}(7.235 \times 10^6 + \sqrt{(7.235 \times 10^6)^2 + (255.46 \times 10^3)^2}$$

$$= 7.24 \times 10^6 \ N \cdot mm$$

$$d = \sqrt[3]{\frac{32M_e}{\pi \sigma_a}} = \sqrt[3]{\frac{32 \times 7.24 \times 10^6}{\pi \times 266}} = 65.2 \text{ mm} \fallingdotseq 70\text{mm}$$

② 상당 비틀림 모우멘트

$$T_e = \sqrt{M^2 + T^2} = \sqrt{(7.235 \times 10^6)^2 + (255.46 \times 10^3)^2}$$

$$= 7.24 \times 10^6 N \cdot mm$$

$$d = \sqrt[3]{\frac{16T}{\pi \tau_a}} = \sqrt[3]{\frac{16 \times 7.24 \times 10^6}{\pi \times 186}} = 58.3 \text{ mm} \fallingdotseq 60 \text{ mm}$$

(4) 동하중을 받는축(동적 효과 계수 고려)

비틀림 모멘트와 굽힘 모멘트를 동시에 받는 경우

표 동적효과 계수

하중의 종류	회 전 축		정 지 축	
	k_t	k_m	k_t	k_m
정하중 또는 극히 약한 동하중	1.0	1.5	1.0	1.0
심한변동하중 또는 약한충격하중	1.0~1.5	1.5~2.0	1.5~2.0	1.5~2.0
격렬한 충격하중	1.5~3.0	2.0~3.9	–	–

회전축 (심한변도하중 및 약한 충격하중)

$k_m = 1.6 \quad k_t = 1.2$ 전제하에

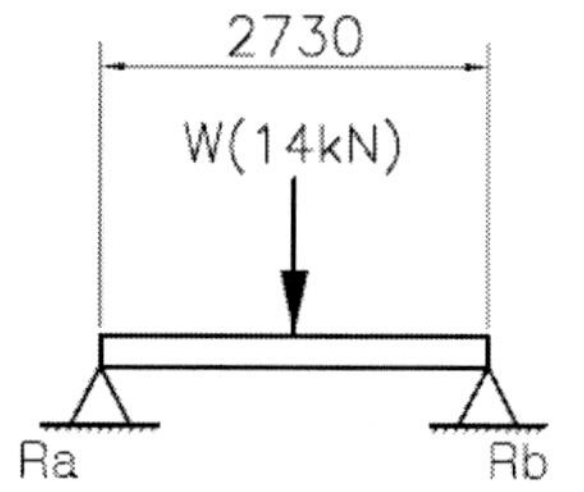

$$T = 9550 \frac{H_{kw}}{n} = 9550 \frac{107}{4000} = 255.46 \ kN \cdot mm$$

$$M = \frac{W\ell}{4} = \frac{14 \times 1000 \times 2730}{4} = 9.56 \times 10^6 \ N \cdot mm$$

① 상당 비틀림 모우멘트

$$T_e = \sqrt{(k_m M)^2 + (k_t T)^2}$$

$$= \sqrt{(1.6 \times 9.56 \times 10^6)^2 + (1.2 \times 255.46 \times 10^3)^2}$$

$$= 15.3 \times 10^6 \ N \cdot mm$$

$$d = \sqrt[3]{\frac{16T_e}{\pi\tau_a}} = \sqrt[3]{\frac{16\times 15.3\times 10^6}{\pi\times 186}} = 74.8\text{ mm} \fallingdotseq 75mm$$

② 상당 굽힘 모우멘트

$$M_e = \frac{1}{2}(k_m M + T_e)$$

$$= \frac{1}{2}(1.6\times 9.56\times 10^6 + 15.3\times 10^6)$$

$$= 15.3\ N\cdot mm$$

$$d = \sqrt[3]{\frac{32M_e}{\pi\sigma_a}} = \sqrt[3]{\frac{32\times 15.3\times 10^6}{\pi\times 266}} = 83.6\text{ mm} \fallingdotseq 85mm$$

축직경이 제일 큰 것은 85mm 이다.

참고 정적하중과 동적하중이 동시에 작용하는 경우

$$d = \frac{32S}{\pi}[(\frac{M_a}{\sigma_e})^2 + \frac{3}{4}(\frac{T_a}{\sigma_e})^2 + (\frac{M_m}{\sigma_Y})^2 + \frac{3}{4}(\frac{T_m}{\sigma_Y})^2]^{\frac{1}{2^{\frac{1}{3}}}}$$

여기서 정적 굽힘모우멘트 $M_m = k_m M$

정적 비틀림 모우멘트 T_m

동적 굽힘모우멘트 $M_a = k_m M$

동적 비틀림 모우멘트 $T_a = k_t T$

안전율 S

항복강도 σ_y

피로 한도 (회전) σ_e

계 산 문 제

01 **100$N \cdot m$의 굽힘 모멘트를 받는 중실축의 지름은 약 몇 mm 인가?** (단, 중실축의 허용굽힘응력은 98 MPa이다.)

SOL $M = \sigma Z = 98 \times \dfrac{\pi d^3}{32} = 100 \times 1000 \ [N \cdot mm]$

$d = \sqrt[3]{\dfrac{10.2M}{\sigma_a}} = \sqrt[3]{\dfrac{10.2 \times 100 \times 1000}{98}}$

$d = 21.8$ mm ≒ 22 mm

02 **지름 5cm의 축이 300rpm 으로 회전할 때 최대로 전달 할 수 있는 동력은 약 몇 kW인가?** (단, 축의 허용비틀림응력은 39.2MPa 이다.)

SOL $T = 9550 \times 10^3 \dfrac{H_{kw}}{n} = \tau_a Z \ [N \cdot mm]$

$T = 9550 \times 10^3 \dfrac{H_{kw}}{300} = 39.2 \times \dfrac{\pi \times 50^3}{16}$

H_{kw} = 30.22 kW (약 40ps)

03 **직경 50mm의 축이 78.4(N·m)의 비틀림 모멘트와 49.(N·m)의 굽힘 모멘트를 동시에 받을 때, 축에 생기는 최대전단응력은 몇 MPa 인가?**

SOL $T_e = \sqrt{(M)^2 + (T)^2} = \tau Z_p$

$= \sqrt{(49 \times 1000)^2 + (78.4 \times 1000)^2} = \tau \times \dfrac{\pi \times 50^3}{16}$

$= 92453 = \tau \times 24543.69$

$\tau = 3.77$ MPa

04 **회전속도가 200 rpm으로 7.35 kW를 전동하는 연강 중실축의 지름은 몇mm 인가?** (단, 허용응력 $\tau = 20.58\, N/mm^2$이고, 축은 비틀림 모멘트만을 받는다.)

SOL $T = 9550 \times 10^3 \dfrac{H_{kw}}{n} = \tau_a Z\,(N \cdot mm)$

$$T = 9550 \times 10^3 \frac{7.35}{200} = 20.58 \times \frac{\pi \times d^3}{16}$$

$d = 44.3\text{mm} \fallingdotseq 45\text{mm}$

05 **다음 그림과 같은 캐스터에3kN의 하중이 작용할 때 축의 지름을 얼마로 하면 좋겠는가?** (단, 재료의 허용전단응력은 4MPa 허용인장응력은 8MPa이며, 깊이는 600mm이다.)

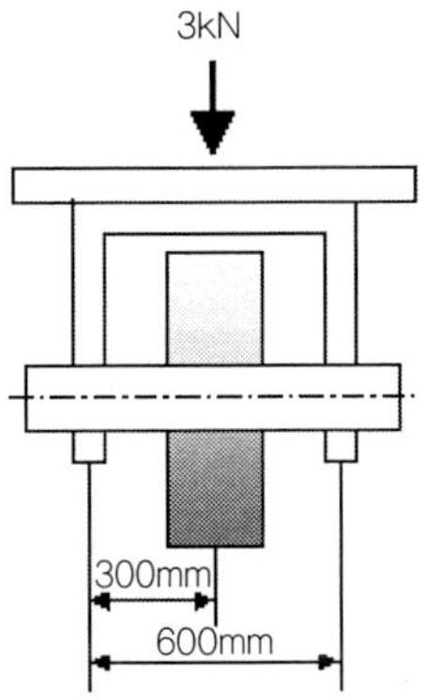

SOL 단순지지보 로서 중앙 3000N 힘이 작용

$$M = \sigma_a Z = \frac{W\ell}{4} = 8 \times \frac{\pi d^3}{32} = \frac{1}{4} \times 3000 \times 600$$

$$d = \sqrt[3]{\frac{\frac{1}{4} \times 3000 \times 600 \times 32}{\pi \times 8}} = 83mm$$

$d = 83$mm

06 **180rpm 으로 20ps 를 전달하는 중실축에서 키홈을 팔 때의 축지름(mm)은?** (단, 축재료의 허용전단응력은 $40N/mm^2$이고, 키의 호칭은 $12\times8\times20$ 이다.)

SOL $T = 7020\times10^3\dfrac{H_{ps}}{n} = \tau_a Z_p\ (N\cdot mm)$

$= 7020\times10^3\dfrac{20}{180} = 40\times\dfrac{\pi d^3}{16}\ (N\cdot mm)$

$d = 46.3\,\text{mm}$

키홈을 고려한 축경 $d' = \dfrac{d}{0.75} = \dfrac{46.3}{0.75} = 61.7\,mm ≒ 62\,mm$

07 **비틀림을 받고 있는 축의 지름 d 는 220mm이고, 길이가 4m이며, 회전수가 200rpm 일 때, 비틀림각을 $1/4°$ 로 제한할 경우, 전달할 수 있는 동력(Kw)은?** (단, 가로 탄성계수 G는 $0.83\times10^4\ N/mm^2$ 이다)

SOL $\theta° = \dfrac{180}{\pi}\times\dfrac{T\ell}{GI_p} = \dfrac{180}{\pi}\times\dfrac{32T\ell}{G\pi d^4}$

$= 57.3\times\dfrac{T\times4000}{0.83\times10^4\times\pi220^4} = 0.25$

$T = \dfrac{0.83\times10^4\times\pi\times220^4\times0.25}{400\times57.3}$

$= 66.63\times10^6 N\cdot m$

$T = 9550\times10^3\dfrac{H_{kw}}{n} = 9550\times10^3\dfrac{H_{kw}}{200} = 66.63\times10^6\ (N\cdot mm)$

$H_{kw} = 1395.3\,kw$

08 **500rpm으로 3.7kW의 동력을 전달하는 연강축이 있다. 축이 비틀림 각을 1/4도 이하로 제한할 때 축의 지름(mm)은?**

SOL $d ≒ 130\sqrt[4]{\dfrac{H_{kw}}{n}} = 130\sqrt[4]{\dfrac{3.7}{500}} = 38.12\ \text{mm} ≒ 40\text{mm}$

09 같은 무게와 재질로 중공축과 중실축을 만들 경우 중공축은 중실축 보다 비틀림강도가 몇 배로 되는가? (단, 내경은 $d_1 = 0.5d_2$ 이다.)

SOL 실축과 중공축 단면적은 같다.

$$\frac{\pi d^2}{4} = \frac{\pi}{4}(d_2^2 - d_1^2)$$

$$d^2 = d_2^2 - (0.5d_2)^2$$

$$d = \sqrt{0.75}\, d_2 = 0.866 d_2 \Rightarrow d_2 = 1.1547 d$$

강도비

$$\xi = \frac{\text{중공축강도}}{\text{실축강도}} = \frac{\tau Z_p'}{\tau Z_p} = \frac{(1-x^4)d_2^3}{d^3} \quad (\text{내외경비 } x = \frac{d_1}{d_2})$$

$$= \frac{(1-0.5^4)(1.1547d)^3}{d^3} = 1.44$$

즉 중실축은 중공측보다 1.44배 비틀림에서 강하다.

10 토션바는 원형봉 한쪽 끝은 고정하고 다른쪽 끝에 비틀림 모멘트 T를 작용하도록 하는 기계요소이다. 허용전단응력을 τ_a 안전계수를 2라고 할때, 이 원형봉의 최소지름을 나타내는 식은?

SOL $\tau_a = \frac{T}{Z_p} = \frac{16T}{\pi d^3} = \frac{\tau}{2}$ 축경 $d = \sqrt[3]{\frac{32T}{\pi\tau}}$

11 어떤 하중이 작용되고 있는 기계장치의 부품의 60MPa 전단응력 40 MPa을 받고 있다. 이 부품의 소재가 전단응력에 의해 파괴되는 응력이 120 MPa 이면, 최대 전단응력설의 관점에서 볼 때, 받을 수 있는 최대 하중은 작용되고 있는 하중의 몇 배인가?

SOL $\tau_{max} = \frac{1}{2}\sqrt{\sigma^2 + 4\tau^2}$

$$= \frac{1}{2}\sqrt{60^2 + 4 \times 40^2} = 50\text{ MPa}$$

$$\frac{\text{전단응력}(120)}{\text{최대 전단응력}(50)} = 2.4\text{배}(\tau \propto W \text{ 비례})$$

12 그림과 같은 차축에서 허용굽힘응력을 5MPa 이라고 하면 축경(d)은?

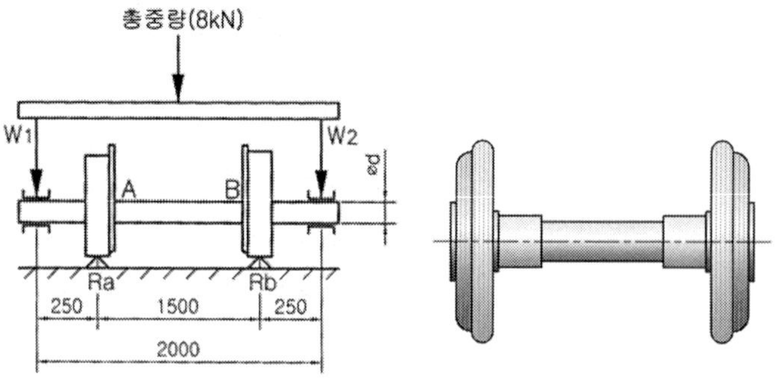

SOL $R_a = R_b = \frac{8}{2} = 4kN \quad (W_1 = W_2 = \frac{W}{2} = 4kN\ )$

A ~ B 사이에 생기는 최대 굽힘 모우멘트

$M_{max} = \sigma Z = W_1 \times 250$

$= 4 \times 1000 \times 250 = 1 \times 10^6 N \cdot mm$

$d = \sqrt[3]{\frac{32M}{\pi\sigma}} = \sqrt[3]{\frac{32 \times 10^6}{\pi \times 5}}$ = 126.7 mm ≒ 130mm

13 500[rpm]으로 회전하고 있는 지름 60[mm]의 연강제 중실축으로 비틀림각을 축의 길이 1[m]에 대하여 비틀림각 0.25° 까지 허용한다면, 이 축이 전달할 수 있는 동력은 몇[PS]인가?

SOL $\theta^\circ = 583.6\frac{T\ell}{d^4 G} = \frac{583.6\ell}{d^4 G[kg_f/mm^2]} \times 716200\frac{H}{N} = \frac{583.6l}{d^4 G[N/mm^2]} \times 7023.5 \times 10^3 \times \frac{H}{N}$

$\therefore H = \frac{d^4 G[N/mm^2] \times N\theta}{583.6 \times 7023500\ell} = \frac{60^4 \times 81400 \times 500 \times 0.25}{583.6 \times 7023500 \times 1000} = 32.2[\mathrm{PS}]$

여기서 , $G = 8300[Kg_f/mm^2] = 81.4[\mathrm{GPa}] = 81400[\mathrm{N/mm^2}]$이다.

기출 및 예상문제

01 다음 중 축 설계시 고려 사항 중 가장 거리가 먼 것은?

㉮ 축의 강도 ㉯ 열응력
㉰ 변형 ㉱ 압력각

SOL 강도, 응력집중, 변형, 진동, 열응력, 부식, 열팽창

답 ㉱

02 중하중과 고속회전에 적당한 축의 재료는?

㉮ 주철 ㉯ Ni-Cr강
㉰ 주강 ㉱ 단조강

답 ㉯

03 스핀들에 대한 설명 중 맞는 것은?

㉮ 굽힘을 주로 받는 긴 회전축이다.
㉯ 비틀림을 받는 짧고 정밀한 회전축이다.
㉰ 휨을 받는 회전축이다.
㉱ 굽힘과 비틀림을 동시에 받는 회전축이다.

답 ㉯

04 축의 강도계산에서 중실축의 지름을 d, 중공축의 바깥지름을 d_2라 할 때 두 축의 강도가 같다고 하면 양편의 지름에 비 d_2/d는 어떠한가? (단, 내외경비 x)

㉮ $\dfrac{1}{\sqrt{1-x^4}}$ ㉯ $\dfrac{1}{\sqrt[3]{1-x^3}}$

㉰ $\sqrt[3]{\dfrac{1}{1-x^4}}$ ㉱ $\left(\dfrac{1}{1-x^4}\right)^3$

SOL 비틀림강도

$$\xi = \frac{중공축강도}{실축강도} = \frac{\tau Z_p'}{\tau Z_p} = \frac{(1-x^4)d_2^3}{d^3} = 1$$

$$(1-x^4)d_2^3 = d^3$$

$$\frac{d_2^3}{d^3} = \frac{1}{(1-x^4)} \qquad \frac{d_2}{d} = \sqrt[3]{\frac{1}{1-x^4}}$$

내외경비 $x = \dfrac{d_1}{d_2}$

답 ㉰

05 지름100mm인 실제 원축의 비틀림 강도가 T_1이고, 바깥지름 100mm, 안지름이 50mm인 중공 원형축의 비틀림 강도가 T_2일 때, T_1/T_2의 비는 얼마인가? (단, 축재료의 재질은 동일하다.)

㉮ 0.94 ㉯ 1.07

㉰ 1.16 ㉱ 1.44

SOL $\dfrac{실축강도(T_1)}{중공축강도(T_2)} = \dfrac{d^3}{(1-x^4)d^{3_2}} = \dfrac{100^3}{(1-0.5^4)100^3} = 1.0666$

답 ㉯

06 축에서 작용하중과 외부형태에 따라 분류할 때 작용하중에 의한 분류에 속하지 않는 것은?

㉮ 차축 ㉯ 전동축

㉰ 크랭크축 ㉱ 스핀들축

답 ㉰

07 원형단면의 연강봉에 500$N \cdot mm$ 의 굽힘모멘트가 작용하여 인장응력을 발생한다. 이 때의 안전율은 얼마인가? (단, 재료의 항복강도는 25MPa 이고 지름은 10㎜이다.)

㉮ 20　　㉯ 15
㉯ 10　　㉱ 5

SOL $M = \sigma_a Z = \frac{25}{S} \times \frac{\pi \times 10^3}{32} = 500$

$S = \frac{25 \times \pi \times 10^3}{32 \times 500} = 4.9 ≒ 5$

답 ㉯

08 지름 d인 중심원축이 T인 비틀림 모멘트를 받았을 때 최대 전단응력을 τ이라고 하면, 비틀림 모멘트 T, 굽힘모멘트 M(=2T)를 동시에 작용시켰을 때 생기는 최대 전단응력은 얼마인가?

㉮ $\sqrt{2}$　　㉯ $\sqrt{3}$
㉰ 2　　㉱ $\sqrt{5}$

SOL 비틀림 모멘트를 받을 때는 $T = \tau Z_p \quad \tau = \frac{T}{Z_p}$

$T = \tau Z_p$에서 $\tau = \frac{T}{Z_p}$

동시에 받을 때는 $T_e = \sqrt{T^2 + M^2} = \sqrt{T^2 + (2T)^2} = \sqrt{5}\,T$,

$\tau_{max} = \frac{T_e}{Z_p} = \frac{\sqrt{5}\,T}{Z_p}$

답 ㉱

09 길이 5m인 둥근 축에 생긴 전 비틀림 각이 6° 일 때, 단위 길이마다의 비틀림각 θ (rad/m)는 약 얼마인가?

㉮ 0.0019　　㉯ 0.0021
㉰ 0.012　　㉱ 0.021

SOL $\theta = \frac{\theta^\circ}{\ell} = \frac{6 \times \frac{\pi}{180}}{5} = 0.021\,rad/m$

답 ㉱

10 다음 중 축에 대한 설명으로 옳지 않은 것은?

㉮ 축은 회전 운동으로 동력을 전달시킨다.

㉯ 차축은 축은 고정되고 바퀴만 회전한다.

㉰ 전동축은 바퀴는 고정되고 축만 회전한다.

㉱ 크랭크축은 직선 왕복 운동을 회전 운동으로 바꾼다.

SOL ① **차축** : 주로 휨 작용을 받으며, 축이 고정되고 바퀴만 회전한다.
② **전동축** : 휨과 비틀림을 동시에 받으며, 축과 바퀴가 고정되어 함께 회전한다.
③ **크랭크축** : 왕복 운동을 회전운동으로 바꾸어 줍니다.

답 ㉰

11 속이 찬 축에서 축의 지름을 2배로 하면 전달 토크는 몇 배가 되는가?

㉮ $\frac{1}{2}$배 ㉯ 4배

㉰ 8배 ㉱ $\frac{1}{4}$ 배

SOL $T = \tau \times Z_p = \tau \times \frac{\pi d^3}{16}$ $\quad T \propto (2d)^3 \quad T \propto 8$

답 ㉰

12 비틀림과 굽힘을 동시에 받는 축은 어느 것인가?

㉮ 선박의 프로펠러 ㉯ 방직기의 스핀들

㉰ 공장의 전동축 ㉱ 엔진의 크랭크 축

SOL 굽힘, 비틀림, 인장, 압축 등의 작용을 동시에 2 종류 이상 받는 축 선박의 프로펠러축, 윈치의 드럼축, 크랭크 축

답 ㉮

13 그림과 같은 단면의 축이 전달할 수 있는 비틀림 모멘트의 비 T_A / T_B의 값은? (단, 두 재료의 재질은 같다.)

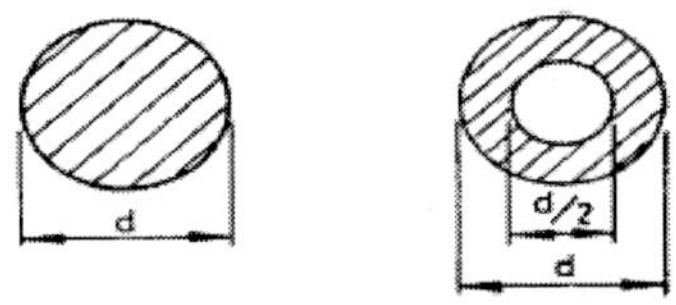

㉮ $\frac{9}{16}$ ㉯ $\frac{16}{9}$

㉰ $\frac{15}{16}$ ㉱ $\frac{16}{15}$

SOL $\frac{T_A}{T_B} = \frac{d^3}{(1-x^4)d^3} = \frac{d^3}{(1-(\frac{1}{2})^4)d^3} = \frac{16}{15}$

내외경비 $x = \frac{\frac{d}{2}}{d} = \frac{1}{2}$

답 ㉱

14 지름10cm의 원형단면의 중심봉이 있다. 이것과 같은 굽힘강도를 갖는 중공환봉의 바깥지름은 얼마인가? (단, 중공환봉의 두께는 바깥지름의 1/10 이다)

㉮ 10.9 cm ㉯ 11.9cm

㉰ 12.7cm ㉱ 13.1cm

SOL 굽힘강도($M = \sigma Z$ 실축 = 중공축)

$$M = \sigma \times Z = \sigma Z' = \frac{\pi d^3}{32} = \frac{\pi d_2^3(1-x^4)}{32}$$

$$= 100^3 = d_2^3(1-0.8^4)$$

$$d_2 = \sqrt[3]{\frac{10^3}{1-0.8^4}} = 11.9 \text{ cm}$$

문제 조건에서 $t = \frac{d_2 - d_1}{2} = 0.1d_2$

$d_2 - d_1 = 0.2d_2 \quad 0.8\,d_2 = d_1 \quad x = 0.8$

답 ㉯

15 **중앙 집중하중을 받는 전동축의 베어링 사이의 최대 처짐량은 스팬의 길이 몇 배 이하로 제한하는가?**

㉮ 1/5000　　㉯ 1/4000
㉰ 1/3000　　㉱ 1/2000

SOL ① 단순보의 경우　$\ell = 100\sqrt{d}$
② 연속보의 경우　$\ell = 100\sqrt{d}$ (외단구간)　$\ell = 125\sqrt{d}$ (중간기간)
③ 강도상의 경우　$\ell = 45^3\sqrt{d^2}$

답 ㉰

16 **다음 중 축의 위험속도와 가장 관계가 있는 것은?**

㉮ 축에 작용하는 최대 비틀림 모우멘트　㉯ 축에 견딜수 있는 최고 회전속도
㉰ 축의 고유진동수　㉱ 축에 작용하는 최대 굽힘 모우멘트

SOL 위험속도 (임계속도) : 회전축 및 축에 결합되어 있는 회전체는 일체가 되어 회전을 하고 있는데 이의 고유진동수와 축의 회전수가 일치 또는 배수가 되면 공진하여 축의 변형이 무한대로 커지려고 해 위험한 상태에 이르게 되는데 이와 같은 상태에 이르렀을 때의 회전속도를 위험속도로 한다.

답 ㉰

17 **양단베어링이 지지하는 축의 중간지점에 회전체가 잇는 동력 전달 시스템에서 축의 최대 처짐이 0.02mm일 때, 모터의 사용 운전속도 (rpm)로 가장 적절하지 않은 것은?** (단, 회전체 이외의 무게는 무시한다)

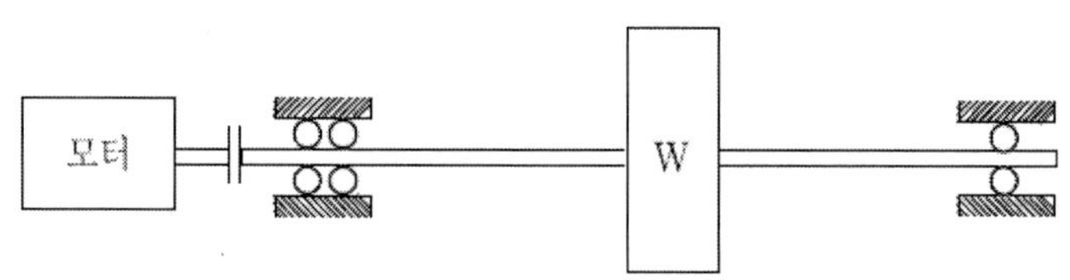

㉮ 4500　　㉯ 6500
㉰ 8500　　㉱ 9500

SOL 위험속도의 정의 : 축의 회전속도가 축계의 고유진동수와 같아지며, 축이 이상한 진동을 일으킬 때의 축의 회전속도(위험속도에서 적어도 25% 이내에는 하지 않는다.)

$$N_{cr} = \frac{60w_c}{2\pi} = \frac{30}{\pi}\sqrt{\frac{g}{\delta}} = \frac{30}{\pi}\sqrt{\frac{9800}{0.02}} = 6685 \text{ rpm}$$

$$g = 9.8m/s^2 = 9800mm/\sec^2$$

답 ㉯

18 중앙에 무게 W인 기어를 매달고 있는 축이 있다. 기어를 제거하고 무게 W/2인 벨트풀리를 축의 중앙에 설치하였다. 이 때 축의 위험속도는 어떻게 변하는가? (단, 축의 자중은 무시한다.)

㉮ 1/2 배 ㉯ $1/\sqrt{2}$ 배
㉰ $\sqrt{2}$ 배 ㉱ 2 배

SOL 단순보에서 최대처짐 $\delta = \frac{W\ell^3}{48EI}$

처짐과 무게는 비례 $\delta \propto W$ 문제 조건에서 $\delta \propto \frac{W}{2}$

$$N_{cr} = \frac{60w_c}{2\pi} = \frac{30}{\pi}\sqrt{\frac{g}{\delta}} \fallingdotseq 300\sqrt{\frac{1}{\delta}}$$

$$N_{cr} = \frac{60w_c}{2\pi} = \frac{30}{\pi}\sqrt{\frac{g}{\frac{W}{2}}} = \frac{30}{\pi}\sqrt{\frac{2g}{W}}$$

답 ㉰

제9장 축이음(shaft coupling)

1 축이음(shaft coupling)의 개요

구동축과 전동축을 2개의 회전축을 연결하는 장치를 **축이음**이라한다.
축과 축을 연결하는 기계요소로 축이음 장치가 사용되며 운전 중 축결합 상태를 분리할 수 없는 반영구적인 축이음장치를 커플링이라 하며 운전 중 축결합 상태의 분리가 가능하여 동력전달을 단속할 수 있는 축이음 장치를 클러치라고 한다.

2 커플링(coupling) 분류

커플링은 동력을 한 쪽 shaft(원동축)에서 다른 쪽 shaft(종동축)로 전달하는 기능을 하는 장치이며, 운전 중 탈착이 불가능한 반영구적인 축이음이다. 이 커플링의 분류 및 종류는 표9-1과 같고 그 특징은 다음과 같다.

그림 9-1
커플링 개요

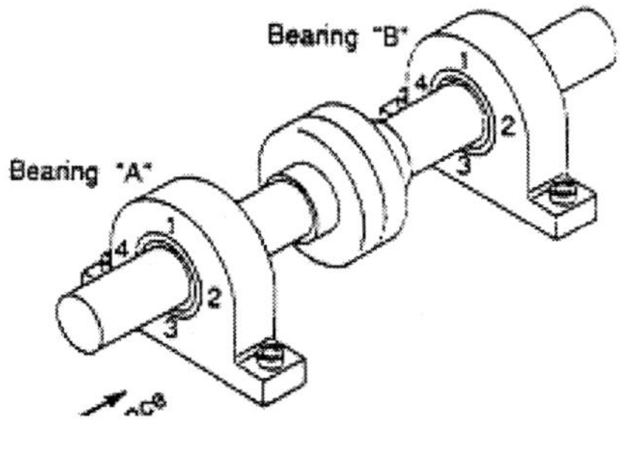

09

[표 9-1] 커플링의 분류 및 종류

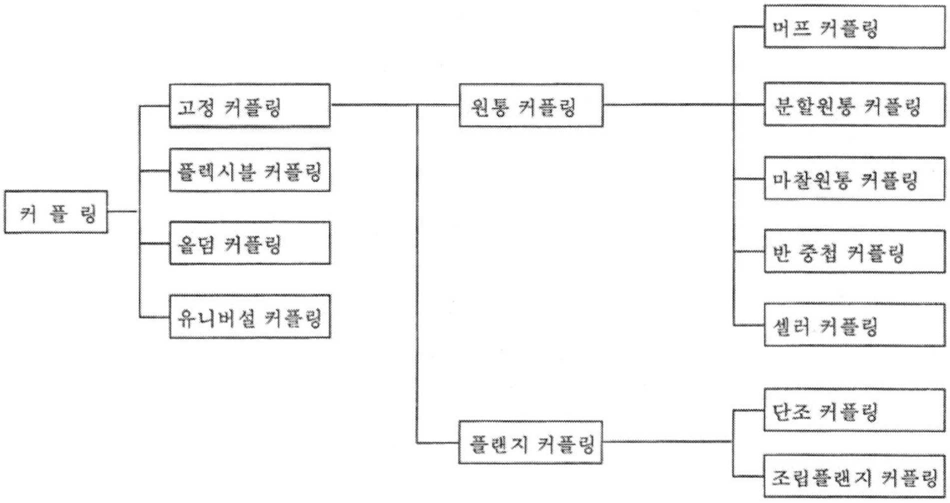

(1) 고정커플링(rigid coupling)

두 축이 동일선 상에 있도록 한 이음으로 축과 커플링은 볼트나 키(key)를 사용하여 결합하며, 주로 축방향 이동이 없는 경우에 사용한다.

[1] 고정커플링의 종류

① **원통형 커플링**(cylindrical coupling)

가장 구조가 간단한 구조로 원통 속에 두 축을 끼워 넣고 일직선이 될수 있도록 키, 볼트, 또는 클립(clip)으로 결합시켜 키의 전단력이나 마찰력으로 전동하는 이음이다.

㉠ **입체형** : 슬리브 커플링, 반겹치기 커플링, 셀러 커플링, 마찰원통 커플링

㉡ **분할형** : 분할원통 커플링 (클램프 커플링)

② **플랜지 커플링**(flange coupling)

플랜지 커플링은 양축의 끝에 플랜지를 각각 억지 끼워맞춤 하고 키로 고정한 후, 양 축에 끼워져 있는 플랜지를 리머볼트를 이용하여 연결한 것이다. 가장 일반적으로 사용되는 것으로서 지름이 큰 회전축이나 고속 회전축에도 널리 사용된다.

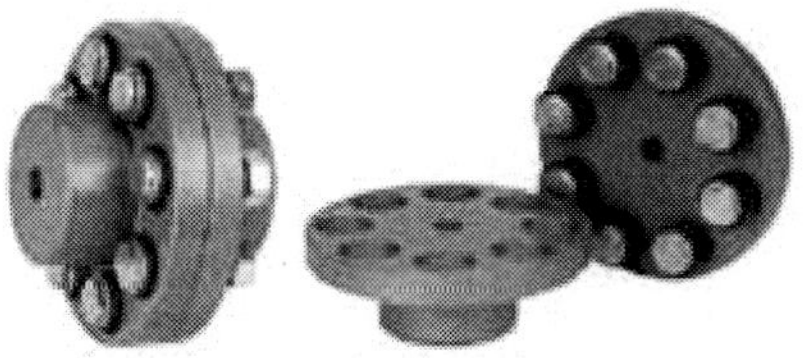

그림 9-2
플랜지 커플링의 실무

[2] 유연성 커플링(flexible coupling)

두축의 중심선을 일치시키기 어렵거나 고속 회전이나 급격한 전달력의 변화로 진동이나 충격이 발생하는 경우에 사용되는데, 고무, 가죽, 스프링등을 이용하여 진동을 완화하며, 소음 및 베어링에 무리를 주지 않기 위하여 사용하는 커플링이다. 크게 나누어 탄성체 커플링과 금속제 커플링이 있다.

① **종류** : 체인 커플링, 기어 커플링, 그리드형 커플링, 고무 축이음

그림 9-3
유연성 커플링의 종류

체인 커플링

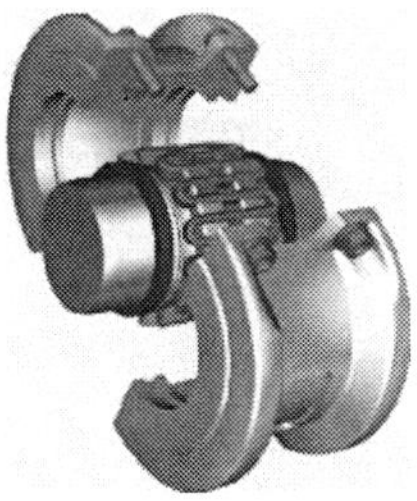

그리드 커플링

기어 커플링

[3] 오울덤 커플링(Oldham's coupling)

2개의 축이 평행하고 그 축의 중심선의 위치가 약간 어긋났을 경우 각속도의 변화 없이 토크를 전달시키려고 할 때 사용하는 커플링으로 그림 9-4에서 볼 수 있는 바와 같이 하나의 원반 b의 앞 · 뒷면에 서로 직각방향으로 키모양의 돌기를 만들어 이것을 그 돌기에 꽉 들어맞는 지름방향의 홈이 파져있는 양편의 플랜지a, c사이에 끼워넣어 한 쪽의 축을 회전시키면 중앙의 원반이 홈을 따라 미끄러지면서 다른 쪽의 축에 회전을 전달하게 된다.

이 경우 원반과 각 플랜지의 상대운동은 직선 미끄럼틀운동으로 상대각운동은 전혀 없으므로 원동축의 각속도는 그대로 종동축에 전달된다. 그러므로 운전중 양 축선

에 약간의 어긋함이 생기더라도 상관이 없다.

이 커플링은 밸런스와 마찰의 문제점이 있고 편심량이 큰 회전 전달이라 고속회전에는 부적합하다.

그림 9-4
올덤 커플링

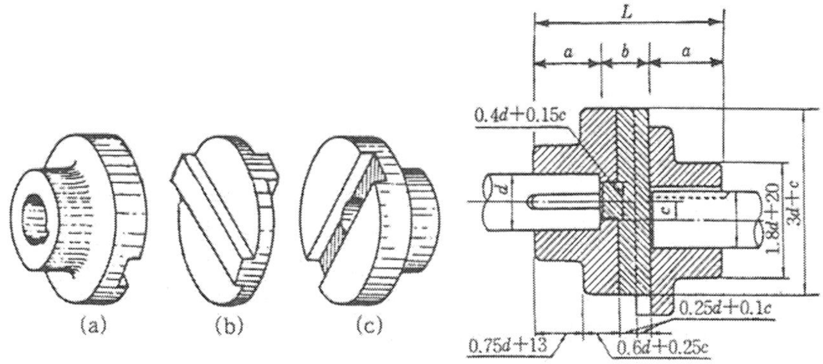

[4] 유니버설 커플링(훅 조인트, 자재이음)

두축이 일직선상에 있지 않으나 그중심선이 서로 어느 각도 ($\alpha \leqq 30°$)로서 교차하고 있을 때 사용한다.

- 특징
  ① 두 축이 서로 만나거나 평행해도 그거리가 멀 때 사용한다.
  ② 회전하면서 그 축의 중심의 위치가 달라지는 것에 동력을 전달하는데 사용한다.
  ③ 원동축(구동축)이 등속회전 해도 종동축은 부등속 회전한다.
- 용도 : 공작기계, 자동차의 전달기구, 압연롤러의 전동축 등에 쓰인다.

① 각속도 비는 회전각 θ와 두축간 각도 α에 따라 변함

축이 1/4 회전 하는 사이에 $\cos\alpha \sim \frac{1}{\cos\alpha}$ 변하므로 경각 $\alpha \leq 30°$ 에서 사용

$$\phi = \frac{w_B}{w_A} = \frac{\cos\alpha}{1-\cos^2\alpha\,\sin^2\theta_A}$$

종동축 Torque 및 회전수

$$T_2 = \frac{T}{\cos\alpha} \qquad N_2 = \frac{N}{\cos\alpha}$$

일반적으로 회전수가 고속일 때는 교각을 작게, 회전수가 저속 일 때는 크게 한다.

여기서 ϕ : 각속도비

α : 원동축과 종동축의 교각

θ_A : 원동차 회전각

그림 9-5
유니버설 커플링

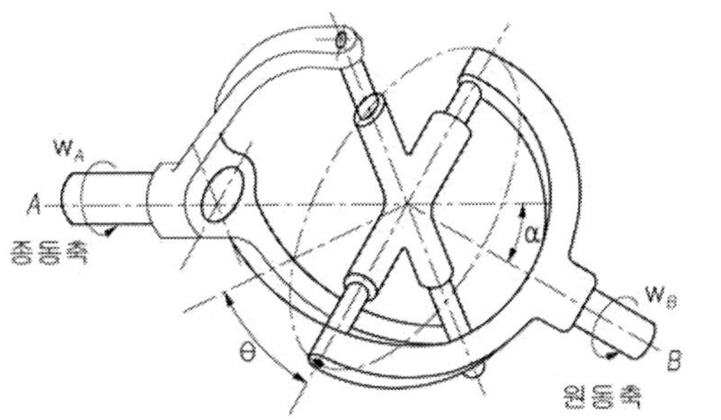

[5] 유체 커플링(Fluid Coupling)

엔진과 트랜스미션 사이에 장착된 유체 커플링을 말한다. 유체를 통해서 동력을 전달하는 장치로서 구동축에 직결해서 돌리는 날개차(펌프베인)와, 회전되는 날개차(터빈베인)가 유체(오일) 속에서 서로 마주 보고 있다. 엔진에 의해 펌프가 회전하면 그속에 오일이 원심력이 부여되고 속도 에너지가 펌프에서 터빈으로 흘러 들어가고 터빈을 회전 시켜 동력이 전달된다. 또한 저속시의 torque 변동을 흡수하여 진동, 소음을 저감시키는 작용도 한다.

그림 9-6
원통마찰차의 회전비

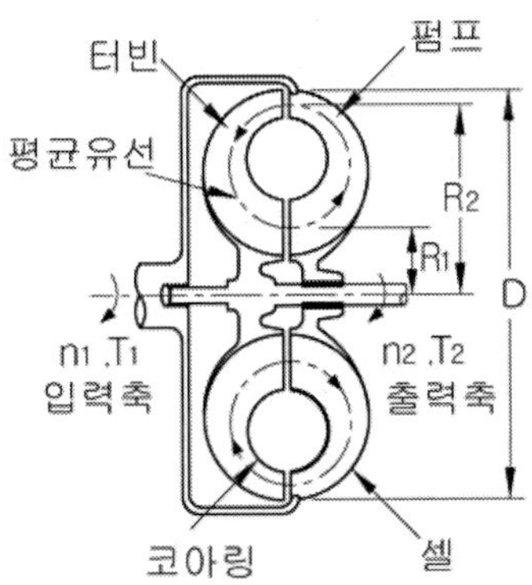

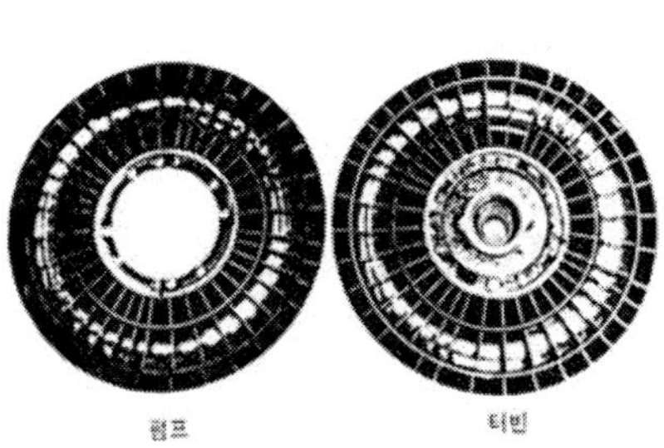

참고 1) 체인커플링 (chain coupling)

① 연결핀으로 간단히 분해 조립
② 약간의 편심과 편각이 작용
③ 수명이 길다
④ 설치나 보수가 간단하다

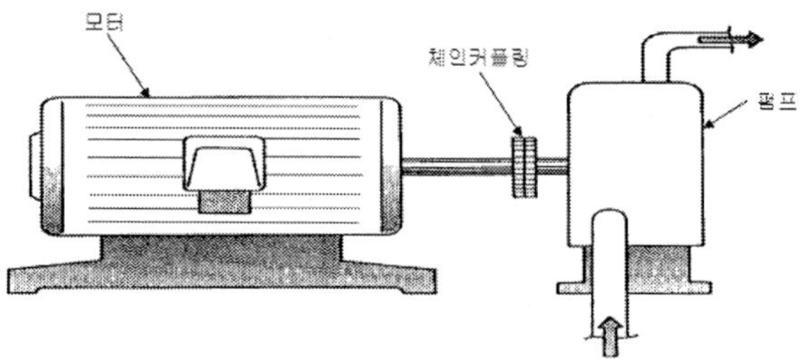

체인 커플링 선정 요령

MOTOR출력(HP)			Chain Couping
2P	4P	6P	
1/2	1/2	–	CR3812
1	1	1/2	CR4012
2	2	1	CR4014(CR4012)
3	3	2	CR4014
5	5	3	CR4014
7.5	7.5	5	CR4015(CR5014)
10	10	7.5	CR4016(CR5014)

2) 기어 커플링 (Gear coupling)

① 부하가 심하게 걸리는 경우
② 5,000 rpm 이상인 경우
③ Sliding 작동을 하며 회전을 하여야 하는 경우
④ 축간의 거리가 넓어 중간 축으로 연결하여야 하는 경우
⑤ 적은 마력과 소형에는 적합하지 않다

3) 그리드 커플링 (Grid coupling)

① 진동, 충격의 전달을 방지해야 하는 경우
② 편심이 발생하는 상태에서 정상적으로 동력을 전달해야 하는 경우
③ 편각이 이루어진 상태에서 정상적으로 동력을 전달해야 하는 경우
④ 축유동이 발생하는 연결부위에서 정상적으로 동력을 전달하고져 할 때
⑤ 주기적인 과부하가 발생되는 장소에서 연관 기계의 손상을 방지해야 하는 경우
⑥ 정 · 역회전이 요구 되는 경우

4) 커플링 규격선정 방법(커플링 카다로그 참조)

(1) 사용 Torque

$T = 97400 \times \dfrac{H_{kw}}{N} \times S \cdot F$ (kgf · cm) 또는

$T = 71600 \times \dfrac{H_{ps}}{N} \times S \cdot F$ (kgf · cm)

여기서 T = 사용 Torque
kW = 전달부하 (ps =전달마력)
N = 회전수 (RPM)
$S \cdot F$ = 안전계수 (Servixe factor) 사용기계(송풍기, 감속기 등등)

(2) 사용 Torque 와 basic Torque (커플링 카다로그 참조)을 비교하여 커플링 축경과 moter 축경을 비교 한다.

◎ **규격 선정 예**

30마력 1760 회전의 Motor 와 Rotary type pump에 연결하고자 Motor의 축경은 48mm이고, Pump의 직경은 52mm 이다. 커플링을 선정하여라?

SOL 펌프의 안전계수 (S • F) =1.8

$T = 71600 \times \dfrac{H_{ps}}{N} \times S \cdot F$ (kgf · cm)

$T = 71620 \times \dfrac{30}{1760} \times 1.8 = 2197.4\ Kgf \cdot cm$

기어커플링 (카다로그)

10GD Basic Torque =8594 $kgf \cdot cm$

직경 48mm 가능 ⇐ 불가능 (직경)

20GD Basic Torque =19337 $kgf \cdot cm$

직경 60mm 가능 ⇐ 가능

(2) 커플링 설계

[1] 원통 커플링

가장 간단한 구조로서 두 축의 끝을 맞대어 맞추고 접촉면을 중앙으로 원통의 보스를 끼워맞춤시켜 마찰력으로 전동하는 커플링으로서 머프 커플링, 마찰통형 커플링, 셀러 커플링, 반중첩커플링, 분할통커플링의 5가지 종류가 있다.

① **마찰력** (전달력, 접선력)

$$f = \mu\pi d\ell \times p_o = \mu\pi d\ell \times \frac{F}{d\ell} = \mu\pi F$$

② **전달 Torque**

$$T = f \times \frac{d}{2} = \mu\pi F \times \frac{d}{2} \ (N \cdot mm)$$

여기서 F : 원통을 졸라매는 힘 (N)

μ : 마찰계수

p_o : 원통과 축사이에 생기는 접촉압력 (N/mm^2)

ℓ : 축과 원통의 접촉길이(mm)

그림 9-7
원통 커플링

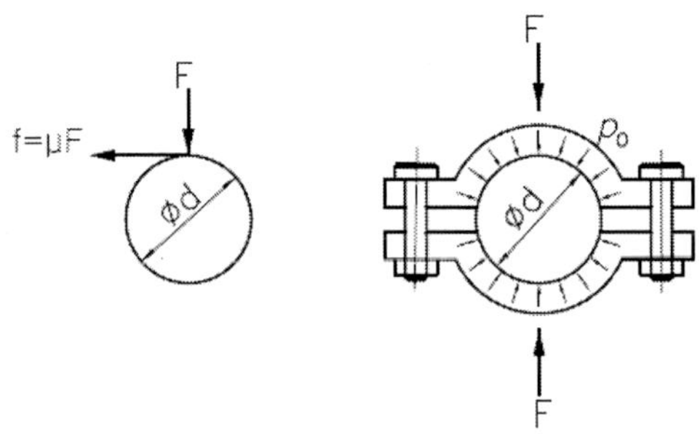

[2] 플렌지 커플링

플랜지는 주철 또는 철강 때로는 단조강 등으로 만들고 축에 플랜지를 때려 박고 키로써 고정시킨다. 때로는 구멍의 지름을 축지름보다 약1[cm]에 대하여 0.04[mm] 작게 하여 **열끼워맞**춤 또는 **힘박음** 등의 방법으로 플랜지를 고정시키고 더욱 안전을 기하기 위하여 키로써 고정시키며, 일반적으로 큰 하중에 사용된다.

① **볼트**(리머볼트)의 **전단**에 의한 Torque

볼트를 죄면 플랜지 상호간에 수직응력이 생기며, 이것에 의하여 마찰저항에 의한 모멘트가 생긴다.

$$T = Q \times \frac{D_b}{2} = \tau_s \times \frac{\pi d^3}{16}$$

$$= \tau_b \frac{\pi \delta^2 z}{4} \times \frac{D_b}{2} = \tau_s \times \frac{\pi d^3}{16} \Rightarrow \text{볼트의 전단응력 } \tau_b = \frac{Q}{A} = \frac{Q}{\frac{\pi \delta^2 z}{4}}$$

$$= \frac{\pi\delta^2 z}{4} \times \frac{D_b}{2} = \frac{\pi d^3}{16}$$ ⇒ 볼트 재질과 축재질이 같다. ($\tau_b = \tau_s$)

② 볼트의 지름(δ)

$$\delta = 0.5\sqrt{\frac{d^3}{zR}}$$ (단, R는 볼트의 중심원 반지름)

여기서 Q : 볼트 한 개에 작용하는 인장력 또는 체결력 (N)

D_b : 볼트의 중심원 지름 (mm)

τ_b : 볼트의 전단응력 (N/mm^2)

τ_s : 축의 전단응력 (N/mm^2)

δ : 볼트의 지름 (mm)

z : 볼트의 개수

그림 9-8
플랜지 커플링

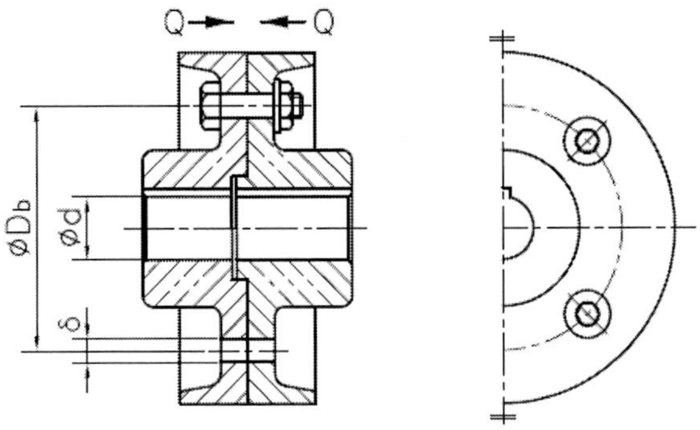

③ 플랜지 뿌리부의 전단응력

$$\tau_f = \frac{Q}{\pi g b} = \frac{Q}{\pi D_f b} \quad (N/mm^2)$$

$$T = Q \times \frac{g}{2} = \pi g b \frac{g}{2} = \frac{\pi d^3}{16}\tau_s$$

여기서, g : 플랜지 뿌리 부분 지름 (mm)

D_f : 보스의지름 (mm)

b : 플랜지의 두께 (mm)

그림 9-9
뿌리부의 전단

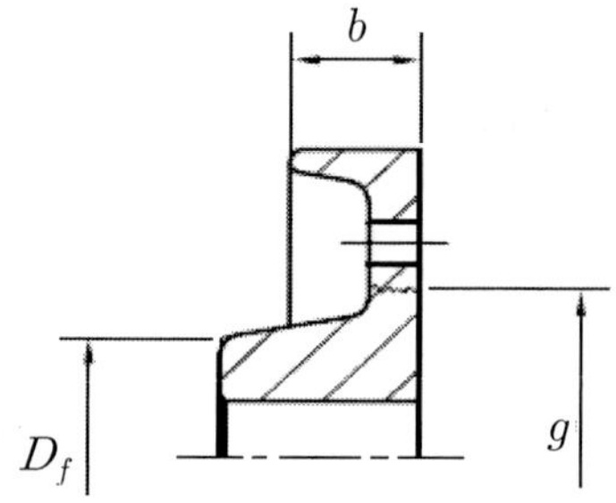

④ 볼트의 인장응력이 작용할 때

$$T = \frac{\pi\delta^2}{4} z\mu\sigma_t \frac{D_f}{2}$$

여기서 σ_t : 볼트의 허용인장응력 (N/mm^2)

μ : 마찰계수

[3] 플렉시블 커플링

두 축의 중심선을 일치시키기 어렵거나, 또는 전달 토크의 변동으로 충격을 받거나, 고속 회전으로 진동을 일으키는 경우에는 고무, 강선, 가죽, 스프링 등을 이용하여 충격과 진동을 완화시켜 주는 커플링이 사용되는데, 이러한 커플링을 플렉시블 커플링(flexible coupling)이라 한다.

그림 9-10
플렉시블 커플링의 종류

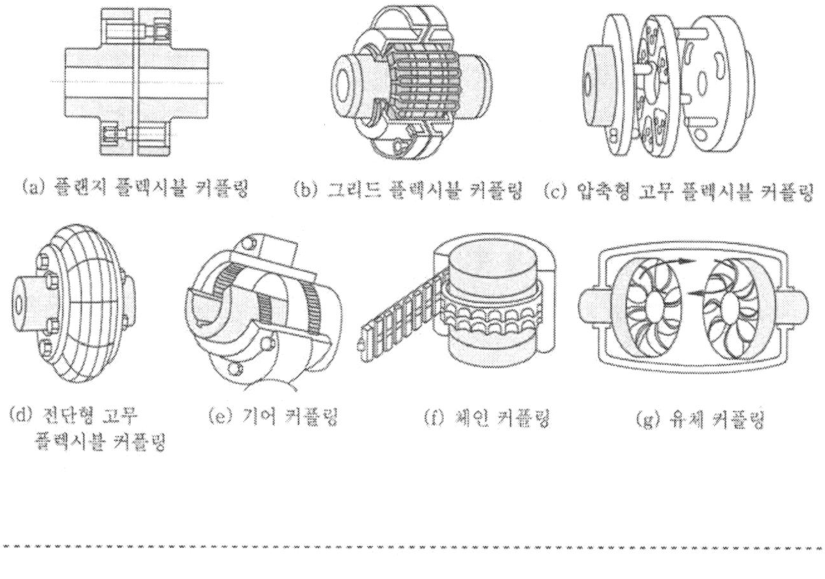

3 클러치(clutch)

(1) 개요

축과 축을 접속하거나 차단하는 데에 사용된다. 클러치를 사용하면 원동기를 정지시키지 않고도 피동축을 정지시킬 수 있고, 또 속도 변경을 위한 기어 바꿈, 벨트의 걸기 바꿈 등을 할 수 있다.

축과 축의 접속을 푸는 것은 어떤 클러치이든 축의 정지 · 운동에 관계 없이 행할 수 있다. 그러나 축과 축의 접속에서는 정지해 있거나 저속도일 때만 가능한 것과 움직이고 있어도 가능한 것이 있다. 물림 클러치는 전자에 속하고, 마찰 클러치는 후자에 속한다.

[표 9-2] 클러치의 분류 및 종류

- 클러치
  - 확동클러치
    - 맞물림 클러치
    - 세레이션 클러치
  - 마찰클러치
    - 축향클러치
      - 원판클러치
      - 원추클러치
    - 원주클러치
      - 블록클러치
      - 분할링 클러치
      - 밴드클러치
    - 전자기클러치
  - 원심력클러치
    - 원심클러치
    - 유체클러치

(2) 자동차 클러치

자동차에서는 보통 기관을 시동한 채 차륜의 축을 기관의 크랭크축과 접속하거나 차단하여 주행하든지 정지하든지 한다. 또, 주행 중에는 차의 속도에 따라서 크랭크축과 차축의 물림 기어를 여러 가지로 바꾸게 되어 있는데, 이와 같은 동력전달에 마찰 클러치가 사용된다. 보통 단판건식 원판 클러치가 사용되고 있다.
표면에는 장섬유 석면직물(라이닝)을 열경화성 수지와 건성유로 경화시킨 것을 부착한다. 보통 상태에서는 항상 접촉되어 있고 운전자가 클러치 페달을 밟으면 유압의 작용이나 기계적 링크에 의해 클러치가 풀리게 되어 있다. 자동차의 클러치 페달을 밟기 정도에 따라 클러치판의 마찰력을 가감할 수도 있다. 오늘날에는 전기자기력을 이용한 전자기 클러치, 유체를 매체로 하여 동력을 전달하는 유체 클러치 등도 사용된다.

그림 9-11
자동차의 클러치

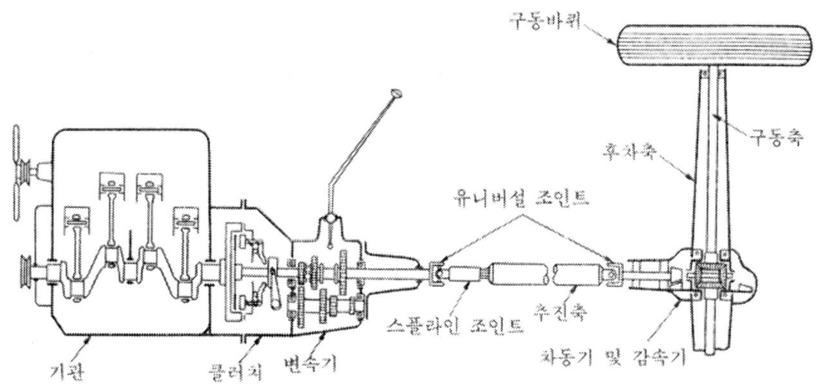

[1] 클러치 용량

엔진이 최고 회전력보다 사용되는 엔진 토크의 1.5~2.5배이어야 한다.

(3) 클러치 작동원리

기관에서 발생한 동력을 구동 바퀴로 전달하는 클러치축은 앞 끝이 크랭크축 끝의 베어링으로 지지되어 크랭크축으로부터 직접 동력이 전해지지 않도록 되어 있다.
클러치 판은 클러치축의 스플라인부에 끼워지고, 다이어프램 스프링의 힘으로 눌러지는 압력판에 의하여 밀착된다. 클러치 페달을 밟으면 릴리스 베어링과 릴리스 레버가 압력판을 클러치 커버 쪽으로 당겨서 클러치 판이 플라이 휠로 부터 떨어진다.

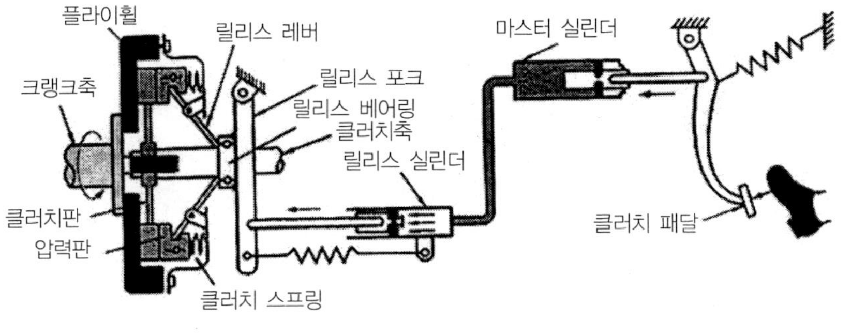

그림 9-12
클러치의 작동원리

[1] 압력판

다이어프램 스프링, 릴리스 레버와 함께 클러치 커버에 조립되며, 클러치 페달을 놓으면 압력판이 클러치 스프링의 힘에 의하여 클러치 판을 플라이 휠에 밀어붙이게 되므로 이들이 하나가 되어 회전한다.

[2] 다이어프램 스프링

플라이 휠에 클러치 판과 압력판을 일정한 압력으로 밀어붙이는 스프링으로, 보통 원판 스프링이 사용된다.

[3] 클러치판

플라이 휠과 압력판 사이에 끼워지며, 마찰력에 의하여 동력을 클러치축에 전달하는 판이다. 중심부의 스플라인 보스는 클러치축 앞끝의 스플라인부에 끼워져 있으므로 축방향으로 미끄럼 이동을 한다.

[4] 클러치 샤프트

클러치 판에 전달된 동력을 변속기에 전하는 축이다.

(4) 맞물림 클러치(claw clutch) 턱클러치

서로 맞물리는 발톱(click)이 있는 플랜지를 축 끝에 달아 한쪽은 축에 고정시키고 다른 한쪽은 미끄럼키(feather key)로 축에 끼워 축 위를 축방향으로 이동할 수 있게 한 클러치이다. 정지상태에서 이동할 수 있는 발톱을 움직여 다른쪽 발톱과 맞물려서 축을 회전한다. 각형의 발톱이면 어느 방향으로도 회전을 전할 수 있지만, 삼각형모양의 발톱은 한 방향의 회전만을 전할 수 있다.

모양에 다라, 삼각형, 직사각형, 삼각톱니형, 사각톱니형, 스파이럴형 등의 턱모양이 있다.

그림 9-13
맞물림 클러치

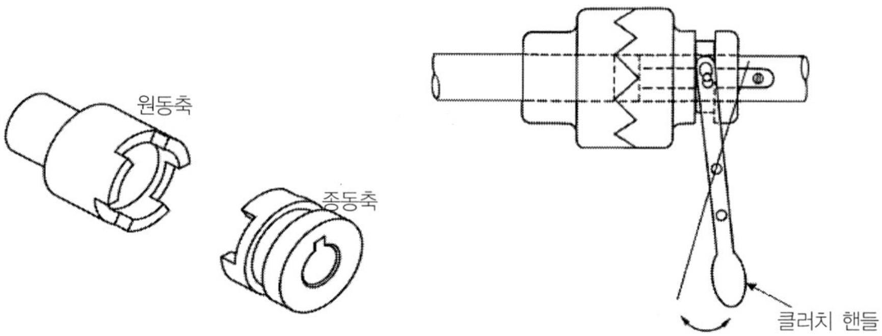

그림 9-14
맞물림 클러치의 종류

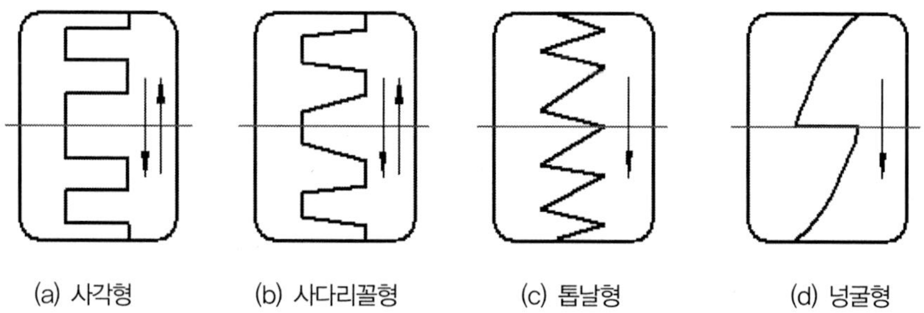

(5) 마찰 클러치(friction clutch)

클러치 판, 플라이 휠, 압력판의 마찰을 이용하여 동력을 전달하는 방식으로, 구조가 간단하고 성능이 우수하며, 수동 변속기 차량에 주로 사용된다. 일반적으로 고장은 마찰면의 마멸, 눌어붙어서 파손되는 것, 또는 밀어붙이는 힘이 약하게 되는 것 등에 의하여 생기므로 마찰 클러치를 설계함에 있어서 고려하여야 될 사항을 연결하면 다음과 같다.

[1] 마찰클러치 구비조건

① 접촉면의 마찰계수가 클 것

② 내열성 및 열전도가 클 것

③ 내마모성이 클 것

④ 충분한 토크 전달용량을 갖추고 관성 모멘트가 되도록 적을 것

[2] 클러치판과 마찰재료

마찰면에는 마찰력을 증대시키기 위해 석면직물(라이닝) 등을 부착시킨다.

① **페이싱 재료의 요구조건**

접속이 원활하고, 마모가 적으며, 마찰계수가 크고, 온도에 의한 마찰특성이 안정될 것

② **사용재료**

㉠ 긴 섬유의 석면(asbesto)직물에 열경화성 수지 가공을 한 직물.

㉡ 소결합금재료, 동 + 세라믹

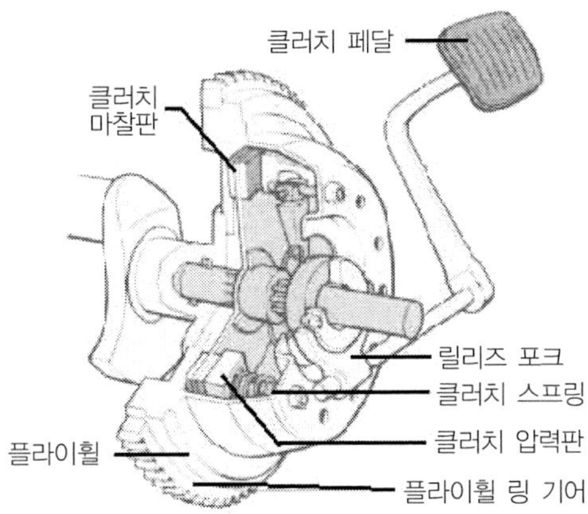

그림 9–15
원판클러치 구조

그림 9-16
다판 클러치 및 조작방식

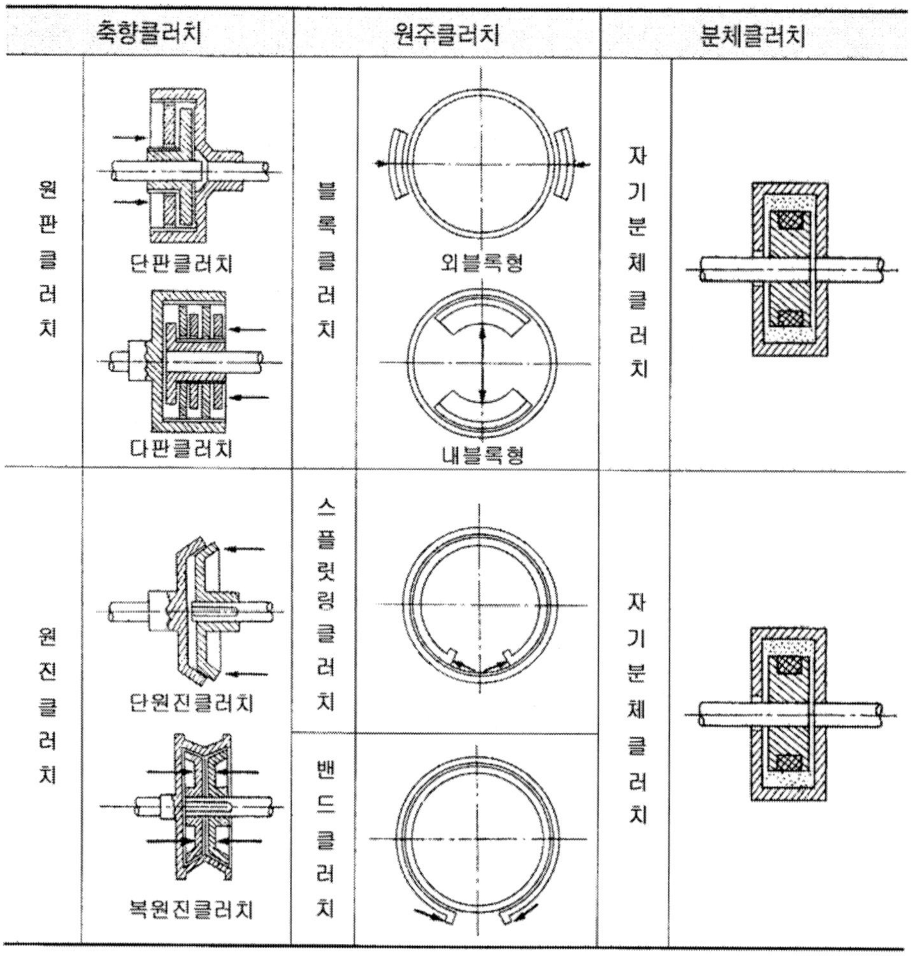

[3] 마찰클러치 종류

① 원판 클러치(disk clutch) : 원동축과 종동축 사이에 원판의 마찰면을 부착하여 접촉시켜 전동하는 것이다. 구조가 간단하고 회전 중에 탈착이 가능하며, 클러치의 토크용량은 기관의 최고 토크보다 1.5-2.5배로 설계되었다.

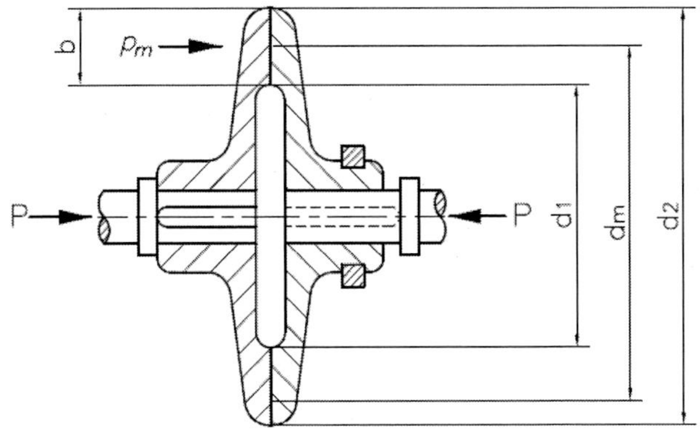

그림 9-17
원판 클러치 마찰력

㉠ 종류

- 단판식 : 자동차용 사용
- 다판식 : 소형 공작기계

㉡ 조작방법 : 스프링, 토글 유공압 전자기구

㉢ 접촉면에 작용하는 평균압력

$$p_m = \frac{P}{A} = \frac{P}{\frac{\pi}{4}(d_2^2 - d_1^2)Z}$$
$$= \frac{P}{\pi d_m b Z} \ (N/mm^2)$$

㉣ 전달 토크 및 동력

$$T = \mu P Z \frac{d_m}{2} = \mu \pi b Z\, p_m \frac{d_m^2}{2}$$
$$= 9550 \times 10^3 \frac{H_{kw}}{n} \quad (N \cdot mm)$$

여기서 P : 트러스트 하중 (축방향하중) [N or kN]

b : 접촉면의 나비 $\frac{d_2 - d_1}{2}$ (mm)

d_m : 접촉면의 평균지름 $\frac{d_2 + d_1}{2}$ (mm)

d_2, d_1 : 접촉면의 바깥지름과 안지름 (mm)

Z : 다판클러치의 접촉면 수

② **원추클러치**(원뿔클러치) : 접촉면이 원뿔형으로 되어 있어 축방향에 작은힘이 작용하여도 접촉면에 큰 마찰력이 발생하여 큰 회전력을 전달할 수 있는 클러치

그림 9-18
원뿔 클러치 마찰력

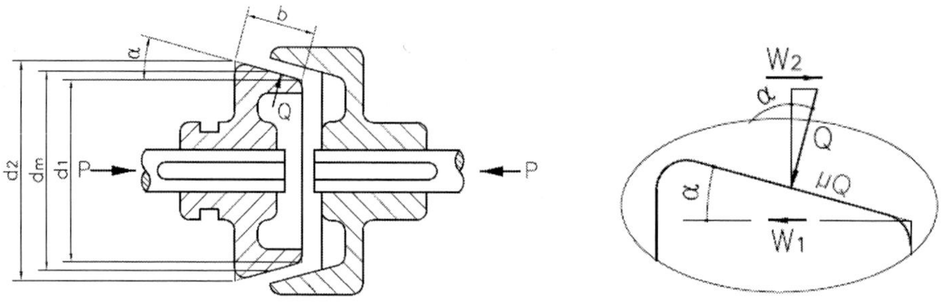

㉠ 축방향의 힘 P 와 Q 사이 관계

$$P = W_1 + W_2 = \mu Q\cos\alpha + Q\sin\alpha = Q(\mu\cos\alpha + \sin\alpha)$$

$$Q = \frac{P}{(\mu\cos\alpha + \sin\alpha)}$$

㉡ 전달토크 및 축방향의 힘(트러스트 하중)

$$T = \mu Q\frac{d_m}{2} = \mu\frac{P}{(\mu\cos\alpha + \sin\alpha)}\frac{d_m}{2} \quad (N \cdot mm)$$

트러스트 하중 $P = \dfrac{2T}{\mu d_m}(\mu\cos\alpha + \sin\alpha)$ (N)

㉢ 접촉 면압력

$$p_m = \frac{Q}{\pi d_m b} \quad (N/mm^2)$$

여기서 P : 전동에 필요하는 힘

b : 원뿔 접촉면 나비 (mm)

d_m : 마찰면의 평균지름 $\dfrac{d_1 + d_2}{2} = d_1 + b\sin\alpha$

α : 원추각 (10°~ 12°)이하가 되면 내원추를 잡아 빼는데 힘이 들어 불편하다.

(6) 유체 클러치(fluid clutch)

유체(오일)를 동력 전달 매체로 이용하는 것으로, 자동 변속기 차량에서 토크 변환기(toque converter)와 함께 많이 사용된다.
토크 컨버터는 유체 클러치의 일종이나 구조가 펌프, 터빈 외에 날개바퀴로 구성되어 있다. 펌프에서 유출되는 액체는 터빈을 통하여 날개바퀴를 지나서 펌프에 되돌아가는 원리이며 토크의 변환이 수반되는 변속장치이다.

① 원동축의 충격, 과부하 등에 안전하다.
② 고속회전에서 효율이 좋다.
③ 작동유체는 비중이 크고 변질되지 않고 비등점이 높은 윤활유 사용한다.
④ 철도차량, 자동차, 선박, 산업기계 등의 동력 전달에 널리사용된다.

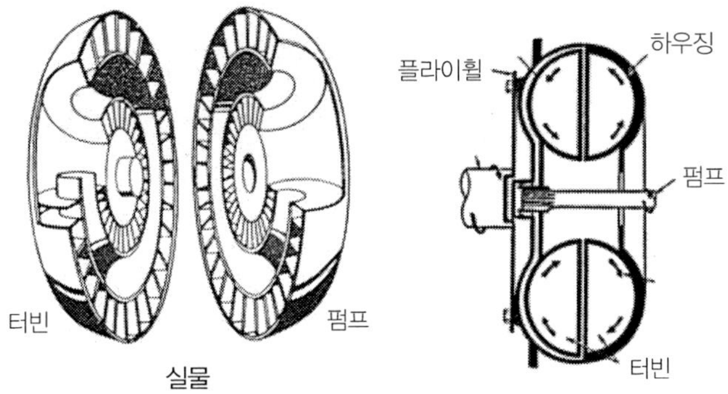

그림 9-19
유체클러치

이 밖에도 원주 클러치(rim clutch), 정토크 클러치, 한 방향 클러치(one way clutch) 등이 많이 사용되고 있다.

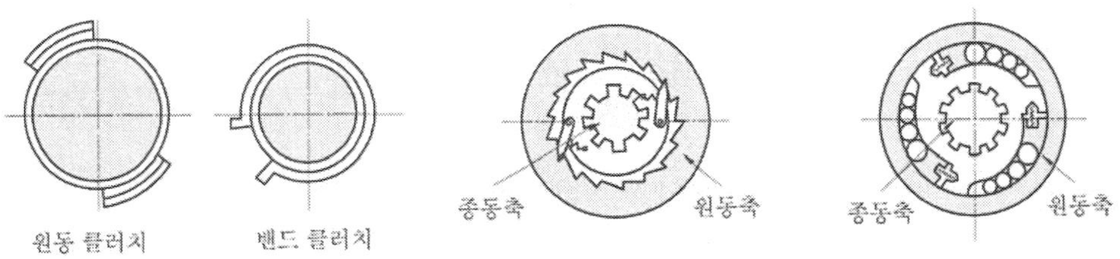

(a) 원주 클러치 (b) 한 방향 래치 클러치 (c) 한 방향 롤러 클러치

그림 9-20
유체 클러치의 종류

(7) 전자 클러치(electromagnetic clutch)

전자석의 자력을 이용해 기관의 속도에 따라 자동으로 클러치 역할을 하도록 한 것이다.

그림 9-21
전자 클러치

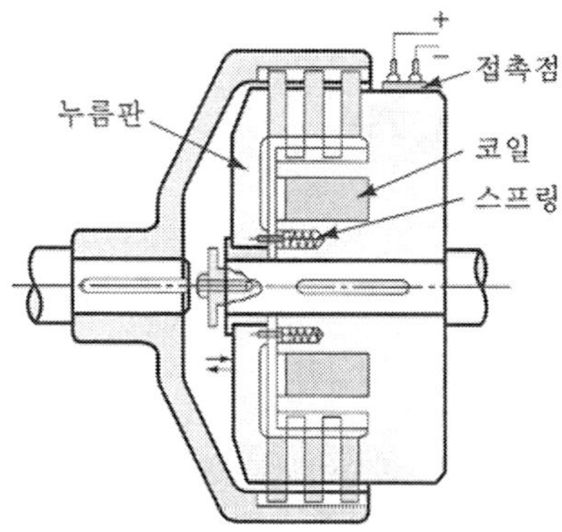

종류는 건식, 습식, 단판, 다판, 단식, 복식 등으로 구별하고, 코일의 결합방식과 작동방식 바찰조정에 따라서도 구분한다. 용도는 공작 기계, 산업기계의 자동화, 고속화에 따른 자동제어장치등에 많이 사용하고 있다.

(8) 일방향클러치(비역전클러치) (one way clutch)

구동축이 종동축보다 속도가 늦어졌을 때 종동축이 자유로 공전 할 수 있게 한 것. 한방향으로만 동력을 전달하고 역방향으로는 전달이 불가능하다.

예 롤러 클러치, 래칫 클러치

그림 9-22
래칫 클러치

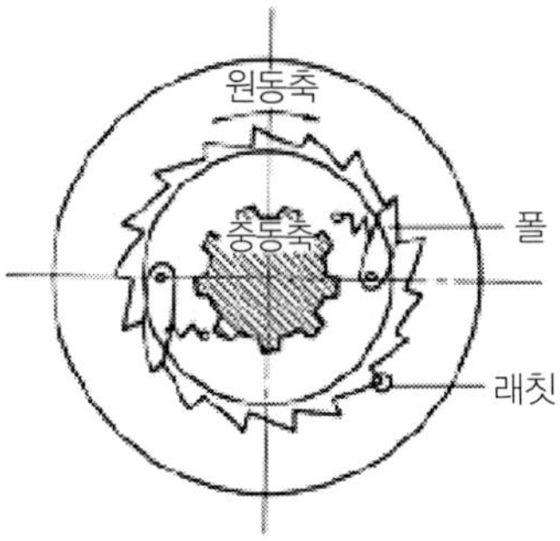

(9) 원심클러치(centrifugal clutch)

자동클러치의 일종으로 마찰클러치를 원심력에 의해 작동시키는 것. 원동기부착 자전거 등의 소형차량에서 많이 쓰인다. 기관의 회전수가 작을 경우에는 원심력이 리턴스프링의 힘보다도 작기 때문에 토크를 전달할 수 없으나, 회전수가 어느 정도 커지면 클러치판이 클러치의 동체에 밀어 붙여지기 시작하여 슬라이딩하면서 토크를 전달한다. 또한 회전수가 아주 커지면 리턴스프링의 힘을 누르고 슬라이딩이 없어져 토크를 완전히 전달한다.

예 유체클러치, 로울링클러치, 접촉편클러치

그림 9-23
원심 클러치

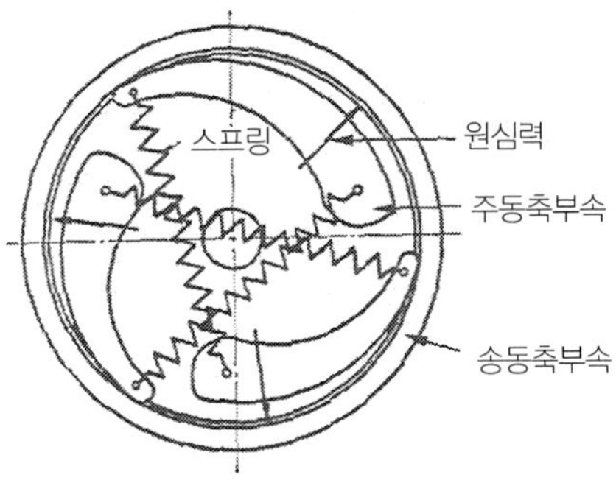

(9) 토크 컨버터(torque converter)

토크 컨버터가 유체클리치와 다른 점은 그림 9-24와 같이 회로가 러너(P)와 터빈 러너(T)뿐 아니라, 안내 날개(stator) (S)의 3종의 러너(impeller)로 구성되어 있다는 것이다. 펌프 러너에서 유출되는 액체는 터빈 러너를 통하여 안내날개를 지나서 펌프 러너에 되돌아간다. 안내 날개가 토크를 부담하므로 그 토크의 크기만큼 입력축과 출력축 사이에 토크의 차가 생긴다. 즉 토크 컨버터는 토크의 변환이 수반되는 변속장치이다. 그림 9-25는 토크 컨버터의 단면도이다.

그림 9-24
토크 컨버터의 구조

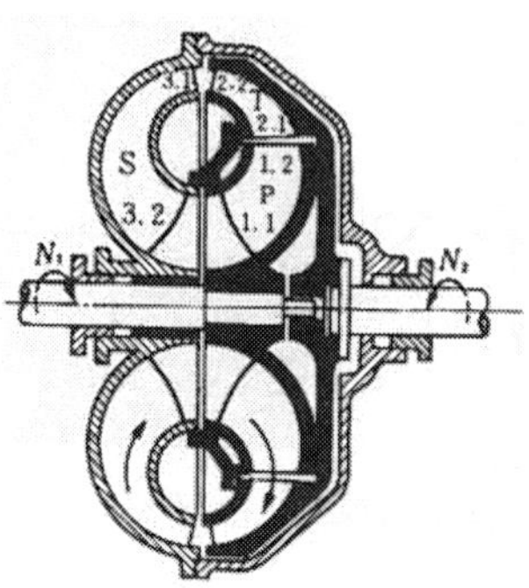

그림 9-25
토크 컨버터의 단면도

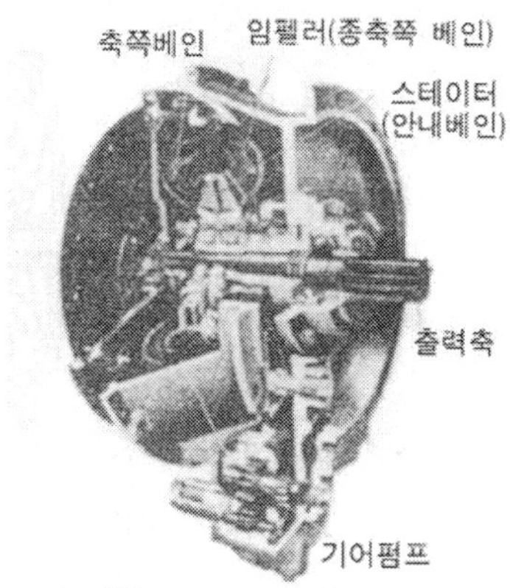

계 산 문 제

제9장 축이음(shaft coupling)

01 원통커플링에서 원통이 축을 누르는 힘 100N 축지름 40mm 마찰계수 0.2일때 이 커플링이 전달할 수 있는 토크는 ?

SOL $T = \mu \pi w \times \frac{d}{2} = 0.2\pi \times 100 \times \frac{40}{2} = 1256 N \cdot mm$

02 360rpm으로 90ps 을 전달하는 플랜지 커플링에 M20볼트 4개가 체결되어 있다. 볼트 피치원 지름이 240mm라고 하면 볼트에 생기는 전단응력 (N/mm^2)은? (단, 플랜지 마찰면의 마찰계수는 무시한다.)

SOL $T = 7020 \times 10^3 \frac{90}{360} = 1.755 \times 10^6 \ N \cdot mm$

$$T = Q\frac{D_b}{2} = Q\frac{240}{2} = 1.755 \times 10^6 \qquad Q = 14625N$$

$$\tau = \frac{Q}{\frac{\pi \delta^2 z}{4}} = \frac{4 \times 14625}{\pi 20^2 \times 4} = 11.64 N/mm^2$$

03 교차각 30° 인 유니버어설(universal) 커플링 원동축(구동축)의 회전수는 1000rpm, 전달 토크는 $20N \cdot mm$ 일 때 종동축 전달 토크 ($N \cdot mm$)의 범위는?

SOL 각속도의 변동 $\cos\alpha \sim \frac{1}{\cos\alpha}$

$$T' = T\cos\alpha \sim \frac{T}{\cos\alpha} = 20 \times \cos 30 \sim \frac{20}{\cos 30} = 17.3 \sim 23.1 \ (N \cdot mm)$$

04 원추 클러치에서 축 방향 하중 750(N)을 작용시킬 때 접촉면에 생기는 수직력은 몇(kN)인가? (단, 원추각 10° μ =0.2이다.)

SOL $Q = \dfrac{P}{\sin\alpha + \mu\cos\alpha} = \dfrac{750}{\sin 10 + 0.2\cos 10}$ = 2023.7 (N) ≒ 2 Kn

05 단판 원판 마찰클러치에 축추력 P = 60N가 작용할 때 전달할수 있는 Torque($N \cdot mm$)는? (단, 원판 마찰클러치의 반지름 $r_1 = 120mm$ 안쪽 반지름 $r_2 = 80mm$ 마찰면의 마찰계수 μ =0.1)

SOL $T = \mu P \dfrac{D_m}{2} = 0.1 \times 60 \times \dfrac{200}{2} = 600\, N \cdot mm$

$D_m = \dfrac{1}{2}(240 + 160) = 200mm$

06 다판식 원판 클러치에서 축방향으로 10N의 힘을 가해 $2N \cdot m$의 토크를 전달하고자 한다. 이때 마찰면의 개수는? (단, 접촉면의 인지름이 100mm, 바깥지름이 300mm 이고 마찰계수$\mu 0.2$ 이다)

SOL $T = \mu P Z \dfrac{d_m}{2} = 0.2 \times 10 \times Z \dfrac{200}{2} = 2000(N \cdot mm)$

$Z = 10$

평균지름 $d_m = \dfrac{1}{2}(300 + 100) = 200\, mm$

07 접촉면 안지름 60mm, 바깥지름 100mm이며 접촉면수가 10 인 다판클러치로 800$N \cdot mm$ 의 토크를 전달 할 때 축방향 하중은 (N)? (단, 접촉면 압력 $p_o = 0.03\, N/mm^2$ 마찰계수 μ =0.2이다.)

SOL $T = \mu P Z \dfrac{d_m}{2} = 0.2 \times P \times 10 \dfrac{80}{2} = 800\ (N \cdot mm)$

$P = 10N$

평균지름 $d_m = \dfrac{1}{2}(60 + 100) = 80\, mm$

08 **접촉면의 평균지름이 380mm, 원뿔각 20° 인 원뿔클러치를 800rpm, 20 ps로 전달시킬 때 축방향으로 내는 힘(kN)은 얼마인가?** (단 마찰계수 μ =0.3)

SOL $P = \frac{2T}{\mu D_m}(\sin\alpha + \mu\cos\alpha) = \frac{2\times 175500}{0.3\times 380}(\sin 10 + 0.3\cos 10)$

$= 1444.3N \fallingdotseq 1.44\,kN$

$T = 7020\times 10^3 \frac{H_{ps}}{n}$

$= 7020\times 1000\frac{20}{800} = 175500\,N \cdot mm$

$\alpha = \frac{\text{원뿔각}}{2} = \frac{20°}{2} = 10°$

09 **350rpm, 25PS를 전달시키는 원추 클러치의 접촉폭 b 는 몇 mm로 설계하여야 하나?** (단, 종동차의 평균지름 D=360mm, 마찰계수μ =0.2, 접촉면의 허용 평균 압력 q=0.3 MPa, 축 재료의 허용 전단응력 τ =2.1MPa 으로 한다)

SOL $T = \mu P\frac{d_m}{2} = 0.2P\frac{360}{2} = 7020\times 10^3\frac{25}{350} = 0.5\times 10^6\,N \cdot mm$

$P = 13888.9N$

$q_m = \frac{P}{\pi d_m b} = \frac{13888.9}{\pi\times 350\times b} = 0.3$

$b = 42.1mm$

기출 및 예상문제

◆ 커플링 (coupling)

01 마찰원통 커플링을 설명한 것 중 틀린 것은?

㉮ 설치 및 분해가 쉽다.
㉯ 긴 전동축의 연결에 편리하다.
㉰ 큰 토크를 전달하는데 적당하다.
㉱ 분할통의 테이퍼는 1/20~1/30이다.

SOL 연강재 링으로 양 끝에 축을 때려 박아 임의 곳에 고정 할수 있다.

답 ㉰

02 두 개의 축이 평행하고, 그 축의 중심선의 위치가 약간 어긋났을 경우, 각속도는 변화 없이 회전동력을 전단시키려고 할 때 사용되는 가장 적합한 커플링은?

㉮ 플랜지 커플링(flange coupling)
㉯ 올덤 커플링(oldham coupling)
㉰ 머프 커플링(muff coupling)
㉱ 유니버설 커플링(universal coupling)

답 ㉯

03 축선에서의 약간의 어긋남을 허용하면서 충격과 진동을 감소시키는 축이음은?

㉮ 유니버셜조인트　　㉯ 플렉시블 커플링
㉰ 클램프 커플링　　㉱ 올덤 커플링

SOL 플렉시블 커플링 : 두개 축이 축선이 정확하게 일직선이 되지 않을 경우 충격 진동을 완화할 이음

답 ㉯

04 **유연성 커플링(flexible coupling)의 종류가 아닌 것은?**

㉮ 기어 커플링 ㉯ 머프 커플링
㉰ 다이어프램 커플링 ㉱ 롤러 체인 커플링

SOL 고정커플링 : 플랜지, 머프, 마찰원통, 반중첩 커플링

답 ㉯

05 **두 개의 주철재 원뿔통을 3개의 볼트로 죄며 일명 테이퍼 슬리브 커플링이라 하는 커플링은?**

㉮ 머프 커플링 ㉯ 마찰 원통 커플링
㉰ 셀러 커플링 ㉱ 반중첩 커플링

SOL 셀러 커플링 : 외통과 내통의 결합으로 구성되는 축 이음(커플링). 결합이 용이하고, 커플링 중심은 체결에 의하여 저절로 축심과 일치한다. 외통에 테이퍼가 붙어 있고, 볼트로 내통을 축 방향으로 체결하여 양쪽 축을 고정시킨다.

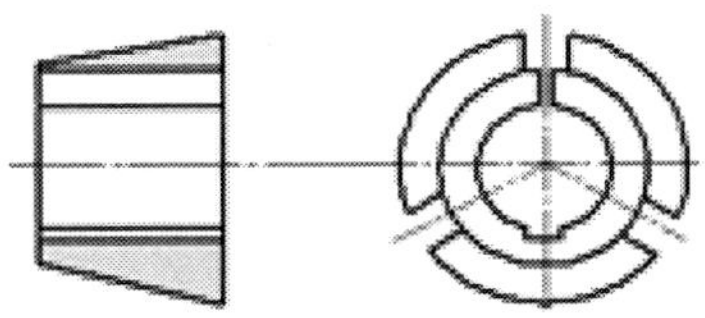

답 ㉰

06 **큰축과 고속도 정밀 회전축에 적당하고 공장의 전동축 또는 일반 기계축의 이음에 널리 쓰이고 있는 커플링으로 가장 알맞은 것은?**

㉮ 분할 원통 커플링 ㉯ 셀러 커플링
㉰휨 커플링 ㉱ 플랜지 커플링

답 ㉱

07 다음 축 이음 중 두축 사이에 각 속도비가 다른 것은?

㉮ 셀러 커플링　　　　㉯ 머프 커플링
㉰ 자재이음　　　　㉱ 올덤 커플링

SOL 자재이음(유니버설조인트)
- 원동축 : 등속회전
- 종종축 : 부등속회전

답 ㉰

08 유니버설 조인트는 언제 사용하는가?

㉮ 두 축의 중심선이 평행하고 교차하지 않을 때
㉯ 탄성 고리를 종동축 플런저 볼트 구멍에 끼울 때
㉰ 두 축의 일직선상에 있지 않으나 서로 교차할 때
㉱ 두 축의 중심선이 평행하지도 교차하지도 않을 때

SOL 두 축이 만나거나 평행해도 그 거리가 멀 때 사용한다.

답 ㉰

09 유니버설 조인트에서 전동할 수 있는 2축의 교차 각도의 허용 범위는 몇 ° 인가?

㉮ 35° 이내　　　　㉯ 30° 이내
㉰ 25° 이내　　　　㉱ 20° 이내

SOL $\alpha \leq 30°$

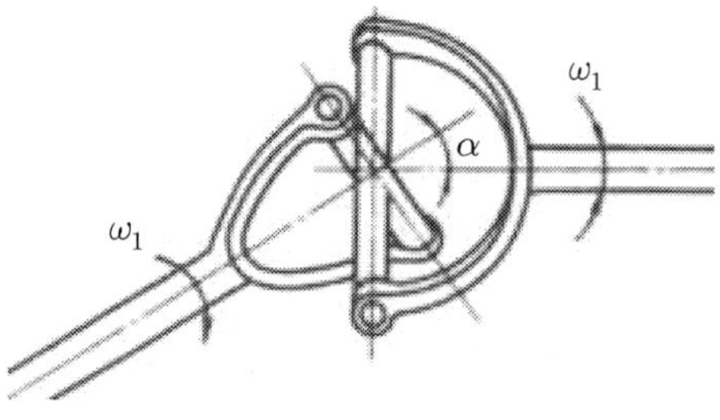

답 ㉯

10 **커플링(coupling)에 대한 설명으로 옳지 않은 것은?**

㉮ 원통형 커플링은 플랜지 커플링의 한 종류로 일체형과 분할형이 있다.

㉯ 올덤커플링은 두 축이 평행하고, 두 축 사이의 거리가 가까울 때 사용한다

㉰ 고정 커플링은 두 축의 중심이 일직선상에 있고, 축방향 이동이 없는 경우에 사용한다.

㉱ 원통형 커플링 중 반겹치기 커플링은 주로 축방향 인장력이 작용할 경우에 사용한다.

SOL 커플링종류

(1) 고정커플링 종류

① 원통커플링

- 입체형 : 슬리브 커플링, 반겹치기 커플링, 셀러 커플링, 마찰원통 커플링
- 분할형 : 분할원통 커플링 (클램프 커플링)

② 플랜지커플링

답 ㉮

11 **축이음 운전중 두축을 분리 할수 없는 영구 축이음은?**

㉮ 클로클러치 (claw clutch)

㉯ 커플링 (coupling)

㉰ 전자 클러치 (electromagnetic clutch)

㉱ 스플라인 (spline)

답 ㉯

◆ 클러치 (clutch)

01 **원동축의 회전 운동을 종동축에 전달할 때에 회전을 단속시킬 수 있는 축 이음은?**

㉮ 유니버설 조인트 ㉯ 올덤 커플링

㉰ 플렉시블 커플링 ㉱ 클러치

답 ㉱

02 **다음 클러치의 종류 중 마찰 클러치가 아닌 것은?**

㉮ 원판 클러치 ㉯ 원심 클러치

㉰ 원추 클러치 ㉱ 밴드 클러치

SOL 클러치 분류

- 클로우 클러치(맞물림 클러치)
- 마찰 클러치 : 원판 클러치, 원추 클러치, 밴드 클러치, 분할링클러치, 블록 클러치

답 ㉯

03 **원뿔 클러치는 어떤 작용으로 접촉 압력을 높여 주는가?**

㉮ 쐐기 작용 ㉯ 지레 작용

㉰ 배력 작용 ㉱ 회전 작용

SOL 동일한 직경이라도 원판클러치보다 원추클러치가 마찰면적이 더 크기 때문에 더 많은 동력을 전달할 수 있습니다.

원추의 중심각이 적으면 적을수록 마찰면적이 더 늘어나게 됩니다.

답 ㉮

04 **다음 중 원뿔 클러치에 관한 설명으로 가장 옳은 것은 어느 것인가?**

㉮ 비교적 큰 힘으로 축 방향에 밀어 붙여서 큰 접촉면 압력이 얻어지는 클러치이다.

㉯ 비교적 작은 힘으로 축 방향에 밀어 붙여서 큰 접촉면 압력이 얻어지는 클러치이다.

㉰ 비교적 작은 힘으로 축 방향에 밀어 붙여서 작은 접촉면 압력이 얻어지는 클러치이다.

㉱ 비교적 큰 힘으로 축 방향에 밀어 붙여서 작은 접촉면 압력이 얻어지는 클러치이다

SOL 접촉면이 원뿔형으로 되어 있어 축방향에 작은 힘이 작용하여도 접촉면에 큰 마찰력이 발생하여 큰 회전력을 전달 할 수 있는 클러치

답 ㉯

05 **다음 중 마찰 클러치의 장점이 아닌 것은?**

㉮ 충격 없이 단속시킬 수 있다.

㉯ 주동축의 운전 중에도 단속이 가능하다.

㉰ 토크가 걸리면 미끄럼이 일어나 안전장치의 작용을 한다.

㉱ 클러치 재료는 마멸 및 열에 관계없이 쉽게 얻을 수 있는 재료면 된다

SOL 마찰 클러치(friction clutch) : 접촉면의 마찰에 의하여 회전을 전달하는 것으로, 모양에 따라 여러 가지 종류가 있다. 마찰 클러치는 회전 중에도 착탈 작용이 이루어지며, 또 일정 이상의 하중이 걸릴 때에는 마찰면이 미끄러져 무리하게 힘을 전달하는 것을 막아 주므로 안전 장치의 역할도 한다.

※ 장점

① 확실한 작동을 하는 것이다.
② 구조가 간단하고 고장률이 적다.
③ 과하중시 안전장치 역할을 한다.
④ 원동축에 회전을 정지시키지 아니하고 종동축에 연결할수 있다.

답 ㉣

06 클러치 설계상의 유의점으로 옳지 않은 것은?

㉮ 균형상태가 좋을 것
㉯ 마찰에 의해 생긴 열을 충분히 발산할 것
㉰ 관성을 크게 하여 안정된 회전을 하도록 할 것
㉣ 단판클러치에서 회전 중심부분이 접촉되지 않도록 할 것

SOL 클러치의 성능

① 접속이 원활하고, 동력을 끊을 때에는 차단이 신속하고 확실해야 한다.
② 동력을 전달할 때에는 슬립(Slip)을 일으키면서 서서히 전달해야 하고 일단 접속한 후에는 절대로 미끄러짐이 없이 확실한 전동이 되어야 한다.
③ 충분한 토크 전달용량을 갖추고 관성 모멘트가 되도록 적어야 한다.
④ 회전 부분의 균형을 유지시켜야 한다.
⑤ 마찰로 인한 발열에 대해서 방열이 좋고 과열되지 않는 내열성이 좋아야 하며 구조가 간단하고 취급이 쉬우며 고장이 적어야 한다.

답 ㉰

07 원판 마찰 클러치에서 큰 토크를 전달하려면 어떻게 하는 것이 좋은가?

㉮ 마찰계수가 작은 것을 쓴다.
㉯ 축의 수직 방향의 압력을 크게 한다.

㉰ 원판의 중앙부에서 접촉하도록 한다.

㉱ 접촉면의 평균 지름을 크게 한다.

SOL $T = \mu P \times \frac{D_m}{2}$

답 ㉱

08 원동축이 종동축보다 속도가 느릴 때 종동축이 자유로이 공전할 수 있으므로 동력을 역방향에는 전달시키지 못하는 클러치는?

㉮ 맞물림 클러치 ㉯ 유체 클러치

㉰ 역방향 클러치 ㉱ 한방향 클러치

답 ㉱

09 자전거의 래칫휠에 사용되는 클러치는?

㉮ 맞물림 클러치 ㉯ 마찰클러치

㉰ 일방향 클러치 ㉱ 원심클러치

답 ㉰

10 원판클러치를 원추각(α) 30° 인 원추클러치로 바꾸었다. 두 클러치 모두 접촉면의 마찰 계수가 0.1로 같고, 접촉면의 평균지름과 축방향으로 밀어붙이는 힘도 모두 같다면 전달 동력은 어떻게 변하는가?

㉮ 0.5배 ㉯ 0.8배

㉰ 1. 2배 ㉱ 1.7배

SOL 원판클러치 $P = \frac{2T}{\mu d_m}$

원뿔클러치 $P = \frac{2T}{\mu D_m}(\sin\alpha + \mu\cos\alpha) = \frac{2T}{\mu D_m}(\sin 30 + 0.1\cos 30) = 0.5867$

$\frac{\text{원판클러치}}{\text{원뿔클러치}} = \frac{1}{0.5867} = 1.7$

$T = \mu P \frac{d_m}{2} = 7020 \frac{H_{ps}}{n} (P \propto Hps)$

답 ㉣

11 **접촉면의 허용압력, 접촉면의 내경과 외경**(축과 수직평면 기준) **및 마찰계수가 동일한 원판클러치와 원추클러치가 있다. 축 방향으로 동일한 힘으로 밀 때, 두 클러치의 전달 토크의 비를 옳게 표시한 식은?** (단, 원추클러치의 원추 꼭지각은 2α, 마찰계수는 μ이며, 원판클러치의 전달 토크를 T_p, 원추클러치의 전달 토크를 T_e라 한다.)

㉮ $\frac{T_e}{T_p} = \frac{\sin\alpha + \mu\cos\alpha}{\mu}$ ㉯ $\frac{T_e}{T_p} = \frac{\mu}{\sin\alpha + \mu\cos\alpha}$

㉰ $\frac{T_e}{T_p} = \frac{1}{\sin\alpha + \mu\cos\alpha}$ ㉱ $\frac{T_e}{T_p} = 1$

답 ㉰

12 **원추 클러치에 축 방향 트러스트를 75kN 작용시킬 때 접촉면에 생기는 수직력 Q (kN)를 구한 것으로 맞는 것은?** (단, 원추각 2α =60°, $\mu = \frac{1}{\sqrt{2}}$이다.)

㉮ 83.42 ㉯ 100

㉰ 67.42 ㉱ 110

SOL P = $W_1 + W_2 = Q\sin\alpha + \mu Q cos\alpha$ = Q (sinα + μcosα) = 75

Q = 75/ (sin30 + $\frac{1}{\sqrt{2}}$ cos30) = 67.42 kN

답 ㉰

13 **맞물림 클러치 중에서 회전방향이 정회전, 역회전의 변화를 할 수 있는 것은?**

㉮ 삼각형 ㉯ 삼각 톱니형

㉰ 스파이럴형 ㉱ 반달형

SOL 가장 큰 하중을 견딜수 있는 형식 : 사다리꼴형
정회전 및 역회전이 가능한 변화 : 삼각형

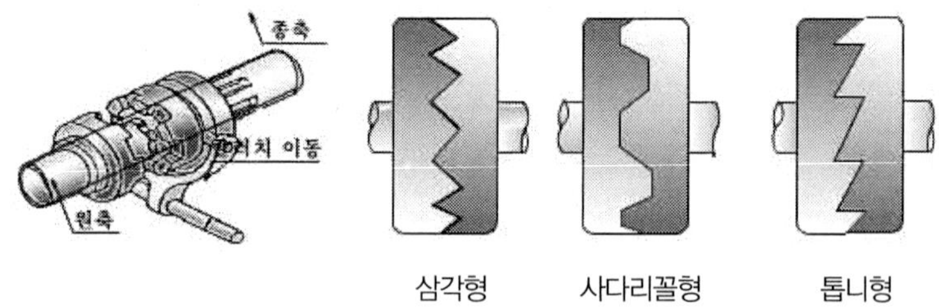

답 ㉮

14 전자 클러치 구조상 다음 부분이 있다. 틀린 것은?

㉮ 아마추어(armature) ㉯ 요크(York)
㉰ 회전자(rotor) ㉱ 여자 코일

SOL 전자 클러치 구조

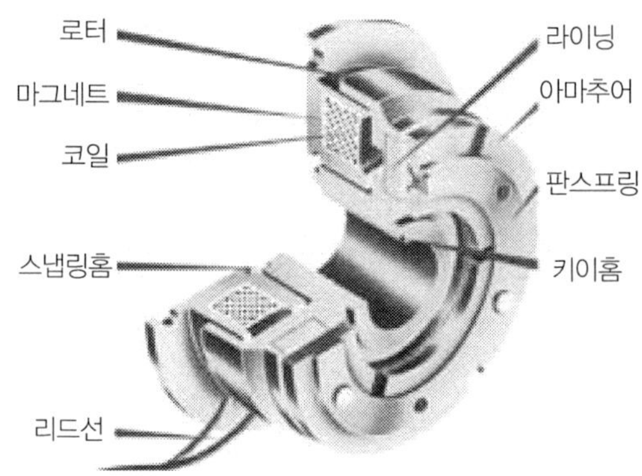

답 ㉯

15 마찰 클러치의 조작기구로서 사용하는데 부적당한 것은?

㉮ 토글장치 ㉯ 유압장치
㉰ 스프링장치 ㉱ 캠장치

답 ㉱

제10장 베어링(BEARING)

1 베어링(bearing) 개요

베어링은 기계요소의 하나로, 회전이나 왕복 운동하는 상대 부품에 접해 하중을 받아 축 등을 지지하는 부품이다. 베어링으로 지지되는 축 부분을 **저널** 이라한다.

그림 10-1
베어링 및 저널

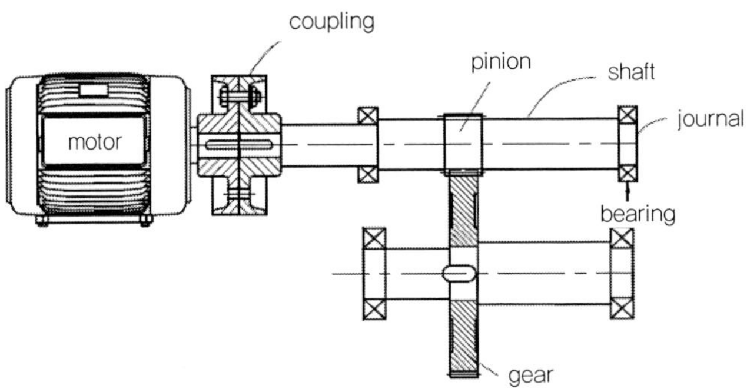

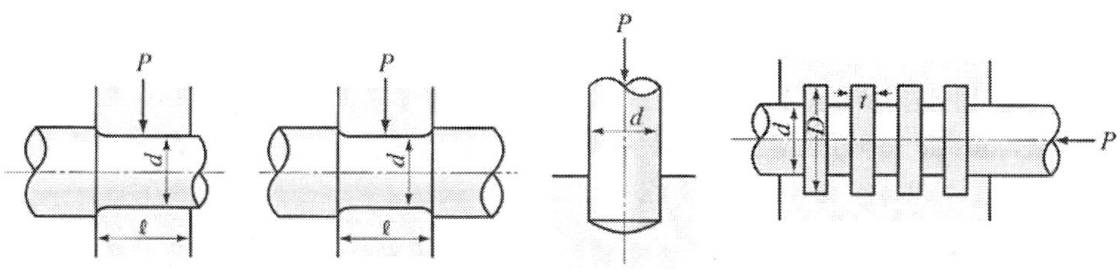

(a) 앤드저널　(b) 중간저널　(c) 피봇저널　(d) 칼라저널

(1) 레이디얼 저널(radial journal)

하중이 축에 직각으로 작용하는 저널로서 **그림 10-1(a),(b)**에서와 같이 엔드저널(end journal)과 중간저널(intermediate journal)이 있다.

(2) 스러스트 저널(thrust journal)

하중이 축방향으로 작용하는 저널로써 **그림 10-1(c)**와 같은 피봇 저널(pivot journal)과 **그림 10-1(d)**와 같은 칼라 저널(collar journal)이 있다.

(3) 테이퍼 저널(taper journal)

약간의 추력(thrust)도 지지할 수 있도록 원통형 저널에 테이퍼를 주어서 원뿔형으로 한 것을 말한다.

2 베어링의 종류

축과 작용하는 하중의 방향이 직각일 때를 **레이디얼**(radial) 또는 **저널 베어링**(journal bearing)이라 하고, 축과 하중의 방향이 평행일 때는 **엑시얼 베어링**(axial bearing) 또는 **스러스트 베어링**(thrust bearing)이라고 한다. 베어링이 축을 받치고 있는 면과 축과의 운동이 미끄럼 운동을 하는 것을 **슬라이딩**(sliding) 또는 **플레인 베어링**(plain bearing)이라 하고, 축과 면 사이에 볼(ball) 또는 니들(needle)이 들어 있어 구름운동을 하는 것을 **구름 베어링**(rolling bearing)이라고 한다.

그림 10-2
베어링의 종류

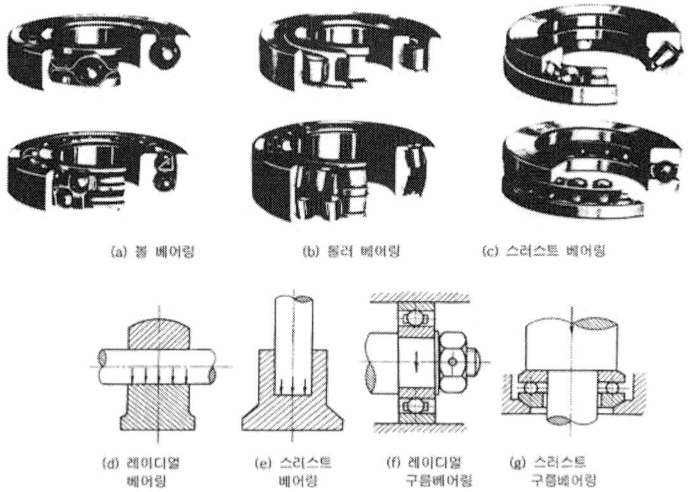

(1) 축과 베어링의 접촉상태

① 선접촉 : 슬라이딩 베어링(미끄럼베어링)
② 점, 선접촉 : 구름베어링(롤링 베어링)

(2) 부하방향

① 레이디얼 하중(Radial load) : 레이디얼 베어링
② 트러스트 하중(Axial load) : 트러스트 베어링

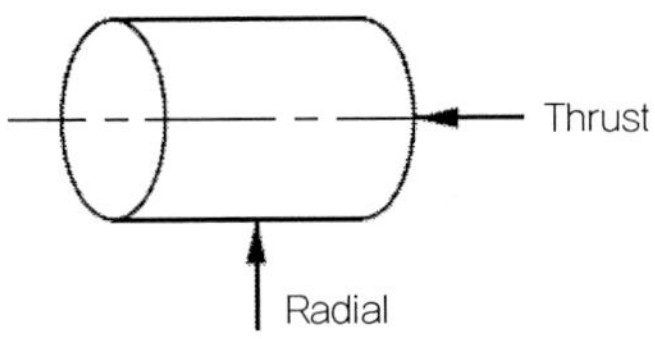

그림 10-3
부하방향

3 미끄럼 베어링(슬라이딩 베어링, 베어링메탈)

저널과 베어링면 사이에 중간 매개물로서 윤활유가 유막을 형성하여 미끄럼 접촉하는 베어링이며, 주로 저속회전에 사용된다. 또한 유막의 압력으로 하중을 지지하는 베어링으로서 유체윤활로 마찰을 감소

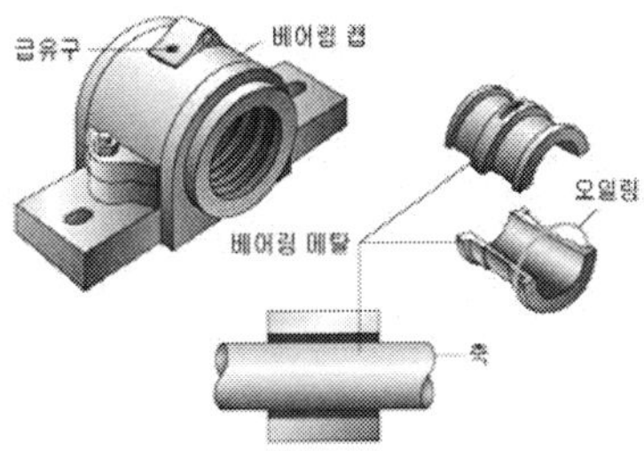

그림 10-4
미끄럼베어링(메탈)

그림 10-4(계속)
미끄럼베어링(메탈)

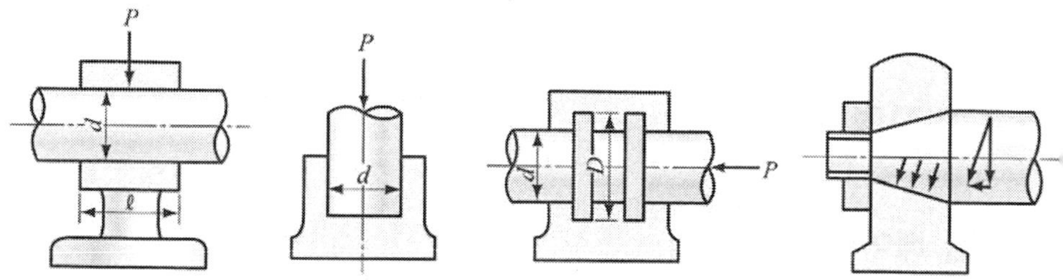

(a) 레이디얼 베어링 (b) 스러스트 베어링 (피봇 베어링) (c) 스러스트 베어링 (칼라 베어링) (d) 테이퍼 베어링

그림 10-5
미끄럼베어링과 압력

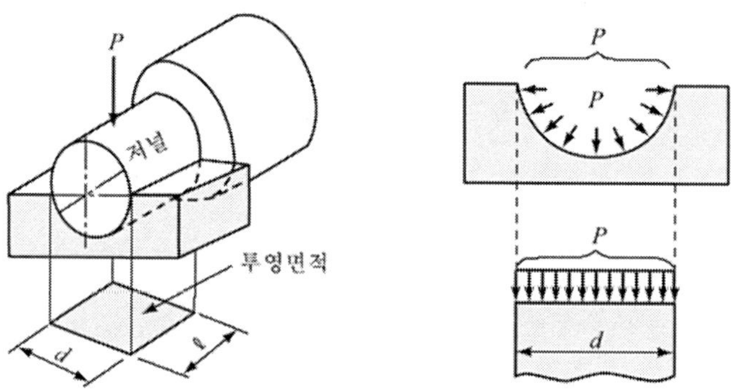

(a) (b)

(1) 레이디얼 저널

하중의 방향이 회전축에 직각인 저널을 레이디얼 저널 또는 반경저널이라 하며, 끝저널(end journal)과 중간저널(neck journal)이 있다.

① 엔드저널

㉠ 베어링 압력

$$q_o = \frac{P}{d\ell} = \frac{\text{하중}}{\text{투상면적}}$$

여기서 P : 베어링에 작용하는 하중 (N)

q_o : 베어링 압력 (N/mm^2)

d : 축의 지름 (mm)

L : 축의 길이 (mm)

σ_b : 허용휨응력 (N/mm^2)

M : 최대 휨모우멘트 $(N \cdot mm)$

㉡ 저널강도(직경)

$$M = \sigma Z = \frac{P\ell}{2} = \sigma \times \frac{\pi d^3}{32}$$

$$d = \sqrt[3]{\frac{5.1P\ell}{\sigma_b}} \quad (\text{폭경비, 지름비} = \frac{\ell}{d})$$

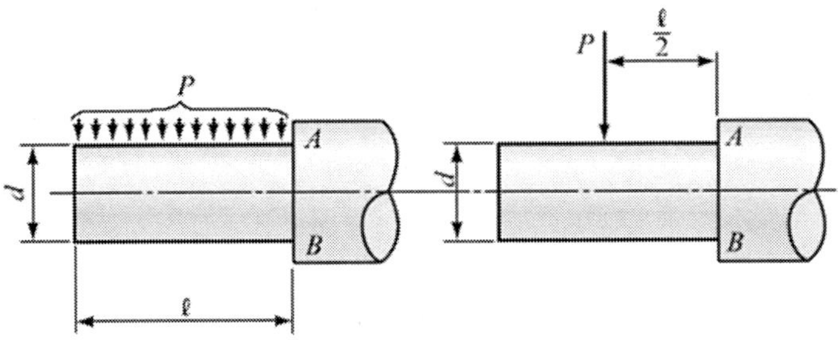

그림 10-6
엔드저널

㉢ 압력속도계수(발열계수) PV < 0.2 $N/mm^2 \cdot m/s$ ⇒ 베어링과열방지

$$PV = \frac{P}{d\ell} \times \frac{\pi dn}{1000 \times 60} = \frac{P}{\ell} \times \frac{\pi n}{1000 \times 60} \quad (N/mm^2 \cdot m/s)$$

㉣ 마찰 손실 동력

$$H_f = \frac{W_f}{1000} = \frac{\mu P v}{1000} \quad (kW)$$

$$H_f = \frac{W_f}{735.5} = \frac{\mu P v}{735.5} \quad (ps)$$

(2) 스러스트 저널 : 축선방향으로 하중이 작용 한다. (피봇저널, 칼라저널)

① 피봇저널 및 칼라 저널 압력

㉠ 중실축 : $p_o = \dfrac{P}{\dfrac{\pi d^2}{4}}$

㉡ 중공축 : $p_o = \dfrac{P}{\dfrac{\pi}{4}(d_2^2 - d_1^2)}$

㉢ 칼카 저널 : $p_o = \dfrac{P}{\dfrac{\pi}{4}(d_2^2 - d_1^2)z}$

그림 10-7
스러스트 저널의 종류

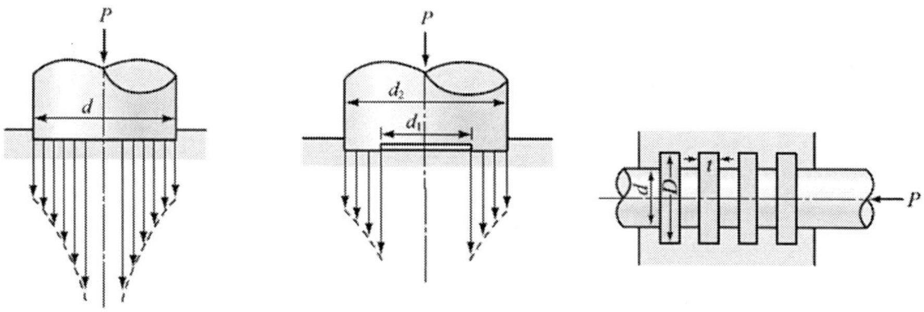

② 압력속도계수(발열계수) PV < $0.2\ N/mm^2 \cdot m/s$ ⇒ 베어링과열방지

㉠ 중실축

$$PV = \frac{P}{\frac{\pi d^2}{4}} \times \frac{\pi \frac{d}{2} n}{60 \times 1000} = \frac{4P}{\pi d^2} \times \frac{\pi dn}{120000} = \frac{Pn}{30000d}\ (N/mm^2 \cdot m/s)$$

㉡ 중공축

$$PV = \frac{P}{\frac{\pi(d_2^2 - d_1^2)}{4}} \times \frac{\frac{\pi(d_2 + d_1)}{2}}{60 \times 1000}$$

$$= \frac{4P}{\pi(d_2^2 - d_1^2)} \times \frac{\pi(d_2 - d_1)n}{120000} = \frac{Pn}{30000(d_2 - d_1)}\ (N/mm^2 \cdot m/s)$$

㉢ 칼라 저널(z는 칼라수)

$$PV = \frac{P}{\frac{1}{4}\pi(d_2^2 - d_1^2) \times Z} \times \frac{\pi \times \frac{1}{2}(d_2 + d_1)N}{1000 \times 60}$$

$$= \frac{Pn}{30000(d_2 - d_1)z} \quad (N/mm^2 \ \cdot m/s)$$

(3) 베어링 메탈(미끄럼 베어링)의 재료가 갖추어야 할 조건

① 마멸에 잘 견딜 수 있도록 내구성이 있어야 한다.
② 축의 재료보다는 부드러워야 한다.
③ 축과의 마찰 계수가 작아야 한다.
④ 마찰로 생긴 열을 방출할 수 있도록 열전도가 좋아야 한다.
⑤ 부식에 잘 견디어야 하며, 주조하기가 쉬워야 한다
⑥ 저널에 잘 융화하기 위하여 붙임성이 좋고 적당한 점도를 가지고 있을 것

4 미끄럼 베어링의 윤활

윤활의 목적은 상대운동을 하는 물체를 전단력이 적은 윤활막에 의하여 분리시킴으로써 표면의 손상을 방지하는 것이다. 윤활막 두께와 표면의 조도에 따라 유체윤활(완전윤활) 혼합윤활, 경계윤활로 분류할 수 있다

(1) 유체윤활(완전윤활)

유체윤활은 접촉면이 윤활제에 의하여 완전히 분리된 경우를 말한다. 이 경우에 접촉표면에 걸리는 하중은 모두 접촉면의 상대운동에 의해 발생되어지는 유압에 의하여 지지되게 된다. 따라서 접촉 표면이 마모는 매우 작으며 마찰 손실도 오직 윤활막 내에서 이루어지게 된다.

(2) 혼합윤활(박막 윤활)

혼합윤활은 접촉표면의 돌기들의 간헐적인 접촉과 부분적인 유체윤활이 혼합되어 있는 윤활을 말한다.

(3) 구름 베어링의 윤활법

① 그리스 윤활

그리스는 반고체형 윤활제로 주입량은 하우징의 구조, 그리스의 종류, 주위 환경 등에 따라 다르지만, 일반적으로 베어링 케이스 내의 1/2~1/3정도 충전한다. 충전량이 너무 많으면 발이 되기 쉽고, 열 때문에 그리스가 녹아 노화되기 쉽다. 사용 온도는 0~50℃정도가 보통이고, 고온용의 경우는 70℃정도까지 사용한다.

그림 10-8
그리스 주입법

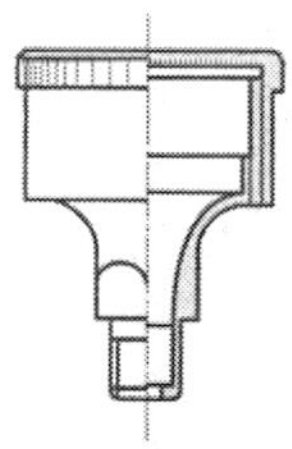

② 오일 윤활

그리스 윤활이 적합하지 않은 경우에 사용하며, 오일은 적정 온도에서 적정한 점도가 되도록 선정하는 것이 중요하다. 오일은 그리스에 비하여 누유되지 않도록 주의해야 하며, 정밀한 급유 장치가 필요하다. 오일은 주로 산화 안정성 및 방청성이 우수한 광유 또는 합성유가 쓰인다.

(4) 경계윤활

경계 윤활은 계속적이고 심한 표면 접촉이 일어나면서도 윤활유는 접촉 표면에 계속하여 공급되어서 접촉표면에 마찰과 마모를 감소시킬 수 있는 표면막을 형성하는 윤활을 말한다.

(5) 저어널베어링에서의 세가지 변수들과 마찰계수와의 관계($\mu N/p$)

① **점도**(Viscosity) : 점도가 높을수록 주어진 부하에서 유체윤활을 이루기 위한 회전속도는 낮아진다. 유체윤활을 이루기 위하여 필요한 점도보다 높은 점도는 축의 회전시 오일막을 전단하는데 필요한 힘을 증가시키므로 마찰을 증가시킨다.

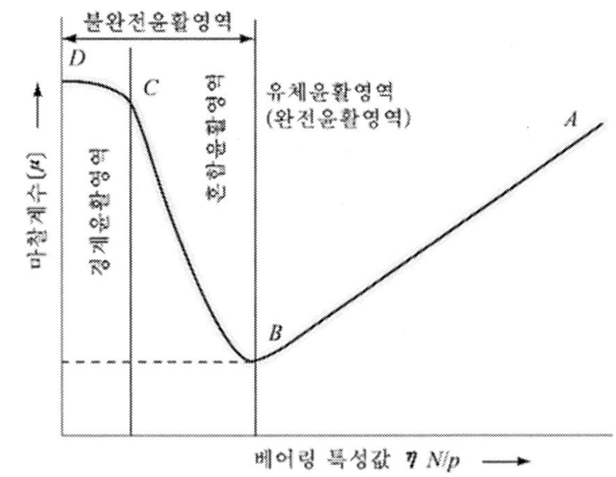

그림 10-9
$\mu N/p$에 대한 마찰계수의 변화

② **회전속도** : 회전속도가 빠를수록 유체윤활을 이루기 위한 윤활유의 점도는 낮아진다. 그러나 일단 유체윤활이 이루어지면 회전속도의 증가는 축의 회전시 오일막을 전단하는 일의 증가를 수반하므로 마찰을 증가시킨다.

③ **단위면적당부하**(압력) : 단위 면적당의 부하 (압력)가 작으면 작을수록 유체윤활을 이루기 위하여 필요한 회전속도와 점도도 낮아진다. 그러나 오일막을 전단하는데는 어떤 힘이 필요하므로 부하를 계속 줄인다고 하여서 그 만큼 마찰력이 줄어드는 것은 아니다. 따라서 마찰계수는 증가한다.

5 구름베어링

축과 면사이 볼(ball)또는 니들(meeale)이 들어있어 구름운동을 하는 것을 구름베어링 이라한다.

(1) 구름베어링의 구조 및 종류

저널과 베어링 사이에 롤러(roller)나 볼(ball)을 넣어 구름 운동을 하는 베어링이다. 구름 베어링은 그림과 같이 안바퀴(inner race), 바깥 바퀴(outer race), 볼, 리테이너(retainer)의 네 가지 부분으로 구성된다. 리테이너는 볼을 원주에 고르게 배치하여 상호 간의 접촉을 피하고, 마멸과 소음을 방지하는 구실을 한다.

그림 10-10
구름베어링의 구조

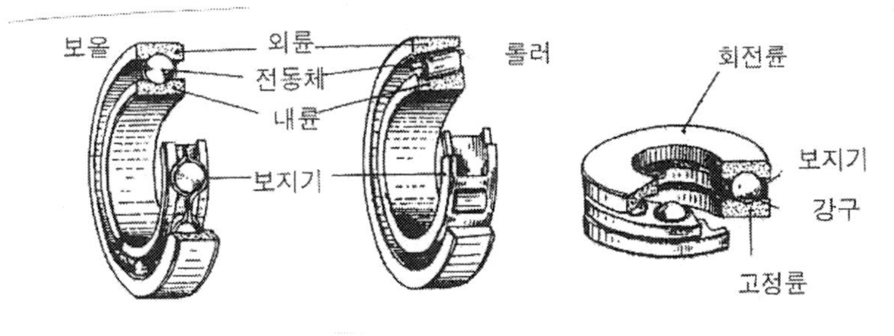

(2) 베어링의 형식과 특성

구름 베어링을 크게 나누면 표 10-1과 같이 볼 베어링과 롤러 베어링으로 분류한다.

[표 10-1] 구름 베어링의 분류

- 구름 베어링
  - 볼 베어링
    - 레이디얼 볼 베어링
      - 깊은 홈 볼 베어링(단열, 복열)
      - 앵귤러 볼 베어링(단열, 복열)
      - 마그네토 볼 베어링
      - 자동조심 볼 베어링
    - 스러스트 볼 베어링
      - 평면 자리형 스러스트 볼 베어링(단식, 복식)
      - 조심 자리형 스러스트 볼 베어링(단식, 복식)
  - 롤러 베어링
    - 레이디얼 롤러 베어링
      - 원통 롤러 베어링(단열, 복렬)
      - 테이퍼 롤러 베어링
      - 자동조심 롤러 베어링
      - 니들 롤러 베어링
    - 레이디얼 롤러 베어링
      - 스러스트 자동조심 롤러 베어링

또, 이들 베어링에는 축의 중심선에 대해 직각으로 작용하는 하중을 주로 받는 레이디얼 베어링과 축방향의 하중을 대부분 받는 스러스트 베어링이 있다. 이들 베어링은 사용목적에 따라 여러 가지 형식이 있으나, 규격에 정해진 대표적인 것만을 설명하기로 한다.

① **깊은홈 볼베어링**(계열번호 60, 61, 62, 63, 64) : 넓은 치수 범위를 가진 깊은 홈 베어링은, 구름베어링 중에서도 가장 많이 사용되고 있는 형식으로, 레이디얼 하중과 어느정도의 양방향 액시얼 하중을 동시에 지지할 수 있다. 마찰 토오크가 적어 고속회전과 저소음 및 저진동이 요구되는 용도에 가당 적합하다.

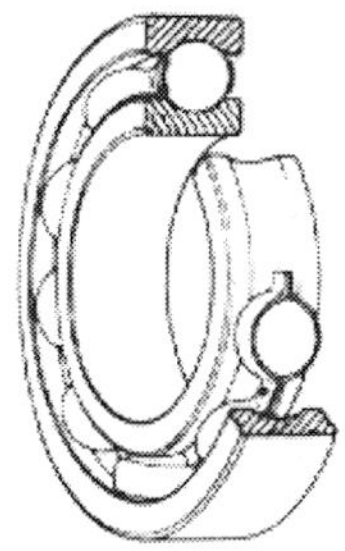

※ **용도** : 일반기계, 건설기계, 하역기계, 농기계, 내연기관, 전동기, 승용차의후륜

② **앵귤러 콘택터 볼베어링**(계열번호 70, 72, 73) : 이 베어링은 접촉각(15° 30° 40°)을 갖고 있기 때문에, 한방향의 액셜(axal)하중 또는 합성하중을 받는 것에 적합하다. 자동차 변속기 기어축에 장착 하며 주로 내륜 분리 타입이다. 자동차 구동시스템에 따라 전륜 구동자동차의 트랜스 액슬에 또는 후륜 구동 자동차의 트랜스 미션에 사용되고 있다.

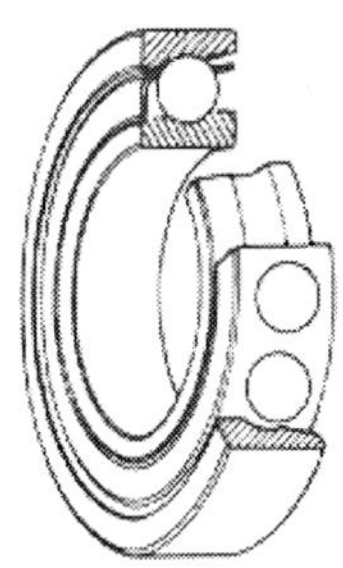

③ **자동조심 볼베어링**(계열번호 12, 13, 23) : 자동조심 볼베어링은 자동조심 능력 때문에 미스얼라인먼트, 축의 처짐과 하우징의 변형을 보정할 수 있다.

자동 조심기능을 갖고 있어 베어링이 구동할 때 일어나는 흔들림이나 제품의 이탈을 흡수하는 능력이 뛰어남

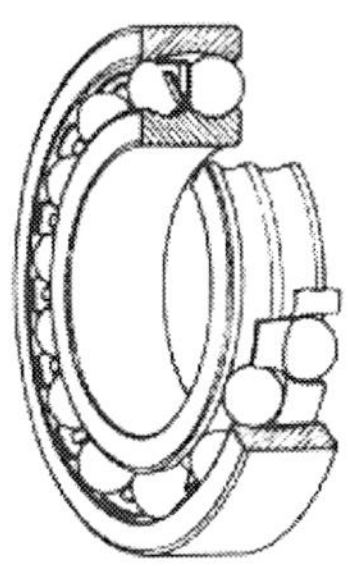

※ **용도** : 제지기계의 로울러, 철도차량의 차축, 엘리베이터 감속기,불도저의 미션

> **참고** **자동조심 롤러 베어링 (계열번호 222, 213, 223)**
> 축 또는 하우징의 휨 발생시 또는 축심이 불일치시에 자동 조정되어 베어링의 무리한 힘을 배제할수 있다. 경방향과 양쪽 축방향 하중을 부하할 수 있으며 특히 레이디얼 부하능력이 커서 중하중 또는 충격하중이 작용하는 용도에 적합하다.

④ **원통 롤러 베어링**(계열번호 NU형, N형, NF형, NJ형, NNU형, NN형) : 로울러와 궤도면이 선 접촉되며 레이디얼 하중의 부하능력이 크고, 로울러는 내륜 및 외륜의 턱으로 안내되므로 구조상 고속회전 적합하다. 또 분리형이므로 내륜, 외륜 모두 억지 끼워 맞춤을 필요로 할 경우 조립 해체가 비교적 쉽다.

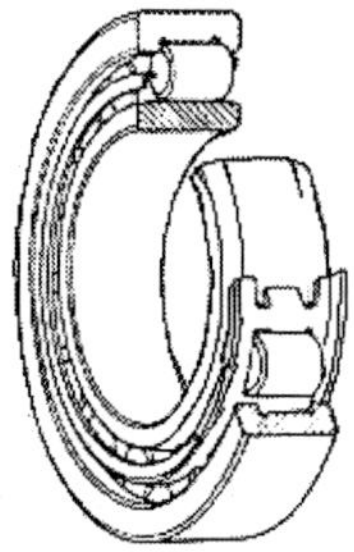

⑤ **테이퍼 롤러 베어링**(계열번호 320, 300, 322) : 원추형태의 로울러가 전동체로서 내장되어 있고 내륜의 큰턱에 의해 서만 안내되는 이 베어링은 경방향 하중과 한방향의 축하중을 함께 받을 수 있으며 그 부하능력이 여타 베어링에 비해 매우 크다. 고부하 용량 베어링으로서는 내부 설계를 최적화하여 로울러 치수와 로울러 갯수를 극대화시킨 베어링도 사용되고 있다

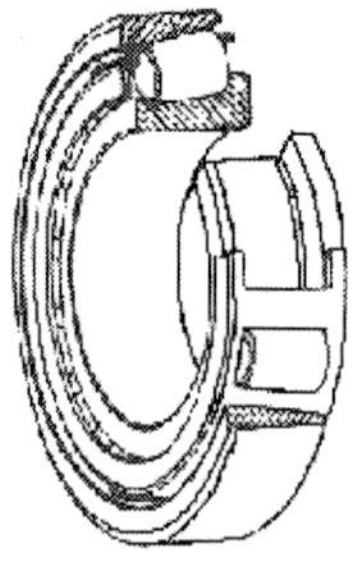

※ **용도** : 각종 차종의 허브, 밋션, 데후에 적용

⑥ **스러스트 볼베어링**(계열번호 511, 512, 513, 514) : 축방향 하중만을 받을 수 있으며, 주로 저속 중속에서 사용할수 있다. 한쪽 방향만의 축방향하중을 받는 단식 스러스트 베어링과 양쪽방향의 축방향 하중을 모두 받을수 있는 복식 스러스트 베어링이 있다. 또한 스러스트 베어링은 일반 볼베어링에 비해 마찰이 강하므로 많이 사용하면 부하가 걸리기 쉬우므로 적당히 사용해야 된다.

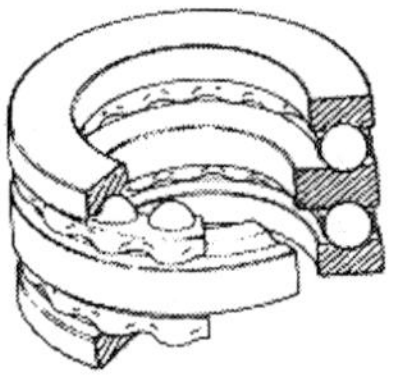

⑦ **니들베어링**(계열번호 NA, RAN) : 롤러지름이 2~5mm로 길이에 비하여 지름이 작은 베어링으로서 보통 리테이너가 없다. 베어링 사용부의 소향화 경량화가 요구되는 경우에 많이 사용되며, 또한 높은 정밀도가 요구되는 기계에 주로 사용된다. 용도는 내연기관의 피스톤핀, 유니버어설 조인트, 공작기계 주축 등에 사용된다.

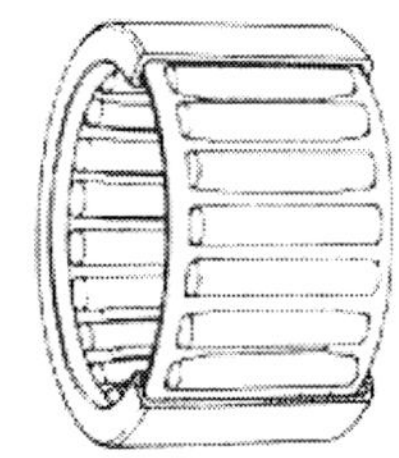

⑧ **에어 베어링**(air bearing) : 기름 대신 공기를 윤활제로 사용하는 베어링. 공기축받이라고도 한다. 기계축과 베어링 사이에 고압 공기를 넣어 회전부분의 마모를 방지하는 기구로, 기체의 점성이 기름보다 작으므로 마찰을 약하게 할 수 있고 고속회전에 적합하여 고속터보기계 · 우주기기 · 정밀 측정기 등에 요긴하게 쓰이고 있다.

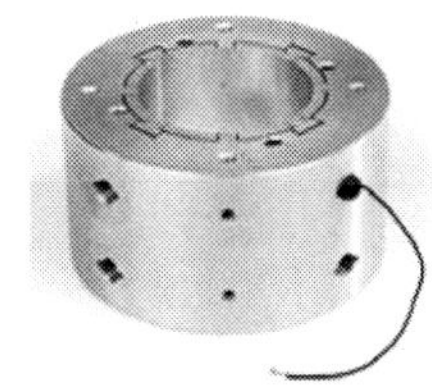

⑨ **허브 베어링**(휠 베어링) : 허브 베어링은 자동차의 휠에 장착되어 휠의 고정 및 차량 하중을 지지하고 차량이 원활히 구동하도록 구름운동을 한다.

6 미끄럼베어링과 구름베어링의 장단점

베어링을 설계할 때 미끄럼 베어링으로 할 것인지, 구름 베어링을 선정할 것인지는 쉽지 않지만, 특별한 경우 이외에는 이들 두 베어링 사이에는 같은 특성이 있기 때문에 이를 비교 · 검토하여 선정한다. 또한, 현재는 구름 베어링의 제작기술이 발달함에 따라 미끄럼 베어링을 사용하던 부분을 구름 베어링으로 대체하는 경우가 많다.

(1) 미끄럼베어링(슬라이딩 베어링)

① 장점

㉠ 구조가 간단하고 값이 싸다.

㉡ 충격에 강하다.

ⓒ 베어링 수리가 용이하다.

ⓓ 베어링하중이 클 때 주로 사용한다.

② 단점

㉠ 시동시 마찰저항이 크다.

㉡ 윤활유를 넣을 때 주의해야 된다.

(2) 구름베어링(롤링베어링)

① 장점

㉠ 기계의 소형화가 가능

㉡ 고속회전에 적합

㉢ 규격품이 많으므로 교환과 선택이 용이

② 단점

㉠ 소음발생이 심하고 충격에 약하다

㉡ 설치와 조립이 힘들다.

7 구름베어링의 호칭치수

호칭번호는 기본번호(베이링 계역기호, 형식기호, 치수계열기초, 안지름 번호 및 접촉각 기호)와 보조기호(실 · 어링 계열기호, 형식기호, 치수계열기호, 안지름 번호 및 접촉각 기호)와 보조기호(실 · 실드, 케드륜 모양, 베어링의 조합, 레이디얼 재부틈새, 정밀도 등급)로 구성되고, 호칭번호는 숫자와 글자를 나타내며, 이것은 각각 아라비아 숫자와 라틴글자의 대문자를 사용한다.

(1) 롤링베어링의 호칭법

보조기호는 인수, 인도당사자간의 현병에 따라 기호번호의 전후에 붙일 수 있다.

기본기호 (계열번호 안지름 접촉각 기호) 보조기호

7 2 0 3 A Z DB C2 P6

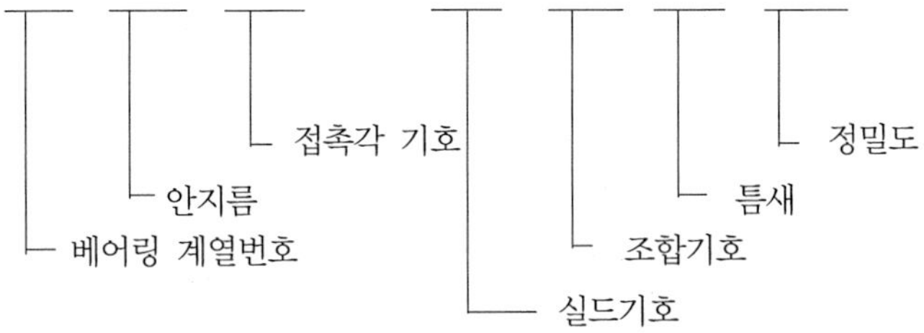

참고 **접촉각** A : 30˚　　B : 40˚　　C : 15˚

안지름번호　　6200 :　10 mm
6201 :　12 mm
6202 :　15 mm
6303 :　17mm
7204 : 04 x 5 의 배수 = 20m

예) 608 : 8mm　　　609 : 9mm
60/22 : 22mm　　62/28 : 28mm　　63/32 : 32mm

8 구름베어링 수명 계산

구름베어링이 하중을 받아 회전하면, 내륜, 외륜의 궤도면 및 전동체의 전동면은 끊임없이 반복하여 하중을 받으므로 재료의 피로에 따라 플레이킹 (flaking)이라 불리는 비늘형태의 손상이 궤도면 혹은 전동면에 나타난다. 이 최초의 플레이킹 (flaking)이 생기기 까지의 총회전수를 구름피로수명이라 하며, 좁은 의미로 수명이라고 불릴 때가 많다.

용어 **플레이킹**(flaking) : 베어링의 회전으로 말미암아 전주면이 반복하여 접촉 하중을 받아 표면의 피로로 물고기 비늘 모양으로 벗겨지는 현상이다.

(1) 정격 피로수명(100만회전) ⇒ 90%의 신뢰도로 나타내는 수명

$$L_h = 500\,(\frac{C}{f_w\ f_b f_g P\,(P_r)})^n\,\frac{33.3}{n}$$

(2) 기본 정격 수명식(정격 수명을 10^6 회전수 단위로 나타내는 식)

$$L_h = (\frac{C}{P})^n \times 10^6 \text{ 회전}$$

(3) 시간 단위의 정격 피로 수명식(정격수명을 90%의 신뢰도로 회전수)

$$L_h = (\frac{C}{P})^n \times \frac{10^6}{60N}$$

여기서 C : 기본동적부하용량 (N) 베어링 카다로그 참조

f_w : 하중계수(표 10-2)

f_b : 벨트 계수

f_g : 치차(기어)계수

P : 베어링하중(N)

P_r : 동등가하중(N)

n : 볼베어링 n = 3 롤러베어링 n = $\frac{10}{3}$

N : 회전수 (RPM)

[표 10-2] 베어링 정격 수명

구분	볼베어링	로울링베어링
정격피로 수명	$L_h = \frac{10^6}{60n}\left(\frac{C}{P}\right)^3 = 500{f_h}^3$	$L_k = \frac{10^6}{60n}\left(\frac{C}{P}\right)^{10/3} = 500{f_k}^{10/3}$
피로수명계수	$f_k = f_n \frac{C}{P}$	$f_k = f_n \frac{C}{P}$
속도계수	$f_n = \left(\frac{10^6}{500 \times 60n}\right)^{1/3} = (0.03n)^{1/3}$	$f_n = \left(\frac{10^6}{500 \times 60n}\right)^{3/10} = (0.03n)^{3/10}$

[표 10-3] 하중계수

운전조건	사용부분	f_w
충격이 없는 원활한 운전	전동기, 공작기계, 공조기계	1 ~1.2
보통운전일 때	송풍기, 콤프레서, 엘리베이버, 크레인, 제지기계	1.2 ~1.5
충격, 진동을 동반하는 운전일때	건설기계, 크래셔, 진동 스크린, 압연기	1.5 ~3

하중계수는 경방향하중(반력)이나 축방향하중이 계산에 의해 구해져도 실제로 베어링에 걸리는 하중은, 기계의 진동이나 충격에 의한 계산치보다 커지는 일이 많다.

[표 10-4] 벨트 계수 (f_b)

체인 및 벨트의 종류	f_b
타 이 밍 벨 트	1.5 ~ 2
V 벨 트	2 ~ 2.5
평 벨 트 (텐션벨트)	2.5 ~ 3
평 벨 트	4 ~ 5
체 인 전 동	1.25 ~1.5

벨트계수(f_b)는 동력전달이 벨트에 의해 전동될 경우

[표 10-5] 치차계수(f_g)

치차 마무리 정도	f_g
정밀연삭 치차 (피치 오차, 형상 오차가 0.02mm 이하)	1 ~1.1
보통 절삭 치차 (피치 오차, 형상 오차가 0.1mm이하)	1.1 ~1.3

치차계수(f_g)는 동력전달이 기어에 의해 전동될 경우

[표 10-6] 사용기계와 필요 수명시간 기간 (참조)

사용구분	사용 기계와 필요 수명 시간 L_{10h} $\times 10^3$시간				
	~4	4~12	12~30	30~60	60~
단시간 또는 가끔 사용하는 기계	가정용 전기기기 전동공구	농업기계 사무기계			
단시간 또는 가끔 사용하지만, 확실한 운전이 필요한 기계	의료기기 계기	가정용 에어컨 건설기계 엘리베이터 크레인	크레인(시브)		
항상은 아니지만, 장시간 운전되는 기계	승용차 이륜차	소형 모터 버스 · 트럭 일반 기어장치 목공기계	공작기계 스핀들 공장용 범용 모터 크렛셔 진동 스크린	중요한 기어장치 고무 · 플라스틱용 카렌다 롤 운전 인쇄기	
1일 8시간 이상 운전되는 기계		압연기 롤넥 에스컬레이터 컨베어 원심분리기	객차 · 화물차(차축) 공조설비 대형 모터 콤프레서 · 펌프	기관차(차축) 트렉션 모터 광산 호이스트 프레스 플라이 휠	펄프 · 제지기계
1일 24시간 운전되고 사고에 의한 정지를 허용할 수 없는 기계					수도설비 광산 배수 · 환기설비 발전소 설비

용어 (1) **기본동정격하중 (기본부하용량 C)**

① 내륜을 회전시키고 외륜을 고정 시킨 조건으로 정격피로수명이 100만 회전에 달하게 되는 방향과 크기가 변동하지 않는 하중을 말한다. 즉 100만회전 (33.3 rpm x 60분 x 500 hr)

② 같은 종류 베어링들의 계산 수명은 그들 베어링의 90%가 피로되지 않는 총 회전수로 한다.

(2) **기본 정적 부하 용량(C_o)**

베어링을 정지한 상태에서 하중을 가하였을 때, 최대 응력을 받고 있는 접촉부에 있어서의 전동체의 영구변형과 궤도륜의 영구 변형량과의 합이 전동체의 지름의 1/10,000배 되는 하중의 크기

(3) **한계속도 지수** : d n (베어링 내경 x 회전수)

① 베어링 허용속도 (rpm) : 베어링은 고속화 됨에 따라 온도 상승이 커지며 윤활제의 열화가 촉진되고 결국에는 베어링의 타 붙음을 일으킨다. 이와같은 손상을 일으키지 않으며 장시간 운전 가능한 속도의 한계를 베어링 허용속도라 한다.

참고 동등가하중 Pr(베어링의 레이디얼 등가하중)

방향과 크기가 변동하지 않고 실제 하중 및 회전조건인 때와 같은 수명을 부여하는 하중

Pr = XVFr + YFa

여기서 X : 레이디얼 계수　　Y : 트러스 계수
Fr : 레이디얼 하중　　Fa : 트러스트 하중
V : 회전계수 (내륜회전 : 1 외륜회전 : 1.2)

(2) 설계시 가장 고려할 사항 베어링 하중

베어링에 작용하는 하중은 일반적으로 베어링이 지지하는 물체의 중량, 회전체의 자중, 치차나 벨트의 전달력 및 기계의 운전에 의해서 생기는 하중 등이다.

이들의 하중은 논리적으로 수치로 계산할 수 있는 것도 있지만 계산이 곤란한 것도 있다. 또, 기계는 운전중에 진동이나 충격을 동반하는 것이 많으며 베어링에 작용하는 모든 하중을 정확하게 구하기는 어렵다. 따라서 베어링 하중을 보다 정확하게 구하기 위해, 계산할 수 있는 하중에 경험에 의해 얻어진 여러 계수를 고려한다

(3) 베어링이 일정회전속도로 사용될 경우, 베어링의 피로수명은 시간으로 나타내는 것이 편리하며, 자동차, 차량 등은 일반적으로 주행거리(총회전수)로 표시한다.

◎ 베어링 수명계산 예1)

사용기계 : 1일 8시간 이상 사용 하는 호이스트 감속장치 $(15kW \times 6P \times 1/51)$

약 베어링 수명시간은 50000시간 정도 추정

– 회전수 $N = \dfrac{120 \times Hz}{P(\text{극수})} = \dfrac{120 \times 60}{6} = 1200\,rpm$

– 기어에 작용하는 힘 $T = 9550 \times 1000 \dfrac{15}{1200} = P \times \dfrac{66.14}{2}$

$$T = 9550 \times 10^3 \times \frac{H_{kw}}{N} = P \times \frac{P \cdot C \cdot D(\text{피치원 지름})}{2}$$

$$= 9550 \times 10^3 \times \frac{15}{1200} = P \times \frac{66.14}{2}(N \cdot mm)$$

P ≒ 3610 N

– 헬리컬 기어 사용 (비틀림각 21°) 기어 편 참조

※ 베어링 카다로그 참조 (베어링 부하용량은 회사 마다 다름)

베어링 (# 32210) 기본동적 부하용량 (87850 N) 정적(64750N)

정수 e : 0.42

축방향 하중계수 Y_i : 1.4　Y_o : 0.79

동등가 하중 $P_r = XF_r + YF_a$

$\frac{F_a}{F_r} \le e$		$\frac{F_a}{F_r} > e$	
X	Y	X	Y
1	0	0.4	Y_i

단, e : 정수 Y_i : 축방향계수

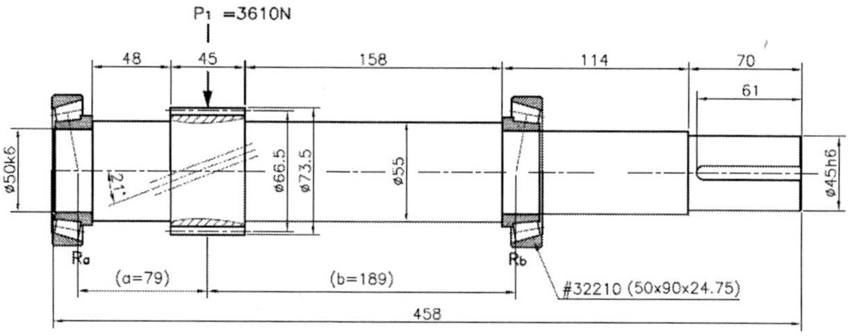

① 레이디얼 하중 반력 $R_a = 2546\,N$ $R_b = 1064N$

$\sum M_b = 0$ $R_a \times (79 + 189) - 3610 \times 189 = 0$

$R_a = 2546\,N$

$\sum Y_i = 0$

대수합 $R_a + R_b = 3610$

$R_b = 3610 - R_a$

$= 3610 - 2546$

$= 1064N$

② R_a 베어링에 추력이 작용할 때

헬리컬 기어에 작용하는 트러스트 하중 (그림 14-4 (헬리컬 기어편참조)

$F_a = P_1 \tan\alpha = 3610\tan 21 \fallingdotseq 1386\,N$

$\frac{F_a}{F_r} = \frac{1386}{2546} = 0.54 \ge e(0.42)$ 에서 X =0.4 Y=1.4 (베어링 카다로그참조)

③ 합성 레이디얼 하중

$P_r = XF_r + YF_a = 0.4 \times 2546 + 1.4 \times 1386 = 2958.8N$

④ 베어링 수명

$$L_h = 500\left(\frac{C}{f_w\ f_z P_r}\right)^n \frac{33.3}{n}$$

$$= 500\left(\frac{78500}{1.5 \times 1.1 \times 2958.8}\right)^{10/3} \frac{33.3}{1200}$$

$$= 144249hr \geq 50000\,hr$$

조건 치차계수 f_g : 1.1 (정밀치차)

하중계수 f_w : 1.5 (보통운전)

④ R_b 베어링에 추력이 작용할 때

$R_a \geq R_b$ 이므로 생략

◎ 베어링 수명계산 예2)

승용차의 기어박스 (gear box) 에 조립되어 있는 베어링 6310 이 아래의 조건에서 작용할 때의 정격 수명시간은?

작 동 상 태	1구간	2구간	3구간
작동시간 (t/T)	0.1	0.3	0.6
회전수 $N_i(rpm)$	500	800	1,200
경방향 하중 F_r (N)	11,760	7,350	3,570
축방향 하중 F_a (N)	3,570	2,380	1,430

6310 기본 부하용량 동적 C=62,000(N) 정적 $C_0 = 35,710(N)$

1) 1구간에서

$C_0/Fa = 35,710/3,570 = 10 \qquad e = 0.29$

$Fa_1/Fr_1 = 3,570/11,760 = 0.3 > 0.29 = e$

계수 레이디얼 $X_1 = 0.56$ 스러스트 $Y_1 = 1.49$

2) 구간에서

$C_0/Fa_2 = 35,710/2,380 = 15$ e=0.27

$Fa_2/Fr_2 = 2,380/7,350 = 0.32 > 0.27 = e$

계수 레이디얼 $X_2 = 0.56$ 스러스트 $Y_2 = 1.64$

3) 구간에서

$C_0/Fa_3 = 35,710/1,430 = 24.97e = 0.24$

$Fa_3/Fr_3 = 1,430/3,570 = 0.4 > 0.24 = e$

계수 레이디얼 $X_3 = 0.56$ 스러스트 $Y_3 = 1.85$

4) 합성하중 $P_i = X_i \cdot\ F_{ri} + Y_i \cdot\ F_{ai}$

$P_1 = 0.56 \times 11,760 + 1.49 \times 3,570 = 11,904.9(N)$

$P_2 = 0.56 \times 7,350 + 1.64 \times 2,380 = 8,019.2(N)$

$P_3 = 0.56 \times 3,570 + 1.85 \times 1,430 + 4,644.7(N)$

5) 평균하중

$$P_m = \sqrt[3]{\frac{P_1^3 \cdot\ n_1 \cdot\ t_1 + P_2^3 \cdot\ n_2 \cdot\ t_2 + P_3^3 \cdot\ n_3 \cdot\ t_3}{n_1 \cdot\ t_1 + n_2 \cdot\ t_2 + n_3 \cdot\ t_3}}$$

$$= \sqrt[3]{\frac{11{,}904.9^3 \times 500 \times 0.1 + 8{,}019.2^3 \times 800 \times 0.3 + 4{,}644.7^3 \times 1{,}200 \times 0.6}{500 \times 0.1 + 800 \times 0.3 + 1{,}200 \times 0.6}}$$

=6,522.6(N)

6) 평균회전수

$$n_m = \frac{n_1 \cdot t_1 + n_2 \cdot t_2 + n_3 \cdot t_3}{T}$$

$$= 500 \times 0.1 + 800 \times 0.3 + 1{,}200 \times 0.6 = 1010(rpm)$$

7) 베어링 정격 수명 시간

$$L_h = \frac{10^6}{60 \cdot n}\left(\frac{C}{P}\right)^3 = \frac{10^6}{60 \times 1{,}010}\left(\frac{62{,}000}{6{,}522.6}\right)^3$$

$= 14{,}172.3$(시간)

계 산 문 제

01 축지름 5cm, 저널 길이 10cm인 상태에서 300rpm으로 전동축을 지지하고 있는 미끄럼 베어링에서 P=4000N의 레이디얼 하중이 작용할 때 베어링 압력은 약 몇 MPa인가?

SOL $p_o = \dfrac{P}{d\ell} = \dfrac{4000}{50 \times 100} = 0.8\,N/mm^2 = 0.8MPa$

02 기본부하 용량의 1/2인 베어링 하중이 작용하는 레이디얼 볼 베어링이100rpm 으로 회전할 때 수명은 얼마인가?

SOL $L_n = (\dfrac{C}{P})^3 \times 10^6 = (\dfrac{C}{\dfrac{1}{2}C})^3 \times 10^6 = 8 \times 10^6$ 회전

$L_h = \dfrac{L_n}{60n} = \dfrac{8 \times 10^6}{60 \times 100} = 1333.3\,hr$

03 기본 부하용량이 33000N 이고, 베어링하중이 4000N인 볼베어링이 900rpm로 회전할 때, 베어링의 수명시간은 약 몇 시간인가?

SOL $L_h = 500 \times (\dfrac{33000}{4000})^3 \times \dfrac{33.3}{900} = 10388\,hr \fallingdotseq 10400\,hr$

04 베어링 하중 1260N 회전수 600rpm의 저널 베어링의 폭과 지름의 비가 2, 허용 베어링 압력 0.1 N/mm^2일 때 지름 d는 얼마인가?

SOL 폭경비 L/d = 2

허용압력 $p_o = \dfrac{P}{d\ell} = \dfrac{1260}{d \times 2d} = 0.1$

$$d = \sqrt{\frac{1260}{2 \times 0.1}} = 79.37 \fallingdotseq 80mm$$

05 **베어링 하중 40000N를 받고 회전하는 저널 베어링에서 마찰로 인하여 소비되는 손실동력은 약 몇 H_{kw} 인가?** (단 미끄럼속도는 v = 7.5 m/s $\mu = 0.03$ 이다)

SOL $H_{kw} = \dfrac{\mu PV}{1000} = \dfrac{0.03 \times 40000 \times 7.5}{1000} = 9\,kW$

06 **안지름이 10cm, 길이 16cm의 놋쇠 메탈의 저어널 베어링을 200rpm의 강제 전동축용으로 사용하였을 경우 몇 (N)의 베어링 하중을 안전하게 받을 수 있는가?** (단, $PV = 0.1\,N/mm^2 \cdot m/s$이다.)

SOL $PV = \dfrac{P}{d\ell} \times \dfrac{\pi dn}{1000 \times 60} = \dfrac{P}{160} \times \dfrac{\pi \times 200}{1000 \times 60} = 0.1$

$P = 1527.9N \fallingdotseq 1528N$

07 **지름 100mm의 축에 4개의 컬러를 만들고, 800kN의 추력 하중을 받을 때 컬러의 바깥지름은 몇 mm인가?** (단, 평균 압력은 0.03kN/mm^{2}이다.)

SOL $p = \dfrac{P}{\dfrac{\pi(d_2^{\,2} - d_2^{\,2})}{4}z} = \dfrac{800}{\dfrac{\pi(d_2^2 - 100^{\,2})}{4} \times 4} = 0.03$

$$d_2 = \sqrt{\frac{800}{\pi \times 0.03} + 100^2}$$

$\fallingdotseq 136mm$

컬러의 바깥지름 d_2 =136mm

09 강재 엔드 저널에 1500N 의 하중이 가해진다고 하면 저널의 가장 적당한 길이는 얼마인가? (단, 나비의 지름비 ℓ /d = 1.8 허용압축응력 $\sigma = 4.5$ MPa 이다)

SOL $M = \sigma Z = \frac{1}{2}P\ell = \sigma\frac{\pi d^3}{32}$

$= 1/2 \times 1500 \times 1.8d = 4.5 \times \frac{\pi d^3}{32} \quad d = 55.2mm$

$\ell = 1.8d = 1.8 \times 55.2 = 99.5mm$

10 축의 지름이 150[mm], 칼라 지름이 200[mm], 칼라의 수가 3개인 칼라 베어링은 최대 몇(kN)의 스러스트 하중에 견딜 수 있는가? (단, 베어링 압력은 $0.1[N/mm^2]$)

SOL $p = \dfrac{P}{\dfrac{\pi(d_2^{\,2} - d_2^{\,2})}{4}z} = \dfrac{P}{\dfrac{\pi(200^{\,2} - 150^{\,2})}{4} \times 3} = 0.1$

$P = 4123.3N ≒ 4.1Kn$

11 허용굽힘응력은 $60N/mm^2$, 베어링 허용압력은 $6N/mm^2$, 최대 허용압력 속도계수는 $2[N/mm^2 \cdot m/s]$이고, 60000N의 하중을 받으며 200rpm으로 회전하는 끝저널(end journal)의 길이는 얼마인가?

SOL $PV = \frac{P}{d\ell} \times \frac{\pi dn}{1000 \times 60} = \frac{60000}{\ell} \times \frac{\pi \times 200}{1000 \times 60} = 2$

ℓ = 314mm

12 베어링 번호 6310의 단열 레이디얼 볼베어링(C =47040 N)에 그리스 윤활로 30000hr의 수명을 주고자 한다. 한계속도 지수가 200000 하중계수가 1.5일때 다음을 구하시오.

(1) 베어링 내경 : d[mm]

(2) 베어링의 최대사용회전수 : N[rpm]

(3) 베어링하중 P[N]

SOL ① 베어링 내경 d : 50 mm(베어링 호칭번호 6310에서 10×5 =50mm)

② dn (속도한계지수) 200000 =50N $N = \frac{200000}{50} = 4000\ rpm$

③ $L_h = 500 \times (\frac{C}{f_w \times P})^n \times \frac{33.3}{N}$

$= 500 \times (\frac{47040}{1.5 \times P})^3 \times \frac{33.3}{4000} = 30000$

$\frac{47040}{1.5P} = \sqrt[3]{\frac{3000 \times 4000}{500 \times 33.3}} = 8.966$

$P = 1623.5N$

13 **일정 속도로 회전하는 레이디얼 볼베어링(radial ball bearing)에 처음 1분 동안 100N의 힘이, 다음 1분 동안 200N의 힘이 반복해서 작용한다고 할 때, 이 베어링에 작용하는 평균 유효 하중 (N)은?**

SOL 평균 하중 (p_m)

베어링에 작용하는 하중은 일반적으로 여러 가지로 변동하는 경우가 많다. 이때 베어링의 하중은 같은 수명을 주는 평균 하중으로 환산하여 피로 수명을 계산한다.

$p_m = \sqrt[n]{\frac{P_1 + P_2}{T_1 + T_2}}$ (n = 3 볼베어링 n =10/3 롤러 베어링)

$p_m = n\sqrt{\frac{{p_1}^3 t_1 + {p_2}^3 t_2}{t_1 + t_2}}$

$p_m = \sqrt[3]{\frac{100^3 + 200^3}{2}} = 165N$

14 **단열 앵귤러 볼 베어링 No 7206 에 레이디얼 하중 1500N 이 작용하고, 내륜이 800rpm으로 회전할 때 수명 시간을 구하여라.** (단, 하중 계수 f_w =1.2 베어링 기본 부하 용량 C =17700 N 이다)

SOL $L_h = 500 \times (\frac{C}{f_w \times P})^n \times \frac{33.3}{N}$

$= 500 \times (\frac{17700}{1.2 \times 1500})^3 \times \frac{33.3}{800}$

$= 19789hr$

기출 및 예상문제

제10장 베어링(Bearing)

01 축 중심과 직각 방향 및 축 방향의 하중을 동시에 받는데 사용하는 베어링은 어느것인가?

㉮ 슬라이딩 베어링 ㉯ 트러스트 볼 베어링
㉰ 레이디얼 볼 베어링 ㉱ 앵귤러 볼 베어링

답 ㉰

02 어떤 공기 압축기의 크랭크 축의 매분 회전수 N=300rpm 이고 축지름 d =50mm 이 베어링 길이 ℓ = 90mm 일때 이것에 가해지는 수직하중 P = 9Kn이다. 이 베어링 압력은 안전한 유막 형성 범위내에 있는가? (단, 공기 압축기 베어링 허용압력은 1~2 MPa 이다.)

㉮ 범위 내에 있다 ㉯ 범위 밖에 있다
㉰ 범위를 상당히 넘고 있다 ㉱ 범위 내에 미치지 못하고 있다

SOL $p_a = \dfrac{P}{d\ell} = \dfrac{9000}{60 \times 90} = 1.67\ N/mm^2 = 1.67\ \text{MPa}$

답 ㉮

03 미끄럼 베어링 재료의 구비조건으로 틀린 것은?

㉮ 마찰저항이 클 것 ㉯ 내식성이 높을 것
㉰ 피로한도가 높을 것 ㉱ 열전도율이 높을 것

SOL 마찰계수가 작으며 내식성 · 열전도율 · 피로한도가 높아야 된다.

답 ㉮

04 **미끄럼 베어링(sliding bearing)에 대한 설명으로 옳지 않은 것은?**

㉮ 축에 대한 하중작용 방향에 따라 레이디얼 베어링과 스러스트 베어링으로 나눌 수 있다.

㉯ 미끄럼 베어링은 구름 베어링(rolling bearing)에 비해 충격에 약하다.

㉰ 미끄럼 베어링에서는 운전을 시작할 때 축과 베어링 메달 사이에 유막이 늦게 형성되어 기동 토크가 커지는 경우가 있다.

㉱ 미끄럼 베어링에서 윤활유의 점도가 높을수록, 하중이 낮을수록 유막이 두껍게 되어 마찰이 작아진다.

SOL 유막의 두께는 높은 점도의 오일을 선택하면 두꺼워지나 높은 점도의 오일 역시 보다 높은 유체 마찰을 야기시킨다는 단점이 있다

답 ㉯

05 **다음 중 가장 양호한 베어링의 마찰상태는 어느 것인가?**

㉮ 혼성마찰　　㉯ 경계마찰

㉰ 유체마찰　　㉱ 고체마찰

SOL 고체 마찰 : 고체면을 직접 접촉시키는 마찰
유체마찰 : 완전한 유체의 점성유막이 구성되어 두면이 완전히 분리 되는 상태
경계마찰(혼성마찰) : 유막이 얇아서 윤활상태가 좋지 못한 상태

답 ㉰

06 **완전 윤활과 불완전 윤활의 한계점을 무엇이라 하는가?**

㉮ 경계점　　㉯ 윤활점

㉰ 유성점　　㉱ 임계점

답 ㉮

07 **베어링 메탈의 맞닿는 면의 모서리를 따 주는 이유는?**

㉮ 접촉이 정확하게 되게 하려고　　㉯ 유막이 끊기지 않게 하려고

㉰ 외관상 보기 좋게 하려고　　㉱ 하중의 방향을 분산시키려고

SOL

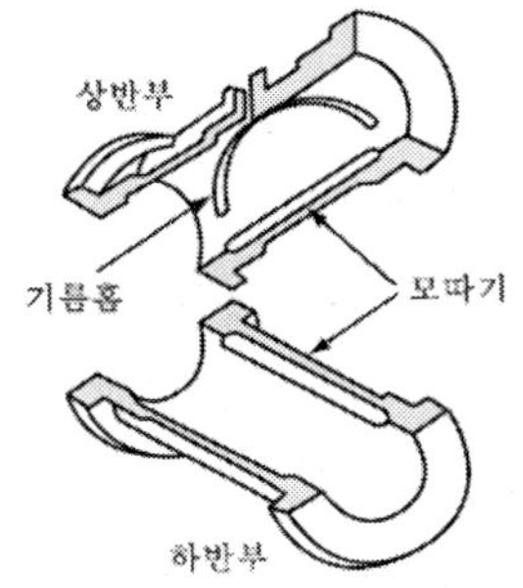

답 ㉯

08 오일리스 베어링(oilless bearing)에 대한 설명 중 틀린 것은?

㉮ 중장비에 많이 이용한다　　㉯ 저속 경하중용이다

㉰ 주유가 곤란한 부분에 사용한다　　㉱ 베어링에서 윤활유가 나온다

SOL 오일리스 베어링 : 5~100μ의 구리 가루와 주석 및 흑연가루를 혼합하고 윤활제 또는 휘발성 물질을 가한 후 가압 성형하여 환원기류 중에서 400℃로 예비 소결시키고 800℃로 다시 소결시켜서 만드는 것은 (성분 : 구리 + 흑연 + 납)

답 ㉮

09 공작기계의 주축 등과 같이 가로하중과 추력의 두방향에 하중을 동시에 받는 곳에 적합한 베어링은 다음 중 어느 것인가?

㉮ 미첼 베어링(michell bearing)

㉯ 원뿔 롤러 베어링(conical roller bearing)

㉰ 니들 베어링(needle bearing)

㉱ 피벗 저널(pivot journal

SOL 원뿔롤러 베어링 : 회전축에 수직인 하중과 회전축 방향의 하중을 동시에 받은 축에는 원뿔형의 롤러를 사용한 베어링이 이용된다. 원통형의 중앙이 부푼 맥주통형의 롤러를 사용한 구면롤러베어링도 있다. 이것은 사용중에 다소 축이 휘어도, 또 조립이 다소 미비하여도 회전중에 베어링의 중심이 자동적으로 조절되기 때문에 편리하다.

답 ㉯

10 다음 베어링 중 추력(thrust load)을 받을 수 없는 것은?

㉮ 킹스버리 베어링 ㉯ 피벗 베어링
㉰ 칼라 스러스트 베어링 ㉱ 니들 롤러 베어링

SOL 수직형에는 피벗 베어링 · 푸트스텝 베어링이 있고, 수평형에는 칼라 베어링이 있다. 또 특수한 것으로는 미첼 스러스트 베어링(Michell thrust bearing)이 있다.

답 ㉱

11 롤러지름이 2~5mm로 길이에 비하여 지름이 작은 베어링으로서 보통 리테이너가 없는 베어링은?

㉮ 니들 롤러베어링 ㉯ 원뿔형 롤러 베어링
㉰ 구면 롤러 베어링 ㉱ 원통 롤러 베어링

SOL 니들베어링 특성

① 단위 면적당 부하 용량이 크다.
② 보통 리테이너는 쓰지 않는다.
③ 내연기관의 피스톤핀 베어링 등에 쓰인다.

답 ㉮

12 구름 베어링의 동적 기본 부하용량에 관한 설명 중 틀린 것은?

㉮ 10^6(100만) 회전의 수명을 유지할 수 있는 하중의 크기이다.
㉯ 500rpm, 333시간의 계산수명을 주는 일정 하중이다.
㉰ 개개 베어링의 수명은 궤도륜 중 모두 최초 피로가 생길 때까지 총 회전수로서 한다.
㉱ 같은 종류 베어링들의 계산 수명은 그들 베어링의 90%가 피로되지 않는 총 회전수로 한다.

SOL 기본 동 정격하중

① 100만회전의 계산 수명을 주는 일정 하중이다.(33.3rpm 으로 500시간에 견딜수 있는 최대 하중)
② 같은 종류 베어링들의 계산 수명은 그들 베어링의 90%가 피로되지 않는 총회전수
③ 외륜을 고정하고 내륜을 회전시키는 조건을 기준으로 한다.

답 ㉯

13 롤링 베어링에서 실링(sealing)의 목적은?

㉮ 롤링 베어링에 주유를 주입하는 것을 돕는다.
㉯ 롤링 베어링에 발열을 방지한다.
㉰ 롤링 베어링에서 윤활유의 유출 방지와 유해물의 침입을 방지한다.
㉱ 축에 롤링 베어링을 끼울 때 삽입을 돕는 것이다.

답 ㉰

14 베어링 계열이 60인 단열깊은홈 베어링의 호칭번호가 605일 때 베어링의 안지름은?

㉮ 5 mm　　㉯ 8mm
㉰ 25mm　　㉱ 10mm

SOL 605 안지름 5mm　　608 안지름 8mm

답 ㉮

15 볼베어링의 수명은?

㉮ 하중의 3승에 비례한다　　㉯ 하중의 10/3에 비례한다
㉰ 하중의 2승에 비례한다　　㉱ 하중의 3/10에 비례한다

SOL $L_h = 500 \times (\frac{C}{P})^3 \times \frac{33.3}{N}$

답 ㉮

16 롤링 베어링이 슬라이딩 베어링에 비해 장점이 아닌 것은?

㉮ 마찰계수가 1/10이하로 작아 동력 손실이 적다
㉯ 베어링 폭이 작다
㉰ 저어널 길이가 짧다
㉱ 충격하중에 강하다

답 ㉱

17 반지름 방향과 축방향의 하중이 동시에 작용할 때 가장 적당한 베어링은?

㉮ 니들 베어링　　㉯ 스러스트 베어링
㉰ 테이퍼 롤러 베어링　　㉱ 레이디얼 볼 베어링

SOL 테이퍼 롤러 베어링 : 볼베어링과 롤러베어링이 주로 회전축의 반경 방향으로의 하중을 전달하는 것인 데 반하여 회전축 방향의 하중을 지탱하기 위한 것이 추력 베어링이다. 추력 베어링은 볼 추력베어링, 롤러 추력베어링 등으로 다시 나눈다. 또한 적절한 구름 요소의 모양에 따라 회전축 방향과 반경 방향의 하중을 동시에 지지할 수 있는 테이퍼 롤러베어링 등의 베어링도 있다.

답 ㉰

18 축방향 하중만 작용 할 때 사용하는 베어링으로 가장 적합한 것은?

㉮ 스러스트 베어링　　㉯ 앵귤러 볼 베어링
㉰ 테이퍼 롤러 베어링　　㉱ 자동조심 볼 베어링

SOL 스러스트 베어링 : 축 추력을 완전하게 받을 수 있는 것으로 고속회전에 부적당

답 ㉮

19 롤링 베어링에서 전동체가 접촉되지 않고 일정 간격을 유지할 수 있게 하는 것은?

㉮ 내륜　　㉯ 외륜
㉰ 하우징　　㉱ 리테이너

답 ㉱

20 베어링 호칭 번호 중(6200ZZ)에서 "ZZ"에 대한 설명으로 옳은 것은?

㉮ 한쪽면 철(steel) 실드　　㉯ 양쪽면 철(steel) 실드
㉰ 한쪽면 고무(rubber) 실드　　㉱ 양쪽면 고무(rubber) 실드

SOL 실(seal) 및 실드(shield)기호

① 실은 윤활제 밀봉을 위한 것
U : 한쪽면 비접촉실
UU : 양쪽면 비접촉실
D : 한쪽면 접촉실
DD : 양쪽면 접촉실

② 실드는 비접촉으로 사용되며 먼지방지를 위한 것
Z : 한쪽면 실드
ZZ : 양쪽면 실드

답 ㉯

21 **다음 중 롤링 베어링에 속하지 않는 것은?**

㉮ 니들 베어링 ㉯ 트러스트 보올 베어링
㉰ 앵귤러 보올 베어링 ㉱ 미첼 베어링

SOL 미첼베어링 : 스러스트 슬라이딩 베어링의 특수형이고 윤활유는 플랜지와 패드사이에 쐬기꼴로 흘러 들어가 고부하 용량에 잘견딘다.

답 ㉱

22 **구형 피벗(pivot)이 있고, 이것을 지점으로 해서 경사 할 수 있으므로 플랜지와 패드의 표면에 쐐기형 유막이 생기며, 일명 킹스베리 베어링 이라고도 부르는 베어링은?**

㉮ 자동조절베어링 ㉯ 미첼베어링
㉰ 구면베어링 ㉱ 칼러베어링

답 ㉯

22 **롤링 베어링이 슬라이딩 베어링 보다 좋은 점은?**

㉮ 충격에 강하다.
㉯ 베어링 전체의 지름이 짧게 된다.
㉰ 하중, 속도, 온도 등에 의한 영향이 적다.
㉱ 설치에 기능과 기술이 필요 없다.

SOL 롤링 베어링(구름베어링) 장점
① 과열의 위험이 없다.
② 규격이 정해진 품종이 풍부하고 교환성이 좋다.
③ 기계의 소형화가 가능하다.
④ 온도에 관계없이 비교적 용이하다.

답 ㉰

23 **저널 베어링에서 사용되는 페트로프의 식에서 마찰 저항과 관계를 설명한 것으로 틀린 것은?**

㉮ 베어링 압력이 클수록 마찰저항은 커진다.
㉯ 축의 반지름이 클수록 마찰저항은 커진다.
㉰ 유체의 절대점성계수가 클수록 마찰저항은 커진다.
㉱ 회전수가 클수록 마찰저항은 커진다.

SOL 페트로프의 식(petroff's law)

$$\mu = 2\pi^2 \frac{\eta n}{p_o} \cdot \frac{r}{c} \qquad F = \mu P$$

여기서 r : 축의 반경 　 c : 반경틈새 　 n : 축의 rpm
η : 점도 　 p_o : 베어링 압력 　 μ : 마찰계수
$\frac{\eta n}{p_o}$: 베어링 계수 　 F : 마찰력 　 P : 수직력

답 ㉮

24 **하중을 받치는 방향에 따라 베어링을 분류할 때 레이디얼 베어링의 설명으로 맞는 것은?**

㉮ 축에 직각방향으로 하중을 받쳐주는 베어링
㉯ 축 방향의 하중을 받쳐주는 베어링
㉰ 축의 직각방향과 축방향의 두하중을 받쳐주는 베어링
㉱ 하중의 방향이 회전축의 축선과 일치하는 베어링

답 ㉮

25 **다음 중 볼 베어링을 사용하기에 가장 적합 한 축은?**

㉮ 접촉 면적이 넓은 축
㉯ 속도가 빠르고 큰 힘을 받는 축
㉰ 속도가 느리고 큰 힘을 받는 축
㉱ 속도가 빠르고 작은 힘을 받는 축

답 ㉱

26 **롤링 베어링의 이론 동적 부하용량에 대하여 옳은 것은?**

㉮ 베어링의 내륜이 500시간을 유지할 수 있는 순하중
㉯ 내륜이 정지하고 외륜 회전의 경우 100만 회전을 유지할 수 있는 순하중
㉰ 현재 롤러 베어링에 걸 수 있는 최대하중
㉱ 외륜이 정지하고 내륜 하중의 경우 100만 회전을 유지할 수 있는 순하중

SOL 기본 동적 부하 용량

① 외륜을 고정하고 내륜을 회전시키는 조건을 기준으로 한다.

② 33.3rpm으로 500 시간의 수명을 유지할 수 있는 하중의 크기이다.

③ 10^6(100만) 회전의 수명을 유지할 수 있는 하중의 크기이다.

답 ㉱

27 볼 베어링에서 계산 수명을 L, 기본 부하용량을 C, 베어링에 걸리는 하중을 P라 할 때 수명계산 식으로 알맞은 것은?

㉮ $L=\left(\frac{C}{P}\right)^{10/3}\times 10^6$

㉯ $L=\left(\frac{C}{p}\right)^{3}\times 10^6$

㉰ $L=\left(\frac{P}{C}\right)^{3}\times 10^6$

㉱ $L=\left(\frac{C}{p}\right)^{10/3}\times 10^6$

답 ㉯

28 베어링의 수명 계산식은? (단, f_h=수명 계수이다.)

㉮ $L_h=f_h\times 500$

㉯ $L_h=f_h{}^3\times 500$

㉰ $L_h=f_h{}^6\times 500$

㉱ $L_h=f_h{}^9\times 500$

답 ㉯

29 베어링 형식을 감마기구에 의해 분류하면 ( )과 롤링 베어링으로 나눈다. 다음 중 ( )에 들어갈 적합한 용어는 무엇인가?

㉮ 레이디얼 베어링

㉯ 스러스트 베어링

㉰ 슬라이딩 베어링

㉱ 오일리스 베어링

답 ㉰

30 볼 베어링 보다 롤러 베어링의 마찰력은?

㉮ 작다.

㉯ 크다.

㉰ 같다.

㉱ 아무렇지도 않다.

SOL 볼베어링은 내부 및 외부 링과의 접촉이 점 접촉인 데 반하여 롤러베어링은 선 접촉이어서 보다 접촉 면적이 크므로, 지지할 수 있는 하중이 큰 반면, 고속에는 볼베어링이 더 적합하다.

답 ㉯

31 **볼베어링의 수명에 대한 설명으로 맞는 것은?**

㉮ 반지름 방향 동등가하중의 3배에 비례한다.

㉯ 반지름 방향 동등가하중의 3승에 비례한다.

㉰ 반지름 방향 동등가하중의 3배에 반비례한다.

㉱ 반지름 방향 동등가하중의 3승에 반비례한다.

SOL $L_h = 500 \times (\frac{C}{P_r})^3 \times \frac{333}{N}$

답 ㉰

32 **호칭번호 6310인 단열 레이디얼 볼베어링에 그리스(grease)윤활로 30000시간의 수명을 주고자 한다. 이 베어링의 한계속도지수가 250000이라고 할 때, 사용 가능한 최대회전속도(rpm)은?**

㉮ 5000 ㉯ 4000

㉰ 3000 ㉱ 2500

SOL 속도 한계지수 $dn = 250000$

6310 내경은 50mm 이다.

답 ㉮

33 **니들 롤러 베어링의 설명으로 틀린 것은?**

㉮ 지름은 바늘 모양의 롤러를 사용한다.

㉯ 좁은 장소나 충격하중이 있는곳에 사용할 수 없다.

㉰ 내륜붙이 베어링과 내륜이 없는 베어링이 있다.

㉱ 축지름에 비하여 바깥지름이 작다.

SOL 니들롤러 베어링은 전동체로서 매우 가늘고 긴 침상 롤러(지름 5mm 이하, 길이는 지름의 3~4배)를 사용한 베어링이며, 높은 하중 전달 능력을 갖고 있고 고속에 적합하며 특히 간편하게 설치할 수 있습니다. 박벽 외부 컵과 내륜 없음은 니들 롤러 베어링이 반경 공간을 적게 요구한다는 것을 뜻합니다.

답 ㉯

제11장 마찰 전동장치(Friction Gearing)

1 마찰 전동장치(Friction Gearing)의 개요

두 개의 바퀴를 직접 접촉시켜, 그 접촉면에서 발생하는 마찰력을 이용하여 두 축 사이에 동력을 전달한다. 직접 전달방식으로는 기어 · 마찰차 · 캠, 간접 전달방식으로는 벨트 · 체인 · 로우프가 있다.

(1) 특징

① 구름 접촉을 하면서 회전하므로 약간의 미끄럼이 있다.
② 확실한 회전 운동의 전달이나 큰 전동에는 부적합하다.
③ 미끄럼 때문에 충격적인 하중이 가해지는 경우는 안전장치 역할을 하는 효과가 있다.
④ 마찰차는 주철, 주강으로 만들고 마찰차의 표면에는 마찰 계수를 크게 하기 위하여 고무, 가죽, 섬유 등을 붙여 사용하기도 한다.

(2) 용도 : 두 축 사이의 동력을 자주 변경(단속)할 필요가 있을 때 쓰인다.

(3) 마찰차 전동의 이용 : 자전거의 발전기, 재봉틀의 북실감기

그림 11-1
마찰차의 사용예

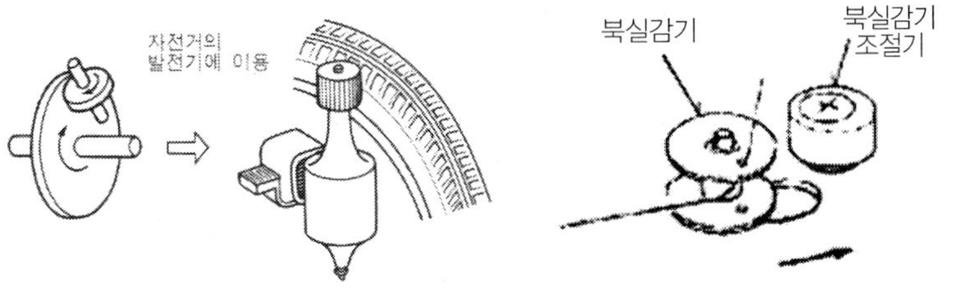

원판마찰차　　　평마찰차

2 마찰차의 종류

(1) **두축이 평행한 것** : 원통마찰차, 홈마찰차

(2) **두축이 일정각도로 만나는 것** : 원추 마찰차

(3) **무단변속 마찰차** : 원판 마찰차(크라운마찰차), 에반스 마찰차, 구면차 마찰차

3 원통마찰차(평마찰차)

원통마찰은 평행한 두 축사이에 동력을 전달하며 외접하는 경우 와 내접하는 경우가 있다. 그림 11-2는 원통마찰을 이용한 레코드의 회전장치를 나타낸 것이다.

그림 11-2
원통 마찰차의 회전비

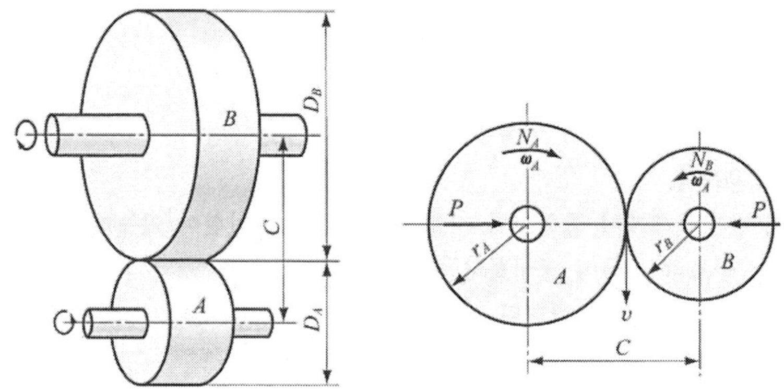

(a) 외접 마찰차

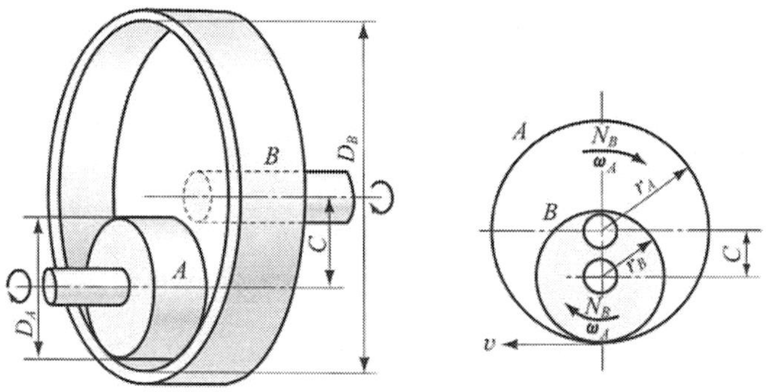

(b) 내접 마찰차

(1) 평마찰차 설계

① 속도비(속비) $i = \dfrac{N_B}{N_A} = \dfrac{D_A}{D_B}$

여기서 N_A : 원동차의 RPM　　D_A : 원동차의 지름 (mm)

N_B : 종동차의 RPM　　D_B : 종동차의 지름 (mm)

② 축간거리 $C = \dfrac{D_A + D_B}{2}$ (외접)

$C = \dfrac{D_B - D_A}{2}$ (내접)　$D_B > D_A$

(2) 회전력과 전달동력

그림 11-3
원통 마찰차의 전동

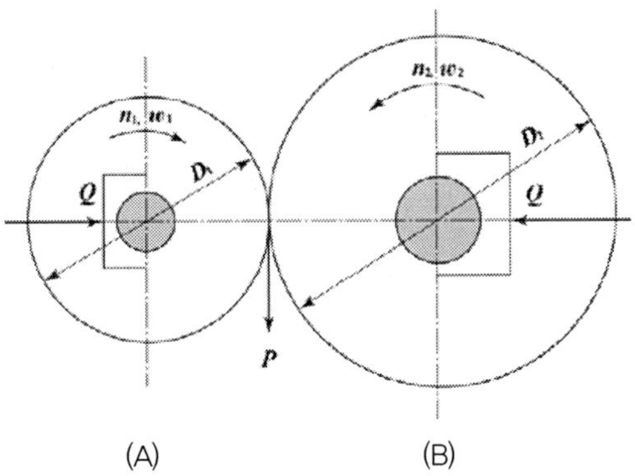

① 회전력

두 마찰차를 누르는 힘 Q를 작용시켜 A차를 회전하면, 접촉점에서 마찰력 P가 생겨서 B차를 회전시킨다. 즉 회전력 $P \le \mu Q$

② 전달동력

$$H_{kw} = \frac{P\,v}{1000} = \frac{\mu\,Q\,v}{1000} \quad \text{(kW)}$$

속도 $v = \frac{\pi D_A N_A}{1000 \times 60} = \frac{\pi D_B N_B}{1000 \times 60}$ (m/sec)

③ 마찰차의 나비

$b \geq \frac{Q}{f}$ (나비의 크기 $b \leq D$)

여기서 f : 접촉선마다 허용접촉압력 (N/mm)

Q : 양차를 누르는 힘

밀어 붙이는 힘 Q는 스프링, 나사, 레버, 지렛대등을 사용한다.

[표 11-1] 마찰계수와 허용접촉 압력

표면 재료		허용압력(f) [N/mm]	마찰 계수 (μ)
원동차	종동차		
주철	주철	20 ~ 30	0.1~0.15
	종이	7~10	0.15~0.2
	가죽	5~15	0.15~0.3
	목재	10~15	0.2~0.5

④ 마찰차를 미는 방법

마찰차의 미는 힘이 비교적 적을 경우 나사, 스프링, 지렛대(lever)장치 등을 사용하여 마찰차를 밀거나 누른다.

그림 11-4
마찰차를 미는 방법

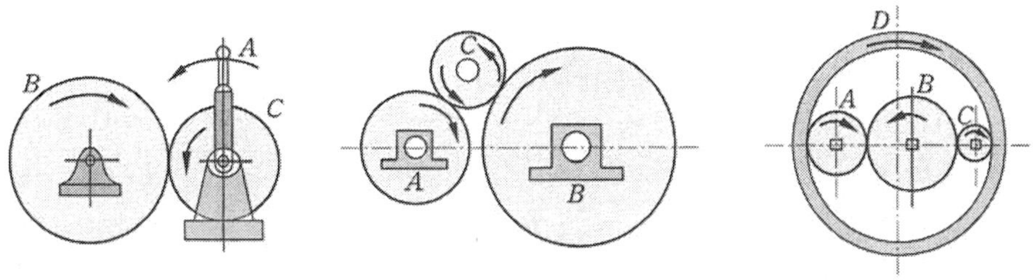

(a) 지렛대 장치 (b) 클립장치 (c) 스프링 장치

4 홈마찰차(grooved frection wheel)

평마찰차가 마찰면이 적어 큰 동력을 전달하기에는 부적합한 점을 보완하여,동일한

압력으로 큰 회전력을 얻기 위해 홈을 만들어 분리한 마찰차를 **홈마찰차**라고 한다. 홈 중앙 부분의 한 곳에서 정확하게 구름 접촉을 하고 그 밖의 다른 곳에서는 미끄럼 접촉을 하므로, 전동할 때에 마멸과 소음을 일으키는 단점을 가지고 있다.

- 재질은 보통 주철
- 홈의 각도는 $2\alpha = 30^\circ \sim 40^\circ$
- 홈의 피치는 3~20mm나 보통 10mm 정도
- 홈의 수는 보통 5개

그림 11-5
홈 마찰차

그림 11-6
마찰차에 작용하는 힘의 균형

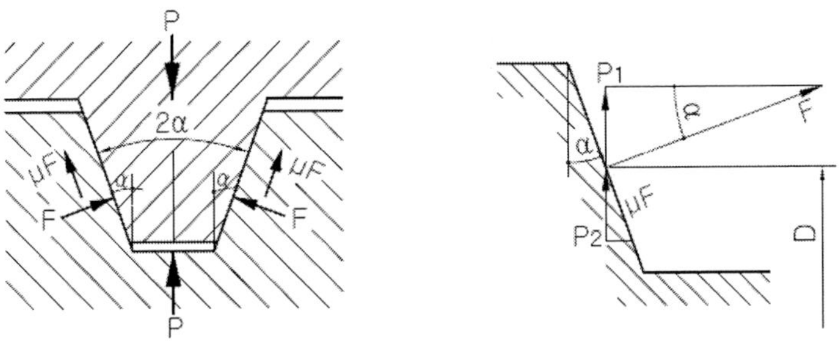

(1) 밀어붙이는 힘 (P)

$$P = P_1 + P_2 = 2F\sin\alpha + 2\mu F\cos\alpha = 2F(\sin\alpha + \mu\cos\alpha)$$

여기서 홈각도 2α $\quad \alpha = \dfrac{\text{홈각도}}{2}$

(2) 홈의 측면에 작용하는 수직력 (F)

$$F = \frac{P}{2(\sin\alpha + \mu\cos\alpha)}$$

(3) 접선방향 마찰력(F')

$$F' = 2\mu F = \frac{\mu P}{\sin\alpha + \mu\cos\alpha} = \mu' P$$

(4) 상당마찰계수(유효마찰계수)

$$\mu' = \frac{\mu}{\sin\alpha + \mu\cos\alpha}$$

(5) 홈마찰차와 평마찰차를 같은 힘으로 밀어 붙일 때 회전력 비교

$$F' : F = \frac{\mu}{\sin\alpha + \mu\cos\alpha} : \mu = \mu' : \mu$$

예 $\mu = 0.2$ 홈각도 $30°$ 일 때

$$\mu' = \frac{0.2}{\sin 15 + 0.2\cos 15} = 0.44$$

원통 마찰차에 비해 2배 이상의 회전력을 얻는다.

(6) 전달마력

$$H_{kw} = \frac{F' v}{1000} = \frac{\mu' P v}{1000} \ (kW)$$

여기서 F' : 마찰차의 회전력

P : 밀어 붙이는 힘(N)

v : 마찰차의 원주 속도(m/s)

5 원추 마찰차(cone frection wheel)

마찰면이 원뿔 모양이며, 두 축이 만날 때 사용되며, 비교적 속도비가 일정하다.

그림 11-7
원추 마찰차

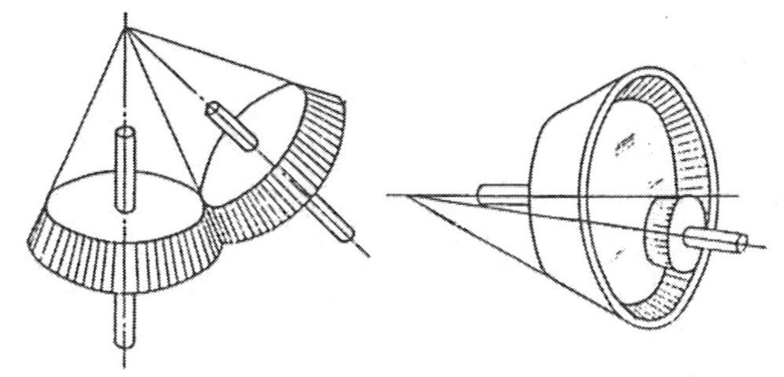

(a) 외접　　(b) 내접

(1) 속도비(속비) 및 축각

그림 11-8과같이 외접하는 원추마찰차에서 원추각을 x, β라하고 각속도를 w, w_2 회전수를 m, m_2라하면 속도비는 다음과 같다.

그림 11-8
외접 원추 마찰차

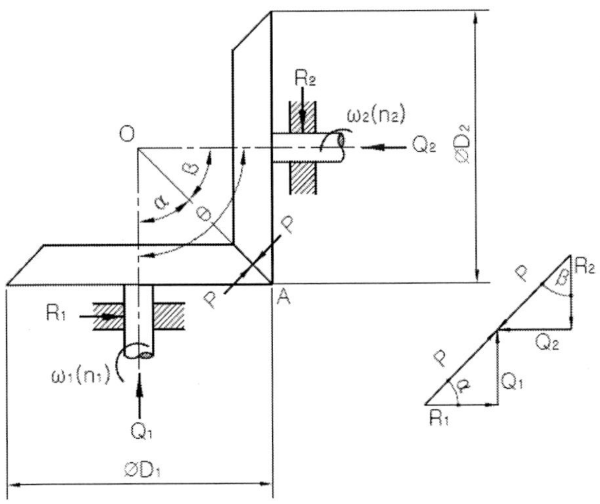

$$i = \frac{w_2}{w_1} = \frac{n_2}{w_{n1}} = \frac{D_1}{D_2} = \frac{\overline{2OA}\ \sin\alpha}{\overline{2OA}\ \sin\beta} = \frac{\sin\alpha}{\sin\beta}$$

$$\tan\alpha = \frac{n_2}{n_1} \qquad \tan\beta = \frac{1}{i} = \frac{n_1}{n_2}$$

참고 ① $\theta = \alpha + \beta$

$$i = \frac{\sin\alpha}{\sin(\theta-\alpha)} = \frac{\sin\alpha}{\sin\theta\ \cos\alpha - \sin\alpha\cos\theta} \quad \because \sin(\alpha\pm\beta) = \sin\alpha\ \cos\beta \pm \sin\beta\ \cos\alpha)$$

$$= \frac{\sin\alpha/\cos\alpha}{\sin\theta\ \cos\alpha/\cos\alpha - \sin\alpha\cos\theta/\cos\alpha} = \frac{\tan\alpha}{\sin\theta - \tan\alpha\ \cos\theta}$$

$$i(\sin\theta - \tan\alpha\cos\theta) = \tan\alpha$$

$$\tan\alpha = \frac{isin\theta}{1+icos\theta} = \frac{\sin\theta}{\frac{1}{i}+\cos\theta} \quad (\div i \text{ 나누면})$$

$\theta = 90°$ 가정 $\quad \tan\alpha = i = \dfrac{n_2}{n_1}$

② **무단 변속 마찰차** : 엔진축에는 원판형의 마찰차가 있고 출력축에는 원추형의 마찰차가 있습니다. 원추형은 그 지름이 다르기 때문에 두 마찰차의 위치에 따라 그 속도비가 다르게 되고 변속이 되는 것입니다.

(2) 베어링에 걸리는 하중(추력)

축방향의 하중 Q를 가하면 접촉면에 수직 방향으로 서로 누르는 힘 P 가 발생되며, 그 마찰력에 의하여 회전을 전달할 수 있다.
원추마찰차에서 원추각을 각각 α, β라 하면

$$Q_1 = P\sin\alpha \qquad Q_2 = P\ \sin\beta$$

$$P = \frac{Q_1}{\sin\alpha} = \frac{Q_2}{\sin\beta}$$

베어링에는 축에 직각인 힘의 작용할 때

$$R_1 = P\cos\alpha \qquad R_2 = P\ \cos\beta$$

(단, 축각이 90° 인 경우 $Q_1 = R_1 \quad Q_2 = R_2$)

(3) 전달동력

$$H_{kw} = \frac{\mu P v}{1000} = \frac{\mu Q_1 v}{1000\sin\alpha} = \frac{\mu Q_2 v}{1000\sin\beta}$$

6 무단변속 마찰차

무단변속기는 단이 없기 때문에 원추, 원판 곡면형의 두 축이 직접 또는 벨트나 등에 물려 사용하는 것입니다 일정 범위내에서 속도비를 연속적으로 변화시킬 수 있다. 종류에는 구면마찰차, 에반스마찰차, 원추와 원판차, 크라운마찰차 등이 있다.

(1) 원판차 (속도비는 회전축으로부터 접촉점까지에 반비례)

① 원판마찰차

직각으로 만나는 두 축 사이에 원판과 롤러의 접촉으로 동력을 전달하는 원판형 바퀴를 원판 마찰차(disk friction wheel)라 한다. 이 마차차는 주로 무단 변속 장치의 변속기구 또한, 자전거 발전기용으로 쓰인다.

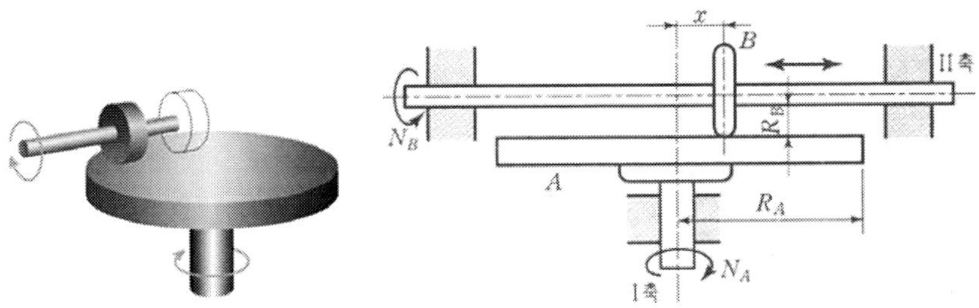

그림 11-9
1개의 원판차에 의한 무단 변속장치

● 회전속도비

$$i = \frac{N_B}{N_A} = \frac{x}{R_B}$$

여기서 x는 이동범위 x = (최소 ~ 최대) mm

② 구면 마찰차

직각 또는 직선으로 만나는 두 축에 롤러 또는 플랜지를 고정하고 그 사이에 구면형 또는 롤러 등의 중간차를 넣어 동력을 전달하는 마찰차를 구면 마찰차 (spherical friction wheel)라 하며, 이 마찰차도 무단 변속장치의 변속기구로 쓰인다.

그림 11-10
구면 마찰차

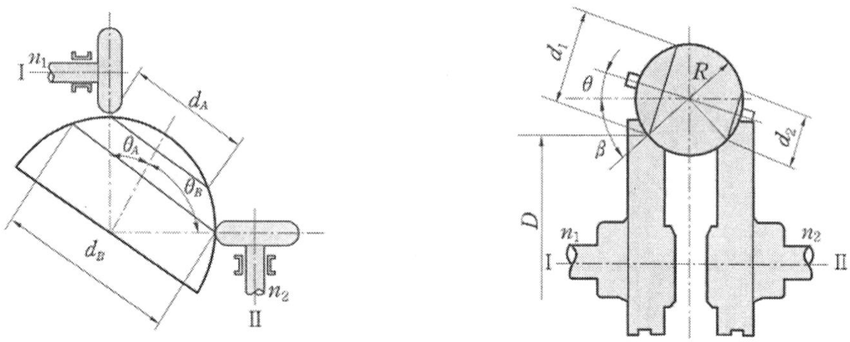

(a)

$$n_2 = \frac{\sin\theta_B}{\sin\theta_A} n_1$$

$$i = \frac{n_2}{n_1} = \frac{\sin\theta_B}{\sin\theta_A}$$

(b)

$$n_2 = \frac{\sin(\beta - \theta)}{\sin(\beta + \theta)} n_1$$

$$i = \frac{n_2}{n_1} = \frac{\sin(\beta - \theta)}{\sin(\beta + \theta)}$$

계 산 문 제

01 지름 100mm 인 구동마찰차의 회전수를 1/4로 감소시키는데 사용할 피동마찰 지름은 얼마인가?

SOL $i = \dfrac{N_2}{N_1} = \dfrac{D_1}{D_2} = \dfrac{100}{D_2} = \dfrac{1}{4}$

$D_2 = 400\,mm$

여기서 N_1 : 원동차 (구동차)의 RPM　　N_2 : 종동차의 RPM

D_1 : 원동차(구동차)의 지름　　D_2 : 종동(피동)차의 지름

02 축간거리가 600mm이고 회전수가 $N_1 = 200rpm, N_2 = 100rpm$인 외접 원통 마찰차의 지름 D_1, D_2는 각각 몇 mm인가?

SOL $C = \dfrac{D_1 + D_2}{2} = \dfrac{D_1 + 2D_1}{2} = 600$

$D_1 = \dfrac{1200}{3} = 400\ \text{mm}$　　$D_2 = 800\ \text{mm}$

$i = \dfrac{N_2}{N_1} = \dfrac{100}{200} = \dfrac{D_1}{D_2}$

03 밀어주는 힘이 800N인 원통 마찰차가 12m/s의 속도로 회전하고 있을 때 전달동력은 약 몇 kW인가?(단, 마찰계수 μ=0.2이다.)

SOL $H_{kW} = \dfrac{\mu P V}{1000} = \dfrac{0.2 \times 800 \times 12}{1000} = 1.92kW$

04 주철제 원통 마찰차에서 풀리(pulley)의 나비 30mm, 허용압력 3Kn/mm, 마찰 계수 0.2, 마찰차의 원주 속도4.5m/sec일 때 이 마찰차의 전달 동력(kW)은 약 얼마인가?

SOL $H_{kW} = \frac{\mu PV}{1000} = \frac{0.2 \times 90000 \times 4.5}{1000} = 81Kw$

$f = \frac{P}{b} = 3000 \quad f = \frac{P}{30} = 3000 \quad P = 90000N$

05 원판 변속장치에서 원동차의 지름 500mm 회전수 1500rpm 종동차의 폭40mm 지름 530mm 종동차의 이동범위 x = 40~190 마찰계수 $\mu = 0.2$ 허용압력 f은 2 N/m 할때 종동차의 최소 및 최대 회전수는 ?

SOL

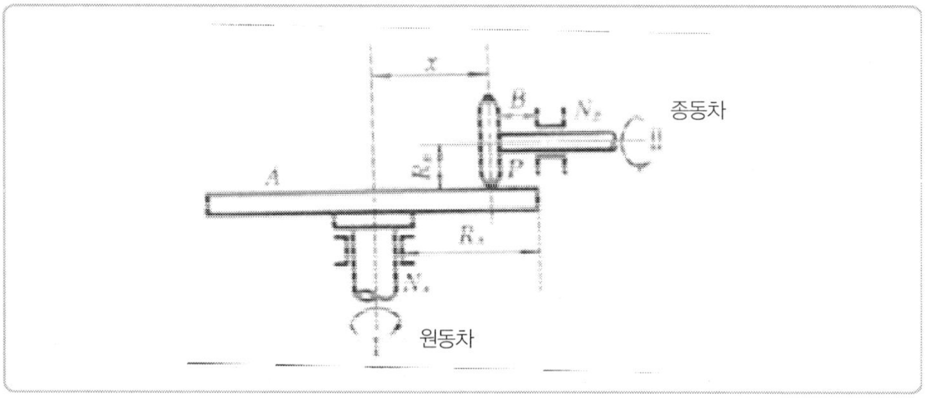

$i = \frac{N_{2min}}{N_1} = \frac{x_{min}}{D_2} = \frac{N_{2min}}{1500} = \frac{2 \times 40}{530}$ 최소 rpm N_2 = 226. 41rpm

$i = \frac{N_{2max}}{N_1} = \frac{x_{max}}{D_2} = \frac{N_{2max}}{1500} = \frac{2 \times 190}{530}$ 최대 rpm N_2 = 1075.47rpm

06 축간거리가 600mm이고, 원동축 1200rpm, 종동축이 600rpm으로 외접하여 회전하는 원통마찰차를 1kN의 힘으로 밀어서 접촉시킬 때 최대 전달동력(kW)은? (단, 마찰계수는 0.2이다)

SOL $kW = \mu Pv = 0.2 \times 1 \times 25.13 = 5.02\,kW$

$v = \frac{\pi d_1 N_1}{1000 \times 60} = \frac{\pi \times 400 \times 1200}{1000 \times 60} = 25.13\,m/s$

$$C = \frac{1}{2}(D_1 + D_2) = \frac{1}{2}(D_1 + 2D_1) = 600 \qquad D_1 = 400\,mm$$

$$i = \frac{N_2}{N_1} = \frac{600}{1200} = \frac{D_1}{D_2} = \frac{1}{2}$$

07 평균지름 450mm 회전수 340rpm 의 원추 마찰차가 3/5로 감속하여 8kW를 종동축에 전달 하고자 한다. 두축의 교차각이 90° 일 때 다음을 구하시오. (단, 마찰계수 μ = 0.25 허용압력 f = 25 N/mm 이다)

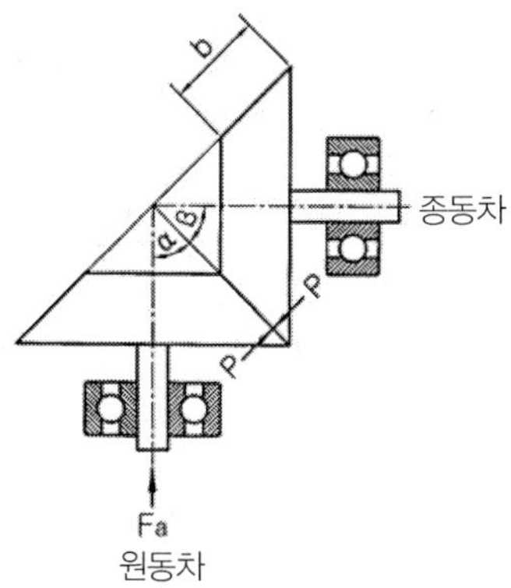

(1) 양원추차를 미는힘 : P [N] 및 원추차의 폭 b [mm]

(2) 원동차의 베어링에 작용하는 추력하중 Fa [N]

(3) 종동차의 피치원추각 (β)는?

SOL ① $H_{kw} = \frac{\mu P v}{1000} = \frac{0.25 \times P \times 8.01}{1000} = 8 \qquad P = 3995$ N

$$v = \frac{\pi \times 450 \times 340}{1000 \times 60} = 8.01\,m/\sec$$

$$f = \frac{P}{b} = \frac{3995}{b} = 25 \qquad b = 159.8 \text{ mm}$$

② $F_a = P\sin\alpha = 3995\sin 30.96° = 2055.2\,N$

$$\tan\alpha = i = \frac{N_2}{N_1} = \frac{3}{5} \qquad \alpha = \tan^{-1}\frac{3}{5} = 30.96°$$

③ 교차각 (축각) $\alpha + \beta = 90°$

$\beta = 90° - 30.96°$

$= 59.04°$

기출 및 예상문제

01 다음 마찰차 중 무단 변속 마찰차에 해당되지 않는 것은?

㉮ 원뿔 마찰차 ㉯ 구면 마찰차
㉰ 원판 마찰차 ㉱ 홈마찰차

SOL 무단변속마찰차 종류 : 원판, 원뿔, 구면, 에반스

답 ㉱

02 다음의 동력전달장치 중 정확한 회전비를 얻고자 할 때에 사용하는 기계요소가 아닌 것은?

㉮ 기어(gear) ㉯ 체인(chain)
㉰ 체인 휠(chain wheel) ㉱ 마찰차(friction wheel)

답 ㉱

03 넓이가 80mm인 외접원통 마찰차의 허용압력은 2 N/mm이다. 이때 마찰차를 누르는 힘은?

㉮ 140N ㉯ 80N
㉰ 160N ㉱ 40N

SOL $f = \dfrac{P}{b} = \dfrac{P}{80} = 2$

답 ㉰

04 주철로 된 원통마찰차 중 종동차 지름이 240mm, 속도비가 1/3일 때 두 축의 중심거리는?

㉮ 80 ㉯ 120
㉰ 160 ㉱ 220

SOL $i = \dfrac{N_2}{N_1} = \dfrac{D_1}{D_2} = \dfrac{80}{240} = \dfrac{1}{3}$

$C = \dfrac{1}{2}(80 + 240) = 160 \text{ mm}$

답 ㉰

05 회전방향이 같은 2개의 원통 마찰차에서 내접 원통마찰차 지름이300mm, 회전비 3일때 두 축의중심 거리는? (단, $D_1 \geq D_2$)

㉮ 100mm ㉯ 200mm
㉰ 300mm ㉱ 400mm

SOL $i = \dfrac{N_2}{N_1} = \dfrac{D_1}{D_2} = \dfrac{300}{D_2} = 3 \qquad D_2 = 100\text{mm}$

$C = \dfrac{1}{2}(D_1 - D_2) = \dfrac{1}{2}(300 - 100) = 100 \text{ mm}$

답 ㉮

06 마찰 전동 장치에서 마찰차를 누르는데 사용하는 장치가 아닌 것은?

㉮ 벨트 ㉯ 지레장치
㉰ 스프링 ㉱ 나사

SOL 밀어붙이는 힘장치 : 스프링, 나사, 지렛대, 레버

답 ㉮

07 평 마찰차의 결점을 보완하기 위하여 원동차와 종동차에 V형 홈을 만들어서 요철부가 서로 맞물리도록 한 마찰차는?

㉮ 크라운 마찰차 ㉯ 원판 마찰차
㉰ 원추 마찰차 ㉱ 홈 마찰차

답 ㉱

08 **마찰차의 전동에서 원동차의 표면에 연질의 마찰재를 라이닝하는 이유는?**

㉮ 마찰계수가 크게하기 위하여

㉯ 베어링에 걸리는 하중을 적게 하기 위하여

㉰ 마모를 방지하기 위하여

㉱ 원동차 풀리가 고르게 마모하기 위하여

SOL 원동차가 고르게 마모된다.
원동차(라이닝) : 목재, 고무, 가죽, 특수 섬유질
종동차 : 주강, 주철 등 주로 금속재료

답 ㉱

09 **두 개의 같은 원뿔차를 반대방향으로 축을 평행하게 놓고, 그 사이에 가죽제 링을 끼워서 이를 좌우로 이동하면서 변속되는 마찰차는?**

㉮ 원판 마찰차　　㉯ 에반스 마찰차

㉰ 구면 마찰차　　㉱ 로빈슨 마찰차

답 ㉯

10 **마찰계수가 일정한 표면에서 마찰력은 마찰면에 대한 수직 항력이 일정한 경우 어떤 관계가 성립되는가?**

㉮ 접촉면적이 크면 커진다.　　㉯ 접촉면적이 작으면 커진다.

㉰ 접촉면적에 관계없이 일정하다.　　㉱ 접촉면적이 크면 작아진다.

SOL 마찰력 f = μP (여기서 P 는 수직항력)

답 ㉰

11 **마찰차의 전달마력과 관련하여 틀린 설명은?**

㉮ 전달마력은 축을 미는 힘의 크기와 회전속도에 비례한다.

㉯ 마찰계수를 키움으로써 전동마력을 키울 수 있다.

㉰ 홈마찰차를 이용하면, 축을 미는 힘의 크기를 줄일 수 있다.

㉱ 마찰계수를 키우기 위해서는 원동마찰차에 가죽을 덧씌우는 것이 바람직하다.

답 ㉱

12 **전동장치의 속도비에 관하여 바르지 못한 설명은?**

㉮ 구름접촉을 가정하는 경우에 성립한다.

㉯ 속도비는 직경비에 반비례한다.

㉰ 구동측과 종동측 사이의 회전력은 속도비에 반비례한다.

㉱ 직경이 큰 쪽에서 보다 큰 회전력이 발생한다.

SOL 회전력 (Torque) T = $\mu P \times \frac{D_2}{2}$

속도비 $i = \frac{N_2}{N_1} = \frac{D_2}{D_1}$

답 ㉰

13 **마찰차 응용 범위와 거리가 가장 먼 항목은?**

㉮ 전달력이 크지 않고 속도비가 중요하지 않는 경우

㉯ 회전속도가 커서 기어를 쓰기 어려운 경우

㉰ 양축간 거리를 자주 단속 할 필요가 있을 경우

㉱ 정확한 속도비가 필요할 경우

답 ㉱

14 **마찰차에 대한 다음의 설명 중 틀린 것은?**

㉮ 두개의 마찰차 사이의 마찰력을 이용하여 동력을 전달 한다

㉯ 두개의 마찰차는 구름접촉을 하므로 확실한 회전운동의 전달이 가능하다.

㉰ 주어진 범위내에서 연속적으로 변속이 가능하다.

㉱ 전달해야 될 힘이 그다지 크지 않을 때 많이 사용된다.

답 ㉯

15 **축각이 90° 이고 각속도비가 1인 외접 하는 원추 마찰차에서 축방향 스러트(thrust) 하중 P 일 때, 베어링에 작용하는 레이디얼 하중은?**

㉮ P ㉯ $\frac{P}{\sqrt{2}}$

㉰ $2P$ ㉱ $\sqrt{2}\,P$

SOL 베어링에 걸리는 하중(추력) : 축방향의 하중 Q를 가하면 접촉면에 수직 방향으로 서로 누르는 힘 P 가 발생되며, 그 마찰력에 의하여 회전을 전달할 수 있다.

$Q_1 = P\sin\alpha$ $Q_2 = P\sin\beta$

$R_1 = P\cos\alpha$ $R_2 = P\cos\beta$

(단, 축각이 90° 인 경우 $Q_1 = R_1$ $Q_2 = R_2$)

답 ㉮

16 운동 중 접촉을 유지한 상태로 이동시킬 수 있어, 주로 변속 장치 등에 이용되는 동력 전달 장치는?

㉮ 체인 ㉯ 기어

㉰ 벨트 ㉱ 마찰차

답 ㉱

17 다음 그림과 같이 자전거의 발전기에 사용되는 것은?

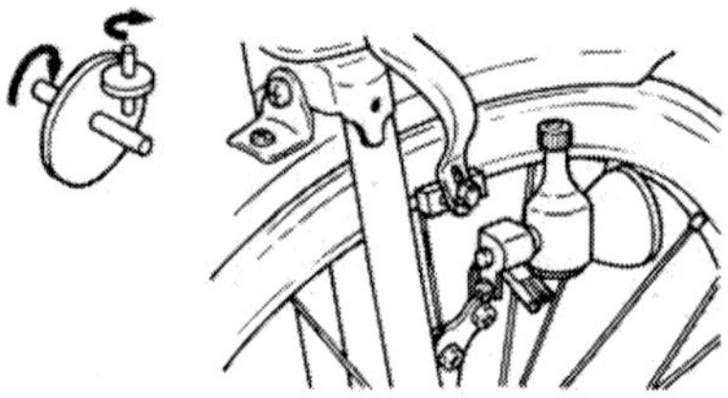

㉮ 캠 전동 ㉯ 기어 전동

㉰ 링크 전동 ㉱ 마찰차 전동

답 ㉱

제12장 벨트 전동장치

1 벨트전동장치 개요

구동축과 종동축의 축간 거리가 작으면 직접 전동장치인 기어나 마찰차로 직접 접촉에 의해 동력을 전달할 수 있으나, 축간 거리가 클 때에는 양 축에 바퀴를 부착하여 이 바퀴에 벨트, 로프 및 체인 등을 감아 걸어서 간접적으로 동력을 전달할 수가 있다. 이와 같은 동력전달장치를 **감아걸기 전동장치**(wrapping transmission gear)라 한다.

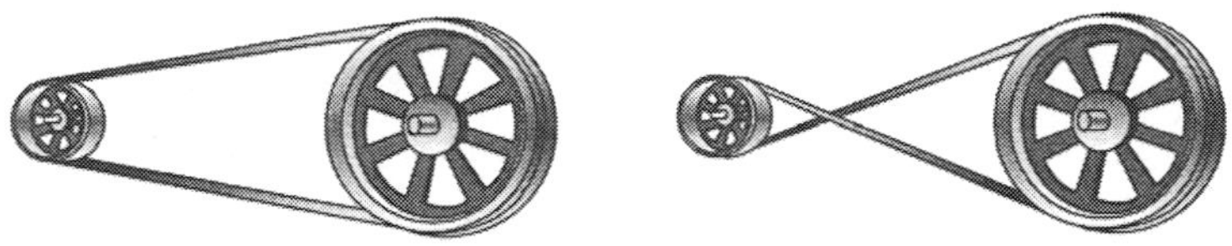

그림 12-1
벨트 전동장치

2 평벨트 (flat belt)

(1) 평벨트(flat belt)의 개요

평벨트는 충분한 유연성과 탄력성이 필요하므로 가죽, 섬유, 고무, 강철 등의 벨트가 사용되나, 현재로서는 고무벨트가 가장 일반적으로 사용되고 있다. 표 12-1은 각종 평벨트의 인장강도, 표 12-2는 가죽 벨트의 표준치수, 표 12-3은 고무 벨트의 너비와 플라이(ply) 수를 나타낸다.

[표 12-1] 각종 평벨의 인장강도

벨트의 종류	인장강도 (kgf /cm2)	허용응력 (kgf /cm2)
가 죽 벨 트	250~350	25~35
직 물 단 순 물	450~600	20~25
직 물 복 합 물	350~550	20~25
고 무 벨 트	400~450	20~25
강 철 벨 트	13,000~15,000	1250

[표 12-2] 가죽벨트의 표준치수 (단위 : mm)

단 벨 트		2 중 ply 벨트		3중 ply 벨트	
너비	두께	너비	두께	너비	두께
25	3 이상	51	6 이상	203	10 이상
32	3 이상	63	6 이상	229	10 이상
38	3 이상	76	6 이상	254	10 이상
44	3 이상	89	6 이상	279	10 이상
51	4 이상	102	6 이상	305	10 이상
57	4 이상	114	6 이상	330	10 이상
63	4 이상	127	7 이상	336	10 이상
70	4 이상	140	7 이상	381	10 이상
76	4 이상	152	7 이상	406	10 이상
83	4 이상	165	7 이상	432	10 이상
89	4 이상	178	7 이상	457	10 이상
95	4 이상	191	8 이상	483	10 이상
102	5 이상	203	8 이상	508	10 이상
114	5 이상	229	8 이상	559	10 이상
127	5 이상	254	8 이상	610	10 이상
140	5 이상	279	8 이상	660	10 이상
152	5 이상	305	8 이상	711	10 이상

[표 12-3] 고무벨트의 너비와 플라이 수

플라이	3	4	5	6	7	8
너 비 (mm)	20	50	125	150	200	250
	30	65	–	175	250	300
	40	75	–	–	–	–
	50	90	–	–	–	–
	65	100	–	–	–	–
	70	–	–	–	–	–

주[(1)] 플라이(ply)란 가죽이나 고무의 총수를 의미하며, 고무벨트의 층 중에서 한 층의 두께는 적어도 1.2 mm 이상이어야 한다.

① 축간 거리가 멀 때에 양 축에 바퀴를 부착하여 간접적으로 동력을 전달할 수 있다
② 가죽, 고무, 직물 등으로 만든 벨트로 2개의 바퀴를 감아 적당한 장력을 주어 이들 사이의 마찰력을 이용하여 전동한다
③ 정확한 속도비는 얻지 못하지만 충격 하중을 흡수하여 진동을 감소시키고, 갑자기 하중이 커질 때에는 미끄럼에 의하여 무리한 전동을 방지하는 안전 장치의 역할도 한다.
④ 구조가 간단하고 제작비가 적게 들며, 전동 효율이 높다 (90% 이상)

(2) 평벨트의구비조건

① 장력에 대하여 강할 것
② 탄성이 클 것
③ 굽히기 쉬울 것
④ 마찰계수가 클 것

(3) 평벨트의 종류

평벨트의 재료에는 가죽, 직물, 고무 및 강 등이 사용되고 있지만, 충분한 인장가동와 유연성을 가지고 풀리에 감겨져 동력을 전달하므로 충분한 마찰을 가지는 재료로 하지 않으면 안된다. 따라서 가죽으로 만든 가죽 벨트, 목면, 마 등으로 만든 직물 벨트, 직물에 고무를 섞어 유화하여 만든 고구 벨트 등이 있다. 최근에는 비닐이나 나일론 등으로 만든 벨트 등이 있으나, 현재는 고무 벨트가 가장 많이 사용되고 있다.

① 가죽 벨트

소가죽, 물소 가죽을 연하게 처리하여 두께 약 5~8[mm] 정도로 만든 벨트를 1겹 벨트라 하며, 2겹 벨트, 3겹 벨트가 있다. 가죽 벨트는 탄닝 또는 크롬 등의 약품으로 처리하여 벨트용 가죽을 만든다

② 고무 벨트

고무 벨트는 2장 이상의 직물 벨트에 고무를 입힌 것으로 유연하고 풀리에 잘 접촉하며 수명이 길다. 습기에 잘 견딜 수 있고 먼지 등에 의하여 손상을 받지 않으며,

70[℃]의 온도에서 잘 견딘다. 묽은 산, 알칼리 등에 영향을 받지 않으며, 가죽 벨트에 비하여 강도가 크지만, 가격은 가죽 벨트에 비하여 싸다. 그러나 신장률이 작으며 빛, 기름 및 열 등에 약하다. 장시간 연속운전을 하면 내부에 축천되는 열에 의하여 표면이 떨어져 나가는 박리현상(flaking)이 생긴다. 고무 벨트는 폭과 두께를 적절히 가감할 수가 있어서 운반용 벨트에 널리 사용된다.

③ 섬유 벨트

삼베, 무명, 모직 등으로 만든 섬유벨트는 가죽벨트에 비하면 내열성이 풍부하고 이음매가 없으며, 값이 싸고 인장강도가 커 튼튼하지만, 유연성이 없어 미끄러짐이 크므로 전동 효율이 낮다. 무명벨트가 가장 많이 사용되고 있으며, 가벼워 고속회전에 적합하다. 인장강도는 1겹일 때 45~60MPa, 겹침일 때 35~55 MPa, 허용 응력은 2~2.5 MPa 정도이다.

④ 강철 벨트

강철 벨트는 압연한 얇은 강철판으로 만들며, 다른 벨트에 비하여 탄성과 마찰 계수는 떨어지지만 인장강도가 대단히 크며, 늘어나지도 않고 수명이 긴 장점이 있다. 이 벨트는 마찰을 크게 하기 위하여 풀리의 표면에 고무, 코르크 등을 붙인다.

⑤ 타이밍 벨트

그림 12-2와 같이 미끄럼을 완전히 없애기 위하여 접촉면에 치형을 붙여 맞물림에 의해 전동하도록 고안된 새로운 이붙이 벨트이다. 강선 코드를 사용하여 장력을 담당 유지하고 늘어나는 것을 방지하도록 한다. 이 벨트의 특징을 미끄럼과 크리프가 거의 없고 속도변화가 아주 적다. 그리고, 굽힘저항이 작으므로 작은 지름을 가진 풀리에도 사용할 수가 있고, 저속 및 고속에서 원활한 운전이 가능하다. 따라서 벨트전동과 체인전동의 중간적인 성능을 가지고 있다.

그림 12-2
타이밍 벨트

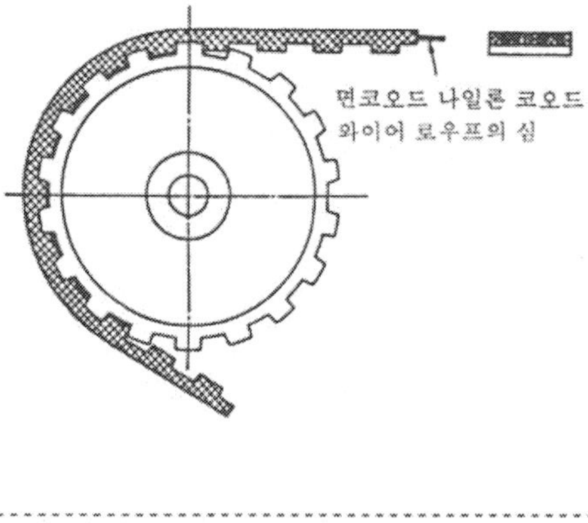

(4) 벨트종류와 벨트 전동 장치의 이용

① 평벨트 : 벨트의 모양이 납작하다(축간 거리 [2 ~ 15m]가 비교적 먼 경우사용)

② V벨트 : 벨트의 모양이 V자형이다(축간 거리[2 ~5m] 짧고 확실한 전동)

③ 이용 : 세탁기, 재봉틀, 탁상드릴링 머신, 자동차의 냉각팬 에스컬레이터, 콘베어 등

(5) 평벨트 거는 방법

평 벨트를 거는 방법에는 그림12-3과 같이 회전 방향으로 같은 평행걸기(open belting)와 회전 방향이 반대인 십자 걸기(cross belting)가 있다.

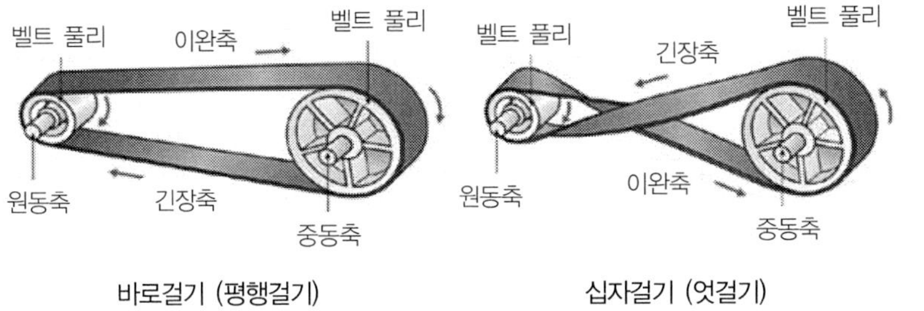

그림 12-3
평벨트 거는 방법

평행 걸기의 경우 접촉각은 한쪽는 180°보다 작고, 다른 쪽는 180°보다 크다. 십자 걸기의 경우 접촉각은 양쪽이 180°보다 크며 각의 크기는 양쪽이 거의 같다.

① 바로걸기 : 원동차와 종동차가 같은 방향으로 회전한다.

② 엇걸기 : 원동차와 종동차가 서로 반대 방향으로 회전한다.

긴장측을 아래로 이완측은 위쪽이 되도록 하여야 한다. 만약 반대가 된다면 이완측에 벨트의 자중에 의한 처짐으로 접촉각이 작아져 마찰력 감소로 미끄럼이 발생한다.

(6) 평벨트의 설계

① 속비(회전비) 보통1/6 이하 최대 1/15 정도

$$i = \frac{N_2}{N_1} = \frac{w_2}{w_1} = \frac{D_1}{D_2}$$

$$= \frac{N_2}{N_1} = \frac{w_2}{w_1} = \frac{D_1 + t}{D_2 + t}$$

여기서 N_1 : 원동차 회전수(RPM)　N_2 : 종동차 회전수(RPM)

w_1 : 원동차 각속도 (rad/s)　w_2 : 종동차 각속도(rad/s)

D_1 : 원동차 지름 (mm)　D_2 : 종동차 지름(mm)

t : 벨트의 두께 (mm)

(7) 벨트의 길이

그림 12-4
벨트의 길이와 접촉각

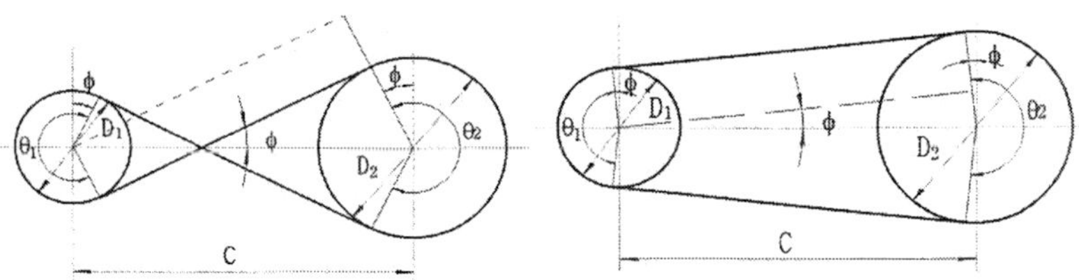

엇걸기　　바로걸기

① 바로걸기(OPEN -BELTING) 평행걸기 : 동력손실이 감소되며, 벨트 수명이 길다

$L = 2 \times$ 축간거리 + 두풀리의 원주 /2 +경험적인 실험치

$$L = 2C + \frac{\pi}{2}(D_1 + D_2) + \frac{(D_2 - D_1)^2}{4C} \quad \text{(mm)}$$

여기서 C : 축간거리 (mm)

② 엇걸기(CROSS -BELTING)십자걸기 : 접촉각이 크므로 동력 전달능력은 좋으며, 고속회전에 주로 사용된다.

$$L = 2C + \frac{\pi}{2}(D_1 + D_2) + \frac{(D_2 + D_1)^2}{4C}$$

참고 벨트 길이 계산 (바로걸기)

$$L=\frac{\pi}{2}(D_1+D_2)+(C\cdot\cos\phi)\times 2+\left(\frac{D_2}{2}\cdot\phi\right)\times 2-\left(\frac{D_1}{2}\cdot\phi\right)\times 2$$

$$=\frac{\pi}{2}(D_1+D_2)+2\,C\cdot\cos\phi+\phi\,(D_2-D_1)$$

그림에서 12-2 $\sin\phi=\dfrac{D_2-D_1}{2\,C}\fallingdotseq\phi,\quad \cos\phi\fallingdotseq 1-\dfrac{1}{2}\phi^2$

$$L=\frac{\pi}{2}(D_1+D_2)+2\,C\cdot\cos\phi+\phi\,(D_2-D_1)$$

$$=\frac{\pi}{2}(D_1+D_2)+2\,C\cdot\left\{1-\frac{1}{2}\left(\frac{D_2-D_1}{2\,C}\right)^2\right\}+\left(\frac{D_2-D_1}{2\,C}\right)\cdot(D_2-D_1)$$

$$=\frac{\pi}{2}(D_1+D_2)+2\,C-2\,C\cdot\frac{(D_2-D_1)^2}{8\,C^2}+\frac{(D_2-D_1)^2}{2C}$$

$$=\frac{\pi}{2}(D_1+D_2)+2\,C-\frac{(D_2-D_1)^2}{4\,C}+\frac{(D_2-D_1)^2}{2C}$$

$$=2\,C+\frac{\pi}{2}(D_1+D_2)+\frac{(D_2-D_1)^2}{4\,C}$$

(8) 중심거리(축간거리) C

바로걸기 $C=b+\sqrt{b^2-2(D_2-D_1)^2}\;/4\;\text{(mm)}$

$b=L-1.57(D_1+D_2)(mm)$

(9) 벨트의 접촉각 (θ)

벨트 풀리에 접촉하고 있는 부분의 중심각(θ_1, θ_2)을 접촉각이라 하며, 이 각이 클수록 벨트의 미끄럼이 적고, 큰 동력을 전달 할 수 있다. 또한 접촉각을 크게 하기 위해서는 평행걸기에서는 위쪽이 이완측이 되도록 한다.

접촉각이 작아서 미끄럼이 생기기 쉬운 경우는 긴장풀리(인장풀리)을 사용하면 된다.

① 바로걸기(평행걸기)

$$\theta_1 = 180^\circ - 2\psi_1 = 180^\circ - 2\sin^{-1}\left(\frac{D_2 - D_1}{2C}\right)$$

$$\theta_2 = 180^\circ + 2\psi_1 = 180^\circ + 2\sin^{-1}\left(\frac{D_2 - D_1}{2C}\right)$$

② 엇걸기(십자걸기)

$$\theta_1 = \theta_2 = 180^\circ + 2\psi_1 = 180^\circ + 2\sin^{-1}\left(\frac{D_2 + D_1}{2C}\right)$$

엇걸기가 바로 걸기 보다 접촉각이 커서 큰동력을 전달 할 수 있으나, 벨트가 비틀려서 서로 접촉하기 때문에 마멸하기 쉽다.

(10) 벨트의 장력

① 초기장력(최초장력) : belt의 이론길이보다 짧게 잡아 처음 인장력을 발생케하는 힘

즉 $T_o - \dfrac{\text{긴장측 장력}(T_t) + \text{이완측장력}(T_s)}{2}$

② 장력비(아이텔바인 식)

㉠ 원심력 무시 할 때(원주속도 $v \leq 10m/s$ 이하)

$$e^{\mu\theta} = \frac{T_t(\text{긴장측})}{T_s(\text{이완측})} \rangle\ 1$$

㉡ 원심력을 고려 할 때(원주속도 $v \geq 10m/s$ 이상)

$$e^{\mu\theta} = \frac{T_t - \dfrac{wv^2}{g}}{T_s - \dfrac{wv^2}{g}} \rangle\ 1$$

여기서 $\dfrac{wv^2}{g}$: 부가장력 (N)

(단, 벨트 1m당 무게 (N/m) w = 비중량 × 면적 =0.0098 bt)

b : 벨트의 폭,(mm)

t : 벨트의 두께(mm)

③ 유효장력(회전력) : 동력을 전달시키는 힘으로 긴장측 장력(T_t)와 이완측 장력

(T_s)의 관계는 접촉각의 영향을 크게 받고 회전시 T_t는 팽팽해지고, T_s는 느슨한 상태가 전개될 것이다. 그러한 장력의 비는 회전과 역회전을 통해 가역적으로 변하게 되어 어느 한쪽의 장력을 기준삼기가 모호한데 이 기준의 차를 유효장력이라 한다.

$$P_e = T_t - T_s = T_t - \frac{T_t}{e^{\mu\theta}} = T_t(1 - \frac{1}{e^{\mu\theta}}) \text{ (원심력 무시)}$$

$$P_e = T_t - T_s = (T_t - \frac{wv^2}{g}) \times \frac{e^{\mu\theta} - 1}{e^{\mu\theta}} \quad \text{(원심력고려)}$$

장력비 $e^{\mu\theta} = \dfrac{T_t}{T_s}$

긴장측 장력 $T_t = \dfrac{e^{\mu\theta}}{e^{\mu\theta} - 1} P_e$　　　이완측 장력 $T_s = \dfrac{P_e}{e^{\mu\theta} - 1}$

벨트의 유효장력은 마찰계수와 접촉각이 클수록 커진다.

[표 12-5] 마찰계수

재 질	마찰계수
가죽벨트와 주철제 풀리	0.2 ~ 0.3
가죽벨트와 목재 풀리	0.4
면벨트와 주철제 풀리	0.2 ~ 0.3
고무벨트와 주철제 풀리	0.2 ~ 0.25

(11) 벨트의 전달동력

① 원심력 무시($v \leq 10m/s$ 이하)

$$H_{ps} = \frac{P_e v}{735} = \frac{(T_t - T_s)v}{735} = \frac{T_t v}{735} \times \frac{e^{\mu\theta} - 1}{e^{\mu\theta}}$$

$$H_{kw} = \frac{P_e v}{1000} = \frac{(T_t - T_s)v}{1000} = \frac{T_t v}{1000} \times \frac{e^{\mu\theta} - 1}{e^{\mu\theta}}$$

> 참고 1ps = 75 kgf · m/s = 75 x 9.8 =735 N · m/s

② 원심력 고려($v \geqq 10m/s$ 이상)

$$H_{ps} = \frac{P_e v}{735} = \frac{(T_t - T_s)v}{735} = \frac{(T_t - \frac{wv^2}{g})v}{735} \times \frac{e^{\mu\theta} - 1}{e^{\mu\theta}}$$

$$H_{kw} = \frac{P_e v}{1000} = \frac{(T_t - T_s)v}{1000} = \frac{(T_t - \frac{wv^2}{g})v}{1000} \times \frac{e^{\mu\theta} - 1}{e^{\mu\theta}}$$

벨트의 장력(P_e) 이 커지면 베어링 마찰 손실동력이 커지며, μ , θ, $e^{\mu\theta}$ 접촉압력을 크게 하면 전달동력이 커진다.

(12) 벨트의 인장응력

① belt가 인장만을 받는다고 할 때, (belt 두께가 적을 때 굽힘응력을 무시한다.)

그림 12-5
벨트에 생기는 응력

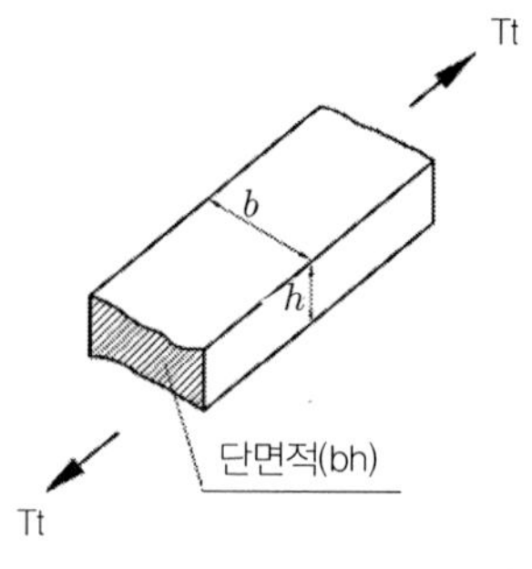

$$\sigma_a = \frac{T_t}{A} = \frac{T_t}{bh\eta} \quad (N/mm^2)$$

여기서 b : 벨트의 폭 (mm)

h : 벨트의 높이 (mm)

η : 이음효율(평벨트 : 0.85 V 벨트 : 0.9, 타이밍벨트 0.95)

σ : 장력에 대한 허용응력 N/mm^2

② 벨트가 인장과 굽힘을 동시에 받을 때

$$\sigma = \sigma_t + \sigma_b = \frac{T_t}{bh} + \frac{K_i E \cdot t}{D}$$

여기서 K_i : 벨트 휨에 대한 보정계수

D : 벨트 풀리의 지름

E : 벨트의 세로 탄성계수 (N/mm^2)

[표 12-6] 보정계수 K_i

풀리의 지름	K_i
~ 100	0.5
100~ 200	0.6
200~300	0.7
300~400	0.8

(13) 평벨트 풀리 형상

평벨트 풀리는 림, 암, 보스의 세 부분으로 구성되어 있음

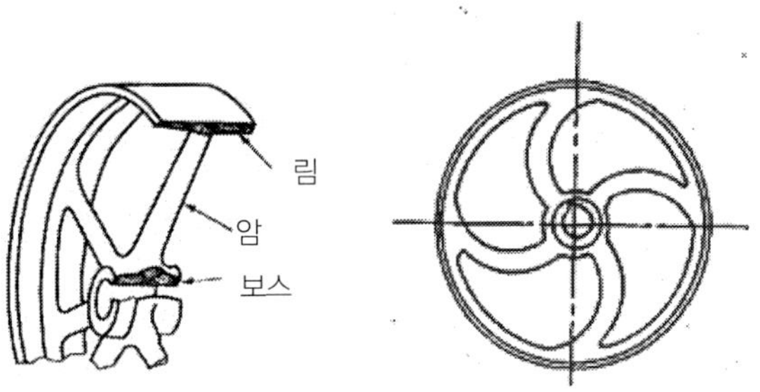

그림 12-6
풀리의 각부 형상

① 평벨트 풀리의 종류

㉠ 림의 모양에 따른 분류

- 크라운형 (C형) : 접촉면 중앙부를 약간 높게 한 TYPE

• 평형 (F형) : 고속회전 및 소형풀리에 사용

그림 12-7
평벨트 풀리 종류

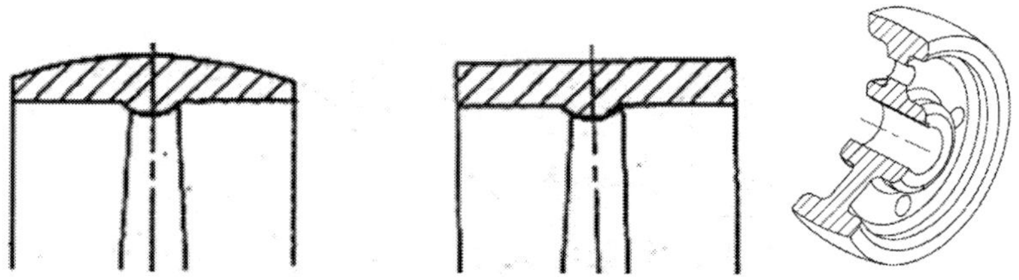

용어 **플래핑**(flapping) : 벨트가 파도치듯이 흔들리는 것을 말하며, 축간거리가 멀고, 고속회전할 때나 부하변동이 심한 경우 일어난다.

3 V벨트(V-BELT)

단면이 사다리꼴 모양인 벨트로 벨트 풀리에 홈을 파서 사용 여러개의 벨트를 걸 수 있고, 미끄럼이 적어 큰 동력의 전달에 사용한다.

그림 12-8
V벨트 풀리 사용예

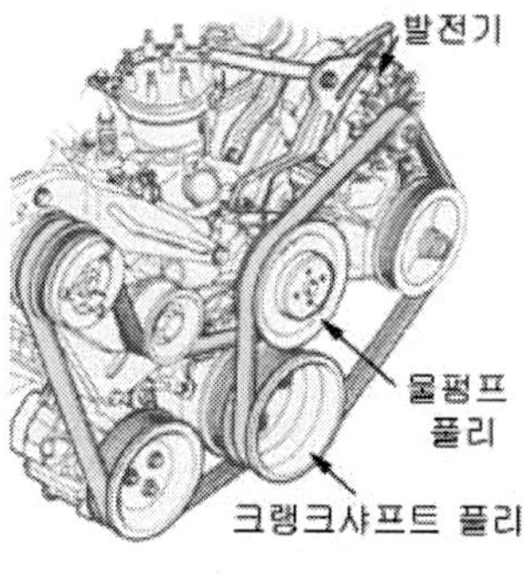

(1) V 벨트를 쓰는 이유

① 고무의 굴요성이 풍부하고 마찰전동력이 크다.

② 운전중 진동 소음이 적다.

③ 속도비(7:1 ~ 10:1)를 크게 취할수 있으나 축간거리를 길게 할수 없다.(축간거리는 풀리 직경의 3배이내 약 2~5m)

④ 고속전동을 할수 있다. (최대속도 25m/s 이상)

(2) V 벨트의 구조

V벨트의 형상은 V벨트 풀리와 밀착성을 높이기 위한 사다리꼴로 되어 있음
V 벨트 홈의 각도 40°이다.

그림 12-9
V벨트의 단면

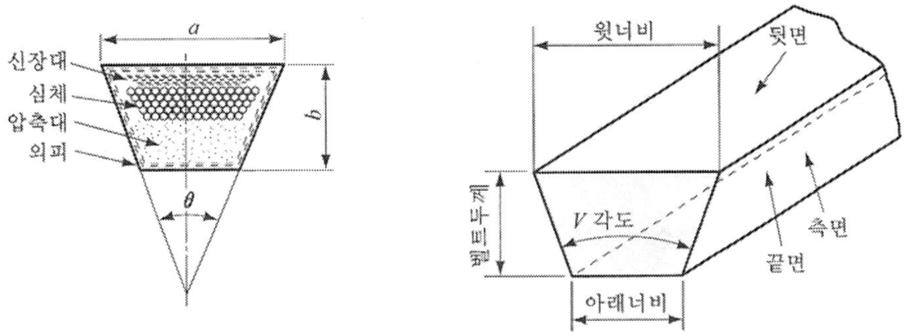

(a) V 벨트 구조　　(b) V 벨트 명칭

(3) V - 벨트 풀리

V - 벨트 풀리는 림(rim)을 제외한 나머지 부분은 평벨트 풀리지와 같다.

① V벨트 풀리의 홈 모양의 크기는 V벨트의 종류와 마찬가지로 M, A, B, C, D, E의 여섯 가지 규격으로 규정하고 있음

② 홈의 각도는 V벨트 크기에 따라 달라짐

③ V 벨트의 수명과 전동 효율에 큰 영향을 주므로 정밀한 다듬질 필요

④ 풀리의 각도(α)는 호칭경에 따라 34° 36° 38°되어 있다.

[표12-7] V벨트 풀리의 홈부의 모양 및 치수

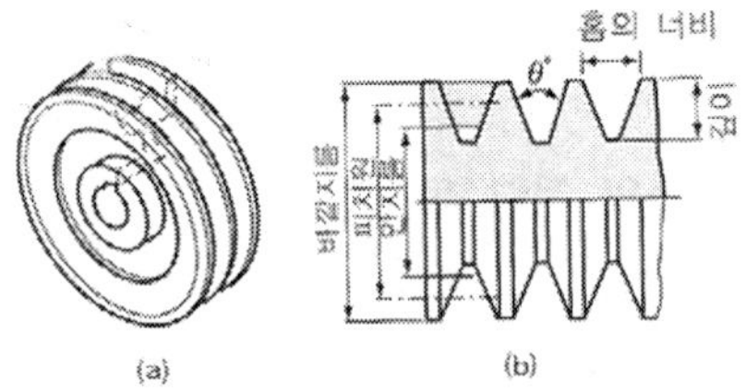

홈부의 치수허용차

형별	α의 허용차	k의 허용차	e의 허용차	f의 허용차
M	±0.5°	+0.2		
A		0	±0.4	±1
B				

형 별

형 별	호칭경(d_p)	α°	l_o	k	k_o	e	f	r_1	r_2	r_3
M	50이상 70이하 71초과 90이하 90초과	34 36 38	8.0	2.7	6.3	–	9.5	0.2~0.5	0.5~1.0	1~2
A	71이상 100이하 100초과 125이하 125초과	34 36 38	9.2	4.5	8.0	15.0	10.0			
B	125이상 160이하 160초과 200이하 200초과	34 36 38	12.5	5.5	9.5	19.0	12.5			

V벨트에서 A30 단면이 A형이고 유효둘레가 30인치이다.

$$\text{호칭번호} = \frac{\text{벨트의 유효둘레}}{25.4}$$

(4) V 벨트의 강도 설계

[1] V 벨트의 선정

전달동력과 속도에 따라 V벨트형을 선정하는 기준이 된다.

[표12-8] V 벨트 선택 기준

전 달 동 력		V 벨트의 속도[m/sec]		
kW	PS	10이하	10–17	17이상
1.5이하	2이하	A	A	A
1.5–3.7	2~5	B	B	A 또는 B

3.7–7.5	5~10	B 또는 C	B	B
7.5–19	10~25	C	B 또는 C	B 또는 C
19–37	25~50	C 또는 D	C	C
37–75	50~100	D	C 또는 D	C 또는 D
75–119	100~150	E	D	D

[2] V 벨트 1개의 전달마력

① 원심력 무시($v \leqq 10m/s$ 이하)

$$H_{ps} = \frac{P_e v}{735} = \frac{(T_t - T_s)v}{735} = \frac{T_t v}{735} \times \frac{e^{\mu'\theta} - 1}{e^{\mu\theta}} (\mathrm{ps})$$

$$H_{kw} = \frac{P_e v}{1000} = \frac{(T_t - T_s)v}{1000} = \frac{T_t v}{1000} \times \frac{e^{\mu'\theta} - 1}{e^{\mu\theta}} (\mathrm{kW})$$

② 원심력 고려($v \geq 10m/s$ 이상)

$$H_{ps} = \frac{P_e v}{735} = \frac{v}{735}(T_t - \frac{wv^2}{g}) \times \frac{e^{\mu'\theta} - 1}{e^{\mu\theta}} \quad (\mathrm{ps})$$

$$H_{kw} = \frac{P_e v}{1000} = \frac{v}{1000}(T_t - \frac{wv^2}{g})\, v \times \frac{e^{\mu'\theta} - 1}{e^{\mu\theta}} \quad (\mathrm{KW})$$

$$H_{kW} = \frac{P_e v z}{1000} = \frac{v z}{1000}(T_t - m v^2)\frac{e^{\mu'\theta} - 1}{e^{\mu'\theta}}$$

여기서 P_e : V 벨트의 유효장력 (N)

T_t : 긴장측 장력 (N)

m : 단위길위당 질량 (kg/m) m $= A\rho$

$$m = \frac{w}{g}, \quad w = A\rho = A\frac{\rho \times 9.81}{1000}\ N/m$$

z : V 벨트 수

v : 원주 속도 (m/s)

ρ : 비중

[표12-9] 접촉각 수정계수 (k_1)

$\theta°$	180	175	170	165	160	155	150	145
k_1	1.00	0.99	0.98	0.97	0.95	0.94	0.92	0.90
$\theta°$	140	135	130	125	120	110	100	90
0.88	0.86	0.84	0.82	0.80	0.76	0.76	0.72	0.67

접촉각 θ가 180°보다 작게 되면 전달마력이 감소한다.

[표12-10] 부하 수정계수

부하의 종류	기계의 종류	k_2
하중의 변화가 적은 것	펌프, 송풍기, 콘베어, 인쇄기계등	1.00
약간 충격이 있는 것	목공기계, 경공작기계, 면조기계등	0.90
왕복 압축 하는 것	공기 압축기	0.85
급격하게 역전하는 것	크레인, 윈치, 제지기, 제빙기	0.80
큰 충격이 있는 것	분쇄기, 광산기계, 원심분리기	0.75
시동시 초과 부하 있는 것	방적기, 광산기계, 섬유기계	0.72
시동 회전력 또는 기동하중에 대한 정격마력에 대하여	100 ~ 150(%) 의 것	0.70
	150 ~ 200(%) 의 것	0.60
	200 ~ 250(%) 의 것	0.50

참고 상당마찰계수 (유효마찰계수) 홈마찰차편 참조

$$\mu' = \frac{\mu}{\sin\frac{\alpha}{2} + \mu\cos\frac{\alpha}{2}}$$

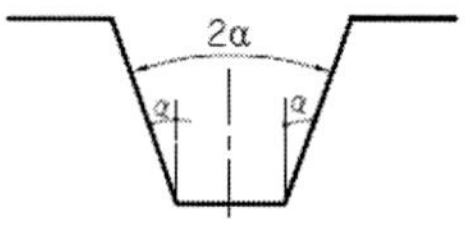

홈마찰차 경우

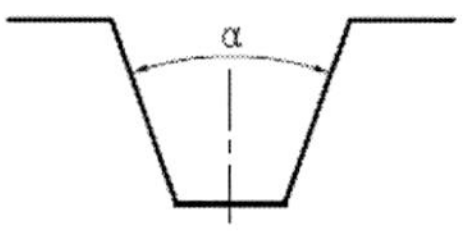

V 벨트 풀리

[3] V 벨트의 수(가닥수)

$$Z' = \frac{H}{k_1 \times k_2 \times H_0}$$

여기서 H : V 벨트의 전달마력

H_o : V 벨트 1개의 전달마력

k_1 : 접촉각 수정계수 (표 12-5 참조)

(180° 보다 작게 되면 전달마력감소)

k_2 : 부하 수정계수 (표 12-6 참조)

참고 V-벨트 설계방법

이 설계방법은 A,B,C,D형 표준 PULLEY를 사용하여 설계할 시에 적용합니다.

◎ 사용조건 (가정)

구분	기종	전동동력	회전수	회전비	운전시간	축간거리	축경
원동축	모터	7.5(KW) 10(ps)	1760RPM	2.02	16hr/1일	약1000mm	Ø38
종동축	송풍기	기동시 200%	870RPM				Ø45

1) V-BELT 전동에 대한 설계동력 산출식

$H_{kw} = P_r\,(K_o + K_c)$

H_{kw} : 설계동력 (KW)

Pr: 전동동력 (KW)

Kc: 환경보정계수 (표1)

Ko: 과부하계수 (표2)

예 H_{kw} = 7.5×(1.2+0.2) =10.5 kW

[표 1] 환경보전계수

환 경	Kc
기동 정지의 빈도가 크다(10회 이상/일) 보수 · 점검이곤란 먼지가 많아 마모를 일으킴 분위기의 온도가 높다 유류, 물등에 젖음	0.2

[표 2] 과부하 계수 (K_O)

사용기계	원동기					
	최대 출력이 정격의 300%이하			최대 출력이 정격의 300%초과		
	교류전동기(표준,동기전동기) 직류전동기(분권)			특수 전동기		
	3-5hr	8-10hr	16-24hr	3-5hr	8-10hr	16-24hr
송풍기 (7.5KW이하)	1.0	1.1	1.2	1.0	1.1	1.2
송풍기 (7.5KW이상)	1.1	1.2	1.3	1.2	1.3	1.4

2) V-BELT의 형 선정방법

① 속도와 마력에 의한 선정

$$v = \frac{\pi d n}{1000 \times 60}$$

[표 3] V 벨트 선택 기준

전 달 동 력		V 벨트의 속도[m/sec]		
kW	PS	10이하	10-17	17이상
1.5이하	2이하	A	A	A
1.5-3.7	2~5	B	B	A 또는 B
3.7-7.5	5~10	B 또는 C	B	B
7.5-19	10~25	C	B 또는 C	B 또는 C

② 작은 풀리 회전수와 설계동력 이용법

[표 4] 작은 풀리 회전수와 설계동력 이용법

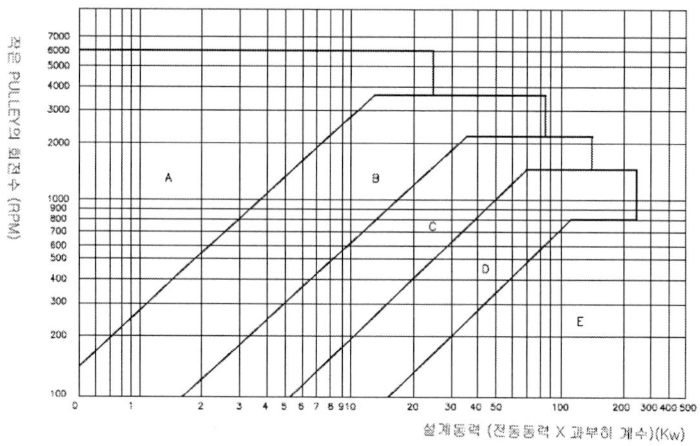

설계동력 10.5 kW 회전수 1760 rpm에서 V –벨트형은 B형 설정

3) PULLEY 호칭경 선정방법

단, A,B,C,D형은 BELT 속도 V=30m/sec 까지 사용

[표 5] 호칭경 선정시 유의사항

Belt형	최소 호칭경	Belt형	최소 호칭경
A	67	B	118
C	180	D	300

종동차 지름 $i = \frac{N_2}{N_1} = \frac{D_1}{D_2} = \frac{870}{1760} = \frac{118}{D_2}$

D_2 = 238.7mm (V 벨트 규격 224mm 선정)

D_1 = 118 mm

종동차 회전수 $i = \frac{N_2}{N_1} = \frac{D_1}{D_2} = \frac{N_2}{1760} = \frac{118}{224}$

N_2 = 927 RPM

4) BELT 규격과 축간거리 산출

① BELT 유효 둘레(유효둘레에 해당하는 BELT를 V고무 BELT에서 선정)

$$L = 2C + \frac{\pi}{2}(D_1 + D_2) + \frac{(D_2 - D_1)^2}{4C}$$

$$= 2 \times 1000 + \frac{\pi}{2}(118 + 224) + \frac{(224 - 118)^2}{4 \times 1000} = 2540 \text{ mm}$$

② 정확한 축간거리

$$C = \frac{b + \sqrt{b^2 - 2(D_2 - D_1)^2}}{4} = \frac{2003 + \sqrt{2003^2 - 2(224 - 118)^2}}{4} = 1000 \text{ mm}$$

$$b = L - 1.57(D_1 + D_2) = 2540 - 1.57(118 + 224) = 2003$$

5) V 홈수의 산출방법

$$z = \frac{H_{kw}}{k_1 \times k_2 \times H_0}$$

$$z = \frac{10.5}{0.99 \times 1.02 \times 3.08}$$

$$= 3.373$$

여기서

H : 설계동력 (kW)

H_o : V 벨트 1개의 전달마력 (kW)(표8참조)

k_1 : 접촉각 수정계수 (표5참조)

k_2 : BELT길이에 의한 보정계수(표6참조)

z : 소숫점 이하는 반올림

※ 참조

① 접촉각 수정계수 $\frac{D_2 - D_1}{C} = \frac{224-118}{1000} = 0.1 \Rightarrow 0.99$

② BELT길이에 의한 보정계수

호칭= $\frac{\text{유효둘레}}{25.4} = \frac{2540}{25.4} = 100 \Rightarrow 1.02$

③ V벨트 1개의 전달마력

$v = \frac{\pi d_2 n_2}{1000 \times 60} = \frac{\pi \times 118 \times 760}{1000 \times 60} = 10.87m/s \fallingdotseq 11m/s$

최소 호칭경 118mm ⇒ 소홈차 피치원 지름 130mm 가정 속도 11m/sec 표8에서 벨트 1개당 전달마력 2.8kW 알 수 있다

$2.8kW \Rightarrow 2.8 \times 1.1 = 3.08kW$(과부하율고려)

[표 6] 접촉 각도에 의한 보정계수(k_1)

$\frac{D-d}{C}$	작은PULLEY의 접촉각도(°)	보정계수
0.00	180	1.00
0.10	174	0.99
0.20	169	0.97
0.30	163	0.96
0.40	157	0.94
0.50	151	0.93
0.60	145	0.91
0.70	139	0.89
0.80	133	0.87
0.90	127	0.85
1.00	120	0.82
1.10	113	0.80
1.20	106	0.77
1.30	99	0.73
1.40	91	0.70
1.50	83	0.65

[표 7] BELT 길이에 의한 보정계수 (k_2)

BELT의 호칭 번호	A형	B형	C형
20~25	0.80	0.78	
26~30	0.81	0.79	
31~34	0.84	0.80	
35~37	0.87	0.81	
38~41	0.88	0.83	
42~45	0.90	0.85	0.79
46~50	0.92	0.87	0.80
51~54	0.94	0.89	0.81
55~59	0.96	0.90	0.82
60~67	0.98	0.92	
68~74	1.00	0.95	0.85
75~79	1.02	0.97	0.87
80~84	1.04	0.98	0.89
85~89	1.05	0.99	0.90
90~95	1.06	1.00	0.91
95~104	1.08	1.02	0.92
105~111	1.10	1.04	0.94
112~119	1.11	1.05	0.95
120~127	1.13	1.07	0.97
128~144	1.14	1.08	0.98

[표 8] V 벨트의 1개당 전달마력 (H_o) (단위 : kW)

벨트의 속도 (m/s)	B 형				
	소홈차 피치원 지름(mm)				
	※100	115	130	150	180이상
5	0.9	1.2	1.3	1.6	1.8
6	1.2	1.4	1.6	2.0	2.2
7	1.3	1.6	1.9	2.3	2.5
8	1.5	1.8	2.1	2.5	2.8
9	1.6	2.0	2.4	2.8	3.2
10	1.8	2.2	2.6	3.1	3.4
11	1.9	2.4	2.8	3.3	3.7

감아걸기각 180° 기계의 과부하율 1.00, 원심력에 의한 벨트의 장력증가를 보정
소홈차의 지름은 될수 있는한 이것보다 큰 것을 사용한다.
※은 최소 지름이므로 될수 있는 한 피한다.

◎ 사용조건에 따른 V 벨트 풀리

구분	외경	호칭경	TYPE	V 홈수	V-PULLEY
원동축	127	118	B	3	5인치B3
종동축	235	224			9인치B3

4 타이밍 벨트(Timing Belt)

벨트 표면의 마찰에 의해 전동 되는 V 벨트나 평 벨트와 달리 타이밍 벨트는 이(Tooth,齒)이 서로 맞물려 전동하기 때문에 그렇게 큰 장력은 불필요하다.

구성 재료로는 클로로프렌(chloroprene)의 고무 재질과 신축성이 적은 유리섬유(glass fiber) 및 내 마모성이 큰 나일론 천이 일반적으로 사용되고 있다. 또한, 이붙이 부분 및 커버는 고무로 만들어져 있고, 잇면은 고무를 도포한 천으로 씌워져 있다. 경부하일 때는 폴리우레탄(polyurethane)의 고분자 재료가 사용되고 있다.

그림 12-10
타이밍 벨트의 사용예

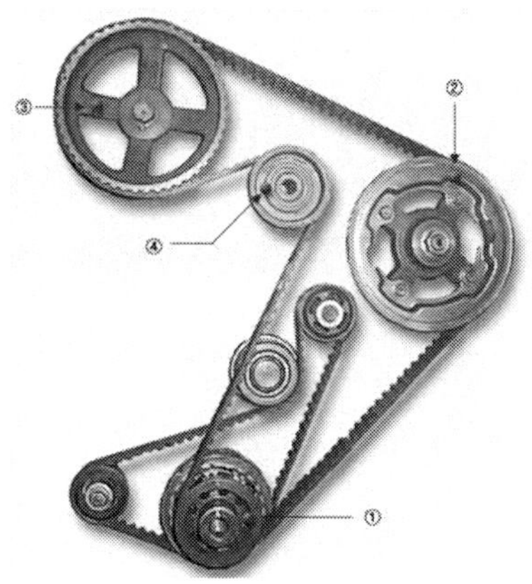

[특징]

① 고무 섬유와 강선으로 제작

② 풀리에 대응하는 치형을 가지고 있다.

③ 일정한 속도비로 동력을 전달 가능하다.

④ 전달 효율이 97~99% 범위

⑤ 초기 장력이 필요 없고, 고정된 축간 거리를 가진다.

⑥ 저속 및 고속 운전에 가능하며, 가격이 비싸다.

⑦ 기어와 마찬가지로 주기적인 진동 발생

(1) 종류

① **고무벨트** : 모든 승용차량에 적용되고 있다.

② **체인기어** : 일부 차량에 적용

③ **평균수명** : 6만 ~ 10만 KW 정도

(2) 계산방법

벨트의 속도는 풀리의 원주속도와 같으며 다음식으로 계산한다.

[1] 벨트의 속도

$$v = \frac{\pi N D_p}{60 \times 1000} \quad m/s$$

여기서, v는 벨트의 속도(m/s)

D_P는 피치원 지름(mm)

N는 풀리의 회전수(rpm)

[2] 피치원 직경(PD) = $\frac{pz}{\pi}$

[3] 외경 (OD) = PD − 2 × PLD

여기서 D_p : 피치원 지름 (mm)

p : 벨트의 피치 (mm)

z : 풀리 잇수

PLD(Pitch Line Differential) : 타이밍 벨트에 있어서는 피치선과 치밑면과의 거리이고, 타이밍풀리에 있어서는 피치원직경과 치선원 직경(외경)의 반경쪽 거리의 차를 의미합니다.

그림 12-11
타이밍 벨트

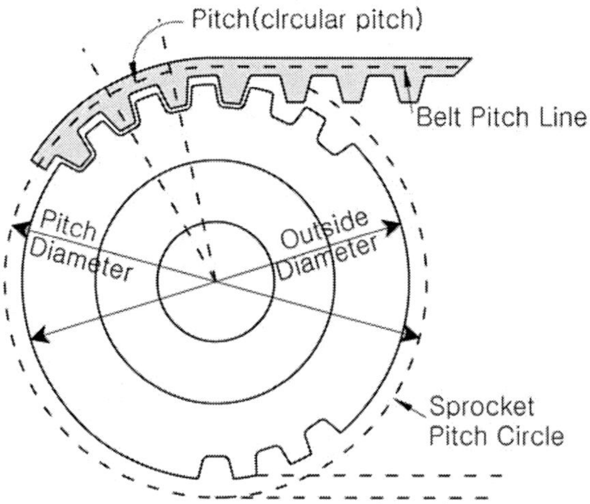

계 산 문 제

01 바깥지름이 600mm의 평벨트 풀리로서 동력을 전달시키는 축이 있다. 벨트의 유효장력이 100N일 때 축 지름을 40mm로 하였을 경우, 축에 발생하는 최대 전단응력은 몇 N/mm^2 정도인가? (단, 축은 비틀림 모멘트만을 받는다.)

SOL $T = P_e \dfrac{D}{2} = \tau \dfrac{\pi d^3}{16}$

$$= 100\frac{600}{2} = \tau \frac{\pi\, 40^3}{16}$$

$$\tau = \frac{100 \times 300}{\dfrac{\pi \times 40^3}{16}} = 2.39 N/mm^2$$

02 그림과 같은 지름 40cm의 풀리에 벨트의 장력이 각각 3000N, 1000N 작용할 때 축에 작용하는 ㉠ 상당 굽힘모멘트와 ㉡ 상당 비틀림모멘트는 각각 얼마인가? (단, 풀리 두께는 무시한다.)

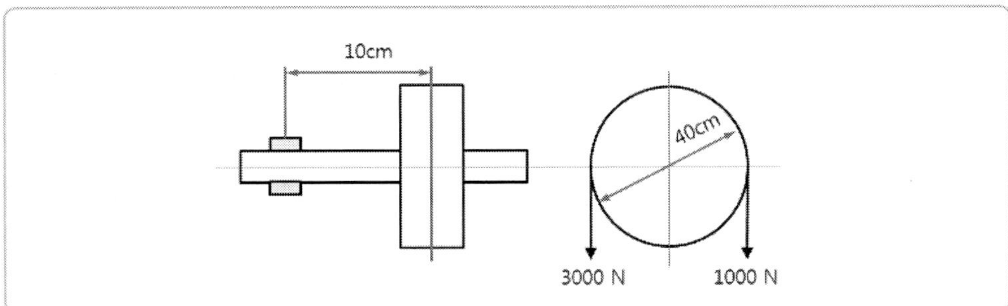

SOL (1) 상당비틀림 모우멘트

$$T_e = \sqrt{M^2 + T^2} = \sqrt{400^2 + 400^2} \fallingdotseq 566 N$$

① 풀리와 벨트 장력의 합성 하중 (베어링 장력)

P = 긴장측장력(T_t) + 이완측장력(T_s) + 자중(W)

= 3000 + 1000 = 4000N

② 최대 모우멘트

$$M_{max} = P\ell = 4000 \times 0.1 = 400\,N \cdot m$$

③ 비틀림 모우멘트

$$T = P_e \times \frac{D}{2} = (3000 - 1000)\frac{0.4}{2} = 400\,N \cdot m$$

(2) 상당굽힘모우멘트

$$M_e = \frac{1}{2}(M + T_e) = \frac{1}{2}(400 + 566) \fallingdotseq 483\,N$$

03 **벨트의 속도와 긴장측 장력이 같은 평벨트와 V벨트가 있다. 접촉각은 180°, V벨트의 홈각도는 40°, 마찰계수는 0.4이고, 원심력의 영향은 무시할 때, V벨트는 평벨트에 비해 얼마나 많은 동력을 더 전달할 수 있는가?** (단, 평벨트에서 $e^{\mu\theta}$=3.51, V벨트에서 $e^{\mu\theta}$=5.75)

SOL $H_{ps} = \dfrac{P_e v}{735} = \dfrac{T_t v}{735} \times \dfrac{e^{\mu\theta} - 1}{e^{\mu\theta}}$

접촉각 $\theta_1 = \theta_2 = 180°$ 속도비가 1이다

V 벨트에서 동력 $H_{ps} = \dfrac{T_t v}{735} \times \dfrac{5.75 - 1}{5.75} = 0.819$

평 벨트에서 동력 $H_{ps} = \dfrac{T_t v}{735} \times \dfrac{3.51 - 1}{3.51} = 0.715$

동력비교 = $\dfrac{0.819}{0.715} = 1.155$

V 벨트가 평벨트 비해 16% 정도 더 동력을 전달을 하게 된다.

04 **평벨트 전동장치에서 벨트의 긴장측 장력이 500 N, 허용 인장응력이 2.5N/mm^2일 때, 벨트의 너비(폭)는 최소 몇 mm 이상이어야 하는가?** (단, 벨트의 두께는 2mm, 이음 효율은 80%이다.)

SOL $\sigma_a = \dfrac{T_t}{bt\eta} = \dfrac{500}{b \times 2 \times 0.8} = 2.5$

b = 125 mm

05 V벨트의 속도가 30m/s, 벨트의 단위 길이당 무게는 0.15N/m, 긴장축의장력 T_t =20N 일 때 회전력은 몇N인가? (단. $e^{\mu\theta}=4$ 이다)

SOL 유효장력 (회전력) $P_e = T_t - T_s = (T_t - \frac{wv^2}{g})(\frac{e^{\mu\theta}-1}{e^{\mu\theta}})$

$=(20 - \frac{0.15\times 30^2}{9.8})(\frac{4-1}{4}) = 4.67N$

06 평벨트의 나비 60mm 두께가 5mm 이고, 속도가 20m/s 로 운전할 때 원심력에 의한 부가장력 (N)은?

SOL 부가장력 $T_c = \frac{wv^2}{g} = \frac{2.94\times 20^2}{9.8}$ = 120N

w = 비중량 × 면적 = $\gamma \times bh$ (물의 비중량 $1000kgf/m^3$)

$= 1000\times 9.8 \times \frac{60}{1000}\times\frac{5}{1000} = 2.94\ N/m$

07 벨트 전동에서 바로걸기로 감을 때 지름이 각각 900mm, 300mm이고 풀리의 중심거리가 2.5m인 벨트의 길이는 약 얼마인가?

SOL $L = 2C + \frac{\pi}{2}(D_1 + D_2) + \frac{(D_2 - D_1)^2}{4C}$

$L = 2\times 2500 + \frac{\pi}{2}(300+900) + \frac{(900-300)^2}{4\times 2500}$ = 6921mm

08 10m/s로서 50W 동력을 전달시키는 평 벨트 전동장치에서 긴장측의 장력은 약 몇 N인가? (단, 긴장측의 장력은 이완측 장력의 4배이며, 원심력의 영향은 무시한다.)

SOL 동력 $W = P_e V = 10P_e = 50 \quad P_e = 5N$

유효장력 $P_e = T_t - T_s = T_t - \frac{T_t}{e^{\mu\theta}} = T_t(1-\frac{1}{4}) = 5$

긴장측장력 $T_t = \frac{5}{0.75} = 6.67N$

장력비 $e^{\mu\theta} = \frac{T_t}{T_s} = \frac{4T_s}{T_s} = 4$

09 벨트전동에서 벨트의 장력이 비교적 크고 벨트의 속도가 낮아 원심력을 무시할 수 있는 경우, 미끄러짐 없이 운전 가능한 최대유효장력을 T_e라 하고 초장력을 T_0라 할 때, $\frac{T_0}{T_e}$는? (단, $e^{\mu\theta}=2$이며, μ는 벨트와 풀리 사이의 마찰계수이며 θ는 접촉각이다.)

SOL 최대 유효장력 $T_e = T_t - T_s = 2T_s - T_s = T_s$

초기장력 $T_o = \frac{T_t + T_s}{2} = \frac{2T_s + T_s}{2} = \frac{3T_s}{2}$

$$e^{\mu\theta} = \frac{T_t}{T_s} = 2$$

$$\frac{T_0}{T_e} = \frac{\frac{3T_s}{2}}{T_s} = 1.5$$

10 V 벨트의 속도가 25m/s 의 경우에, V 벨트의 단위 길이 무게 $w = 2N/m$, 긴장측의 장력 T_t =400 N 이라 할 때, V벨트 1가닥이 전달될 수 있는 동력(kW)는?(단 $e^{\mu'\theta} = 2$이다)

SOL $H_{kW} = \frac{P_e v z}{1000} = \frac{vz}{1000}(T_t - mv^2)\frac{e^{\mu'\theta}-1}{e^{\mu'\theta}}$

$$m = \frac{w}{g} = \frac{2}{9.8} = 0.2\ kg/m$$

$$= \frac{25\times 1}{1000}(400 - 0.2\times 25^2)\frac{2-1}{2} \fallingdotseq 3.4kW$$

11 축간거리 2m, 구동 풀리의 지름이 200mm, 종동 풀리의 지름이 500mm일 때 벨트를 평행 걸기로 하였다. 구동 풀리의 회전수가 400rpm이고, 2kW를 전달하려면 벨트의 치수를 얼마로 하는 것이 좋겠는가? (단, $\mu = 0.2$, 벨트의 허용인장응력은 $2MPa$이고, 벨트의 이음 효율은 80%이다.)

SOL ① 벨트의 속도

$$v = \frac{\pi d_1 n_1}{60\times 1000} = \frac{\pi\times 200\times 400}{60\times 1000} \fallingdotseq 4.2m/s$$

② 접촉각

$$\theta = 180^\circ - 2\sin^{-1}\frac{D_2 - D_1}{2C} = 180^\circ - 2\sin^{-1}\frac{500-200}{2\times 2000} \fallingdotseq 171.4^\circ$$

$$e^{\mu\theta} = e^{0.2 \times 171.4 \times \frac{\pi}{180}} \fallingdotseq 1.822 \fallingdotseq 1.8$$

③ 긴장측 장력(원심력 무시)

$$H_{kW} = \frac{T_1 v}{1000}(1 - \frac{1}{e^{\mu\theta}}) = \frac{T_t \times 4.2}{1000}(1 - \frac{1}{1.8}) = 2$$

$$T_t = 1071.42N$$

④ 벨트의 단면적

$$bt = \frac{T_t}{\sigma_a \eta} = \frac{1071.43}{2 \times 0.8} = 669.6mm^2$$

$$bt = 140 \times 5 = 700mm^2$$

(표에서 벨트의 너비 $140mm$, 두께는 $5mm$)

[평 벨트의 차수]

<table>
<tr><th colspan="4">1겹 벨트</th><th colspan="2">2겹 벨트</th></tr>
<tr><th>폭(b)</th><th>두께(t)</th><th>폭(b)</th><th>두께(t)</th><th>폭(b)</th><th>두께(t)</th></tr>
<tr><td>35</td><td rowspan="4">30이상</td><td>102</td><td rowspan="5">50이상</td><td>51</td><td rowspan="5">60이상</td></tr>
<tr><td>32</td><td>114</td><td>63</td></tr>
<tr><td>38</td><td>127</td><td>76</td></tr>
<tr><td>44</td><td>140</td><td>89</td></tr>
<tr><td>51</td><td rowspan="8">40이상</td><td>152</td><td>114</td></tr>
<tr><td>57</td><td rowspan="8"></td><td rowspan="8"></td><td>127</td><td rowspan="5">70이상</td></tr>
<tr><td>63</td><td>140</td></tr>
<tr><td>70</td><td>152</td></tr>
<tr><td>76</td><td>165</td></tr>
<tr><td>83</td><td>178</td></tr>
<tr><td>89</td><td>191</td><td rowspan="3">80이상</td></tr>
<tr><td>95</td><td>203</td></tr>
<tr><td></td><td></td><td>229</td></tr>
</table>

기출 및 예상문제

01 다음 중 벨트 전동장치에 관한 설명으로 옳지 않은 것은 어느 것인가?

㉮ 정확한 속도비를 필요로 하는 경우에는 사용할 수 없다.

㉯ 효율은 70~75%로 낮은 편이다.

㉰ 하중이 갑자기 증가하는 경우에는 안전장치의 역할을 한다.

㉱ 구조가 간단하고 값이 싸다.

SOL 전동효율 90 ~ 95% 이다.

답 ㉯

02 평벨트 전동장치에 대한 설명 중 옳은 것은?

㉮ 벨트와 풀리의 접촉각이 증가하면 전달 동력은 감소한다.

㉯ 벨트 전동장치는 기어 전동장치보다 정확한 회전비를 얻을 수 없다.

㉰ 바로걸기에서 벨트를 수평으로 걸어서 전동하는 경우 긴장측을 위로 하는 것이 좋다.

㉱ 가죽 벨트는 탄성이 풍부하고 마찰계수 및 방열성이 커서 장시간 연속운전이 가능하지만 긴 벨트는 이어서 사용하지 못한다.

SOL 벨트의 유효장력은 마찰계수와 접촉각이 클수록 커진다.

$$H_{kW} = \frac{P_e v}{1000} = \frac{v}{1000}(T_t - mv^2)\frac{e^{\mu'\theta}-1}{e^{\mu'\theta}}$$

답 ㉱

03 벨트 전동장치에서 인장풀리(tension pulley)를 사용하는 것을 설명한 것이다. 틀린 것은?

㉮ 벨트 접촉각을 크게 할 때 사용

㉯ 두 축의 중심거리가 가까울 때 사용

㉰ 원동차와 종동차의 지름차가 클 때 사용

㉱ 벨트 인장쪽에 사용하여 미끄럼을 적게 할 때 사용

SOL 인장풀리 (tension pulley) : 벨트 전동 또는 체인 전동에 있어서 적당한 장력을 유지하기 위하여 원동차와 종동차 중간에 다른 풀리(바퀴)를 설치하고 스프링이나 추로 벨트나 체인의 일부를 누른다. 이 제3의 풀리를 인장 풀리라고 한다.

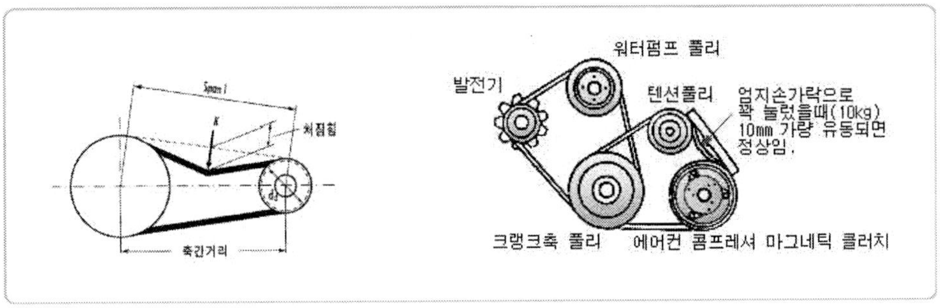

답 ㉱

04 벨트 전동 장치에서 동력 전달에 필요한 마찰력을 주기 위하여 정지하고 있을 때 벨트에 장력을 준 상태에서 벨트 풀리에 끼워 접촉면에 알맞은 합력이 작용하도록 하는데 이 장력을 무엇이라 하나?

㉮ 말기장력 ㉯ 유효장력

㉰ 피치장력 ㉱ 초기장력

답 ㉱

05 바로걸기 벨트의 경우 이완측을 위로 가게 하는 이유는 무엇인가?

㉮ 벨트가 잘 벗겨지지 않는다.

㉯ 벨트 걸기가 쉽다.

㉰ 장력이 커진다.

㉱ 접촉각이 커져서 미끄럼이 적고 정확한 진동이 된다.

답 ㉱

06 **평 벨트 전동장치에 관한 다음 설명 중 틀린 것은 어느 것인가?**

㉮ 회전하기 시작하면 인장쪽의 장력은 커진다.
㉯ 회전하기 시작하면 이완쪽의 장력은 작아진다.
㉰ 벨트가 종동차에 들어가는 쪽을 인장쪽이라 한다.
㉱ 감는 방식에는 오픈 벨트와 크로스벨트 방식이 있다.

SOL 그림 12-1 참조

답 ㉰

07 **원동 평벨트 풀리의 지름 600mm, 회전수 120rpm, 벨트의 두께가 5mm일때 지름 300mm의 종동 풀리의 회전수는?**(단, 벨트와 풀리 사이에는 미끄럼이 없다고 가정한다.)

㉮ 약 240　　㉯ 약 348
㉰ 약 420　　㉱ 약 238

SOL $i = \frac{N_2}{N_1} = \frac{D_1}{D_2} = \frac{N_2}{120} = \frac{600}{300}$

답 ㉮

08 **벨트 풀리 림(rim)의 중앙부를 약간 높게 만드는 이유 중 맞는 항목은?**

㉮ 제작이 용이하기 때문
㉯ 풀리의 강도 증대와 마모를 고려하여
㉰ 벨트가 벗겨지는 것을 방지하기 위하여
㉱ 벨트 착탈시 용이하게 하기 위하여

답 ㉰

09 **평벨트 전동장치와 비교할 때 V벨트 전동의 특징을 올바르게 설명 한 것은?**

㉮ 5m/s 이하의 저속운전에만 가능하다.
㉯ 축간거리가 짧고 큰 속도비에 적합하다.
㉰ 평벨트 전동에 비해 전동 효율이 나쁘다.
㉱ 두 축의 회전방향이 다른 경우에 적합하다.

답 ㉯

10 바로걸기 벨트 전동장치에서 속도비가 1 : 1 일 때 접촉각 θ_1 및 θ_2 는 얼마인가?

㉮ $\theta_1 = 160°$ $\theta_2 = 160°$
㉯ $\theta_1 = 180°$ $\theta_2 = 180°$
㉰ $\theta_1 = 170°$ $\theta_2 = 170°$
㉱ $\theta_1 = 185°$ $\theta_2 = 185°$

SOL 속도비가 1:1 이면 양쪽 풀리의 크기는 같아야 한다. 즉 접촉각은 양쪽 풀리 다 같이 180° 가 된다

답 ㉯

11 평벨트에 비해 V벨트 전동의 특징이 아닌 것은?

㉮ 미끄럼이 적고, 속도비가 크다.
㉯ 바로걸기로만 가능하다
㉰ 축간거리를 마음대로 할 수 있다.
㉱ 운전이 정숙하고 충격을 완화한다.

답 ㉰

12 V벨트 풀리의 홈 부분 각도에 관한 설명으로 가장 올바른 것은?

㉮ 모든 홈은 40° 로 일정하다.
㉯ V벨트의 형식에 따라 일정하다.
㉰ V벨트의 형식과 풀리의 지름에 따라 정해진다.
㉱ V벨트의 형식, 풀리의 지름과 축간 거리에 따라 정해진다.

SOL V 벨트의 표준치수 M, A, B, C, D, E 6종류 가 있으며, M에서 E 쪽으로 가면 단면이 커진다.

답 ㉰

13 풀리장치에서 벨트의 장력이 너무 크게 되면 어떤 현상이 일어나는가?

㉮ 미끄럼이 크게 된다.
㉯ 전동이 불확실하다

㉰ 베어링 마찰 손실이 크게 된다.

㉱ 회전력이 감소 한다.

SOL 벨트의 장력(P_e)이 커지면 베어링 마찰 손실동력은 커진다

답 ㉰

14 V벨트에서 A 30이란?

㉮ 단면이 A형이고 유효둘레가 30㎝이다.

㉯ 단면이 A형이고 유효둘레가 30인치이다.

㉰ 재료가 A호이며 지름이 30㎝이다.

㉱ A는 제작 번호이고 단면의 두께가 30㎜이다.

SOL 호칭번호 $= \frac{\text{벨트의유효둘레}}{25.4}$

답 ㉯

15 벨트 전동의 동력 전달에 대한 내용이 틀린 것은?

㉮ 원심장력이 클수록 전달동력이 증가한다.

㉯ 장력비가 커지면 전달동력도 커진다.

㉰ 마찰계수가 크면 전달 동력도 크다.

㉱ 마찰각이 클수록 전달 동력도 크다.

SOL 본문내용 참조

μ , θ, $e^{\mu\theta}$ 접촉압력을 크게하면 전달동력은 커진다

답 ㉮

16 벨트와 벨트 풀리에 대한 설명 중 옳지 않은 것은?

㉮ 주로 고속회전용 평벨트 풀리에는 림면이 편평한 F형(flat type)이 쓰인다.

㉯ V벨트의 종류에는 M, A, B, C, D, E의 여섯 가지가 있다.

㉰ V벨트 전동에서 회전 방향을 바꿀 때는 엇걸기를 한다.

㉱ V벨트의 각도는 보통 40° 이다.

SOL 엇걸기 : 회전 방향이 반대가 되도록 꼬아서 거는 방법으로 마찰력은 증가하지만 벨트의 손상이 크고 수명도 짧다.

답 ㉰

17 **벨트 전동장치의 특성에 관한 설명으로 틀린 것은?**

㉮ 회전비가 부정확하여 강력 고속전동이 곤란하다.

㉯ 전동효율이 작아 각종 기계장의 운전에 널리 사용하기에는 부적합하다.

㉰ 종동축에 과대 하중이 작용할 때에는 벨트와 풀리 부분이 미끄러져서 전동장치의 파손을 방지 할 수 있다.

㉱ 전동장치가 조작이 간단하고 비용이 싸다.

답 ㉯

18 **벨트 전동시 플래핑(flapping, 펄럭거림)은 어느 때에 발생하는가?**

㉮ 축간거리가 짧고 속도가 느릴 때

㉯ 축간거리가 길고 속도가 느릴 때

㉰ 축간거리가 길고 속도가 빠를 때

㉱ 축간거리가 짧고 속도가 빠를 때

답 ㉰

19 **미끄럼을 방지하기 위하여 접촉면에 치형을 붙여 맞물림에 의하여 전동하도록 조합한 벨트는?**

㉮ 평벨트 ㉯ V벨트

㉰ 가는너비 V 벨트 ㉱ 타이밍벨트

답 ㉱

20 **벨트 전동에서 긴장측 장력 T_1, 이완측 장력 T_2 일 때 베어링에 작용하는 하중은 얼마인가?**

㉮ $T_1 - T_2$ ㉯ T_1/T_2

㉰ T_2/T_1 ㉱ $T_1 + T_2$

SOL 합성하중 $P = T_t + T_s$ (계산문제 2 참조)

답 ㉱

21 미끄럼을 방지하기 위하여 접촉면에 치형을 붙여, 맞물림에 의하여 전동하도록 조합한 벨트로서 슬립과 크리프가 거의 없고 속도 변화가 아주 작은 벨트는?

㉮ 고무벨트　　㉯ 타이밍벨트
㉰ 직물벨트　　㉱ 강벨트

답 ㉯

22 다음은 타이밍벨트의 특징을 쓴 것이다. 이 중 옳지 않은 것은?

㉮ 슬립(slip)과 크리프(creep)가 거의 없다.
㉯ 속도변화가 아주 크다.
㉰ 굽힘 저항이 작으므로 작은 지름을 사용할 수 있다.
㉱ 저속 및 고속에서 원활한 운전이 가능하다.

답 ㉰

23 벨트에 장력을 가하는 방법이 아닌 것은?

㉮ 탄성변형에 의한 방법
㉯ 인장풀리를 이용하는 방법
㉰ 벨트의 자중에 의한 방법
㉱ 원심력에 의한 방법

답 ㉱

제13장 체인 전동장치(Chain Driver)

1 체인 전동장치(Chain Driver)의 개요

벨트와 로프 전동은 마찰력에 의한 전동이지만 체인 전동은 체인을 스프로킷 휠(sprocket wheel : 소니치차)에 걸어 감아서 체인과 휠의 이가 서로 물리는 힘으로 동력을 전달시킨다. 그림 13-1은 전동체인의 대표적인 롤러체인과 사일러트체인을 표시한 것이다.

그림 13-1
사일런트 체인

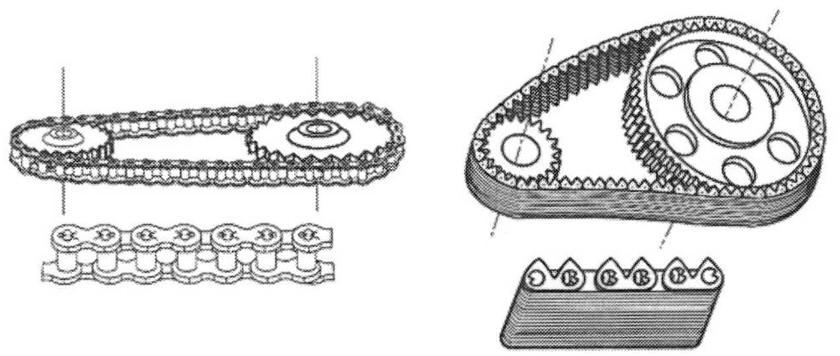

(a) 롤러 체인　　(b) 사일런트 체인

2 체인의 특성

① 미끄럼없는 정확한 속도비가 얻어 진다.
② 초기장력을 줄 필요가 없고, 베어링에도 하중이 가해지지 않는다.
③ 내열, 내유 및 내습성이 강하다.

④ 체인의 탄성에 의해 어느 정도 충격을 흡수 할수 있다.

⑤ 진동과 소음이 심하고, 고속회전에 부적합하다.(단, 사이런트 체인은 고속전동이 가능)

⑥ 체인의 길이를 신축할 수 있고 다축 전동이 용이하다.

⑦ 대동력을 전달시킬 수 있고, 효율도 95% 이상이다.

3 체인의 종류

전동체인에는 여러 가지 종류가 있으나 대체로 전동용체-화물수송용체인 운반용체인 3가지로 나눌수 있다.

그림 13-2
체인의 종류

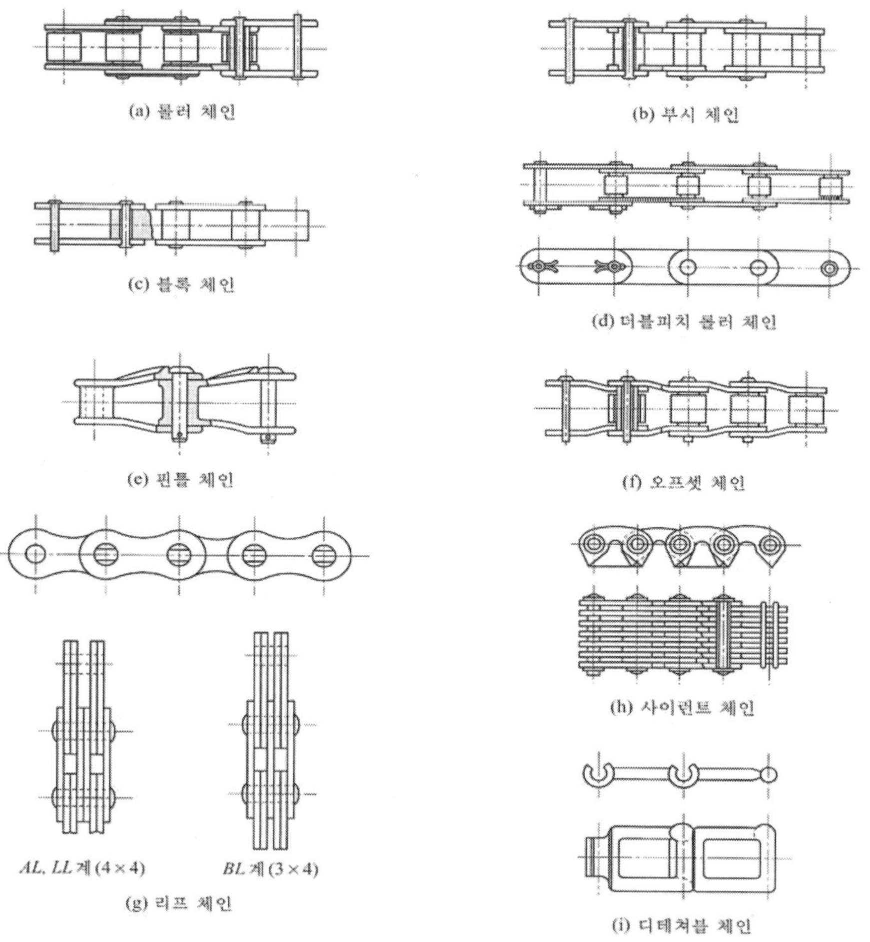

(1) 전동용 체인

전동용체인에는 블록체인(block chain), 롤러체인(roller chain), 사일런트 체인(silent chain)의 3가지가 있으나 롤러체인과 사일런트 체인이 가장많이 사용된다.

(2) 용도에 따라

① **동력 전달용** : 롤러 체인, 오프셋 체인, 사일런트 체인, 분해식 체인(detachable chain)
② **물품운반용** : 핀틀 체인, 컴비네이션 체인, 어테치먼트 체인
③ **중량물낙하** : 블록 체인, 스터드 체인

4 롤러 체인(roller chain)

롤러 링크 플레이트와 핀 링크 플레이트를 엇갈리게 연결한 것, 자전거에 사용
롤러 링크는 **그림13-3**과 같이 롤러를 끼운부시(bush)의 양끝에서 2장의 롤러링크 플레이트에 고정되어 있다.

(1) 특징

① 링크의 수가 홀수인 경우는 오프셋 링크를 사용
② 큰동력을 전달하는 체인은 수열의 링크를 결합 (다열체인)
③ 속비는 1/7 정도까지를 보통, 저속일 경우는 1/10 정도까지 가능
④ 축간 거리는 (30 ~ 50)p (피치) 정도
⑤ 감아걸기 각도가 작을 때는 인장활차를 써서 120°이상으로 되도록 한다.
⑥ 수평으로 걸 때는 스프라킷 휘일의 이끝에서 체인이 떨어지기 쉽도록 체인의 이완측을 아래으로 한다.
⑦ 충격없이 원활하게 전동되려면 잇수가 많고 피치가 작을수록 좋다.

그림 13-3
롤러 체인 구성

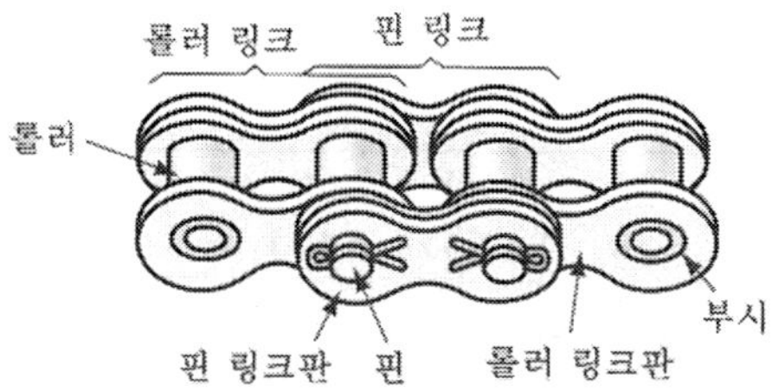

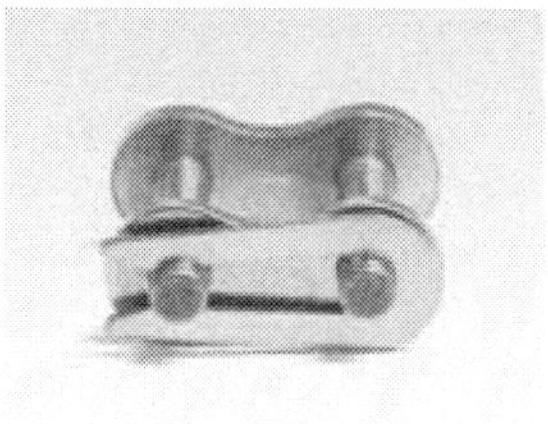

크립핀형

코타핀형

1피치 옵셋트 링크

※ Offset link은 Roller link와 pin link가 조합된 형태로 체인 연결시 1피치만 필요할 때 사용한다. (피로하중이 반복되는 곳은 피한다)

참고 타이밍 체인 (인버티트 톱니 체인, 사일런트 체인)

크랭크축이 캠축을 구동할 때 체인을 사용해 동력을 전달하는 방식을 말하며 다음과 같은 장점이 있다.

① 소음은 체인 방식중 대체적으로 조용하다.
② 회전력은 부드럽게 회전한다.
③ 공간점유가 우수하다. (설치 때 넓은 공간이 필요없음)
④ 회전 속도에 따른 속도 충격이 작으며 스프라킷이 작고 체인이 짧아도 힘 전달이 뛰어나다. (99% 효율)
⑤ 고무벨트와 달리 온도와 수분의 영향을 거의 받지 않는다. (단 윤활유 관리가 중요하다)
⑥ 최대 회전속도 45 m/s 이며, 최대 부하 3,000ps이다

(2) 롤러체인 설계

① 속도

속도 V는 5(m/sec)이하로서 2~5[m/sec]가 가장 적합하다.

$$v = \frac{pZN}{1000 \times 60} \quad (m/s)$$

$$\because\ v = \frac{\pi dN}{1000 \times 60}\text{에서}\quad p = \frac{\pi d}{z} \qquad d = \frac{pZ}{\pi}$$

여기서 p : 체인의 피치(mm)
Z : 스프로킷 잇수
N : 스프로킷 회전수(rpm)

② 속비(회전비)

잇수가 적으면 회전이 원활하지 못하게 되므로 잇수는 17개 이상.

$$i = \frac{N_2}{N_1} = \frac{Z_1}{Z_2}$$

③ 체인의 길이

$$L = \frac{\pi\,(D_1 + D_2)}{2} + 2\,C + \frac{(D_2 - D_1)^2}{4\,C}\left(p = \frac{\pi d}{z}\text{에서 } d = \frac{pz}{\pi}\text{ 대입}\right)$$

$$= \frac{p\,(Z_1 + Z_2)}{2} + 2\,C + \frac{p^2\,(Z_2 - Z_1)^2}{4\,C\pi^2}$$

링크수 $L_n = \frac{\ell}{p} = \frac{Z_1 + Z_2}{2} + \frac{2\,C}{p} + \frac{p\,(Z_2 - Z_1)^2}{4\,C\pi^2}$

$$L_n = \frac{\ell}{p} = \frac{Z_1 + Z_2}{2} + \frac{2\,C}{p} + \frac{0.0253p\,(Z_2 - Z_1)^2}{C}$$

체인의 길이 $\ell = L_n \times p$(여기서 L_n 링크수 p 피치)

④ 중심거리(축간거리)

일반적 C = (40~50)p

최소 중심거리 $C_{min} = 30p$, 최대 중심거리 $C_{max} = 80p$

⑤ 전달마력

$$H = \frac{P_a v}{735}\ (ps) = \frac{P_a v}{1000}\ (kW)$$

유효장력 $P_a = \frac{P_B}{kS} i$

여기서 P_B : 체인의 파단하중 (kN) 표참조 (표13-3 참조)

k : 운전상태에 따른 부하계수 (표13-4 참조)

S : 안전율 (표13-1 참조)

i : 다열계수 (표13-2 참조)

> 용어 **파단하중** : 체인이 끊어지는 최소하중값이며, 끊어져서는 안되는 안전율이 감안되지 않은것 입니다.

[표 13-1] 안전율 (S)

구 분		안전률
롤러 체인		5 ~ 20정도
사일런트 체인		30~ 50정도
속도	4 m/s 이하	7이상
	4 ~8 m/s	8이상

[표 13-2] 다열계수 (i)

체인의 열수	i	체인의 열수	i
1	1.0	3	2.5
2	1.7	4	3.3

[표 13-3] 롤러 체인의 전달마력 및 최대 회전수

롤러 체인의 호칭번호	피치 p (mm)	파단하중 P_B		전 단 마 력 (PS)									최대 회전수 (rpm)
				체 인 의 속 도 v(m/min)									
		kN	kgf	15	25	50	75	100	150	200	250	300	
40	12.7	14.0	1420	0.06	0.82	1.45	2.92	1.53	3.60	4.06	3.55	4.15	2100
50	15.88	22.0	2210	0.91	1.44	2.57	3.48	4.24	5.40	6.27	6.95	7.47	1820
60	19.05	31.0	3200	1.28	2.03	3.62	4.92	5.98	7.63	8.84	9.78	10.53	1530
80	25.40	55.0	5650	2.28	3.62	6.48	8.78	10.67	13.60	15.82	17.50	18.80	970

[표 13-4] 부하계수 (k)

하중의 종류	부하의 특징	1일 사용시간			
		10시간	24시간	10시간	24시간
균일 하중	교반기, 원심송풍기, 원심 펌프, 발전기, 역회전 없는 균일하중의 기계류	1.0	1.2	1.4	1.7
불규칙 경 하중	다단 펌프 압축기, 공작기계, 컨베이어, 목재기계	1.2	1.4	1.7	2.0
큰 충격을 수반하는 전동	프레스 왕복 압축기 분쇄기 토목 및 광산기계 등 부하 변동이 심함.	1.4	1.7	2.0	2.4
전동기의 종류		전동기, 터빈엔진		디젤엔진, 단통엔진	

참고
- **체인피치** : 되도록 작은 것을 사용하며, 축간거리가 짧거나 Sprocket의 외경이 작을 경우에는 Sprocket의 잇수가 많은 다열 체인을 사용하는 것이 좋습니다.
- **작은 스프로킷 잇수**(종동차) : 일반적 17개 정도, 저속회전은 11개 가능, 고속회전은 25개 이상 sprocket 잇수가 증가할수록 속도 변동은 줄어들고, 이와 반대로 Sprocket 잇수가 적을수록 속도 변동은 커지게 됩니다. Sprocket 잇수가 최소 25개 이상이 되어야만 속도변동이 최소화 됩니다.

(3) 롤러 체인의 규격

표 13-5는 롤러 체인의 규격을 나타낸 것이다.

롤러 체인의 절단하중은 재질 및 제조방법에 따라 다르지만, 경험식을 이용하여 계산하기도 한다. 체인의 핀 지름을 d[mm]이라 하면, 절단하중 P_B[N]은 다음 식과 같다.

$$P_B[\mathrm{N}] = 705d^2 - 3120[\mathrm{N}]$$

[표 13-5] 롤러 체인의 규격 (KS B 1407)

[길이 단위 : mm]

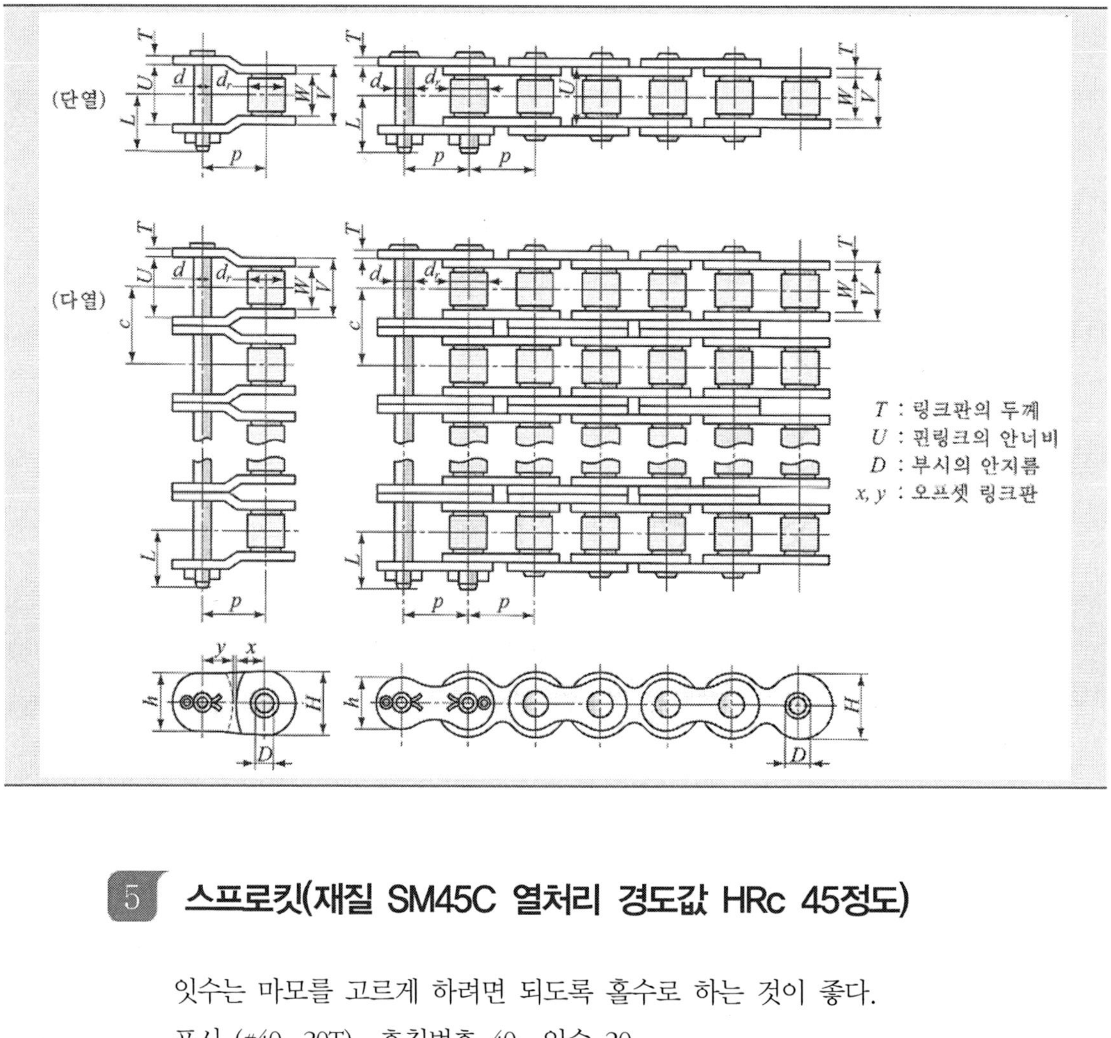

5 스프로킷(재질 SM45C 열처리 경도값 HRc 45정도)

잇수는 마모를 고르게 하려면 되도록 홀수로 하는 것이 좋다.

표시 (#40 - 20T) 호칭번호 40 잇수 20

그림 13-4
스프로킷 휠의 형상

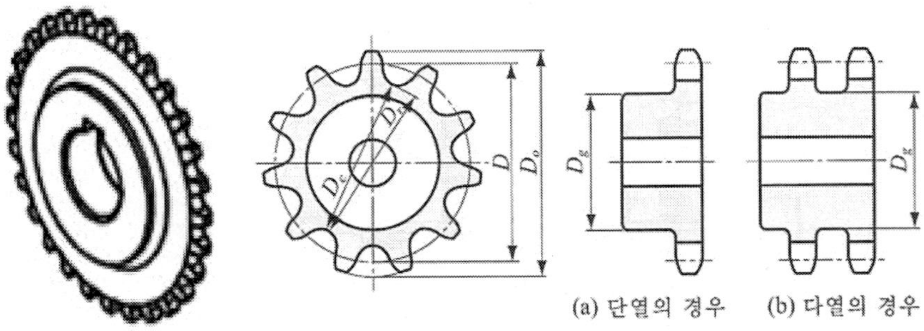

(1) 피치원경 (D_p)

$$\sin\frac{\alpha}{2} = \frac{p/2}{D_P/2} \qquad \text{여기서 } \alpha = \frac{360}{Z}$$

$$D_p = \frac{p}{\sin\frac{180}{Z}}$$

(2) 바깥지름 (D_0)

$$D_0 = 2\left(0.3p + \frac{D_p}{2} \cdot \cos\frac{\alpha}{2}\right) = 2\left(0.3p + \frac{1}{2} \cdot \frac{p}{\sin\frac{180^\circ}{Z}} \cdot \cos\frac{180^\circ}{Z}\right)$$

$$= 2\left(0.3p + \frac{1}{2}p \cdot \cot\frac{180^\circ}{Z}\right)$$

$$= p\left(0.6 + \cot\frac{180^\circ}{Z}\right)$$

6 사일런트 체인(silent chain)

사일런트 체인은 링크를 부시에 끼우고 바깥쪽에 안내 링크를 결합시켜 핀으로 연결하여 만든다. 이 체인은 진동과 소음이 적고 항상 정확하게 회전력을 전달하므로 고속회전에 적합하다.

① 스프라킷에서 벗어나는 것을 방지하기 위해 안내 링크 플레이트 삽입

② 체인의 면각 β 는 50~ 80°의 것이 사용되지만 52°의 것이 가장 많다.

③ 잇수는 17~120개 정도 사용하며, 속도는 4~6 m/s 가 적당하며, 최대 10m/s 사용한다.

그림 13-5
사일런트 규격

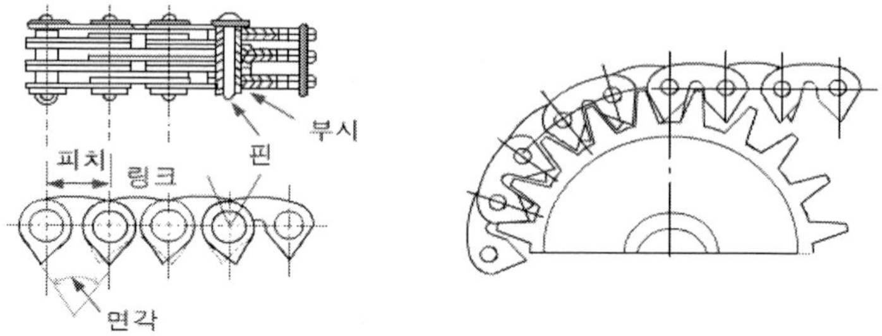

참고 체인저속인 경우 선정방법($v=50m/\min$ 이하)

체인의 최대 허용장력(N) ≥ 체인에 적용하는 허용장력(N) × 사용계수 (표 13-4) × 속도 계수 (표 13-5)

[표13-5] 속도계수

롤러체인의 속도(m/min)	속도계수
0 ～ 15	1.0
15 ～ 30	1.2
30 ～ 50	1.4
50 ～ 70	1.6

7 로프 전동장치

로프 전동장치는 목면 (cotton), 마(hemp), 강선 (steelwire) 등으로 만든 로프 (rope)를 흠이 있는 바퀴인 로프 풀리 (rope pulley) 또는 시이브(sheave)에 감아 걸어서 회전을 전달한다.

(1) 로프전동의 장점

① 대통력 전달에는 평벨트 및 V벨트보다 유리하다.

② 상당히 긴거리 사이의 동력전달이 가능하고 와이어 로프에서는 50~ 100(m), 섬유질 로프에서는 10~30(m) 정도이다

③ 그림 13-6에서 보는 것처럼 로프는 그다지 장소를 많이 잡지 않으므로 1개의 원동 풀리에서 몇 개의 종동 풀리로 회전을 전달시키는 데에 아주 편리하다. 따라서 전동마력은 로프의 가닥수를 바꿈으로써 얼마든지 변화시킬 수가 있다. 그리고 원동축에서 종동축으로 동력을 분배하는 경우에 적합하다.

④ 벨트에 비하여 미끄럼이 적다.

⑤ 고속운전에 적합하다.

⑥ 전동경로가 직선이 아닌 경우일 때에도 사용이 가능하다.

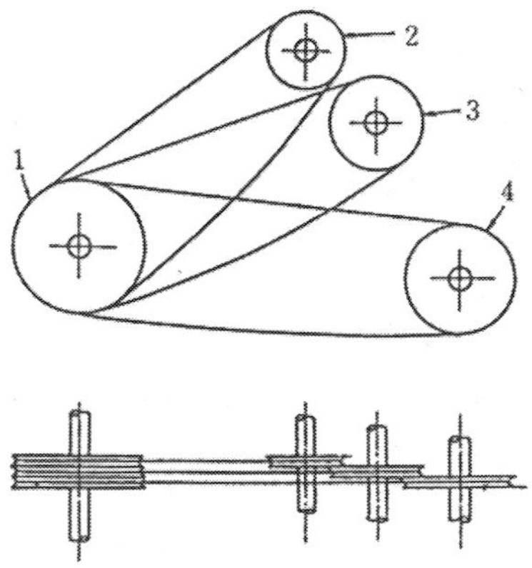

그림 13-6
여러 개의 종동 풀리를 구동하는 로프 전동

(2) 로프 전동의 단점

① 장치가 복잡하게 된다. 즉, 벨트와 같이 자유로이 로프를 걸어감고 벗겨낼 수가 없다.

② 조정이 어렵고 절단되었을 경우 수리가 곤란하다.

③ 미끄럼이 적으나 전동이 불확실하다.

(3) 로프 전동의 종류

로프에는 목면, 마 등을 이용한 섬유 로프(textile rope)와 와이어 로프(wire rope)가 있다. 전동용으로 주로 면로프, 마로프가 사용되고 와이어 로프는 크레인, 윈치와 같은 중량물 운반용으로 많이 사용된다.
로프의 단면은 대략 원형이지만 약간 凹凸이 있으므로 로프의 크기는 외접원의 지름으로 표시한다.

(4) 로프 종류

[표13-6] 로프의 종류

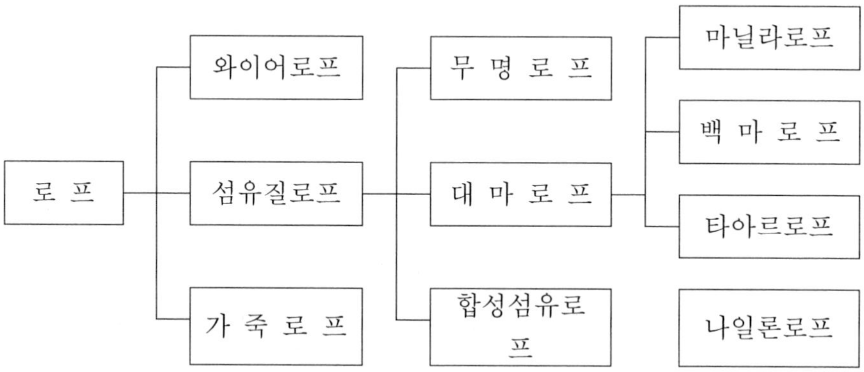

① 섬유 로프

면 또는 마로프는 그 섬유로 만든 실(yarn)을 꼬아서 작은 스트랜드(strand)를 만들고, 그림 13-7 과 같이 3개 또는 4개의 스트랜드를 꼬아서 로프를 만든다. 3개를 합하여 꼬은 3개 꼬임과 4개를 합하여 꼬은 4개 꼬임이 있다. 4개 꼬임은 중심에 별도로 심(center core)을 넣는다. 따라서 4개 꼬임 쪽이 로프 풀리와 접촉 면적이 크다. 보통 실은 왼쪽 꼬임, 스트랜드는 오른쪽 꼬임, 로프는 왼쪽 꼬임으로 한다. 작은 마력의 전동에는 3개 꼬임을 사용하나 보통 4개 꼬임을 사용한다. 전동용 섬유 로프는 크기가 25~50mm 정도의 것을 사용하며, 굵은 것을 한 개 사용하는 것보다 가는 것을 여러 개 사용하는 것이 좋다.

면 로프는 유연해서 잘 굽어지므로 지름이 작은 로프 풀리에 걸어서 사용할 수 있으나, 습기의 영향을 받기 쉬우므로 옥외 사용을 하면 수명이 짧아진다. 그러나, 마로프는 비바람에 강하기 때문에 옥외 사용에 적합하다. 사용 장력은 로프 단변의 외접원의 단위면적마다의 응력으로 표시하고 면로프는 $8 \sim 10 kgf/cm^2$, 마로프는 $8 \sim 15 kgf/cm^2$이다.

그림 13-7
섬유 로프의 꼬임방법

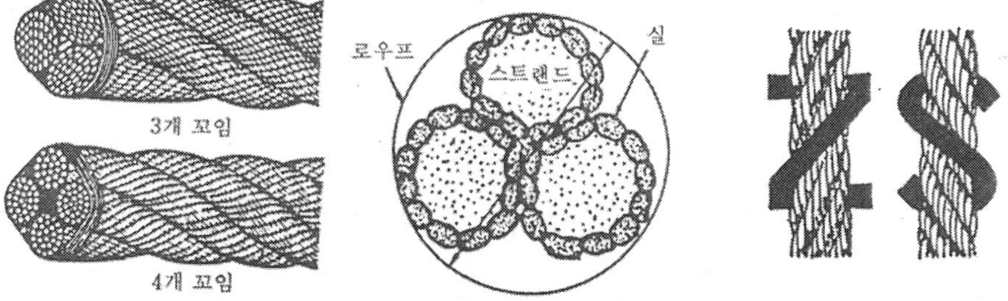

(a) 로우프 (b) 실과 스트랜드 (c) Z꼬임 (d) S꼬임

② 와이어 로프

와이어 로프는 질이 좋은 강선(wire), 즉 소선(素線)을 열처리하여 몇 번이고 다이(die)를 통과시켜 필요한 크기로 만들어 아연도금한 후에 꼬아서 만든 것이다. 중심에 대마심(大痲Z) 을 넣은 것은 로프의 구성을 용이하게 하면서 유연성을 주어서 자유로이 굽어지게 하며, 윤활유를 포함하게 되므로 철사 사이의 마찰을 감소시키고 내구성을 높인다. 강도계산에는 상관이 없고 강도만이 중요한 로프에서는 대마심을 전혀 사용하지 않고 소선만을 꼬아서 로프를 만든다. 표 13-7 에 와이어 로프의 단면구조를 표시한다.

와이어 로프를 꼬는 방법에는 보통꼬임(ordinary lay) 과 랭꼬임(lang's lay) 이 있다. 보통 꼬임은 스트랜드의 꼬임 방향과 소선을 꼬는 방향이 반대되는 꼬임 방법으로 일반적으로 널리 사용된다. 랭 꼬임은 같은 방향으로 꼬는 방법이다. 그리고, 보통 꼬임과 랭 꼬임에는 각각 스트랜드의 꼬는 방법이 오른나사와 같은 방향으로 되어 있는 Z꼬임과 왼쪽나사와 같은 방향으로 되어 있는 S꼬임의 2가지 꼬임방법이 있다. 일반적으로 취급이 편리한 Z꼬임이 많이 사용된다.

보통 꼬임은 랭꼬임에 비하여 소선의 꼬임 경사가 급격하기 때문에 접촉 면적이 적고,소선의 마멸이 빠르지만 엉키어 풀리지 않으므로 취급이 쉽다. 그리고, 랭 꼬임은 꼬임의 경사가 완만하므로 접촉 면적이 크고 마멸에 의한 손상이 적기 때문에 내구성이 높고 유연성도 좋으나 엉키어 풀리기 쉬우므로 취급에 주의하여야 한다. 전동용 와이어 로프는 보통 9~30mm 것을 많이 사용하고 연결할 때는 로프의 끝을 약간 풀어서 양단을 꼬아서 이어야 하므로 기술이 필요하고 그 부분이 굵어지는 결점을 갖는다.

[표 13-7] 와이어 로프의 단면 및 구조

호 별	1호	2호	3호	4호	5호
구 성	7소선 6꼬임 중심 섬유	12소선 6꼬임 중심 및 각 스트랜드 중심 섬유	19소선 6꼬임 중심 섬유	24소선 6꼬임 중심 및 각 스트랜드 중심 섬유	30소선 6꼬임 중심 및 각 스트랜드 중심 섬유
구성기호	6×7	6×12	6×19	6×24	6×30
단면			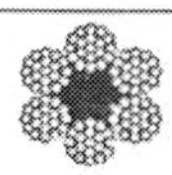		
호 별	6호	7호	8호	9호	10호
구 성	37소선 6꼬임 중심 섬유	61소선 6꼬임 중심 섬유	플랜드형 3각심 7소선 6꼬임 중심 섬유	플랜드형 둥근선 3각심 7소선 6꼬임 중심섬유	시일형 19소선 6꼬임 중심 섬유
구성기호	6×37	6×61	6×F((3×2+3)+7)	6×F((3×2+3)+12+12)	6×S(19)
단면				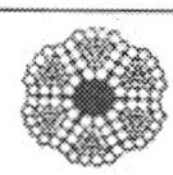	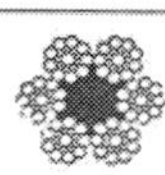
호 별	11호	12호	13호	14호	15호
구 성	워어린톤형 19소선 6꼬임 중심 섬유	피일러형 25소선 6꼬임 중심 섬유	피일러형 29소선 6꼬임 중심 섬유	피일러형 25소선 6꼬임 중심 7소선 6꼬임 공심	시일형 19소선 8꼬임 중심 섬유
구성기호	6×W(19)	6×Fi(25)	6×Fi(29)	7×7+6×Fi(25)	8×S(19)
단면		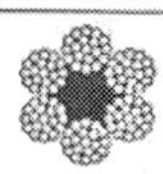	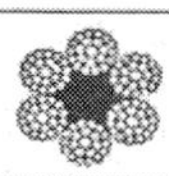	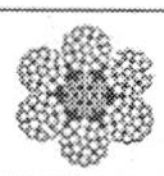	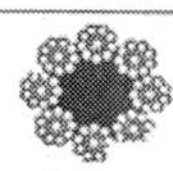

호 별	16호	17호	18호	19호
구 성	워어린톤형 19소선 8꼬임 중심 섬유	피일러형 25소선 8꼬임 중심 섬유	피일러형 29소선 6꼬임 중심 섬유 와이어 로우프	워어린톤형 26소선 6꼬임 중심섬유
구성기호	8×W(19)	8×Fi(25)	7×7+6×Fi(29)	6×WS(26)
단면	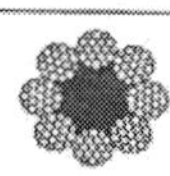	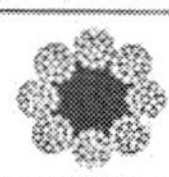	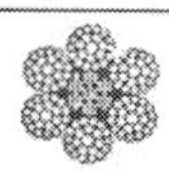	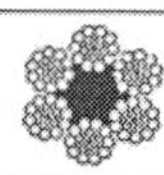
구 성	워어린톤 시일형 31소선 6꼬임 중심 섬유	워어린톤 시일형 36소선 6꼬임 중심 섬유	워어린톤 시일형 41소선 6꼬임 중심 섬유	세미 시일형 37소선 6꼬임 중심 섬유
구성기호	6×WS(31)	8×WS(36)	6×WS(41)	6×SeS(37)
단면	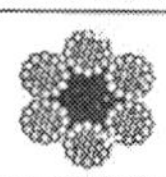			

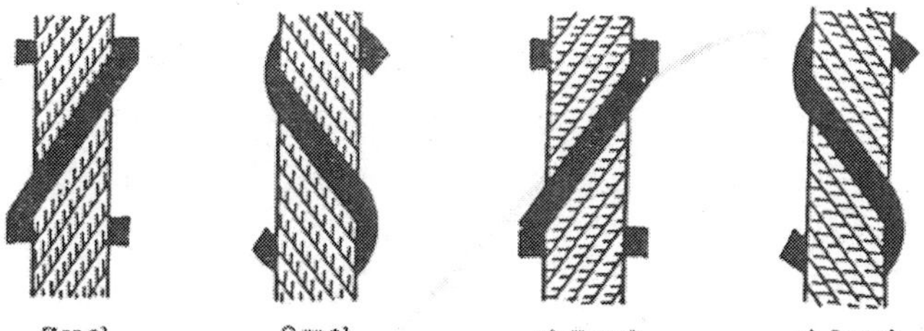

그림 13-8
로프의 꼬임

소선의 표준인장강도가 표 13-8에 표시되어 있는데 , 와이어 로프의 인장강도는 소선의 인장강도의 합계보다 10～20% 적다. 또 사용하중은 인장강도의 $\frac{1}{5}$~$\frac{1}{10}$ 정도로 한다.

[표 13-8] 소선의 표준인장강도

종류	엘리베이터용	도금 1종	도금 2종	도금 3종
인장강도 kgf/mm^2	135	150	165	180

(6) 로프 풀리

로프 풀리는 시이브(sheave) 라고도 하며 주철이나 주강으로 만들고 바깥둘레에 홈이 설치된다. 와이어 로프에 대하여 V홈이 파져 있고, 그림13-9 에서 볼 수 있는 바와 같이 $\alpha = 30$~60° 의 V홈 밑바닥을 로프 반지름보다 0.4～1.5mm 정도 큰 둥금새 반지름으로 모양이 이루어진다.

보통 와이어 로프는 홈 밑바닥에서 로프 풀리에 맞닿도록 하는 수도 있다. 이런 경우에는 그 원주의 $\frac{1}{3}$ 정도 접촉하도록 한다. 로프 풀리의 피치원 지름 D가 로프 지름 d에 비하여 작으면 로프의 수명이 단축되므로 다음과 같이 설계한다.

그림 13-9
로프 풀리 의 홈과 피치 원 지름

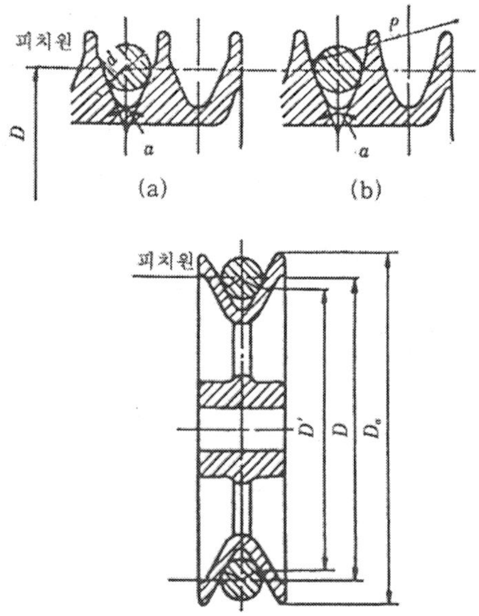

$$\left.\begin{array}{l} D \geqq 50d \cdots\cdots\cdots\cdots \text{와이어로프} \\ D > 40d \cdots\cdots\cdots\cdots \text{마로프} \\ D > 30d \cdots\cdots\cdots\cdots \text{면로프} \end{array}\right\} \qquad (13.1)$$

와이어 로프는 무거우므로 시이브 휘일의 홈 밑부분을 넓게하여 접촉시켜서 동력을 전달한다. 섬유 로프의 경우는 홈의 양 경사면에 접촉시켜서 동력을 전달한다. 따라서 와이어 로프는 홈 밑부분과 미끄럼이 생기기 쉬우므로 마찰저항을 증가시키고, 또 와이어 로프의 마멸을 방지하여 오랜 세월에 견딜 수 있도록 V홈 밑부분에 가죽 또는 단단한 나무조각, 고무 등을 파묻는다. 그러나, 안내 풀리로 사용되는 시이브 풀리에는 가죽, 고무등을 집어넣지 않는다. 시이브 풀리가 작은 것은 하나로 주조하나 큰 것은 조립식으로 하여 볼트로 졸라맨다. 로프 풀리의 재료로는 보통 주철 또는 주강을 사용하나 강판 용접의 것도 있다.

(7)로프를 걸어 감는 방법

면로프나 마로프에서 큰 동력을 전달하는 경우에 한 개의 굵은 로프보다 여러 개의 가는 로프를 걸어서 사용하는 것이 좋으며, 이때 로프를 걸어 감는 방법에는 다음과 같은 2가지 종류가 있다.

그림 13-10에 나타낸 바와 같이 병렬식(multiple system) 과 연속식(continuous system)이 있으며, 병렬식은 2개의 로프 풀리 사이에 로프를 병렬시켜 몇 개의 서로 독립한 로프를 걸어 감는 방식이고 이 방식은 각 로프의 장력이 고르지 못하고 이음매에 의한 진동이 크다는 결점이 있으나, 하중이 각 로프에 고르게 분배되어 작용하고 로프가 하나정도 절단되더라도 전동이 가능하다는 특정이 있어서 일반적으로 널리 사용된다.

연속식은 하나의 긴 로프를 양 로프 풀리에 몇 번이고 걸어감는 방식이며, 운전 중에 진동이 작고 장력의 조절이 쉽다는 특징은 있으나 로프가 한 곳이라도 절단되면 운전이 불가능하다.

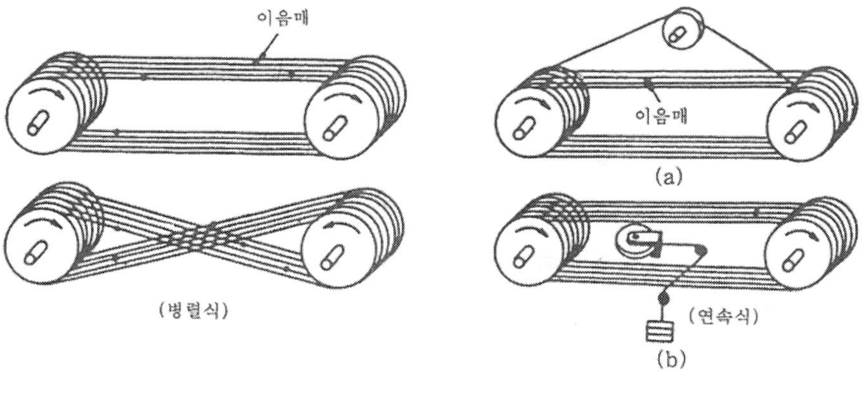

그림 13-10
로프를 걸어감는 방식

(8) 와이어 로프의 응력해석

와이어 로프에 발생되는 응력은 다음과 같이 생각된다.

① 접촉면의 마찰력 때문에 로프에 작용하는 인장응력 σ_t

② 굽힘때문에 로프에 생기는 굽힘응력 σ_b

③ 원심력에 의한 원심응력 σ_o

로프에 작용하는 인장응력 σ_t는

$$\sigma_t = \frac{F}{\frac{\pi}{4}\delta^2 n} \tag{13.2}$$

여기서 δ : 소선의 지름(mm)

n : 소선의 수

F : 로프에 걸리는 인장력(kgf)

굽힘모멘트 M으로 인한 굽힘 응력 σ_b

$$M = \frac{EI}{R} = \frac{EZ\delta}{2R} = \sigma_b Z$$

$$a_b = \frac{E\delta}{2R} = \frac{E}{D}\delta \tag{13.3}$$

여기서 E : 소선재료의 세로 탄성계수 (kgf/mm^2)

I : 소선 단면의 관성 모멘트 (mm^4)

Z : 소선 단면계수 (mm^3)

D : 로프 풀리의 피치원 지름 ($=2R$)(mm)

식 (13.3)은 로프를 구성하는 각 소선이 서로 평행하는 경우에 적용하고 실제로는 수정계수 C를 곱한다.

$$\sigma_b = C\frac{E}{D}\delta \tag{13.4}$$

C의 값은 로프의 재료 및 꼬는 방법에 따라 다르나 평균 $\frac{3}{8}$을 취한다.

원심응력 σ_o를 구하기 위하여 로프의 단위 길이마다의 무게를 w kgf/m라면 원심력 F_o는

$$F_o = \frac{w\mathrm{V}^2}{\mathrm{g}} \ (\mathrm{kgf})$$

따라서 로프의 단면적 $n\frac{\pi}{4}\delta^2$으로 나누면 로프에 작용하는 원심응력은 다음 식으로 계산된다.

$$\sigma_o = \frac{w}{n\frac{\pi}{4}\delta^2}\cdot\frac{V^2}{g} \tag{13.5}$$

로프의 속도가 늦은 경우에는 원심응력은 무시한다. 이 때의 소선의 응력 σ는

$$\sigma = \sigma_b + \sigma_t = C\frac{E\delta}{2R} + \frac{F}{\frac{\pi}{4}\delta^2 n} \tag{13.6}$$

$$F = 0.785\left(\sigma - C\frac{E\delta}{2R}\right)\delta^2 n \tag{13.7}$$

를 얻는다. $\frac{dF}{d\delta}=0$로 윗 식을 풀면

$$\frac{R}{\delta} = \frac{3CE}{4\delta} \tag{13.8}$$

이다. $\delta = 700\text{kgf/com}^2$, $E = 2\times10^6\text{kgf/cm}^2$, $C = \frac{3}{8}$이라면 $\frac{R}{\delta} \doteqdot 800$을 얻는다.

$\frac{R}{\delta}$의 여러 값에 대한 σ_b와 σ_t의 값을 구하면 표 13-9와 같다.

[표 13-9] σ_b와 σ_t의 값

(단위 : kgf/cm^2)

$\frac{R}{\delta}$	굽힘응력 σ_t	인장응력 σ_b	전응력 σ
650	577	123	700
700	536	164	
750	500	200	
800	469	231	
850	441	259	
900	417	283	
950	395	305	
1000	375	325	

(9) 로프의 처짐 (sag of rope)

벨트전동장치에서는 초기장력이 필요하나 로프 전동장치에서는 양축간의 거리가 길고 그 자체의 중량 때문에 발생하는 처짐으로 인하여 상당한 초기장력이 얻어진다.

로프가 처지는 곡선은 그림 13–11 (a) 와 같은 캐티너리곡선(catenary curve) 이지만 그림13–11 (b) 와 같은 포물선으로 생각해도 큰차이가 없다.

로프의 처짐량이 매우 크면 그림 13–11과 같이 도중에 안내풀리를 설치하든지 또는 중간 폴리에 의하여 몇구간으로 나누고 로프의 긴장측과 이완측이 서로 접촉하지 않도록 함은 물론 다른 장애물에도 접촉하지 않도록 주의한다. 안내 풀리는 보통 로프의 이완측에 설치하나 축간거리가 25m 이하의 경우는 설치하지 않는다.

처짐량은 양축간 거리, 로프의 크기와 속도, 로프 풀리의 위치, 대기의 습도 등에 따라 변하므로 간단한 수식으로 표시하기는 어렵다. 그러나 로프가 수평상태에 있을 경우는 비교적 간단한 수식으로 표시할 수 있다. 그리고 연속식인 로프에서는 긴장측과 이완측은 거의 같으나 병렬식에서는 같지 않을 경우가 많다.

지금 처짐량을 그림 13–11 (a) 와 같은 캐티너리곡선으로 생각하면 그 방정식은 다음과 같다.

그림 13–11
로프의 처짐량 및 길이

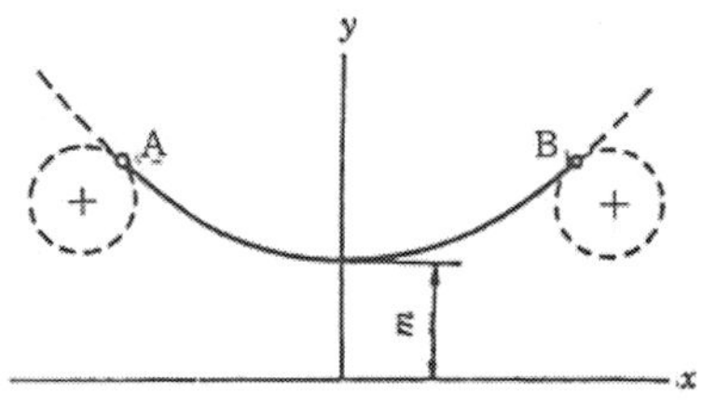

(a) 캐티너리 곡선 방정식

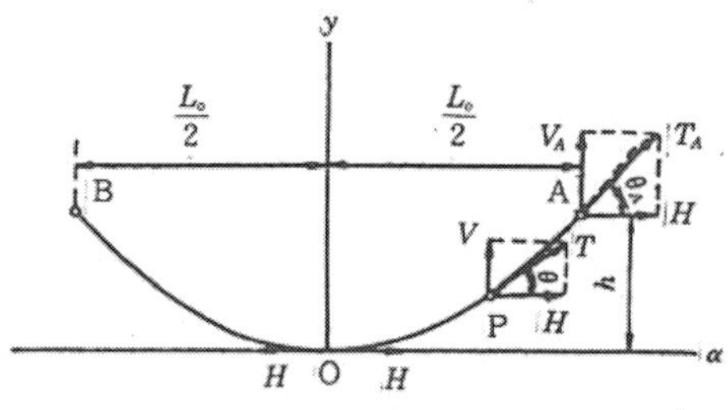

(b) 포물선 방정식

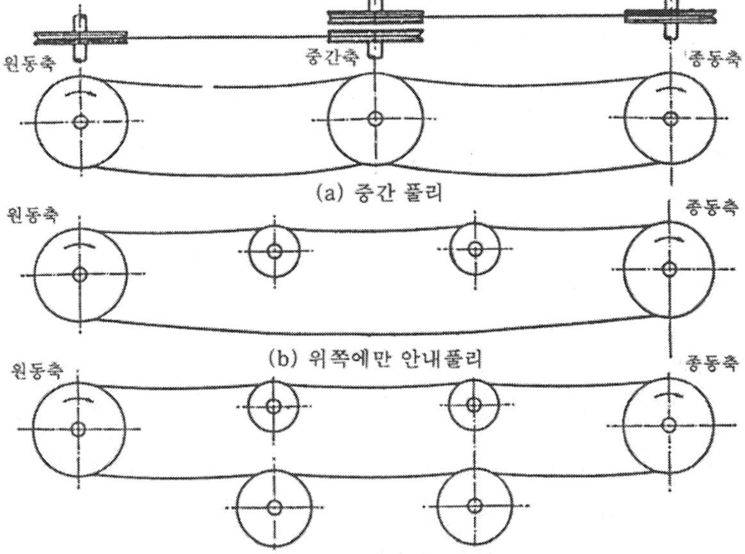

그림 13-12 로프 전동에서 안내풀리와 중간풀리

$$y = \frac{m}{2}(e^{x/m} + e^{-x/m}) \tag{13.9}$$

그러나 앞서 언급한 바와 같이 캐티너리곡선으로 취급하면 그 계산이 아주 복잡하므로 축간거리에 비해 처짐량이 작을 경우는 포물선으로 보아도 큰 차이가 없으므로 **그림 13-12** (b) 와 같게 보고 로프의 처짐과 길이를 구한다.

따라서 로프 풀리의 지름 D가 같고 높이가 같으면 포불선 AB 의 방정식은 다음과 같다.

$$y = ax^2 \tag{13.10}$$

$x = \frac{L_o}{2}$ 일 때 $y = h$이므로 위식에 대입하여 정리하면 다음과 같다.

$$a = \frac{4h}{{L_o}^2}$$

$$y = \frac{4h}{{L_o}^2}x^2 \tag{13.11}$$

$$\frac{dy}{dx} = \frac{8h}{{L_o}^2}x \tag{13.12}$$

지금 로프가 정지상태에서 P점에 작용하는 장력을 T, 수평분력을 H, 수직분력을 V 라고 한다. 로프는 이 상태에서 균형이 되어 있어야 하고 로프에 작용하는 외력은 중력뿐이며, 수평방향의 외력은 전혀 없으므로 H는 X에 관계없이 어디서나 일정한 값이 된다. 로프의 단위 길이에 대한무게를 w라하고 로프의 처짐이 얼마되지 않으면 로프의 길이는 수평거리와 거의 같다고 볼 수 있으므로 $V=wx$로 된다. T 가 수평방향과 맺는 각을 θ라 하면

$$\tan\theta = \frac{dy}{dx} = \frac{V}{H} = \frac{wx}{H} \tag{13.13}$$

윗식을 적분하면

$$y = \frac{w}{2H}x^2 + C_1$$

$x=0$이면 $y=0$이므로 $C_1=0$이다. 따라서

$$y = \frac{w}{2H}x^2 \tag{13.14}$$

식 (13.11)과 식 (13.14)는 같은 곡선에 관한 식이므로 같게 하여 H에 관해 정리하면

$$\frac{4h}{{L_o}^2} = \frac{w}{2H}$$

$$H = \frac{w{L_o}^2}{8h} \tag{13.15}$$

A점에서 로프의 자중에 의한 장력 T_A는 수직분력 $V_A = \dfrac{wL_o}{2}$이므로

$$T_a = \sqrt{{V_A}^2 + H^2} = \sqrt{\left(\frac{wL_o}{2}\right)^2 + \left(\frac{wL_o}{8h}\right)^2} = \frac{w{L_o}^2}{8h}\sqrt{1 + \frac{16h^2}{{L_o}^2}} \tag{13.16}$$

이항정리로 전개한 후 h가 L_o에 비해 작으므로 고차항을 생략하면

$$T_A = \frac{w{L_o}^2}{8h}\left(1 + \frac{8h^2}{{L_o}^2}\right) = \frac{w{L_o}^2}{8h} = wh = H + wh \tag{13.17}$$

와이어 로프에서는 일반적으로 $h/L_o = 0.03 \sim 0.06$정도 이므로 $h/L_o = 0.036$으로

할 경우 로프 양쪽에 걸리는 장력의 크기는 다음과 같다.

$T_A = T_B = 3.5wL_o$

로프 AB의 길이 L는 다음과 같이 구해진다.

$$L = 2\int_0^{L_o/2} \sqrt{dx^2 + dy^2} = 2\int_0^{L_o/2} \left\{1 + \left(\frac{dy}{dx}\right)^2\right\}^{1/2} dx \qquad (13.18)$$

위식의 { }안을 이항정리하여 고차항을 생략하면

$$L \doteqdot 2\int_0^{L_o/2} \left\{1 + \frac{1}{2}\left(\frac{dy}{dx}\right)^2\right\} dx = 2\int_0^{L_o/2} \left\{1 + \frac{1}{2}\left(\frac{8h}{{L_o}^2}x\right)^2\right\} dx$$

$$= 2\left[x + \frac{1}{2}\left(\frac{8h}{{L_o}^2}\right)^2\left(\frac{1}{3}x^3\right)\right]_0^{L_o/2}$$

$$= 2\left\{\frac{L_o}{2} + \frac{1}{2}\left(\frac{64h^2}{{L_o}^4}\right)\left(\frac{1}{3}\right)\left(\frac{L_o}{2}\right)^3\right\}$$

$$= L_o\left(1 + \frac{8}{3}\cdot\frac{h^2}{{L_o}^2}\right) \qquad (13.19)$$

따라서 로프 전체의 길이 L는 다음과 같이 구해진다.

$$L = \pi D + 2L_o\left(1 + \frac{8}{3}\cdot\frac{h^2}{{L_o}^2}\right) \qquad (13.20)$$

다음에 **그림 13-13**과 같이 로프의 양단 A, B가 수평선상에 있지 않을 경우 D점에서의

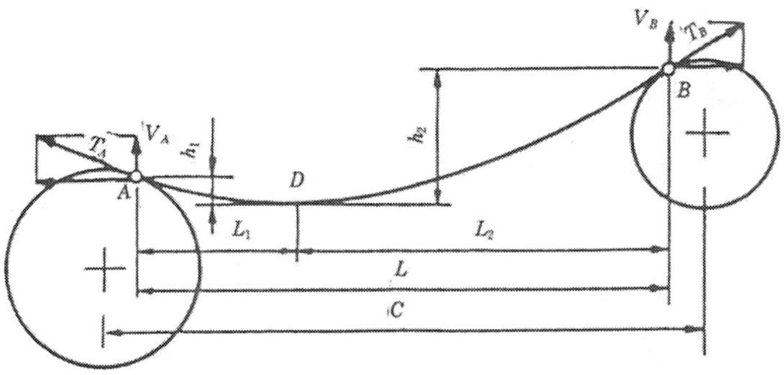

그림 13-13 수평선상에 있지 않는 로프의 장력

장력을 T_D라고 할 때 T_A와 T_B는 다음과 같이 계산할 수 있다.

$$T_D = \frac{wL_1^{\ 2}}{2h_1} = \frac{wL_2^{\ 2}}{2h_2} \tag{13.21}$$

$$\left.\begin{aligned} T_A &= T_D + wh_1 = \frac{wL_1^{\ 2}}{2h_1} + wh_1 \\ T_B &= T_D + wh_2 = \frac{wL_2^{\ 2}}{2h_2} + wh_2 \end{aligned}\right\} \tag{13.22}$$

또 $T_A = T_B - w(h_2 - h_1)$ (13.23)

$$V_A = wL_1, \quad V_B = wL_2 \tag{13.24}$$

계 산 문 제

제13장 체인 전동장치(Chain Driver)

01 8ps 750rpm의 원동축에서 축간거리 820mm, 250rpm의 종동차에 전달하고자 한다. 롤러 체인을 써서 체인의 평균속도를 3m/sec 안전률을 15로 할때 양 스프로킷의 잇수는 각각 얼마정도인가? (단, 피치는 19.05mm로 한다)

SOL $v = \dfrac{p\,z_1 N_1}{1000 \times 60} = \dfrac{19.05 \times z_1 \times 750}{1000 \times 60} = 3$ m/s

$z_1 = 12.6 \fallingdotseq 13 \qquad z_2 = 39$

$i = \dfrac{N_2}{N_1} = \dfrac{z_1}{z_2} = \dfrac{250}{750} = \dfrac{13}{z_2} = \dfrac{1}{3}$

02 10kW을 전달 시키는 롤러 체인의 파단 하중은 몇 KN 인가? (단 롤러 체인의 평균속도 2m/s 안전율을 15로 한다.)

SOL 동력 $H_{kW} = P_a v = P_a \times 2 = 10 \qquad P_a = 5\,kN$

파단하중(P_B) = 허용하중(P_a) × 안전율(S)

= 5 × 15 = 75 kN

03 호칭 번호 100번의 롤러 체인용 스프로킷 휠에서 잇수가 40 일 때 피치원 지름은 약 몇 mm인가? (단, 호칭번호 100번 체인의 피치는 31.75mm이다.)

SOL $D_p = \dfrac{p}{\sin\dfrac{180}{Z}} = \dfrac{31.75}{\sin\dfrac{180}{40}} = 404.67\,mm$

04 체인 전동장치에서 스프로킷 휠의 회전수가 400rpm, 잇수가 25, 체인의 피치가 15mm 일 때 체인의 평균속도는[m/s]는?

sol $v = \dfrac{pzN}{1000 \times 60} = \dfrac{15 \times 25 \times 400}{1000 \times 60} = 2.5\ m/s$

05 잇수25 회전수 600rpm 의 스프로킷 휘일에 걸쳐서 60kW을 전달하고자 한다. 몇줄의 롤러 체인을 사용하여야 되는가? (단, 안전율은 15 피치는 19.05mm 파단하중은 32000N 이다.)

sol 줄수 $(n) = \dfrac{H_{kw}}{H'_{kW}} = \dfrac{60}{10.4} = 5.76 \fallingdotseq 6$ 줄

1줄에 대한 전달마력 $H_{kW} = P_a v = \dfrac{2133.33 \times 4.875}{1000} = 10.4\ kw$

안전하중 $P_a = \dfrac{P_B}{S} = \dfrac{32000}{15} = 2133.33\ N$

속도 $v = \dfrac{pzN}{1000 \times 60} = \dfrac{19.5 \times 25 \times 600}{1000 \times 60} = 4.875\ m/s$

06 No 60인 롤러 체인의 스프로킷 휠의 잇수가 각각 18과 60이고, 중심거리 800mm 일 때 체인의 길이를 구하세요.

sol 표 13-3 참조 (피치 p =19.05mm)

링크수 $L_n = \dfrac{\ell}{p} = \dfrac{Z_1 + Z_2}{2} + \dfrac{2\ C}{p} + \dfrac{0.0253p\ (Z_2 - Z_1)^2}{C}$

$= \dfrac{18 + 60}{2} + \dfrac{2\ \times 800}{19.05} + \dfrac{0.0253 \times 19.05\ (60 - 18)^2}{800}$

$= 124.05 \fallingdotseq 124$

체인길이 $\ell = L_n \times p = 124 \times 19.05 = 2362.2\,mm$

07 7.5 kW, 1160rpm의 전동기로 롤러 체인을 사용하여 전동하려 한다. 이 경우 체인의 호칭번호와 스프로킷 휠의 잇수를 결정하여라. 단, 속도비는 1:2, 체인의 속도 5m/s, 축간거리 600mm, 안전율10 으로 한다. 또, 스프로킷 휠의 피치원 지름, 바깥지름을 구하여라.

SOL (1) 체인의 호칭번호

동력 $H_{kW} = \frac{Pv}{1000} = \frac{P \times 5}{1000} = 7.5$ P =1500N

파단하중 $P_B = P \cdot S = 1500 \times 10 = 15000\,N$ ≒ 15kN

호칭번호 50 가정 (피치 p = 15.88mm, 파단강도 22 kN) 표 13-3

파단강도 = 22 kN 〉 15 kN OK

(2) 스프로킷 휠의 잇수

체인의 속도 $v = \frac{pz_1n_1}{1000 \times 60} = \frac{15.88 \times z_1 \times 1160}{1000 \times 60} = 5$

z_1 = 16.28 ≒ 16

z_2 = 32 (속도비 1/2) $i = \frac{N_2}{N_1} = \frac{z_1}{z_2} = \frac{1}{2}$

(3) 스프로킷 휠 피치원 지름 및 바깥지름

① 원동축

피치원 지름 $D_p = \frac{p}{\sin\frac{180}{Z_1}} = \frac{15.88}{\sin\frac{180}{16}} = 81.40\,mm$

바깥지름 $D_o = p\,(0.6 + \cot\frac{180^\circ}{Z_1})$ ∵ $\cot = \frac{1}{\tan}$

$= 15.88\,(0.6 + \cot\frac{180^\circ}{16}) = 89.36\,mm$

② 종동축

피치원 지름 $D_p = \frac{p}{\sin\frac{180}{Z}} = \frac{15.88}{\sin\frac{180}{32}} \fallingdotseq 162\,mm$

바깥지름 $D_o = p\,(0.6 + \cot\frac{180^\circ}{Z_2})$

$= 15.88\,(0.6 + \cot\frac{180^\circ}{32}) = 170.76\,mm$

기출 및 예상문제

01 체인에 관한 설명으로 틀린 것은?

㉮ 롤러 체인의 가장 적당한 속도는 2~3m/sec이다.
㉯ 사일런트 체인의 가장 적당한 속도는 4~6m/sec이다.
㉰ 유효장력은 인장 쪽의 장력과 같다.
㉱ 체인 전동에서는 초기 장력이 필요하므로 원심력과 자중을 고려한다.

답 ㉱

02 사일런트 체인(silent chain)의 면각으로 쓰이지 않는 각도는?

㉮ 52도　　㉯ 80도
㉰ 60도　　㉱ 50도

SOL 면각 : 링크와 양끝의 경사면이 맺는 각을 말한다.
(52°, 60°, 70°, 80°)

답 ㉱

03 체인 전동의 특성이 아닌 것은?

㉮ 속도비가 일정하여 미끄럼이 없다.
㉯ 큰동력을 전달할 수 있으며 효율은 90%이상이 된다.
㉰ 체인의 탄성에 의하여 어느 정도의 충격에 견딘다.
㉱ 고속 회전이 필요한 곳에 사용하면 적합하다.

답 ㉱

04 체인 전동에서 두 축의 중심 거리는 체인의 피치 크기의 몇 배가 가장 적당한가?

㉮ 10~20배　　㉯ 20~30배
㉰ 30~40배　　㉱ 30~50배

답 ㉱

05 전동 방법 중 확실한 전동에 사용되는 것은?

㉮ 마찰차에 의한 전동　　㉯ 로프에 의한 전동
㉰ 벨트에 의한 전동　　㉱ 체인에 의한 전동

SOL 확실한 전동 : 체인, 기어

답 ㉱

06 체인 전동장치를 벨트전동장치와 비교하였을 때 장점이 아닌 것은?

㉮ 내열, 내습 내유성이 있다.
㉯ 1회전시의 각 속도비가 일정하므로 고속 회전시킬 수 있다.
㉰ 축 사이의 거리에 제한이 있다.
㉱ 큰 동력을 전달할 수가 있으며, 효율은 90%이상이 된다.

SOL 축간거리가 긴(40m이상) 전동이나 고속 전동은 곤란하고, 축은 평행이어야 한다.

답 ㉯

07 벨트 전동장치와 비교한 체인 전동장치의 장점이 아닌 것은?

㉮ 축 받침에 무리가 없다.
㉯ 유지와 수리가 간단하다.
㉰ 축 사이에 거리가 제한이 있다.
㉱ 진동과 소음이 없다.

답 ㉱

08 **두 장의 강판제 링크를 두 개의 부시로 고정한 롤러 링크를 엇갈리게 이어서 만든 체인은?**

㉮ 링크 체인　　㉯ 블록 체인
㉰ 사일런트 체인　　㉱ 롤러 체인

답 ㉱

09 **체인 전동에서 소음이 가장 작은 것은 어느 것인가?**

㉮ 링크 체인　　㉯ 사일런트 체인
㉰ 롤러 체인　　㉱ 블록 체인

답 ㉯

10 **충격 없이 롤러 체인을 부드럽게 운전하기 위하여 스프로킷 휠의 잇수와 체인의 피치를 설계할 때 다음 중 올바른 것은?**

㉮ 잇수가 적고 피치가 작을수록 좋다.
㉯ 잇수가 적고 피치가 클수록 좋다.
㉰ 잇수가 많고 피치가 작을수록 좋다.
㉱ 잇수가 많고 피치가 클수록 좋다.

SOL ① 체인피치 : 되도록 작은 것을 사용한다.
② 스프로킷 잇수(종동차) : 잇수가 증가할수록 속도 변동은 줄어들고, 이와 반대로 잇수가 적을수록 속도 변동은 커지게 됩니다. Sprocket 잇수가 최소 25개 이상이 되어야만 속도변동이 최소화 됩니다.

답 ㉱

제14장 기어 전동장치(Gear Driver)

1 기어의 정의

기어(gear)는 회전체의 원둘레 위에 같은 크기의 이(tooth)를 깎아서 서로 맞물리게 해서 동력을 전달하는 것으로, 두 축사이의 축간 거리가 비교적 짧고, 정확한 속도비와 강력한 동력 전달이 필요한 곳에 사용되는 중요한 기계 요소이다.

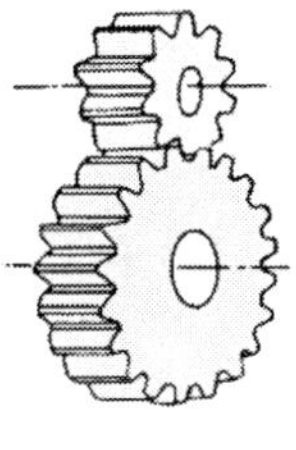

그림 14-1
기어와 피니언

(1) 기어 전동의 특징

한 쌍의 서로 물리는 기어에서 잇수가 적은 것을 피니언(pinion), 잇수가 많은 것을 기어(gear), 직선인 것을 **래크**(rack)라 한다. 2개의 기어가 서로 접촉하여 동력을 전달할 때 잇수가 많은 기어를 큰 기어, 잇수가 적은 기어를 작은 기어, 또는 피니언(pinion)이라 한다. 또한, 서로 맞물려 회전하는 한 장의 기어에 대해서 구동축으로부터 동력을 전달하는 쪽의 기어를 구동기어(driver 또는 driving gear), 또는 원동기어라 하고, 구동기어로부터 동력을 전달받는 기어를 종동기어(follower, 또는

driven gear)라 한다.

① 다른 전동 장치보다 전동이 확실하고 내구성이 높다.

② 서로 맞물리는 기어의 잇수를 변화시켜서 회전 속도를 바꿀 수 있다.

③ 두 축이 평행하거나 교차하지 않아도 확실한 동력을 전달할 수 있다.

④ 두 축 간의 거리가 가까울 때 사용한다.

⑤ 소음과 진동이 발생한다.

⑥ 정밀도가 필요하다.

2 기어의 종류

기어는 두축의 상태위치나 치형이 접촉해서 하는일에 따라 여러 가지 종류가 있다. 기어의 형상에 따라 종류와 기어의 두축의 상태위치, 처형의 접촉등에 따른 그림 14-2와 같은 종류가 있다.

그림 14-2
기어의 종류

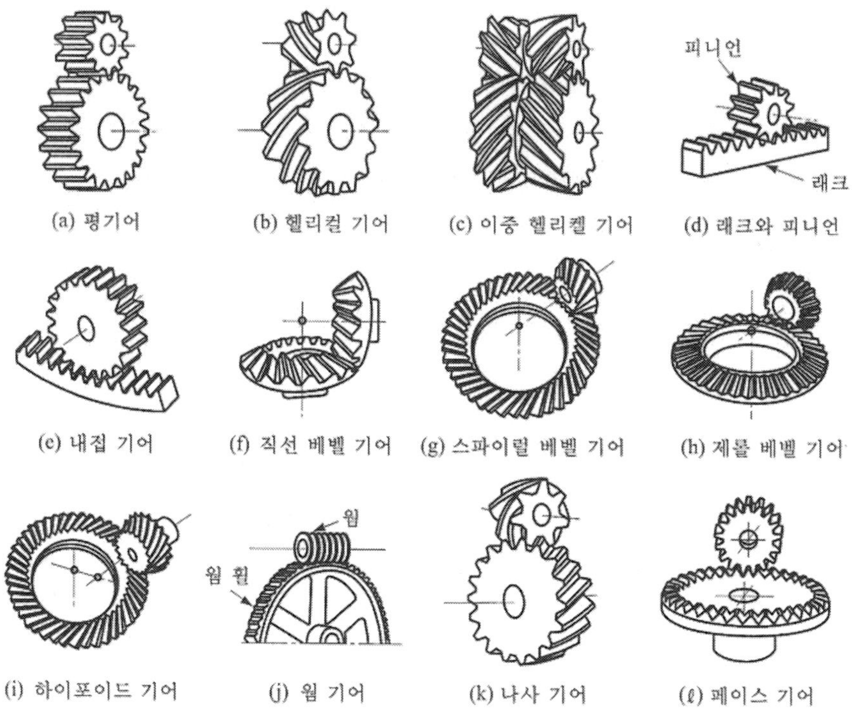

(a) 평기어 (b) 헬리컬 기어 (c) 이중 헬리켈 기어 (d) 래크와 피니언
(e) 내접 기어 (f) 직선 베벨 기어 (g) 스파이럴 베벨 기어 (h) 제롤 베벨 기어
(i) 하이포이드 기어 (j) 웜 기어 (k) 나사 기어 (ℓ) 페이스 기어

(1) 두축이 서로 평행 할 때

① 스퍼기어(Spur gear)

㉠ 평기어(외접기어)와 내접기어로 나누어진다.

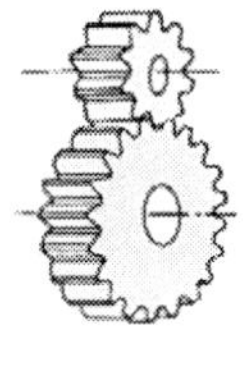

㉡ 평기어는 이(tooth) 줄기가 직선으로축에 평행한 원통기어이다.

㉢ 회전 방향과 직각으로 이(tooth)가 나 있기 때문에 축방향으로 힘이 걸리지 않고 제작하기 쉽다. 하지만 소음이 심한 단점이 있다. 평행한 두 축 사이에의 회전을 전달하는데 사용되어진다.

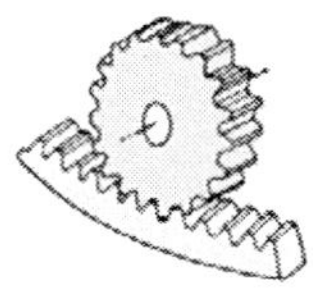

㉢ 내접기어는 평기어와 마찬가지로 두 축이 나란하게 놓이지만 한 개의 기어가 다른 기어의 안에서 맞물려 돌아간다. 내접 기어는 회전 방향이 같다. 또 맞물리는 잇수가 많기 때문에 진동이 적어 조용하지만 잇수가 한정되어 있기 때문에 큰 감속비를 얻을 수 있다.

② 헬리컬 기어(Helical gear) : 이 (tooth) 줄기가 축에 대해 경사로 되어있다. 헬리컬 기어는 스퍼 기어 보다 이(tooth)가 부드럽게 맞물리기 때문에 진동이나 소음이 없고 스퍼 기어 보다 접촉선의 길이가 길어서 큰 힘을 전달해 주며 강도가 크다. 하지만 제작하기가 어렵고 축방향으로 힘이 걸리는 단점이 있다. 헬리컬 기어는 일반적인 전달장치용 외에 감속기용에 적합하다.

③ 더블 헬리컬 기어(Double helical gear) : 방향이 다른 헬리컬 기어를 조합하여 산형의 이로 만들어 일반 헬리컬 기어에서 발생하는 축방향의 힘 추력을 없앤 것이 더블 헬리컬 기어이다. 헬기컬 기어에서 특히 가운데 홈이 없이 좌, 우 기어의 이(tooth)가 중앙에서 만나는 기어를 **헤링본기어**라고 부른다.

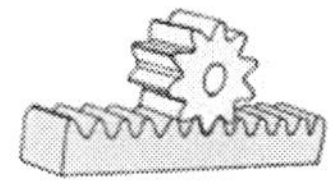

④ 랙 기어(Rack &pinion) : 원통 기어의 잇수가 무한히 많아져 원통의 직경이 거의 무한대가 되어 거의 직선으로 된 형태이다. 회전운동을 직선으로 변환시키는데 사용한다.

(2) 두축이 서로 교차할 때(베벨기어)

① **직선 베벨 기어**(Straight bevel gear) : 피치원주의 모선을 따라 두 축의 교차점에 대해서 이줄기에 곧바르게 이(tooth)를 붙인 기어로 교차하는 두 축 사이에서 힘을 전달할 수 있다.

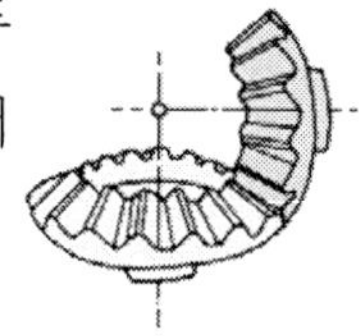

② **스파이럴 베벨 기어**(Spiral bevel gear) : 이 (tooth) 줄기가 나선 모양으로 된 베벨 기어이다. 한 번에 접촉하는 물림 길이가 크기 때문에 직선 베벨 기어에 비해 운동이 부드럽고, 특히 고속에서 맞물릴 때 진동이나 소음을 줄일 수 있다.

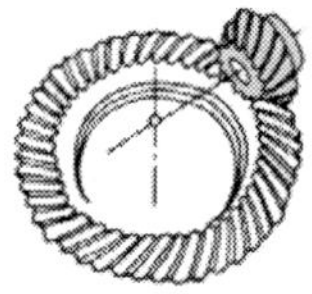

③ **제로롤 베벨 기어**(Zerol bevel gear) : 스파이럴 베벨 기어 가운데 이(tooth)줄기의 비틀림의 각도가 0°인 기어로 스파럴 벨 기어의 일종으로 생각해도 좋고 동시에 직선 베벨 기어의 이(tooth)줄기가 굽은 것로 생각해도 좋다.

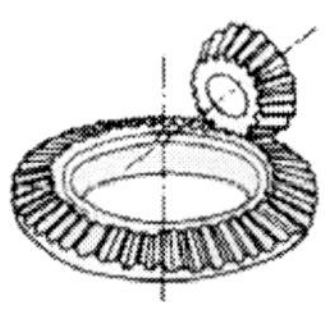

회전 방향이 변해도 스러스트 힘의 방향이 바뀌지 않기 때에 원활한 회전이 요구되는 장소에서 직선 베벨 기어 대신 사용되어진다. 감속기, 차동 장치 등에 사용되지만 특히 스러스트가 걸리는 곳에 사용하면 효과적이다.

(3) 두축이 만나지도 평행하지도 않는 경우

① **웜 기어**(Worm &wheel) : 웜 휠이라고 부르는 웜기어의 기어는 피니언과 같은 모양을 가진 절삭 공구로 가공하고, 피니언은 일반 나사 모양과 비슷하다. 웜 휠의 이(tooth)는 약간 구부러진 곡선 형태이며 이 끝이 이의 중간보다 두텁다. 원통형 웜 기어는 동일 평면이 아닌 두축이 서로 직각인 경우의 운동 전달에 사용되고 있다. 감속비가 대단히 커서 1/100으로 감속하는 것도 가능하다. 공간도 적게 들고 웜 휠이 웜을 회전시키지 않는다는 특징이 있다. 하지만 기어의 효율이 낮다.

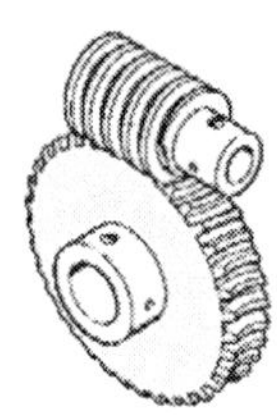

이 기어는 웜 휠에서 웜을 역전시키지 않는다는 점을 응용해서 윈치의 역전 방지 장치에 사용되고 있다.

② **하이포이드 기어**(Hypoid gear) : 베벨 기어와 같은 형상을 하고 있지만 물림 위치가 베벨 기어와 약간 다르다. 피니언과 기어의 중심축이 교차하지도 않으면서 엇갈려 있다. 작은 기어의 직경을 스파이럴 베벨 기어보다 크게 하여 큰 동력 전달이 가능하며 작은 기어의 중심선을 큰 기어의 중심선으로 부터 떨어지게 하는 것도 가능하다. 대부분 자동차의 최종 감속기 등에 사용하고 있다.

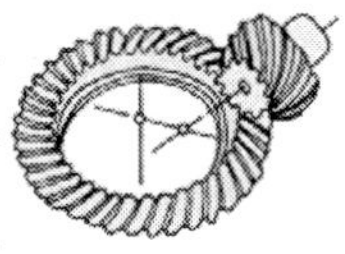

(4) 기어의 크기, 즉 바깥지름에 의한 분류

1) 극대형 기어 ------------ 1000[mm]이상
2) 대형 기어 ----------- 250~1000[mm]
3) 중형 기어------------- 40~250[mm]
4) 소형 기어-------------------10~40[mm]
5) 극소형 기어----------------------- 10[mm]이하

참고 종감속 기어(final reduction gear)

(1) 역할

엔진의 회전수가 변속기에서 1차 감속되어, 마지막 감속을 하므로 종감속장치라하며, 여기서의 감속비를 종감속비라함. 추진축으로부터의 동력을 직각으로 바꾸어, 후차축에 전달하며 토크를 증대시킴.

(2) 감속기어 및 감속비

① 스파이럴 베벨기어 (spiral bevel gear) : 전달효율이 좋고, 마모적다

② 하이포이드 기어 (hypoid gear) 미국의 그리슨손사의 상표명 하이포드 기어를 사용하면 차의 바닥 높이를 낮게하여 승차감과 안전성을 증가시킬 수 있으며, 물림율이 커서 회전도 정숙하다.

③ 감속비

㉠ 승용차 : 1 / 3~3.5

㉡ 대형 트럭 : 1 /5~7.5

(3) 차동장치 (differntial gear system)

선회 운동을 할 때 가해지는 저항의 차이에 따라 추진축의 회전을 좌우의 차륜에 서로 다른 비율로 전달하여 각 부에 무리 없이 차의 선회를 가능하게 함

그림 14-3
종감속기어

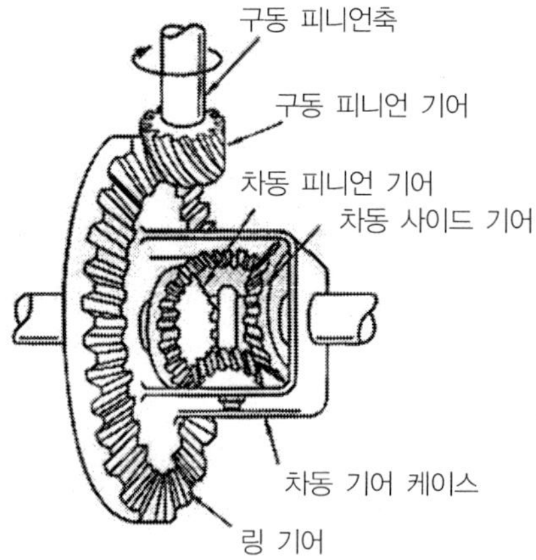

그림 14-4
스파이럴 기어와 하이 포이드 기어

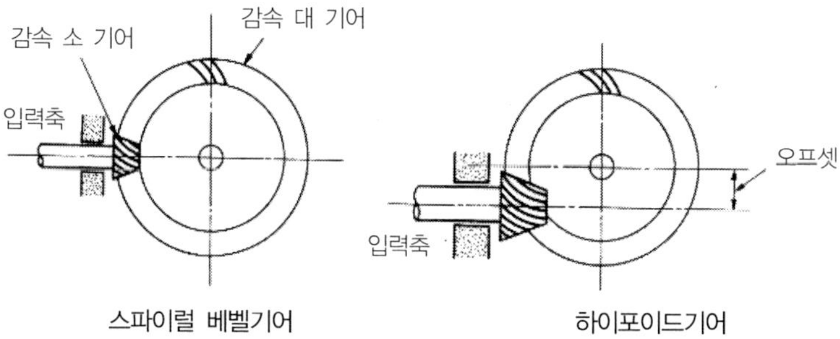

그림 14-5
차동기어 장치

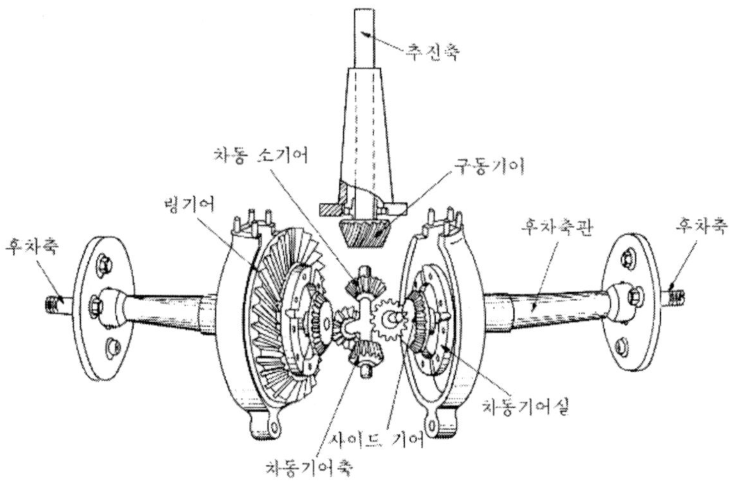

3 기어의 각부 명칭

기어의 각부 명칭은 그림14-5과 같으며 그 용어는 다음과 같다.

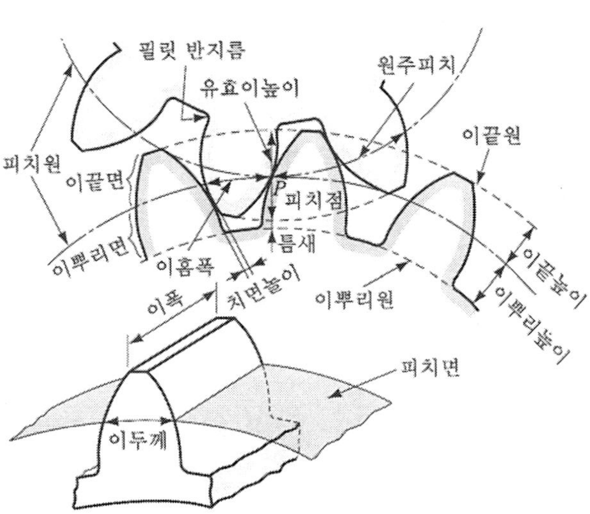

그림 14-6
기어의 각부 명칭

① 피치원(pitch circle) : 기어를 평마찰차에 이(tooth)를 가공한 것으로 가상할 때 평마찰차가 회전하면서 구름 접촉을 하는 원.

② 기초원(base circle) : 치형 곡선을 만드는 원.

③ 이뿌리원(root circle) : 이의 뿌리 부분을 지나는 원.

④ 이끝원(outside circle) : 이의 끝부분을 지나는 원을 가리키며 이끝원 지름을 기어의 바깥 지름이라 한다.

⑤ 원주 피치(circular pitch) : 피치원이나 피치선상에서 이웃하는 이에 대응 되는 부분 사이의 거리.

⑥ 압력각(pressure angle) : 피치원에 접하는 접선과 두기어의 작용선이 이루는 각 일반적으로 20°가 널리 사용되며 중장비에는 26.5°를 사용하기도 한다.

⑦ 이두께(tooth thickness) : 피치원상에서의 이의 두께.

⑧ 백래쉬(backlash) : 기어가 맞물려 회전할 때 발생하는 이와 이사이의 틈새.

– 백래쉬를 주는 이유

㉠ 치형 오차, 피치 오차, 편심 (이와 축의 처짐) 가공 오차

㉡ 상대기어에도 전달 되거나 열에 의해서 팽창할 때,

㉢ 윤활을 위한 잇면 사이의 유막 두께

⑨ **이 끝높이**(addendum) : 이끝원과 피치원 사이의 거리.

⑩ **이 뿌리 높이**(dedendum) : 이뿌리원과 피치원 사이의 거리.

⑪ **총 이높이**(height of tooth) : 이뿌리 높이와 이끝 높이의 합.

⑫ **유효 이높이**(working depth) : 기어가 맞물려 회전할 때 이 끝 높이의 합.

⑬ **클리어런스**(clearance) : 한쌍의 기어가 맞물려 회전할 때 한쪽 기어의 이끝원과 다른 기어의 이뿌리원 사이의 거리.

⑭ **법선 피치**(normal pitch) : 기초원의 원주를 기어 잇수로 나눈 것.

(1) 압력각(pressure angle)

일반적으로 14.5°와 20°가 널리 사용되며 중장비에는 26.5°를 사용하기도 하며, 최근에는 30°까지도 사용한다.

– 압력각을 증가시킬 때 나타나는 효과

① 기어의 간섭에 의한 언더컷을 방지한다.

② 기어의 물림률과 미끄럼률을 감소시킨다.

③ 이의 강도가 증가하고 베어링 하중을 증가시킨다.

④ 이의 허용 접촉 압력을 증가시키고 치면의 곡률반경을 크게한다.

4 기어의 치형 곡선

한 쌍의 기어가 피치원 위의 한 점을 공통으로 가지기 위해서는 **일벌류트 차형곡선**(involute curve)과 **사이클로이드 치형곡선**을 이용하여 치형을 형성하는데, 기어의 치형에 인벌류트 곡선을 사용한 것이 **인벌류트 기어**, 사이클로이드 곡선을 사용한 것이 **사이클로이드 기어**이다.

기어의 치형곡선의 기구학적 필요조건은 기어의 모든 물림위치에 2개의 기어의 각속도비는 일정

그림 14-7
기어의 치형

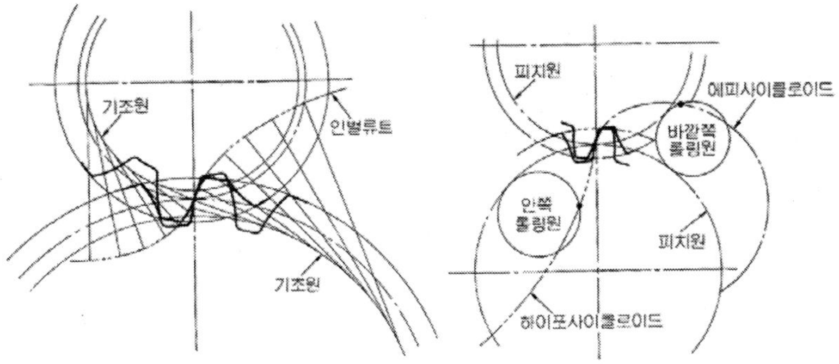

(a) 인볼류트 치형 (b) 사이클로이드 치형

(1) 사이클로드 곡선

원둘레의 외측 또는 내측에 구름원을 놓고 구름원을 굴렸을 때 구름원의 한점이 그리는 궤적을 말하며, 이 경우 구름원이 구르고 있는 원을 **피치원**이라 한다.

① 정밀 제작이 어렵고 호환성이 나쁘다.
② 축간 거리가 변하면 정확한 동력 전달이 어렵다.
③ 마모와 소음이 적고 효율이 높으나 이뿌리 부분이 약하다.
④ 계기류, 시계류 등 정밀 기기에 주로 이용된다.

(2) 인볼류트 곡선

원에 실을 감아 실의 한 끝을 잡아당기면서 풀어나갈 때 실의 한 점이 그리는 궤적을 말하며, 이원을 기초원이라 한다.

① 치형제작이 용이하며, 호환성이 우수하다.
② 압력각은 일정하다.
③ 각속도가 일정하며, 법선피치가 일정하다.
④ 힘의 방향이 일정하다.
⑤ 맞물림에 있어서 중심거리가 다소 변화하여도 속비에 영향이 없다. 즉, 중심거리가 부정확해도 원활한 회전운동 가능하다.

5 스퍼어 기어 설계

스퍼어 기어는 이(tooth), 림(rim), 암(arm), 보스(boss)로 구성되어 있다. 기어각부의 잇수비는 모듈 원통피치, 축 지름은 기준으로 한다. 다만 스퍼어 중에서 가장널리 사용되고 있으며 이것을 표준화하여 설계를 간편하게 하고 제작비를 적게 들게 하여, 구입을 쉽게 할 수 있도록 일반용 스피어 기어의 형상 및 잇수가 규정되어 있다.

(1) 이(Tooth)의 크기

피치원의 크기가 같더라도 기어의 잇수를 달리하여 이의 크기를 변경시킬 수가 있고, 이의 크기를 결정하기 위한 기준이 필요하다. 이의 크기를 표시하는 기준에는 그림14-8과 같이 원주피치, 모듈, 지름피치의 3가지 방법이 있고, 각 방법은 다음과 같이 설명된다.

그림 14-8
이의 크기

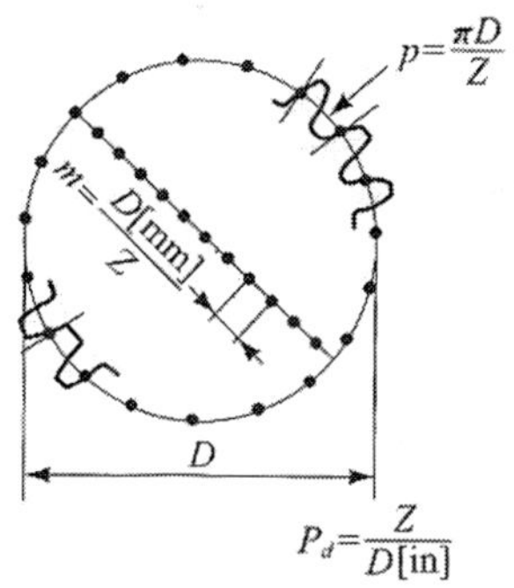

(1) 원주피치(circular pitch)

일반적으로 피치라고 하며, 피치원의 지름을 D[mm], 잇수를 Z라 하면 원주피치 p는 피치원의 둘레를 잇수로 나눈 값이 된다.

$$p = \frac{\pi D}{Z} \tag{14.1}$$

원주피치가 클수록 도일 기어에서 잇수는 적어지고, 이는 커진다. 그러나 식(14-1)에서도 알 수 있듯이 문자에 π가 포함되어 있어서 p와 D의 값이 소수점이 되므로 계산이 불편하기 때문에 이의 크기를 결정하는 기준으로는 별로 사용하지 않는다.

(2) 모듈(module) : m

피치원 지름 D[mm]를 잇수 Z로 나눈 값이며, 1개의 이가 차지하는 피치원에 대한 지름의 길이를 나타낸다. 모듈 m은 다음 식으로 표시된다.

$$m = \frac{D[mm]}{Z} \tag{14.2}$$

모듈 m은 다음 식으로 표시된다.
모듈 m이 클수록 잇수는 적어지고 이는 크게 된다. 모듈은 미터계 단위를 사용하고 있는 우리나라를 비롯하여 독일, 프랑스, 일본 등에서 널리 사용되고 있다.

(3) 지름피치(diametral pitch) : P_d

잇수 Z를 피치원 지름 D[inch]로 나눈 값이며, 피치원 지름 1″에 대한 잇수를 나타낸다.
지름 피치 P_b는 다음 식으로 표시된다.

$$P_d = \frac{Z}{\mathrm{D[inch]}} \tag{14.3}$$

지름피치 P_d가 클수록 동일 기어에서는 잇수가 많아지고, 이의 크기는 작아진다.
이상의 3가지 방법에 대한 상호관계는 다음과 같다.
식(14.2)과 식(14.3)에 의하여

$$m = \frac{25.4}{P_d} \text{ 또는 } P_d = \frac{25.4}{m} \tag{14.4}$$

식(14.1)과 식(14.2)또는 식(14.1)과 식(14.3)으로부터 다음 관계가 성립한다.

$$p = m\pi[mm] \text{ 또는 } p = \frac{\pi}{P_d}[inch] \tag{14.5}$$

모듈 m과 지름피치 P_d의 크기를 멋대로 결정하면 이의 크기가 달라서 기어의 종류가 상당히 많아지기 때문에 공작도 매우 불편하고, 교환성에도 문제가 있으므로 표준규격을 정하여 놓고 이들을 사용한다.

① **모듈**(Module, m)

$$m = \frac{D}{Z} = \frac{p}{\pi}$$

바깥지름 (외경, 소재지름) $D_o = D + 2m = mZ + 2m = m(Z + 2)$

여기서 D : 피치원 지름 (mm) Z : 잇수 p : 원주피치 (mm)

[표14-1] 표준 모듈(mm)

1이하 (플라스틱류)	0.3, 0.4, 0.5, 0.6, 0.8
1이상 (금속류)	1, 1.25, 1.5, 1.75, 2, 2.25, 2.5, 2.75, 3, 3.5, 4, 4.5, 5, 5.5, 6, 7, 8, 9, 10, 11, 12, 16, 20, 등

> **참고** 호브의 크기 이(tooth)의 크기

(4) 스퍼어 기어 계산식

각부의 명칭	관계식	비고
모듈 (m)	$m = \frac{D}{Z}$	잇수 : Z
원주피치 (p)	$p = \pi m$	이두께 $t = \frac{\pi m}{2}$
피치원 지름(D)	$D = mZ$	
기초원 지름(D_g)	$D_g = D\cos\alpha = mZ\cos\alpha$	α : 압력각(20°)
바깥지름(외경) (D_o)	$D_o = D + 2a = mZ + 2m$	a : 어덴덤
이뿌리원 지름 (D_f)	$D_f = D - 2d = mZ - 2 \times 1.25m$	d : 디덴덤 (이뿌리높이)
이끝 높이 (a)	a = m (병치 (보통이)) a = 0.8m (저치) a = 1.2m (고치)	a : 어덴덤
총 이높이 (h)	$h = a + d$	h = 2. 25m
축간거리 (C)	$C = \frac{D_1 + D_2}{2} = \frac{m(Z_1 + Z_2)}{2}$	피니언 : D_1 기어 : D_2 공차 H7 (4급 기준)

① 속도 및 속비

속비(감속비) $i = \frac{N_2}{N_1} = \frac{Z_1}{Z_2} = \frac{D_1}{D_2}$

$i = \frac{Z_1}{Z_2} = \frac{20}{40} = \frac{18}{54}$ (아주 좋지 못함)

$i = \frac{Z_1}{Z_2} = \frac{20}{41} = \frac{18}{55}$ (개선안)

이유 : 1/2 1/3 같은 이(tooth) 맞물려 이(tooth)가 쉽게 손상이 된다.

속도 $v = \frac{\pi DN}{1000 \times 60} = \frac{\pi mZN}{1000 \times 60}$

여기서 N_1 : 원동차 rpm N_2 : 종동차 rpm
D_1 : Pinion 피치원 지름 D_2 : Gear 피치원 지름
Z_1 : Pinion 잇수 Z_2 : Gear잇수

6 표준기어와 전위기어

(1) 표준기어

인벌류트 기어의 피치원 지름을 무한대로하면 래크가 되며 래크와 물리는 상대방의 기어는 인벌류트 기어이다. 그리고 이 두께가 원주피치의 1/2인 기어를 표준기어라 한다.

예 피치원 지름 $D = mZ$

(2) 전위기어

기어의 잇수가 작을 때 언더컷을 방지하기 위해 절삭 공구의 기준 피치선과 가공할 기어의 기준 피치선이 접하지 않도록 어느량 만큼 떨어지게 설치하여 깎은 기어를 전위 기어라고 한다.

① **정전위(+)** : 기준 피치원에서 바깥쪽으로 전위시킨 경우로 파고드는 양이 얕다.(Pinion에 해당)

② **부전위 (-)** : 기준 피치원에서 안쪽으로 전위시킨 경우로 파고드는 양이 많다.(Gear에 해당)

그림 14-9
전위기어

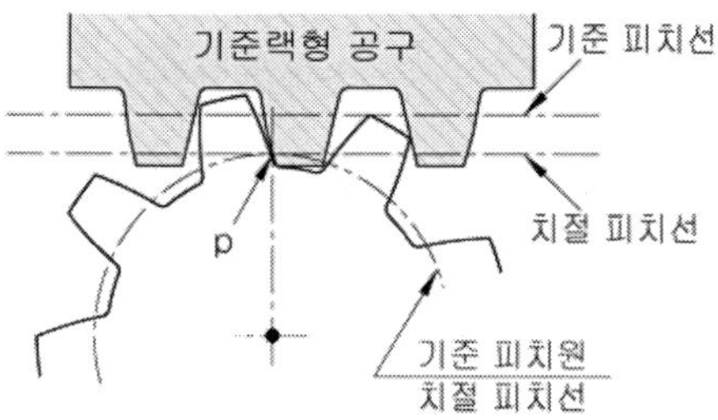

(3) 전위 기어의 사용목적(장점)

① 언더컷을 방지 할수 있다.

② 중심거리를 조절할수 있다.

③ 이의 강도를 증대 시킨다.

④ 물림률 (접촉률)을 증대 시킨다.

⑤ 이뿌리를 두껍고 강하게 하여 강도 균형을 잡아 주는 것

(4) 전위기어의 단점

베어링의 압력을 증대 시킨다.

(5) 전위 계수 계산식(현장 마다 다르게 설계 할 수 있다)

단, 축간거리(C) = 일정, 중심거리 증가 계수 y = 0 조건하에서

① **전위계수 선정** (기어 자동설계 프로그램은 Merrit 방식)

Merrit 의 전위계수에 의거 $Z_1 + Z_2 \geq 60$

Pinion 의 전위계수 $x_1 = 0.4\,(1 - \frac{Z_1}{Z_2})$ - ㉠ 식

= $0.02(30 - Z_1)$ - ㉡ 식

Gear의 전위계수 $x_2 = -x_1$

㉠ ㉡ 식에서 큰값을 선택한다.

피니언은 + 전위, 기어는 - 전위 또는 0 경우는 있다

② 바깥지름

Pinion $D_o = (Z_1 + 2)m + 2x_1 m$

Gear $D_o = (Z_2 + 2)m + 2x_2 m$

③ 전위계수 구하는 방법(xm 전위량)

X = $1 - \frac{Z}{2} sin\alpha^2$

7 치형의 간섭과 언더컷

(1) 이의 간섭(interference of tooth)

두 기어가 맞물려 회전할때 잇수가 적거나 두 기어의 잇수차가 클때 한쪽 기어의 이끝이 다른 한쪽 기어의 이 뿌리에 닿아서 회전을 방해하는 현상

(2) 언더컷(undercut of tooth)

기어가 이의 간섭을 일으킬 때 이 뿌리 부분을 상대편 기어의 이끝 부분이 깎아내는 현상이다. 언더컷이 발생하면 이 뿌리 부분이 약해지고 심하면 접촉 면적이 작아지고 물림 길이가 짧아져 원활한 동력 전달이 불가능해 진다.

1) 언더컷의 방지책

① 압력각을 크게하고 이끝 높이를 낮게 한다. (스터브 기어)

② 전위 기어를 사용한다.

③ 기어의 잇수를 한계 잇수 이상으로 한다. (압력각 20°에서 최소 잇수 14개 이상 이론적 17개)

2) 언더컷이 발생하지 않는 최소 잇수 및 전위계수

$$Z_g = \frac{2a}{msin^2\alpha} = \frac{2}{\sin^2\alpha} \qquad x \geq 1 - \frac{z}{2}sin^2\alpha$$

여기서 a : 이끝높이

α : 압력각

x : 전위계수

그림 14-10
이의 간섭과 언더컷

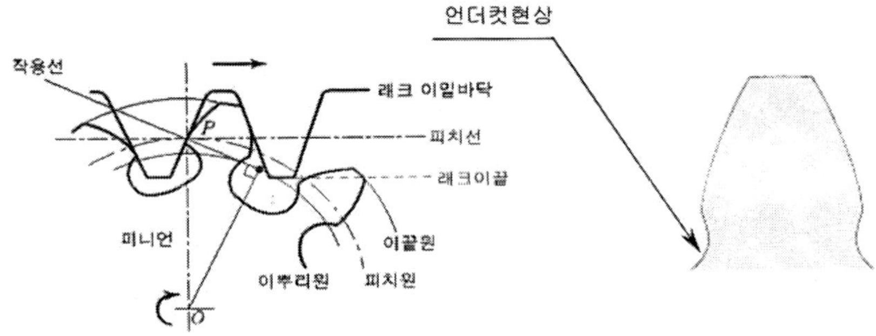

(3) 물림률(접촉률)

기어가 미끄럼없이 원활하게 동력 전달을 하기 위해서는 최소한 한 쌍의 이가 물려 돌아가기 시작하여 물림이 끝나기 전에 다른 쌍의 이가 물리기 시작해야 한다. 이와 같이 물림률은 동시에 물고 있는 잇수를 의미한다.
물림률이 클수록 회전이 원활해지고 하나의 이에 작용하는 하중이 작아지게 되고 한쌍의 기어가 연속적으로 회전하기 위해서는 물림률 $\varepsilon > 1$이어야 한다.

$$\epsilon = \frac{\text{물림길이}}{\text{법선피치}} = \frac{S}{P_n} \geq 1 \ \ (1.2 \sim 1.8) \ \ (\text{ 여기서 } \ P_n \ = p\cos\alpha \ )$$

8 헬리컬 기어와 산형 기어개요

스퍼 기어의 이가 어떤 각도를 가지고 비틀어진 것을 말하며, 이의 모양이 산형으로 된 것을 **산형 기어**(double helical gear)라고 한다.
기어의 물림이 연속적으로 이루어져 운전이 원활하며, 이가 강하여 큰 감속비(1:10)를 얻을 수 있으나 제작하기가 곤란하고 축방향으로 추력이 발생하는 결점이 있다. 그러므로 추력을 상쇄시키기 위하여, 방향이 반대인 한 쌍의 헬리컬 기어를 하나로 만들어 산형 기어를 만든 것이 있다. 그림 14-11은 헬리컬 기어와 산형 기어를 나타낸 것이다.

9 헬리컬 기어의 특성

헬리컬 기어의 특성을 요약하면 다음과 같다.
① 큰 동력을 전달할 수 있으며, 고속운전에도 적합하다.
② 물림률이 좋고 잇수가 적은 기어에도 사용할 수 있으며 큰 회전비를 얻을 수 있다.
③ 비틀림각(나선각)을 크게하면 물림률이 증가하고, 고속회전의 경우에도 진동과 소음이 발생되지 않으며, 트러스트가 증가하는 것이 단점이다. ⇒ 더블헬리컬기어
④ 공작, 제작, 가공이 어렵다.

그림 14-11
헬리컬기어

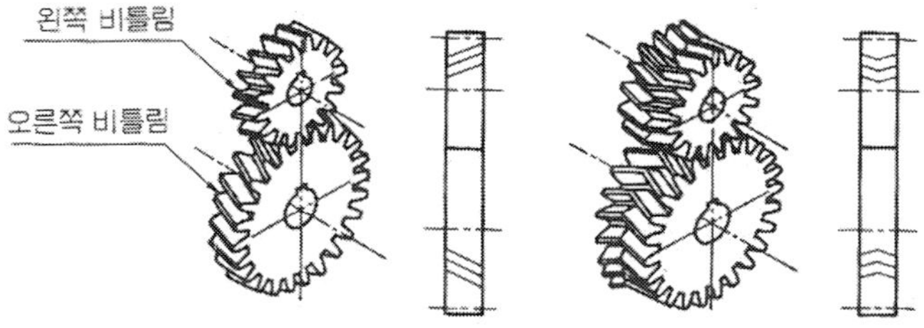

(a) 헬리컬 기어 (b) 산형 기어

10 헬리컬기어의 치형방식

① **치직각 방식** : 치절공구인 호브나 래크 커터에 의해 치절하는 경우와 직각인 단면의 치형(치직각 압력각, 치직각 모듈)

② **축직각 방식** : 피니언커터에 의해 치절하는 경우 밀링머신에 의해 가공된다. 축과 직각인 단면의 치형(정면 압력각, 정면 모듈)

그림 14-12
축직각 방식과 치직각 방식

여기서 β : 비틀림각 (10°~ 18°) 적당

p_s : 축직각(정면) 피치

p_n : 치직각 (이직각) 피치 ($p_n = p_s \cos\beta$)

m_s : 축직각 (정면)모듈

m : 치직각(이직각) 모듈 ($m = \dfrac{p_n}{\pi} = \dfrac{p_s \cos\beta}{\pi} = m_s \cos\beta$)

참고 치직각과 축직각에 대한 차이점

대부분의 치수는 축직각방식을 따르면 모듈과 공구에 대한 표기방식은 치직각 방식을 사용합니다. 이것은 모듈을 축직각 방식으로 설계하면 특수공구를 사용하여야 하는 경우가 있기 때문입니다. 어차피 가공하는 방향은 치직각 방향이기 때문에 모듈과 공구는 치직각을 사용하여 표기하는게 확실하기 때문입니다.

11 헬리컬기어 주요 치수

① 피치원 지름 $D_s = m_s Z = \dfrac{mZ}{\cos\beta}$ (mm)

② 바깥지름 $D_0 = D + 2a = \dfrac{mz}{\cos\beta} + 2m$ [mm]

③ 중심거리 $C = \dfrac{D_1 + D_2}{2} = \dfrac{m(Z_1 + Z_2)}{2\cos\beta}$

(단, 정수값 선택하는 것이 바람직하다. (예 63H7))

④ 리이드 $\ell = \dfrac{\pi m Z}{\sin\beta}$

⑤ 추력하중 $P_a = P\ \tan\beta$ ($\because\ P = P_n \cos\beta \qquad P_a = P_n \sin\beta$)

헬리컬 기어는 이가 비틀어져 있어, 축방향에 스러스트 (추력)가 생기므로 스러스트 베어링이 필요하다.

여기서 P_n : 이에 직각인 하중

P : 원주 방향의 회전력

b : 치폭

b_n : 유효 치폭 $b_n = \dfrac{b}{\cos\beta}$

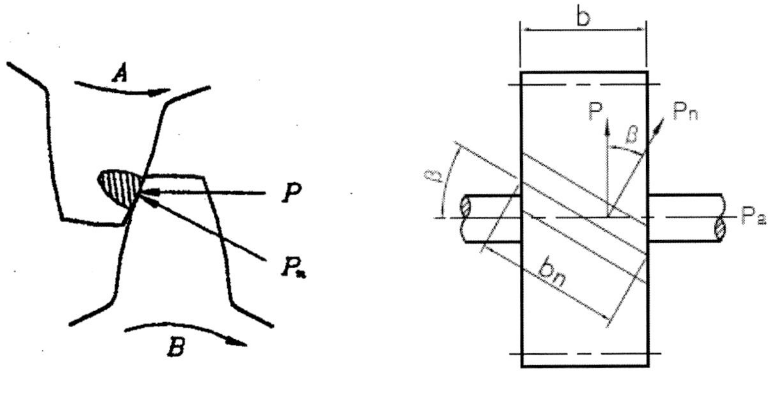

그림 14-13
헬리컬기어에 작용하는 힘

참고 ① 걸치기 잇수 (정수값) $Z_n = \dfrac{20 \times Z_v}{180^\circ} + 0.5$

상당스퍼 기어 잇수 $Z_v = \dfrac{Z}{(\cos\beta)^3}$

② 걸치기 이두께 (압력각이 20° 일 때)

$S_m = m \times \cos 20[\pi(Z_n - 0.5)\, Zinv\alpha_s]$

$\because\ inv\alpha_s = \tan\alpha_s - (0.01745329 \times 20)$ 여기서 $\tan\alpha_s = \dfrac{\tan 20}{\cos\beta}$

③ 상당스퍼 기어란

치직각 방식의 피치점 P에서 타원과 원의 곡률 반지름이 같다.

피치점에서 반지름을 R_e라 하고, 이 반지름을 피치원의 반지름으로 하는 스퍼기어를 생각한다.

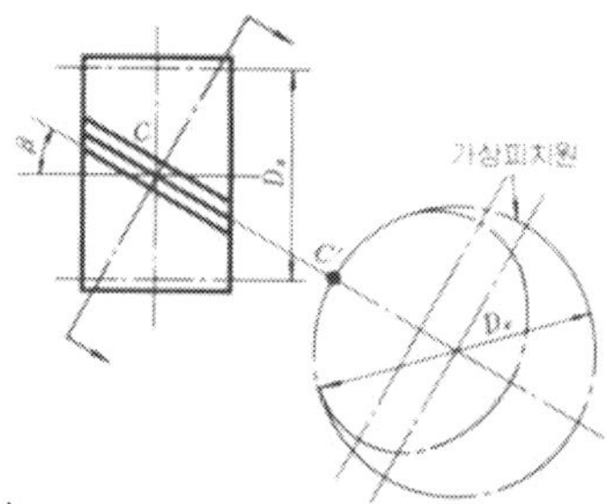

– 피치원 지름

$$D_e = 2R_e = \frac{D_s}{\cos^2\beta}$$

– 치지각 단면의 잇수 (상당 스퍼 기어 잇수)

$$z_e = \frac{z_s}{\cos^3\beta}$$

여기서 z_s : 축직각 단면의 잇수 (실제 잇수)

12 기어의 강도 계산 (spur gear & helical gear)

① **굽힘강도**(Bending Strength at root) : 이뿌리에 생기는 응력에 의하여 이(tooth)가 피로 파괴 한다.

② **면압강도**(Pitting Resistance) : 접촉면사이의 압축응력이 재료의 한도값을 초과하면 치면이 마멸되는 현상

③ **스코링강도**(Scoring Strength) : 기어가 맞물려 회전하는 경우, 윤활 마찰에서 치면 온도상승에 의한 윤활 유막파손으로 금속끼리 접촉이 일어나서 눌러 붙는 스코링 현상 발생여부를 고려하여야 한다.

(1) 강도 설계시 고려 할 점

① 모듈이 같고, 잇수 (Z)가 적으면 속도계수(f_v) 값이 커져 강도상 유리하다.

② 치폭(b)이 크면 하중이 고르게 분포 되지 않는다.

③ 잇수가 증가하면 강도가 떨어진다.

(2) 굽힘강도(Lewis 식에 의거)

① 피치원상의 회전력 $P = f_w f_v \sigma_b b\, m Y$

현장 경험식 pinion $\sigma_1 = \dfrac{P}{(\pi \times f_{v1} \times m \times b \times y_1)} \leq \sigma_a$

Gear $\sigma_2 = \dfrac{P}{(\pi \times f_{v1} \times m \times b \times y_2)} \leq \sigma_a$

여기서 P : 피치원에 작용하는 힘 (N) ($P = \dfrac{2T}{D}$)

f_w : 하중계수 (표 14-6)

f_v : 속도 계수 (표 14-3)

m : 모두율 (mm)

y_1 : 피니언 치형계수(z_1 : 피니언 잇수) 표 14-4

y_2 : 기어 치형계수(z_2 : 기어 잇수)

Y : 치형계수($Y = \pi y$)

b : 치폭 (기어를 기준 $b \fallingdotseq 8 \sim 10)m$

σ_a: 재료의 허용 응력값 (재질에 따라서)

피니언 : SCM440 / SNC 415

기어 : SM45C / SC460

10 11 12 13 14 15 16 17 18

그림 14-14
굽힘 강도

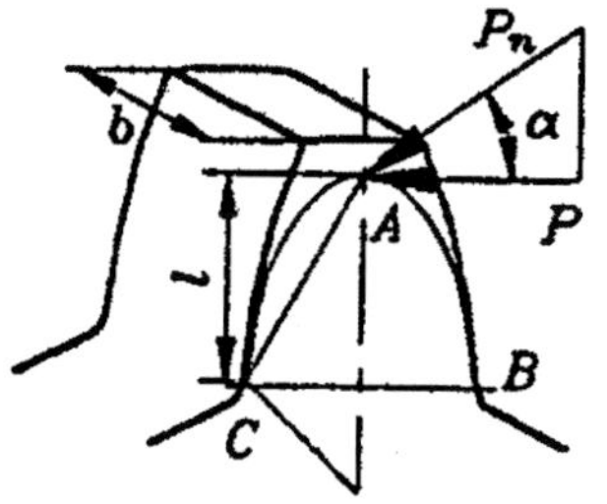

(3) 면압강도(Hertz 식에 의거)

① 면압하중

$$P_c = f_v\, K D_1 b \frac{2z_2}{z_1 + z_2} = f_v K b m \frac{2z_1 z_2}{z_1 + z_2}$$

$$P_c = f_v\; K D_1 b_1 \frac{2z_2}{z_1 + z_2} \geq P$$ ⇒ 스퍼어 기어 경우

$$P_c = f_v\, K D_1 b_1 \frac{2z_2}{z_1 + z_2} / (\cos\beta)^2 \geq P$$ ⇒ 헬리컬 기어 경우

여기서 z_1 : 피니언 잇수

z_2 : 기어 잇수

β : 비틀림각

D_1 : 피니언 피치원 지름 (mm)

b : 기어의 치폭 (헬리컬기어 $b' = \frac{b}{\cos\beta}$)

K : 치차 허용 접촉 응력 계수 (표14-4 참조)

예 피니언 HRc 55 ± 2(HB 500)

기어 HRc 45 ± 2(HB 400)

K = 32.9kg/cm^2 ($k = 3.224 N/mm^2$)

[표 14-3] 속도 계수(f_v)

원주 속도 ($v\,(m/s)$)	속도 계수 (f_v)
$v = 0.5 \sim 10\,(m/s)$ (저속용)	$\dfrac{3.05}{3.05+v}$
$v = 10 \sim 20\,(m/s)$ (중속용)	$\dfrac{6.1}{6.1+v}$
$v = 20 \sim 50\,(m/s)$ (고속용)	$\dfrac{5.55}{5.55+\sqrt{v}}$
$v = \leq 20\,(m/s)$ (지철 금속 재료의 기어)	$\dfrac{0.75}{1+\ v}+0.25$

[표 14-4] 치형 계수(y값)

잇 수Z	압력각(α =20°)	
	y	$y_0{}'(\beta\ =\alpha\ )$
14	0.308	0.468
15	0.319	0.490
17	0.330	0.512
18	0.335	0.522
19	0.340	0.534
20	0.346	0.543
22	0.354	0.559
24	0.359	0.572
26	0.367	0.587
28	0.372	0.597
30	0.377	0.606
38	0.400	0.650
43	0.411	0.672
50	0.422	0.694
60	0.443	0.713
75	0.443	0.735

$y'\,(\beta=\alpha)$ 기어의 정밀도 매우 높을 때 사용하는 계수 일반적으로 y 사용

[표 14-5] 기어 재료의 접촉면 응력 계수 (K)

기어의 재료 경도 (HB)		접촉면 응력계수	
피니언	기어	kgf/mm^2	N/mm^2
강(鋼) (200)	강(鋼) (200)	0.053	0.519
〃 (250)	〃 (200)	0.069	0.941
〃 (300)	〃 (200)	0.086	0.843
강(鋼) (250)	강(鋼) (250)	0.086	0.843
〃 (300)	〃 (250)	0.107	1.049
〃 (350)	〃 (250)	0.130	1.274
강(鋼) (300)	강(鋼) (300)	0.130	1.274
〃 (350)	〃 (300)	0.154	1.509
〃 (400)	〃 (300)	0.168	1.646
강(鋼) (350)	강(鋼) (350)	0.182	1.784
〃 (400)	〃 (350)	0.210	2.058
〃 (500)	〃 (350)	0.226	2.215
강(鋼) (400)	강(鋼) (400)	0.311	3.048
〃 (500)	〃 (400)	0.329	3.224
〃 (600)	〃 (400)	0.348	3.410
강(鋼) (500)	강(鋼) (500)	0.389	3.812
〃 (600)	〃 (600)	0.569	5.576

[표 14-6] 하중계수 (f_w)

하중 상태	f_w 값
조용한 하중이 작용	0.8
변동하중이 작용	0.74
충격하중이 작용	0.67

[표 14-7] 기어 재료의 허용 반복굽힘 응력

재료	기 호	인장 강도 $\sigma_t(MPa)$	경도 (HB)	허용반복굽힘응력 $\sigma_b(MPa)$
주강	SC450 SC480	>451 >480	160 190	186 196
기계구조용강	SM 15CK(침탄강)	>490 >686	400 163~269	294 294
니켈 크롬강	SNC236 SNC631 SNC836 SNC415(표면경화용) SNC815(표면경화용)	>686 >784 >880 >784 >931	212~255 248~302 269~321 600 600	343~392 392~588 392~588 294~392 392~539

13 이(tooth)의 전달동력

$$H_{kw} = \frac{Pv}{1000\eta} \quad (kW) \qquad H_{ps} = \frac{Pv}{735\eta} \ (PS)$$

여기서 P : 피치원에 작용하는 힘 (N) P_c : 면압 하중(N)

작은 값을 선택할 것 (reverse engineering 필요)

v : 속도 $v = \frac{\pi DN}{1000 \times 60} = \frac{\pi mZN}{1000 \times 60}$ (m/s)

η : 기어의 전동효율 (약 95 ~98%)

14 워엄 및 워엄휠(Worm & Worm Wheel)

두 축이 서로 직교 하지만 동일 평면상에 있지 않을 경우 두 축 사이의 회전을 전달하는 기어이며 나사 모양으로 되어 있는 **워엄**(worm)과 이것과 맞물려 회전하는 **워엄 기어**(worm gear or worm wheel)로 구성되어 있다

15 웜기어(worm gear)의 특징

(1) 웜기어 장치의 각부 명칭

웜기어 장치의 운동은 볼트의 회전에 의한 네트의 이동과 흡사하고 웜은 직선운동을 하지만 웜휠은 회전 운동을 한다.
웜기어 장치에 대한 웜과 웜휠의 모양은 그림 14-15와 같고 웜기어 장치의 특징을 요약하면 다음과 같다.

그림 14-15
웜기어 장치의 각부 명칭

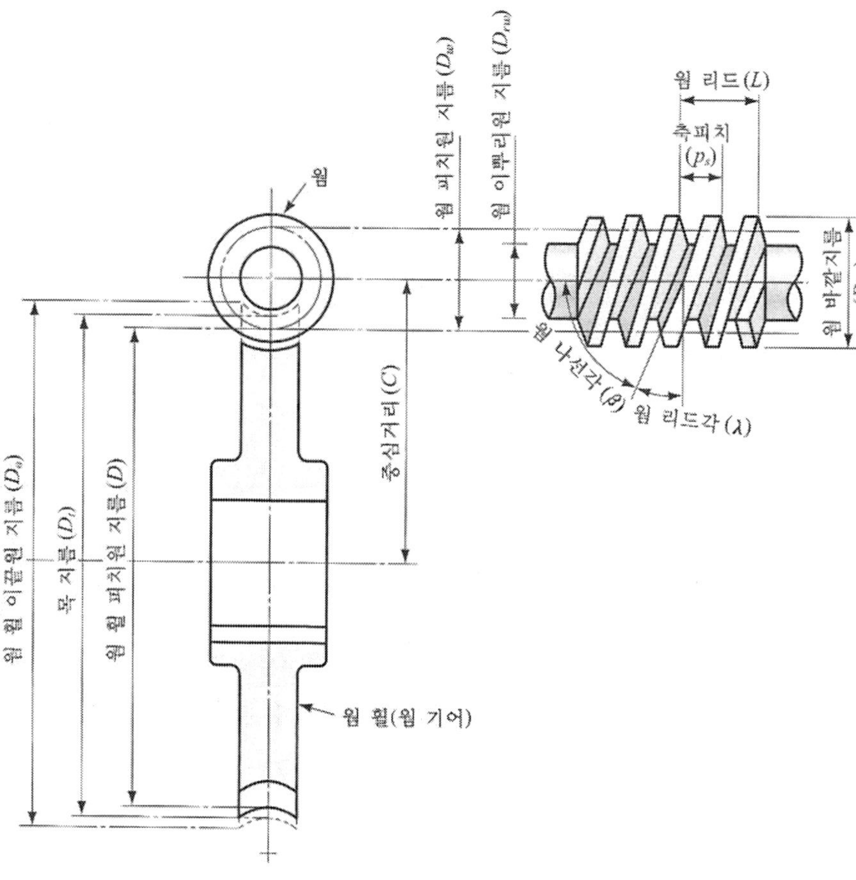

① 치면에서의 미끄럼이 커서 전동효율이 떨어진다 (약 50~70%)

② 큰 감속비를 얻을수 있다. (1/20~ 1/100)

③ 부하용량이 크고 역회전방지를 할수 있다.

④ 웜과 웜 휠은 스러스트 하중이 생긴다

⑤ 웜 휠 (worm wheel)의 공작이 어려워 특수공구가 필요하며, 연삭가공이 어렵다.

(2) 용도

자동차 핸들과 같이 적은 힘으로 큰 힘을 낼 수 있는 곳에 사용. 윈치의 역전 방지 장치

(3) 웜 기어의 속도비

$$i = \frac{N_g}{N_w} = \frac{n}{Z} = \frac{\ell}{\pi D_g}$$

여기서 N_w : 웜 (worm)의 회전수 　 N_g : 웜 휠 (worm wheel)의 회전수

n : 웜의 줄수 　 Z : 웜 휠 (worm wheel)의 잇수

ℓ : 웜 (worm) 리드 　 D_g : 웜 휠(worm wheel)의 피치원 지름

(4) 웜 기어의 전동 효율

효율은 마찰이 없는 경우와 마찰이 있는 경우의 비율로 표시

$$\eta = \frac{\tan\beta}{\tan(\beta + \rho')}$$

여기서 β : 리드각 ($\tan\beta = \frac{\ell}{\pi D_1}$) 　 $\rho' = \mu'$ 마찰각

(5) 웜 및 휠의 재질

웜은 웜 휠보다 미끄럼마찰을 받는 시간이 훨씬 길다. 이에 따라 웜은 웜 휠보다 마모에 강한 재질을 사용하여야 하며, 보통 웜은 침탄강, 웜휠은 인청동을 사용한다.
웜은 SM45C, SCM440
웜 휠은 황동, 인청동, 알루미늄 합금주물 ($A\ell BC_2$)

16 베벨기어(bevel gear)

베벨 기어는 두 축이 서로 교차할 때 사용하는 것으로 원추 마찰차의 원추면에 이를 가공한 치차이다. 이때 정점을 포함한 원추 모양의 기어의 물체를 피치원추(pitch cone)라고 한다. 베벨 기어는 잇줄을 형성하는 방법에 따라 여러 가지가 있다. 그림14-16 (a)과 같이 잇줄이 원추의 모선과 일치하고 직선으로 되어 있는 것을 직선 베벨기어(straight bevel gear), 이 물림을 원활하게 하기 위하여 잇줄이 직선이면서 경사진 것을 헬리컬 베벨기어(helical bevel gear), 잇줄이 곡선으로 되어 있으면서 모선에 경사져 있는 것을 스파이럴 베벨 기어(spiral bevel gear)라 한다.

그림 14-16
직선 바벨기어

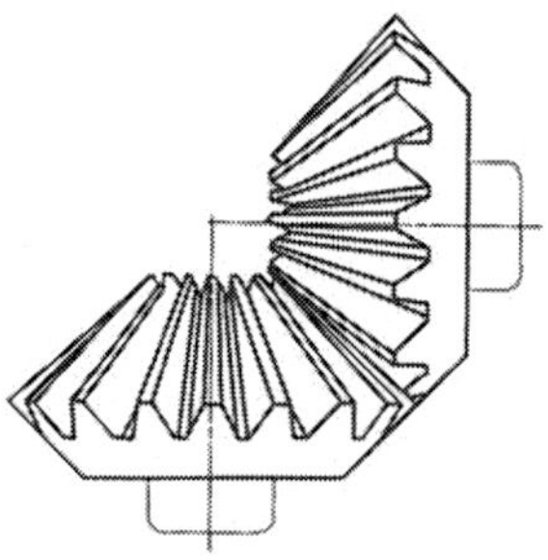
(a) 마이터 기어

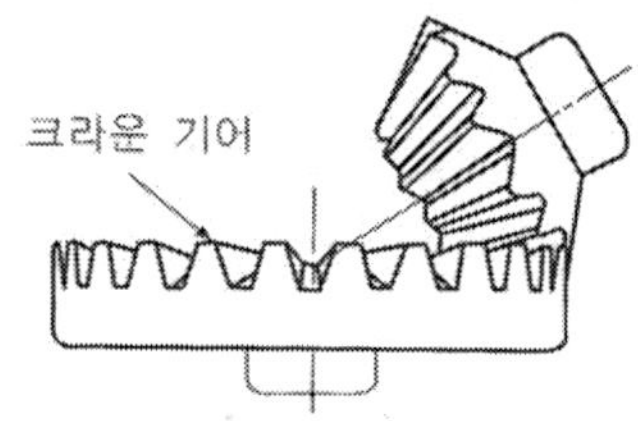

(b) 크라운 기어의 물림

(1) 스트레이트 베벨 기어의 각부 명칭

베벨기어에 대한 주요 각부의 명칭을 나타내면 그림 14-16과 같다. 표준 베벨 기어에 대한 각부의 크기 및 이것에 대한 기본계산식을 정리하여 표 14-8에 나타낸다.

[표 14-8] 표준 베벨기어의 각부의 크기 및 기본계산식

각부 명칭	작은 기어(피니언)	큰 기어
피치 원추각(γ)	$\tan\gamma_1 = \dfrac{\sin\theta}{\dfrac{1}{\varepsilon}+\cos\theta}$	$\tan\gamma_2 = \dfrac{\sin\theta}{\varepsilon+\cos\theta}$
피치원 지름(D)	$D_1 = mZ_1$	$D_2 = mZ_2$
바깥 지름(D_o)	$D_{o1} = D_1 + 2a\cos\gamma_1$	$D_{o2} = D_2 + 2a\cos\gamma_2$
피치원추 길이(L)	$L_1 = \dfrac{D_1}{2\sin\gamma_1}$	$L_2 = \dfrac{D_2}{2\sin\gamma_2}$
이끝각(α)	$\tan\alpha_1 = \dfrac{2\sin\gamma_1}{Z_1}$	$\tan\alpha_2 = \dfrac{2\sin\gamma_2}{Z_2}$
이뿌리각(δ)	$\tan\delta_1 = \dfrac{2.314\sin\gamma_1}{Z_1}$	$\tan\delta_2 = \dfrac{2.314\sin\gamma_2}{Z_2}$
이끝 원추각(ϕ)	$\phi_1 = \gamma_1 + \alpha_1$	$\phi_2 = \gamma_2 + \alpha_2$
이뿌리 원추각(λ)	$\lambda_1 = \gamma_1 - \delta_1$	$\lambda_2 = \gamma_2 - \delta_2$

① **피치 원추각**(pitch cone angle) : 축과 피치원추의 모선이 이루는 각의 1/2이다.

② **원추 거리**(cone distance) : 기어의 꼭지점과 이끝사이의 거리.

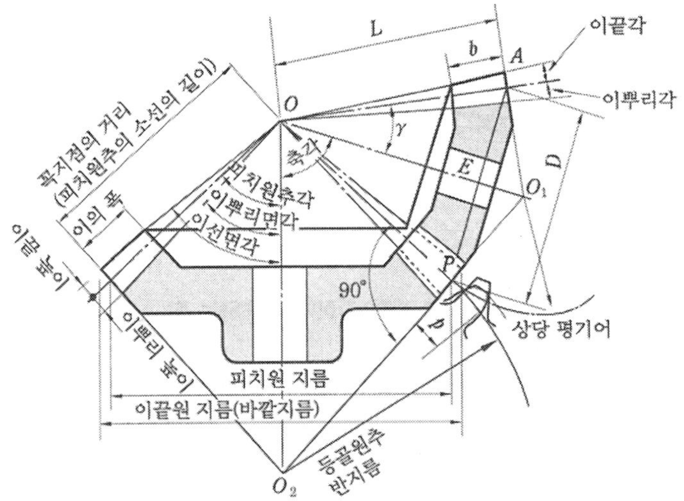

그림 14-17
베벨 기어의 각부 명칭

(2) 스트레이트 베벨기어 치수 계산식

① 피치원추각 ($\theta = \delta_1 + \delta_2$ $\theta = 90°$)

(베벨기어의 피치원은 구름접촉과 동일하므로 원추마찰차의 속도비와 같다)

피니언 $\tan\delta_1 = \frac{Z_P}{Z_G}$ 기어 $\tan\delta_2 = \frac{Z_G}{Z_P}$

② 피치원 지름

피니언 $D_P = mZ_P$ 기어 $D_G = mZ_G$

③ 바깥지름

피니언 $D_{op} = D_P + 2h_k\cos\delta_1 = mZ_P + 2m\cos\delta_1$

기어 $D_{og} = D_G + 2h_k\cos\delta_2 = mZ_G + 2m\cos\delta_2$

④ 원추거리

$$A = \frac{D}{2\sin\delta}$$

원추거리는 pinion (원동차)와 gear(종동차) 서로 같다

⑤ 이끝각 $\tan\theta_a = \frac{h_k}{A}$ 이끝원 원추각 $\delta_{k1} = \delta_2 + \theta_a$

⑥ 이뿌리각 $\tan\theta_f = \frac{h_f}{A}$ 이뿌리원 원추각 $\delta_{r2} = \delta_2 - \theta_f$

⑦ 베벨기어의 상당 스퍼기어 $Z_v = \frac{Z}{\cos\delta}$

베벨기어의 원주피치는 상당 스퍼 기어 원주피치와 같다.

여기서 Z_P : 피니언 잇수

Z_G : 기어 잇수

h_k : 이끝높이 (어덴덤) ($h_k = \mathrm{m}$)

h_f : 이뿌리높이 (디덴덤)

17 기어열(gear train)

3개이상의 기어를 조합시켜 순서대로 회전 운동을 전달하는 장치를 **기어열**(gear train)이라 한다. 기어열은 큰 속도비가 필요할 때와 회전 방향을 바꿔주고자 할 때 사용한다.

(1) 아이들 기어(idle gear) 단식 기어 장치

속도비와는 상관없이 회전 방향만 바꿔준다.

$$i = \frac{N_3}{N_1} \times \frac{N_2}{N_3} = \frac{N_2}{N_1} = \frac{Z_1}{Z_2}$$

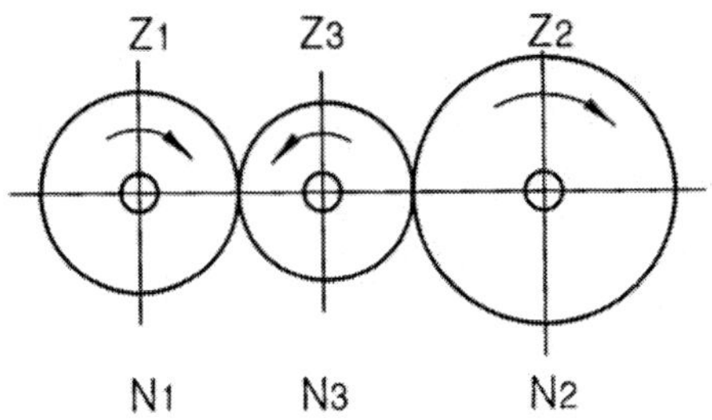

그림 14-18
아이들 기어

(2) 2단 감속 장치

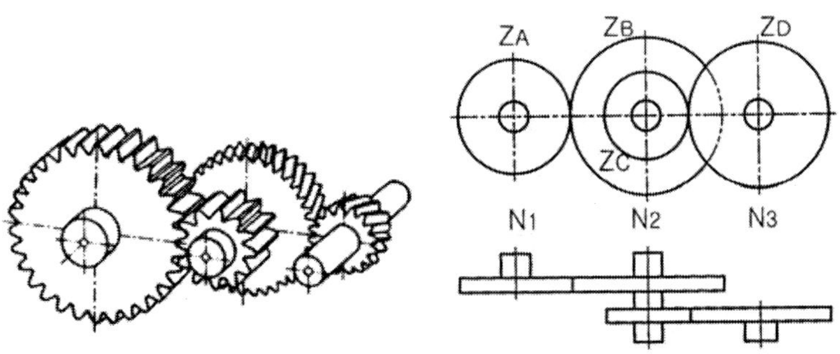

그림 14-19
2단 감속장치

$$i = \frac{N_3}{N_1} = \frac{Z_A}{Z_B} \times \frac{Z_C}{Z_D}$$

(3) 유성 기어 장치(planetary gear)

아암 R로 연결된 한 쌍의 기어가 각각 회전을 하는 동시에 한쪽 기어가 다른 한쪽 기어의 둘레를 따라 공전하는 기어장치를 **유성 기어 장치**라고 한다.
유성기어 장치에서 중심축에 설치된 기어를 태양 기어(sun gear), 태양기어를 공전하는 기어를 **유성기어**(planet gear)라고 한다.

그림 14-20
유성 기어 장치

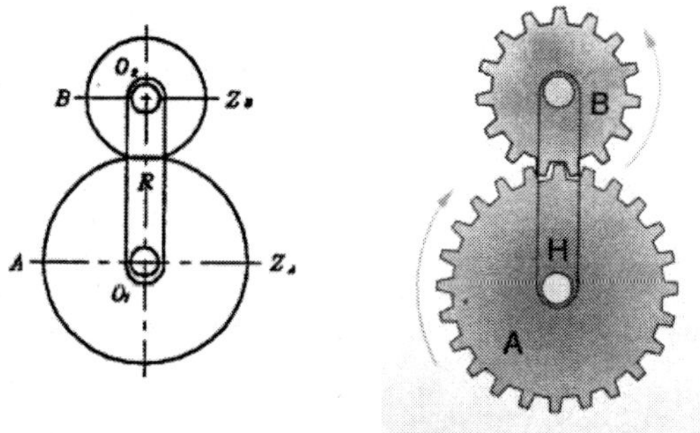

[표 14-6] 유성 기어의 계산식

회전유형	A	B	R
전체고정	$+N_R$	$+N_R$	$+N_R$
아암고정	$-N_R$	$-\frac{Z_a}{Z_b}(-N_R)$	0
합성회전수 (①+②)	0	$N_R + \frac{Z_a}{Z_b} N_R$	$+N_R$

유성기어 장치의 회전수를 계산한 표로서 시계방향은 +, 반시계 방향은 −로 표시

① 두 기어와 아암을 모두 고정하고 중심축을 중심으로 전체를 아암(R)$+N_R$ 회전시킬 경우의 계산값.

② 아암을 고정시키고 태양 기어를 $-N_R$ 회전 시킬경우의 계산값.

③ 앞의 ①과 ②의 회전수를 합한 최종값.

참고 **기어 강도설계예**

다음과 같은 도면을 참조하여 헬리컬 기어의 강도계산을 하세요.

(1) 사양 MOTOR 15kW × 6P

기어의 재질 SCM440 (인장강도 100 kgf/mm^2 항복강도 85 kgf/mm^2)

재료의 허용 응력 약 34 kgf/mm^2

피니언 재질 SNC815 (인장강도 100 kgf/mm^2 항복강도 80 kgf/mm^2)

재료의 허용 응력 약 32Kgf/mm^2

(2) 제원

M = 3.25 Z_1=19 Z_2=70 b=35mm β=21

$n_1 = 1200rpm$ ψ =1.2 $D_P = 66.18mm$ D_G=243.82mm

M=모두률 Z_1=pinion 잇수 Z_2=gear 잇수 b = 기어 치폭 β=비틀림각

n_1=회전수 Φ=동하중계수 D_P= Pinion 피치원경 D_G = Gear 피치원경

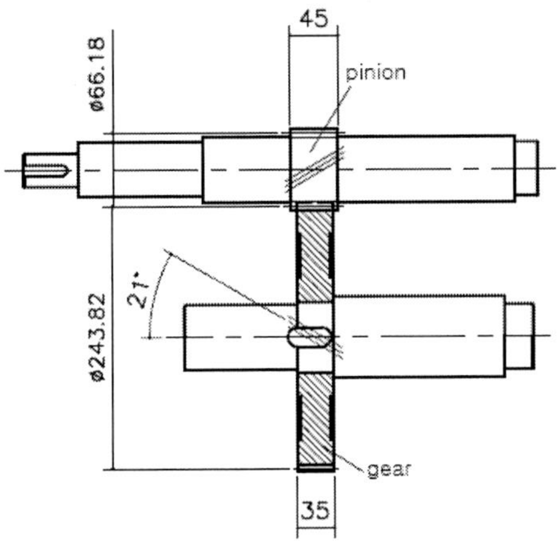

[1] pinion에 작용하는 비틀림 모우멘트

$$T = 974000\frac{H_{kw}}{n} = 974000\frac{15}{1200} = 12175kgf - mm$$

[2] P·C·D 에 작용하는 힘

$$P = \frac{2T}{D_p} = \frac{2 \times 12175}{66.18} = 367.9 \fallingdotseq 368kgf$$

[3] 회전속도

$$V = \frac{\pi D_p n_1}{60 \times 10^3} = \frac{\pi\, 66.18 \times 1200}{60 \times 10^3} = 4.158m/\sec$$

[4] 속도계수

$$f_{v1} = \frac{3.05}{(3.05 + v)} = \frac{3.05}{(3.05 + 4.158)} = 0.423$$

[5] 상당 평치차 잇수 ($Z_v = \dfrac{Z}{\cos\beta^3}$)

$Z_{v1} = 23.35$ $y_1 = 0.106$ (치형계수) 표 14-3 참조 (보간법)

$Z_{v2} = 86.02$ $y_2 = 0.139$ (치형계수) 표 14-3 참조 (보간법)

[6] 유효치폭(기어 치폭을 기준) 도면 참조

$$b_n = \frac{b}{\cos\beta} = \frac{35}{\cos 21°} = 37.49 = 37.5\,mm$$

[7] 굽힘강도(by Lewls's Law)

Pinion $$\sigma_1 = \frac{\Phi^* P_1}{(\pi f_{v1} m\, b_n\, y_1)} = \frac{1.2 \times 367.9}{(\pi\, 0.42 \times 3.25 \times 37.5 \times 0.106)}$$

$$= 26\ kgf/mm^2 \quad \leq \quad \sigma_p \quad (32\ kgf/mm^2) \quad OK$$

Gear $$\sigma_2 = \frac{\Phi P_1}{(\pi f_{v1} m\, b_{1n}\, y_2)} = \frac{1.2 \times 367.9}{(\pi\ 0.423 \times 3.25 \times 37.5 \times 0.136)}$$

$$= 20\ kgf\ mm^2 \ \leq \ \sigma_G\,(34\,kgf\ mm^2)\ OK$$

[8] 면압강도(by Hertz Law)

$$P_1 = \frac{f_{v1} K D_P b_{1n} \dfrac{2Z_2}{Z_1 + Z_2}}{\cos\beta^2}$$

$$= \frac{0.423 \times 0.329 \times 66.18 \times 37.5 \dfrac{2 \times 70}{19 + 70}}{(\cos 21^\circ)^2} = 623.34kgf \geq 368kgf \quad OK$$

K(치차 허용 접촉응력계수) K=0.329kg/cm^2 표 14-4

Pinion HR_c 55±2 (HB 500)

Gear HR_c 45±2 (HB 400)

계 산 문 제

01 바깥지름 192㎜, 잇수가 62인 표준 스퍼기어의 모듈은 얼마인가?

SOL $D_0 = D + 2a = D + 2m = mz + 2m = m(z+2)$

192 = m (z + 2) = m (62 + 2) m = 3

02 $Z_1 = 25 \quad Z_2 = 37$ 의 잇수를 가진 중심거리 95mm 의 한쌍의 스퍼어 기어에서 모듈은 약 얼마인가 ?

SOL $C = \dfrac{m(Z_1 + Z_2)}{2} = \dfrac{m(25+37)}{2} = 95$ m = 3.06 ≒ 3

모듈 표준값

$M1$	$M1.25$	$M1.5$	$M1.75$	$M2$	$M2.5$
$M3$	$M3.25$	$M3.5$	$M4$	$M4.5$	$M5$

03 중심거리 C=160mm이고, 모듈 m=4이며, 속도비가 3/5인 한쌍의 스퍼기어의 잇수를 구한 것은?

SOL 속비 i = $\dfrac{Z_1}{Z_2} = \dfrac{3}{5} \quad Z_1 = \dfrac{3}{5} Z_2$

C = $\dfrac{m(Z_1 + Z_2)}{2} = \dfrac{4(\frac{3}{5} Z_2 + Z_2)}{2} = 160$

$Z_2 = 50 \qquad Z_1 = 30$

04 축간거리 55cm 인 평행한 두축사이에 회전을 전달하는 한쌍의 평기어에서 피니언이 124회전 할 때 기어를 96회전 시키려면 피니언의 피치원 지름을 얼마로 하면되는가?

SOL $i = \dfrac{n_2}{n_1} = \dfrac{d_1}{d_2} = \dfrac{96}{124}$ $\qquad d_1 = d_2 \dfrac{96}{124}$

$$C = \frac{d_1 + d_2}{2} = 55 = \frac{\frac{96}{124} d_2 + d_2}{2} = \frac{1.774 d_2}{2} = 55$$

$$d_2 = 62cm = 620mm \qquad d_1 = 48cm = 480mm$$

05 비틀림각 20° 이직각모듈 3, 잇수 30인 헬리컬기어의 이끝원 지름은 얼마인가?

SOL 바깥지름 $D_0 = D + 2a = \dfrac{mz}{\cos\beta} + 2m = \dfrac{3 \times 30}{\cos 20^\circ} + 2 \times 3 = 101.77mm$

06 잇수가 각각 150 과 50 이고, 치직각 모듈 m = 6인 헬리컬 기어에 있어서 중심거리는 몇 ㎜가 되는가 ? (단, 비틀림각 β = 30° 로 한다.)

SOL $C = \dfrac{m(Z_1 + Z_2)}{2\cos\beta} = \dfrac{6(50 + 150)}{2\cos 30} = 692.82\,mm$

07 기초원 지름 150mm, 잇수30 압력각 20° 인벌류트 스퍼어기어에서 물림률이 6π 이라면 이기어의 물림률은 ?

SOL 물림률(ϵ) = $\dfrac{\text{물림길이}}{\text{법선피치}} = \dfrac{6\pi}{5\pi} = 1.2$

법선피치 $p_n = p\cos\alpha = \pi m \cos\alpha = \dfrac{\pi D_g}{Z} = \dfrac{\pi 150}{30} = 5\pi$

기초원 지름 $D_g = D\cos\alpha = mZ\cos\alpha \qquad m = \dfrac{D_g}{Z\cos\alpha}$

08 그림과 같은 기어 트레인에서 기어 A, B, C의 잇수를 각각 32, 15, 64라 하고 A기어의 회전수가 1600 rpm이라면 C기어의 회전수는 몇 rpm인가?

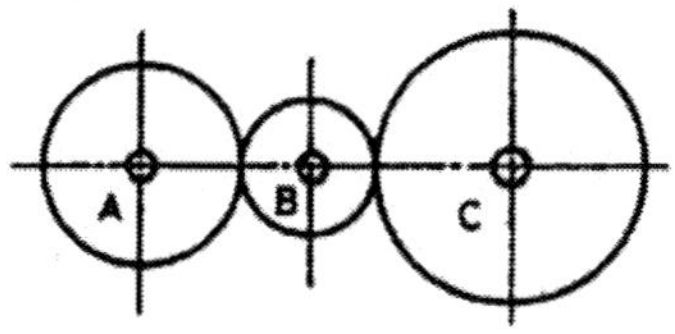

SOL B기어는 아이들 기어

$$i = \frac{N_C}{N_A} = \frac{Z_A}{Z_B} \times \frac{Z_B}{Z_C} = \frac{32}{15} \times \frac{15}{64} = \frac{N_C}{1600}$$

$$N_C = 800\,rpm$$

09 모듈 m=2, 잇수 Z=40, 압력각 a=20°, 치폭 b=20mm인 표준 평기어의 최대 전달마력(kW)을 굽힘강도기준으로 구하면 얼마인가? (단, 속도계수 f_v=0.42, 회전속도 N=1000rpm, 치형계수 y=0.12, 허용 굽힘응력 σ_b=50N/mm^2 으로 한다.)

SOL $F = f_v \sigma_b b\, m Y = 0.42 \times 50 \times 20 \times 2 \times \pi 0.12$ = 316.67 N

$$v = \frac{\pi m Z n}{1000 \times 60} = \frac{\pi 2 \times 40 \times 1000}{1000 \times 60} = 4.188\,m/s$$

$$H_{kW} = \frac{Fv}{1000} = \frac{316.67 \times 4.188}{1000} = 1.83\,kW$$

치형계수 $Y = \pi y$

10 1200 rpm 으로 2 kW 의 동력을 전달 시키려고 할 때 기어 잇수 Z =20 모듀율 m =4인 스퍼어 기어 이에 걸리는 힘(피치원 접선방향 힘)은 몇 N 인가?

SOL $H_{kW} = \frac{P_e\ v}{1000} = \frac{P_e \times 5}{1000} = 2$ P =397.89 N

$$v = \frac{\pi d n}{1000} = \frac{\pi \times 4 \times 20 \times 1200}{1000 \times 60} = 5\,m/s$$

11 치직각 모듈이 5, 잇수가 각각 30, 90 비틀림각이 20° 인 한 쌍의 헬리컬 기어의 중심거리를 구하여라. 또 피니언이 600rpm 으로 10 kW 의 동력을 전달 할 때, 헬리컬 기어에 작용하는 스러스트 하중를 구하여라.

SOL (1) 중심거리

$$C = \frac{m(z_1 + z_2)}{2\cos\beta} = \frac{5(30+90)}{2\times\cos20} = 319.253\,mm$$

(2) 스러스트 하중

$$P_a = P\tan\beta = 2000\tan20 = 727.94\ \text{N}$$

① 동력

$$H_{kW} = \frac{P\,v}{1000} = \frac{P\times5}{1000} = 10 \qquad \text{P} = 2000\ \text{N}$$

② 속도

$$v = \frac{\pi D_p n_p}{1000\times60} = \frac{\pi\times159.626\times600}{1000\times60} = 5\ \text{m/s}$$

③ 피니언 피치원 지름

$$D_p = \frac{mz_1}{\cos\beta} = \frac{5\times30}{\cos20} = 159.626\ \text{mm}$$

12 베벨기어에서 두 축의 교차각이 80° 이고, $z_1 = 26$, $z_2 = 32$ 일 때 원추각, 피치원 지름, 바깥지름, 원추 거리를 구하여라. (단 모듈은 4이다)

SOL ① 원추각

$$\tan\delta_1 = \frac{\sin\theta}{\frac{z_2}{z_1} + \cos\theta} = \frac{\sin80}{\frac{32}{26} + \cos80} = 0.7012$$

$$\delta_1 = \tan^{-1}0.7012 = 35^\circ$$

$$\delta_2 = 45^\circ \ (\delta_1 + \delta_2 = \theta^\circ)$$

② 피치원 지름

피니언 $D_1 = mz_1 = 4\times26 = 104\,mm$

기어 $D_2 = mz_2 = 4\times32 = 128\,mm$

③ 바깥지름

피니언 $D_{o1} = D_1 + 2h_k \cos\delta_1 = mz_1 + 2m\cos\delta_1$

$= 104 + 2 \times 4\cos 35$

$= 110.55mm$

기어 $D_{o2} = D_2 + 2h_k \cos\delta_2 = mz_2 + 2m\cos\delta_2$

$= 128 + 2 \times \cos 45$

$= 133.66mm$

④ 원추 거리

$$A = \frac{D_1}{2\sin\delta_1} = \frac{D_2}{2\sin\delta_2}$$

$$= \frac{104}{2\sin 35} = 90.66\,mm$$

13 잇수가 각각 Z_1 =11, Z_2 = 27 이고, 압력각이 20° 인 전위 평기어에서 언더컷(under cut)이 일어나지 않도록 전위계수 x_1, x_2는?

SOL $x_1 \geq 1 - \frac{z}{2} sin^2\alpha = 1 - \frac{11}{2}(\sin 20)^2 = 0.356 \qquad x_2 = 0$

14 다음과 같은 한 쌍의 외접 평기어가 있다. 다음을 구하시오. (단, 속도 계수 $f_v = \frac{3.05}{3.05 + v}$ 하중 계수 $f_w = 0.8$)

(1) 피치 원주 속도 v [m/s]

(2) 피니언의 굽힘강도에 의한 전달하중 F_P [N]

(3) 기어 굽힘에 의한 전달하중 F_G [N]

(4) 면압에 의한 전달하중 P_c [N]

(5) 최대 전동가능 마력 H_{kW}

	회전수 (rpm)	잇수	허용굽힘응력 σ [N/mm²]	치형계수 Y = π y	압력각	모듈	치폭	허용접촉응력 계수k[N/mm²]
피니언	500	30	30	0.377	20	4	40	0.11
기어	250	60	13	0.433				

SOL (1) 원주 속도 v [m/s]

$$V = \frac{\pi Dn}{1000 \times 60} = \frac{\pi m z n}{1000 \times 60} = \frac{\pi \times 4 \times 30 \times 500}{1000 \times 60} = 3.14\ m/s$$

(2) 피니언의 굽힘강도에 의한 전달하중 F_P [N]

$$F_p = f_w f_v \sigma_b b\, m Y = 0.8 \times 0.4927 \times 30 \times 40 \times 4 \times 0.377 = 713.27\text{N}$$

$$f_v = \frac{3.05}{3.05 + V} = = \frac{3.05}{3.05 + 3.14} = 0.4927$$

(3) 기어 굽힘에 의한 전달하중 F_G [N]

$$F_G = f_w f_v \sigma_b b\, m Y = 0.8 \times 0.4927 \times 13 \times 40 \times 4 \times 0.433 = 355\ \text{N}$$

(4) 면압에 의한 전달하중 P [P_c]

$$P_c = f_v \cdot k \cdot b \cdot m \cdot \frac{2 Z_1 Z_2}{Z_1 + Z_2}$$

$$= 0.4927 \times 0.11 \times 40 \times 4 \frac{2 \times 30 \times 60}{30 + 60} = 346.89 \fallingdotseq 347\,(N)$$

(5) 최대 전동마력

$$H_{kW} = \frac{Pv}{1000} = \frac{347 \times 3.14}{1000} = 1\,kW$$

여기서 허용 하중값은 작은 것으로 선택 한다.

15 이직각 모듈4, 나선각 30°, 잇수 120개인 헬리컬 기어에서 다음을 구하시오.

(1) 축직각 모듈 (2) 피치원 지름

(3) 상당피치원 지름 (4) 상당평기어의 잇수

SOL (1) 축진각 모듈 : $m_s = \frac{m_n}{\cos\beta} = \frac{4}{\cos 30^\circ} = 4.62$

(2) 회전력 : $D = m_s Z = 120 \times 4.62 = 554.4\,[mm]$

(3) 상당피치원 : $D_e = \frac{D}{2\cos^2\beta} = \frac{554.4}{2 \times \cos^2 30^\circ} = 369.6\,[mm]$

(4) 상당평기어의 잇수 : $Z_e = \frac{Z}{\cos^3\beta} = \frac{120}{\cos^3 30^\circ} = 184.8 \fallingdotseq 185$개

기출 및 예상문제

01 기어전동장치에 관한 설명 가운데 틀린 것은?

㉮ 한 쌍의 기어 가운데 직경이 작은 것을 피니언이라고 부른다.

㉯ 마찰차 전동장치에 비해서 보다 정확한 속도비를 유지할 수 있다.

㉰ 이의 물림에 있어서 피치원 상에서만 미끄러짐이 발생하지 않는다.

㉱ 전동시 접선력은 압력각 만큼의 각도로 종동기어에 전달된다

SOL 기어 전동 장치 : 마찰면을 피치원으로 하여 여기에 이(tooth)를 만들어 미끄럼 없이 일정한 속도비로 큰 동 력을 전달하는 것으로 한 쌍의 회전비는 1/1 ~1/10 정도이며, 잇수가 많은 것을 기어, 작은 것을 피니언이라 한다.

① 회전 방향을 바꿀 수 있다.(베벨기어.)

② 동력을 정확하게 전달한다.

③ 두 축이 평행하지 않아도 동력을 전달할 수 있다.

④ 물리는 기어 이의 수에 따라 회전 속도가 달라진다.

답 ㉰

02 다음 기어에 대한 설명으로 틀린 것은 어느 것인가?

㉮ 기어비가 클 때 간섭현상(interference)이 나타나기 쉽다.

㉯ 전위 기어에서 전위량을 증가하면, 이뿌리부의 이두께가 감소함을 볼 수 있다.

㉰ 압력각 20° 인 표준기어에서 언더컷(under cut) 한계 잇수의 이론값은 17개이다.

㉱ 언더컷을 방지하는 하나의 방법으로 스터브기어(stub gear)를 사용한다.

SOL 전위기어란 잇수가 적은 기어을 깎을때 언더컷을 방지하며, 모듈에 비해 이의 강도를 증대 시킨다.

답 ㉯

03 기어를 사용한 동력전달의 일반적인 특징으로 거리가 먼 것은?

㉮ 큰 동력을 일정한 속도비로 전달할 수 있다.

㉯ 전동효율이 좋다.

㉰ 외부 충격에 강하다.

㉱ 소음과 진동이 발생한다.

답 ㉰

04 두 축이 나란하지도 교차하지도 않는 기어는 어느 것인가?

㉮ 베벨기어　　㉯ 헬리컬 기어

㉰ 스퍼 기어　　㉱ 하이포이드 기어

SOL 두축이 평행하지도 교차하지도 않는 경우 : 나사기어, 웜기어, 하이포이드 기어

답 ㉱

05 두 축이 나란하지도 교차하지도 않으며 베벨 기어의 축을 엇갈리게 한 것으로 자동차의 차동 기어 장치의 감속 기어는?

㉮ 베벨기어　　㉯ 웜기어

㉰ 베벨헬리컬기어　　㉱ 하이포이드기어

답 ㉱

06 헬리컬기어에 스러스트가 생기는 것을 개선한 기어는?

㉮ 스퍼 기어　　㉯ 베벨 기어

㉰ 더블헬리컬 기어　　㉱ 웜 기어

SOL 더블 헬리컬기어 : 일반 헬리컬 기어에서 발생하는 추력을 없앨 목적으로 비틀림 방향이다른 두 개의 헬리컬 기어을 조합한 기어이다.

답 ㉰

07 두기어가 서로 맞물려서 운동을 전달하고 있다. 회전방향이 같고 감속비가 큰 기어는 어느것 인가?

㉮ 헬리컬 기어 ㉯ 랙 기어
㉰ 내접 기어 ㉱ 하이포이드 기어

SOL 내접기어 : 두회전방향이 동일하며, 큰 감속비를 얻을 수 있다.

답 ㉰

08 피치원 지름이 무한대인 기어는?

㉮ 랙(rack) 기어 ㉯ 헬리컬(helical) 기어
㉰ 스퍼(spur) 기어 ㉱ 나사(screw) 기어

답 ㉮

09 각종 기어에 대한 설명중 틀리게 설명한 것은?

㉮ 스퍼기어는 잇줄이 기어축에 평행한 기어로서 평행한 두축 사이에 동력전달에 이용된다.
㉯ 헬리컬 기어는 잇줄이 나선 곳선인 원통기어로서 두축의 상대적 위치는 평행하다.
㉰ 베벨기어는 원통의 안쪽에 이가 있는 기어이며 두축의 회전 방향이 같으며, 높은 감속비의 경우에 사용된다.
㉱ 하이포이드기어는 베벨기어의 축을 엇갈리게 한 것으로 자동차의 차동기어장치의 감속기어로 사용된다.

답 ㉰

10 전위기어의 사용목적으로 거리가 먼 것은?

㉮ 속도비를 크게 하기 위해서
㉯ 언더컷을 방지하기 위해서
㉰ 물림률을 증가시키기 위해서
㉱ 이의 강도를 증대시키기 위해서

답 ㉮

11 **기어에 관한 일반적인 사항 가운데 옳지 않은 것은?**

㉮ 창성치절가공을 통하여 기어의 대량생산이 가능하다.

㉯ 축이 직각으로 교차하는 경우에 사용되는 크기와 형상이 같은 한 쌍의 베벨기어를 마이터기어라고 한다.

㉰ 이의 크기를 표현하는 모듈은 이 한 개가 차지하는 피치원 직경의 크기를 mm 단위로 표현 한 것이다.

㉱ 전위기어란 래크커터의 기준피치선을 이동하여 가공한 것으로, 사용시에는 중심거리의 계산에 특히 주의하여야 한다

SOL (1) 기어의 대량생산은 전조 가공에서만 가능하다.

(2) 치형을 절삭 가공하는 방법

① 성형치절 : 밀링 머신으로 깎아낸 혼성 기어가 여기에 해당

② 창성치절 : 커터와 기어 소재와의 관계적 운동에 의하여 이를 깎아 나가는 방법. 즉 호브, 피니언 커터, 랙형커터등 치절기계로 고급 정밀도를 얻을 수 있는 방법

답 ㉰

12 **헬리컬 기어에 관한 설명으로 틀린 것은 어느 것인가?**

㉮ 큰 하중과 고속의 전동에 쓰인다.

㉯ 헬리컬곡선으로 된 원통 기어이다.

㉰ 축은 레이디얼 하중을 받는다.

㉱ 스퍼기어에 비해 진동과 소음이 적다.

SOL 헬리컬 기어는 스러스트 하중를 받는다.

답 ㉰

13 **압력각 14.5° 피치원의 지름 250mm의 평치차의 기초원의 직경은 몇 mm가 되겠는가?**

㉮ 225.09 ㉯ 242.04

㉰ 267.78 ㉱ 289.39

SOL 기초원 지름 $D_g = D\cos\alpha = 250\cos 14.5 = 242.036\,mm$

답 ㉯

14 **바깥지름 192mm, 원주 피치가 9.4248mm인 스퍼 기어의 잇수는?**

㉮ 64　　㉯ 62

㉰ 60　　㉱ 58

SOL

$$p = \pi m = \pi \times \frac{D}{Z} = \pi \times \frac{D_0}{Z+2} = 9.4248$$

$$= \pi \frac{192}{Z+2} = 9.4248$$

$$Z = 61.9962 ≒ 62$$

답 ㉯

15 **다음중 2축이 직각인 경우가 많고, 큰 감속비를 얻고자 하는 경우에 가장 많이 쓰이는 기어는?**

㉮ 하이포이드기어　　㉯ 웜기어

㉰ 스퍼어 기어　　㉱ 베벨기어

답 ㉯

16 **다음 중 표준스퍼 기어에서 이의 크기가 가장 큰 것은?** (단, m : 모듈, P : 지름피치 이다.)

㉮ P=10　　㉯ P=12

㉰ m=2　　㉱ m=2.5

SOL $DP = \dfrac{25.4}{m} = 10$

답 ㉮

17 **인볼류우트 기어의 특징은?**

㉮ 랙커터로 창성법에 의하여 절삭할 수 있으며 축중심의 위치가 약간 변하여도 속도비에 영향을 주지 않는다.

㉯ 창성법으로 절삭할 수 없으며 압력각은 변하고 정밀기계에 적당하다.

㉰ 압력각이 변하고 접촉시작 때와 끝날 때 최소치를 갖는다.

㉱ 압력각이 변하고 접촉이 시작될 때 최대치를 갖는다.

답 ㉮

18 비틀림각이 60° 인 헬리컬 기어가 있다. 이 기어의 축직각 모듈이 8이라면 치 직각 모듈은?

㉮ 2 ㉯ 4

㉰ 6 ㉱ 8

SOL $m = m_n \cos\beta = 8 \times \cos 60° = 4$

답 ㉯

19 기어에 관한 설명이 옳은 것은?

㉮ 표준 스퍼 기어에서 14.5° 보통이의 물림률은 항상 2보다 크다.

㉯ 기어에서 치면 사이의 운동은 구름 운동이다.

㉰ 인벌류트 기어에서 기초원상의 피치는 법선 피치와 같은 것이다.

㉱ 기어에서 언더컷 현상은 잇수비가 작을 때 일어나기 쉽다.

SOL 물림률 $= \dfrac{\text{접촉호의길이}}{\text{원주피치}} = \dfrac{\text{물림길이}}{\text{법선피치}}$ 〉 1 이상

답 ㉱

20 사이클로이드 치형을 가장 잘 설명한 것은?

㉮ 잇면의 마멸이 균일하다.

㉯ 정밀도가 큰 치형을 만들 수 있다.

㉰ 호환성이 좋다.

㉱ 중심거리가 약간 변해도 속도비가 일정하다.

답 ㉮

21 인벌류트 기어에 관한 설명으로 옳지 않는 것은?

㉮ K · S에서 규정된 압력각은 20° 이다.

㉯ 압력각이 크면 맞물림률이 작게 된다.

㉰ 표준 스퍼 기어의 이 두께는 원주피치의 1/2이다.

㉱ 중심거리가 어느 정도 변화하여도 압력각은 일정하다.

SOL 중심거리가 변하면 압력각이 변하나 속도비는 불변이다.

답 ㉱

22 피치원의 지름이 같은 기어에서 모듈의 값이 커지면 잇수는?

㉮ 많아진다. ㉯ 적어진다.
㉰ 같다. ㉱ 클리어런스

SOL $D = mZ \qquad m = \dfrac{D}{Z}$

답 ㉯

23 호빙 머신에서 기어를 절삭할 때 기어의 정밀도에 직접적인 영향을 주는 것은?

㉮ 아버 ㉯ 웜기어
㉰ 호브 ㉱ 공작물의 크기

답 ㉰

24 1200rpm의 2줄 웜과 전동하는 웜기어의 잇수가 40개일 때 웜기어의 1분간 회전수는?

㉮ 30rpm ㉯ 40rpm
㉰ 50rpm ㉱ 60rpm

SOL $i = \dfrac{N_2(\text{종동차}rpm)}{N_1(\text{원동차}rpm)} = \dfrac{n(\text{줄수})}{Z(\text{잇수})} = \dfrac{N}{1200} = \dfrac{2}{40}$ N = 60rpm

답 ㉱

25 기어의 압력각을 크게할 때 일어 나는 현상으로 옳은 것은?

㉮ 이의강도가 악화된다. ㉯ 축간거리가 떨어진다.
㉰ 물림률이 감소한다. ㉱ 속도비가 크게된다.

답 ㉰

26 잇수 Z=20, 모듈 m=6, 압력각 14.5° 의 스퍼기어 표준 래크 공구로 절삭할 때 언더컷을 방지 하기 위하여 어느 정도 전위하면 되는가?

㉮ 2.25 m ㉯ 3.0 mm

㉰ 4.0 mm ㉱ 5.2 mm

SOL 전위계수 $x = 1 - \frac{Z}{2} sin\alpha^2 = 0.373$ $x = 1 - \frac{Z}{17}$

전위량 xm = 0.373 x 6 =2.25

답 ㉮

27 **두 축의 상대위치에 대하여 기어를 분류하면 평행축 기어, 교차축 기어 및 엇갈림축 기어가 있다. 교차축 기어에 해당되는 기어는?**

㉮ 크라운 기어 ㉯ 웜 기어

㉱ 하이포이드 기어 ㉱ 스퍼 기어

SOL 크라운 기어 : 피치면이 평면으로 된 베벨기어

답 ㉮

28 **기계요소 대한 설명으로 옳지 않은 것은?**

㉮ 외경이 같을 경우 중공축은 중실축에 비해 더 큰 토크를 전달할수 있다.

㉯ 롤러 베어링의 수명은 등가하중의 $\frac{10}{3}$승에 반비례한다.

㉰ 스퍼(spur) 기어에 비해 헬리컬(helical) 기어의 소음이 작다.

㉱ 삼각나사의 효율은 사각나사의 효율보다 낮다.

SOL ① 실축과 중공축 단면적은 같다.

$$\frac{\pi d^2}{4} = \frac{\pi}{4}(d_2^2 - d_1^2) = \frac{\pi}{4}(1 - x^2)d_2^2$$

$$d^2 = (1 - x^2)d_2^2 \quad (d = d_2)$$

$$x = \sqrt{\frac{1}{2}}$$

실축 비틀림 모우멘트 $T = \tau Z_p = \tau \times \frac{\pi d^3}{16}$ =1

중공축 비틀림 모우멘트 $T = \tau Z_p = \tau \times \frac{\pi}{16}(1 - x^4)d_2^3$

$$= 1 - (\sqrt{\frac{1}{2}})^4 = 0.75$$

실축 비틀림 모우멘트 〉 중공축 비틀림 모우멘트

② 베어링 수명 계산

$$L_h = 500\left(\frac{C}{P_r}\right)^{\frac{10}{3}} \frac{33.3}{n} \quad (\text{ 여기서 } P_r \text{ 등가 하중})$$

③ 나사의 효율 사각나사 ≥ 삼각나사

답 ㉮

29 다음의 기어 중 전동효율이 가장 낮은 것은?

㉮ 베벨기어 ㉯ 웜엄과 웜엄기어

㉰ 헬리컬 기어 ㉱ 래크와 피니언

SOL 웜엄기어 특징 : 치면에서의 미끄럼이 커서 전동효율이 떨어진다 (약 50 ~70%)

답 ㉯

30 그림과 같은 기어열에서 각각의 잇수가 $Z_A = 16$, $Z_B = 60$, $Z_C = 12$, $Z_d = 64$인 경우 A기어가 있는 I축이 1500rpm일 때 D기어가 있는 III축의 회전수는 얼마인가?

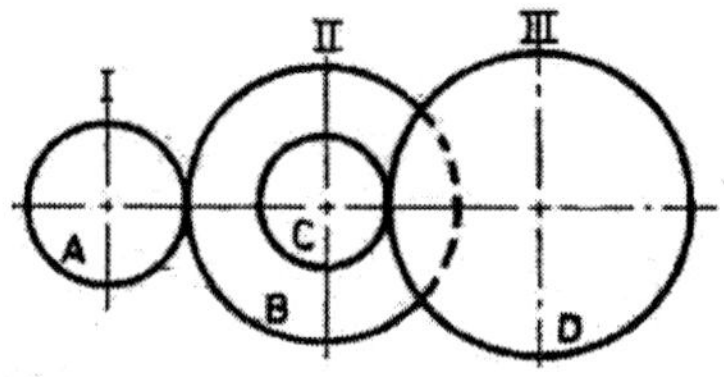

㉮ 56 rpm ㉯ 60 rpm

㉰ 75 rpm ㉱ 85 rpm

SOL $i = \frac{N_3}{N_1} = \frac{Z_A}{Z_B} \times \frac{Z_C}{Z_D} = \frac{16}{60} \times \frac{12}{64} = \frac{N_3}{1500}$ $N_3 = 75\,rpm$

답 ㉰

31 그림에서 기어 A의 잇수 Z_A=30, 기어 B의 잇수 Z_B=20 이라 할 때 A를 고정하고 암 H를 시계방향(+)으로 2회전 시킬 때 B는 약 몇 회전하는가? (단, 시계방향을 +, 반시계방향을 −로 한다.)

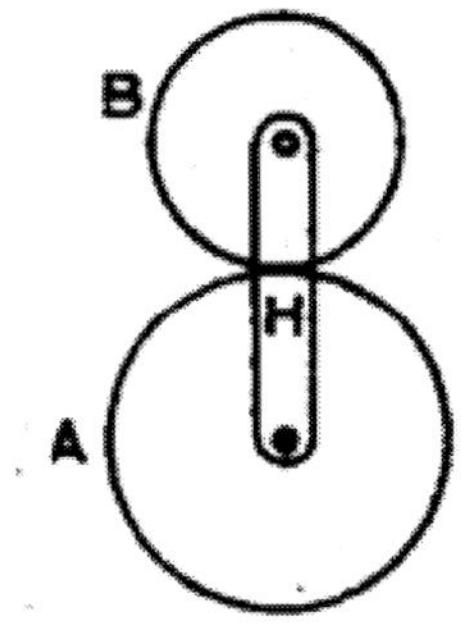

㉮ +1.3 ㉯ −3

㉰ −1.3 ㉱ +3

SOL

회전유형	암(H)	기어 (A)	기어 (B)
전체고정	2	2	2
아암고정	0	−2	$-(-N_A)\times\dfrac{Z_A}{Z_B}$
정미 회전수 (①+②)	2	0	5

기어 (B) $-(-N_A)\times\dfrac{Z_A}{Z_B} = -(-2)\dfrac{30}{20} = 3$

(기어 A 회전수) — N_A

(기어 B 회전방향 (반시계)) — 앞의 −

답 ㉱

제15장 제동장치(Brake)

1 브레이크의 개요

제동장치 · 브레이크장치라고도 부른다. 브레이크는 자동차 · 전동차 · 엘리베이터 따위와 같이 운동하고 있는 기계의 속도를 감속하거나 정지시키는 장치를 통틀어 일컫는다.
자동차 브레이크도 달리고 있는 차량의 속도를 줄이거나 정지시키는 기능을 하는 장치를 말한다.

2 제동장치의 제동력과 종류

브레이크는 보통 운전자의 조작력 또는 보조동력으로 발생한 마찰력을 이용해 자동차의 운동에너지를 열에너지 등으로 바꾸어 제동작용을 일으키는 방식으로 작동한다.

(1) 제동력과 제동 토크(Torque)

① 드럼의 접선방향의 제동력

$$f = \mu P$$

② 브레이크 드럼을 제동하는 토크

$$T = f \times \frac{D}{2} = \mu P \times \frac{D}{2} \ (\mathrm{N \cdot mm})$$

여기서 f : 제동력 (N)
P : 블록을 밀어주는 힘 (N)
D : 브레이크 드럼의 지름 (mm)

그림 15-1
제동력

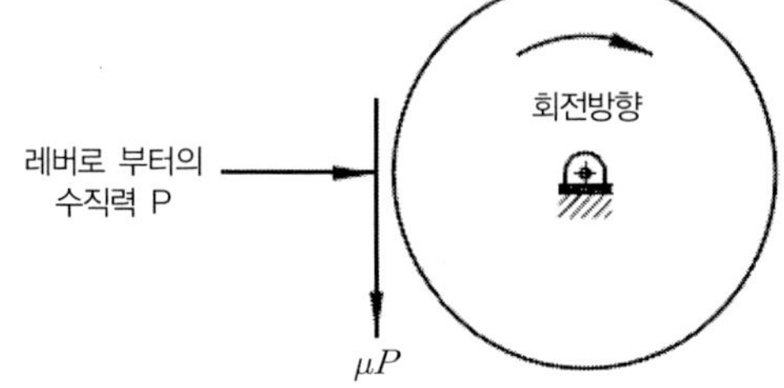

3 블록 브레이크

회전축에 고정된 주철제 브레이크 드럼에 가죽이나 석면으로 된 블록을 밀어 붙여 드럼과 블록판 사이의 마찰에 의하여 제동하는 브레이크이다.
큰 회전력을 제동시키는데 부적합하다.

예 자전거 앞바퀴 기차바퀴

그림 15-2
블록 브레이크 예

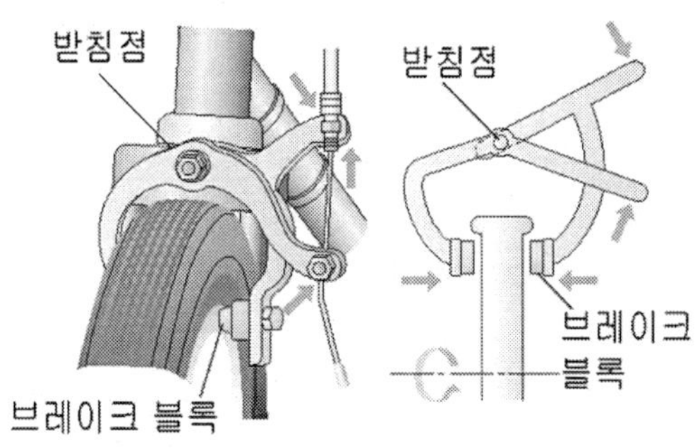

(1) 단식 블록 브레이크

1개의 블록을 사용하며, 일반적으로 브레이크 드럼은 제동축 지름 50㎜ 이하에 주로 사용하되, 사람의 힘으로 조작하는 경우는 100~150 N 으로 200N을 초과 하지 않도록 한다.

① 브레이크 조작력

㉠ 내작용 선형 (C 〉 0)

- 드럼이 우회전 경우

$$Fa - Pb - \mu Pc = 0$$

조작력 $F = \dfrac{P(b + \mu c)}{a}$

- 드럼이 좌회전 경우

$$Fa - Pb + \mu Pc = 0$$

조작력: $F = \dfrac{P(b - \mu c)}{a}$

㉡ 중작용선형 (C =0) 좌회전 = 우회전 제동효과는 일정하다.

$$F \cdot a = P \cdot b$$

조작력 $F = P \cdot \dfrac{b}{a}$

㉢ 외작용 선형 (C 〈 0)

C 형 방향이 반대 이므로 −C를 대입

- 드럼이 우회전 (내작용 좌회전)

$$Fa - Pb + \mu Pc = 0$$

조작력 $F = \dfrac{P(b - \mu c)}{a}$

- 드럼이 좌회전 (내작용 우회전)

$$Fa - Pb - \mu Pc = 0$$

조작력 $F = \dfrac{P(b + \mu c)}{a}$

단식 블록 브레이크는 표 15-1과 같이 3가지 종류가 있고, 구조가 가장 간단하다. 브레이크의 드럼 축에 작용하는 굽힘 모멘트에 의하여 제동력이 발생하고, 베어링

하중이 크게 되므로 큰 제동력을 필요로 하는 브레이크에는 사용하기 곤란하다. 블록의 형상에 다라 평블록 브레이크와 블록을 쐐기 형상으로 하여 마찰계수를 크게 하여 제동력을 증가시킨 V블록 브레이크가 있다. 일반적으로 브레이크 드럼의 지름 50[mm]이하에 사용한다.

브레이크 레버의 지점 위치에 따라 (a) $c>0$, (b) $c<0$, (c) $c=0$의 3가지 종류가 있다.

[표 15-1] 단식 블록 브레이크

형 식	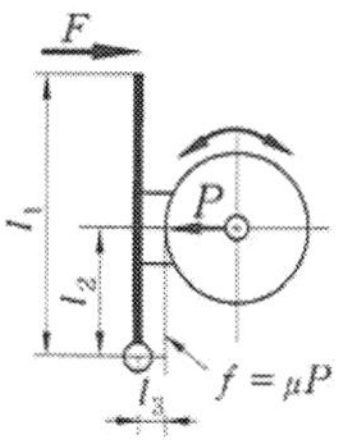 (a) 내작용 선형 ($l_3>0$)	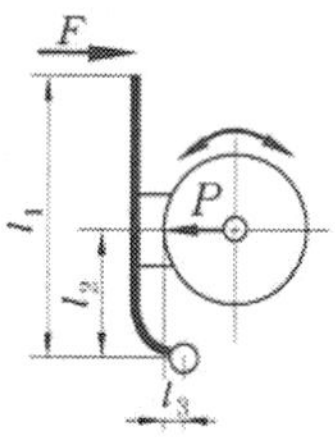 (b) 외작용 선형 ($l_3<0$)	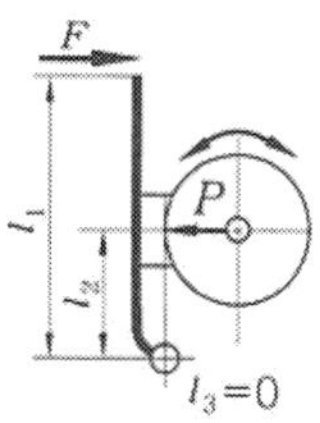 (c) 중작용 선형 ($l_3=0$)
	레버에 의한 힘의 작용선이 드럼과 지점의 내부에 있는 형식	레버에 의한 힘의 작용점이 지점과 드럼의 바깥쪽에 있는 형식	레버에 의한 힘의 작용선과 지점이 같은 위치에 있는 형식
우회전	$F=\dfrac{f(l_2+\mu l_3)}{\mu l_1}$	$F=\dfrac{f(l_2-\mu l_3)}{\mu l_1}$	$F=\dfrac{fl_2}{\mu l_1}$
좌회전	$F=\dfrac{f(l_2-\mu l_3)}{\mu l_1}$	$F=\dfrac{f(l_2+\mu l_3)}{\mu l_1}$	

참고 자동정지 (브레이크가 역할을 못한다)

내작용 (C>0)에서 Drum이 좌회전 하는 경우

F≤0 b≤μ c $\mu \ge \dfrac{b}{c}$

(2) 복식 블록 브레이크

복식블록브레이크는 1개의 브레이크 동체에 2개의 블록을 대칭적으로 설치, 누르는 힘을 평형으로 유지하고 지레 하나로 2개의 블록을 연동시켜 힘을 가한다.

용도는 전동윈치장치 및 크레인 등에 사용된다.

① 제동 토크

$$T = 2\mu P \times \frac{D}{2}$$

② 조작력

$$Fa = Pb \qquad F = \frac{Pb}{a}$$

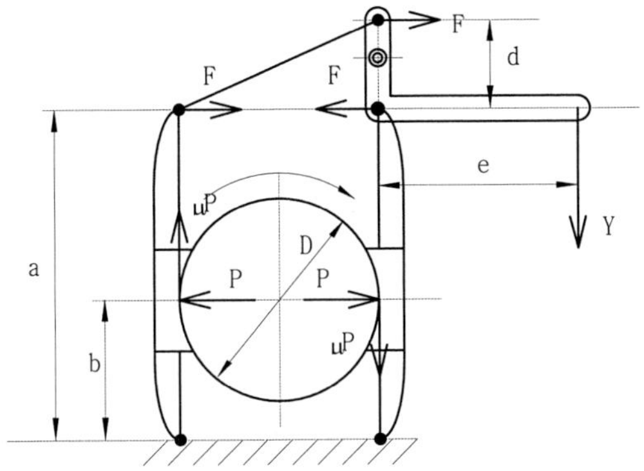

그림 15-3
복식 블록 브레이크

(3) 블록 브레이크 용량

발열을 고려하여 허용한 값

① 브레이크에 작용하는 제동압력

$$q = \frac{P}{A} = \frac{P}{\ell m} \ (N/mm^2)$$

② 브레이크 용량(성능)

단위마찰 면적 마다 시간당 발생하는 열량

$$\frac{1000H_{kw}}{A} = \frac{\mu P v}{A} = \mu q v \ (N/mm^2 \cdot m/s)$$

10 11 12 13 14 15 16 17 18

그림 15-4
브레이크 블록

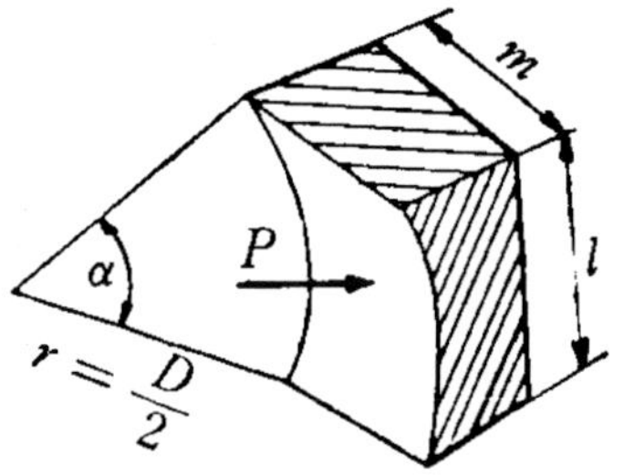

[표 15-2] 브레이크 용량 (μqv)

사용조건	μqv 허용값
자연 냉각 상태에서 심하게 사용할 때	0.06
가볍게 사용하는 경우(자연 냉각)	0.1
방열상태가 좋고 가볍게 사용하는 경우	0.3

4 내확 브레이크(드럼 브레이크)

드럼 브레이크는 라이닝을 팽창시켜 바퀴를 잡아주는 브레이크 시스템 입니다. 드럼브레이크는 최근 생산되는 자동차에는 잘 쓰이지 않는 추세입니다.
발열문제, 제동력, 제어력 등이 디스크식에 비해 많이 불리하다.

그림 15-5
내확 브레이크 작동원리

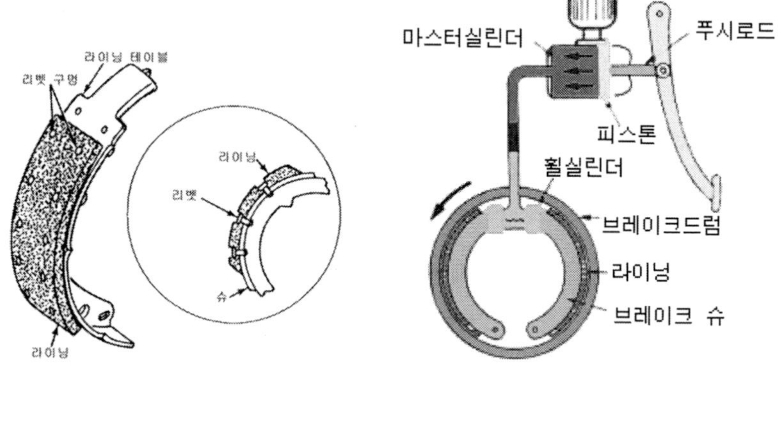

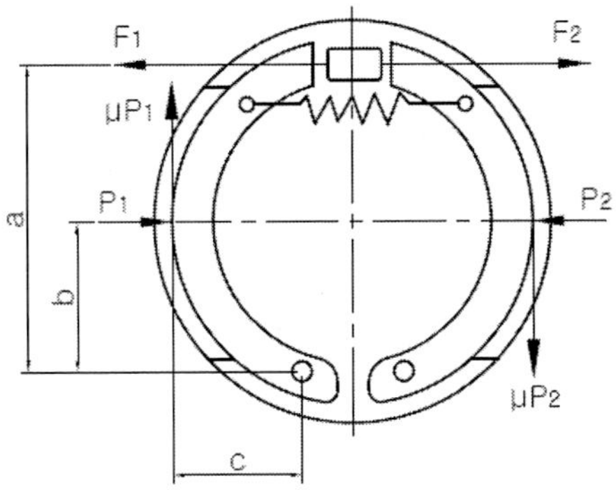

그림 15-6
내확 브레이크

(1) 제동력

$$f = \mu(P_1 + P_2)$$

(2) 우회전 경우

조작력

$$F_1 = \frac{P_1(b - \mu c)}{a}$$

$$F_2 = \frac{P_2(b + \mu c)}{a}$$

(3) 제동 토크

$$T = f \times \frac{D}{2} = \mu(P_1 + P_2)\frac{D}{2}$$

(4) 유압

$$q = \frac{F}{A} = \frac{4F}{\pi d^2}$$

여기서 F : 블록을 밀어서 여는힘 (넓히는데 필요한힘) N

d : 실린더의 지름 (mm)

5 디스크 브레이크(disk brake)

바퀴와 함께 회전하는 원판(disk)을 두어 이것을 좌우에서 유압에 의해 마찰 패드로 압착하여 회전을 정지시키는 제동 장치이다. 디스크에서 발생하는 마찰열은 디스크의 회전으로 냉각되고 패드 부분도 밀폐 상태가 아니기 때문에 열이 쉽게 방열된다. 따라서 연속하여 사용해도 표면의 열로 마찰열이 저하되는 페이드(fade)현상이나 베이퍼록현상이 적습니다. 디스크 브레이크는 오토바이와 소형 승용차의 앞바퀴 브레이크에 주로 사용된다.

> **용어** ① **페이드(fade) 현상** : 자동차가 빠른 속도로 달릴 때 제동을 걸면 브레이크가 잘 작동하지 않는 현상.
> ② **베이퍼록(vapor lock) 현상** : 브레이크오일에 기포가 발생하여 브레이크가 제대로 작동하지 않는 현상

그림 15-7
디스크 브레이크

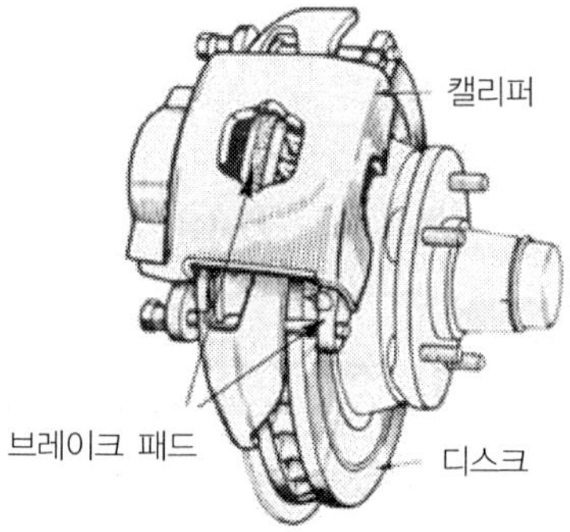

① 브레이크 캘리퍼(brake Caliper) : 림 또는 디스크를 꽉 움켜쥐면서 바퀴의 회전을 통제하는 장치

② 디스크(disk)

③ 브레이크 패드(brake pades)

6 밴드 브레이크(띠 브레이크)

브레이크 드럼 주위에 강철 띠를 감아 지렛대로 잡아 당기면 브레이크 드럼과 강철 띠 사이에 발생하는 마찰력에 의해 제동이 이루어짐.

※ 용도 : 일반 기계, 선반, 밀링머신 등의 공작기계의 제동장치

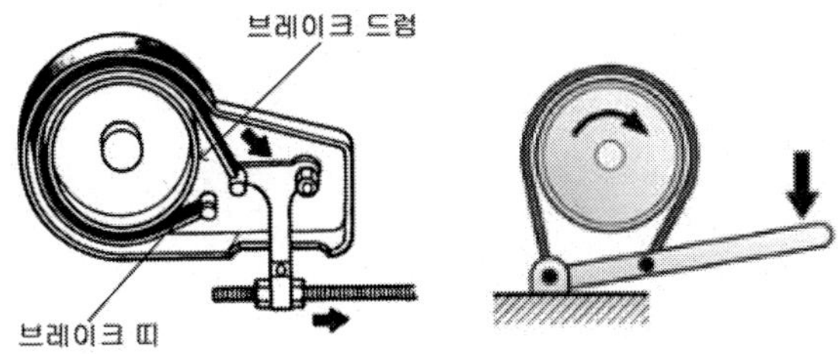

그림 15-8
밴드브레이크 작동원리

(1) 밴드 브레이크 설계

① 밴드 제동 토크

$$T = f\frac{D}{2} = (T_t - T_s)\frac{D}{2}$$

② 제동력

$$f = T_t - \frac{T_t}{e^{\mu\theta}} = T_t(1 - \frac{1}{e^{\mu\theta}})$$

긴장측 장력 $T_t = \frac{f e^{\mu\theta}}{e^{\mu\theta} - 1}$ 이완측 장력 $T_s = \frac{f}{e^{\mu\theta} - 1}$

여기서 T_t : 긴장측 장력(N)

T_s : 이완측 장력 (N)

θ : 밴드와 브레이크 드럼 사이의 접촉각 (rad/s)

장력비 $e^{\mu\theta} = \frac{T_t}{T_s}$

예 $\theta = 250°$ $\mu = 0.2$ $e^{0.2\times 250\times\frac{\pi}{180}} = 2.4$

(2) 단동식 밴드 브레이크

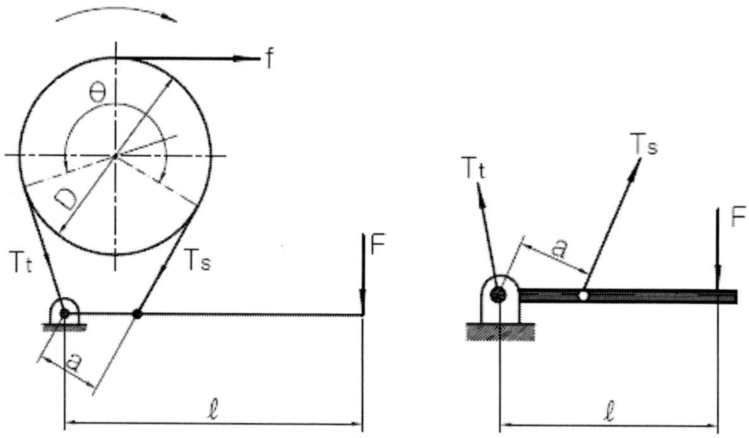

그림 15-9
밴드 브레이크 종류
(단동식)

우회전 $F\ell = T_s a$

$$F = \frac{T_s a}{\ell} = \frac{a}{\ell}\left(\frac{f}{e^{\mu\theta}-1}\right)$$

좌회전 $F\ell = T_t a$

$$F = \frac{T_t a}{\ell} = \frac{a}{\ell}\left(\frac{f}{e^{\mu\theta}-1}\right)$$

(3) 차동식 밴드 브레이크

역전방지 장치가 가능

우회전 $F\ell = T_s b - T_t a$

$$F = \frac{1}{\ell}\left(\frac{f}{e^{\mu\theta}-1}b - \frac{f\,e^{\mu\theta}}{e^{\mu\theta}-1}a\right) = \frac{f}{\ell(e^{\mu\theta}-1)}(b - ae^{\mu\theta})$$

좌회전 $F\ell = T_t b - T_s a$

$$F = \frac{1}{\ell}\left(\frac{fe^{\mu\theta}}{e^{\mu\theta}-1}b - \frac{fa}{e^{\mu\theta}-1}\right) = \frac{f}{\ell(e^{\mu\theta}-1)}(be^{\mu\theta}-a)$$

참고 자동하중 브레이크 조건 ⇒ 브레이크 역할을 못한다.
F≤0 좌회전 $a \geq be^{\mu\theta}$

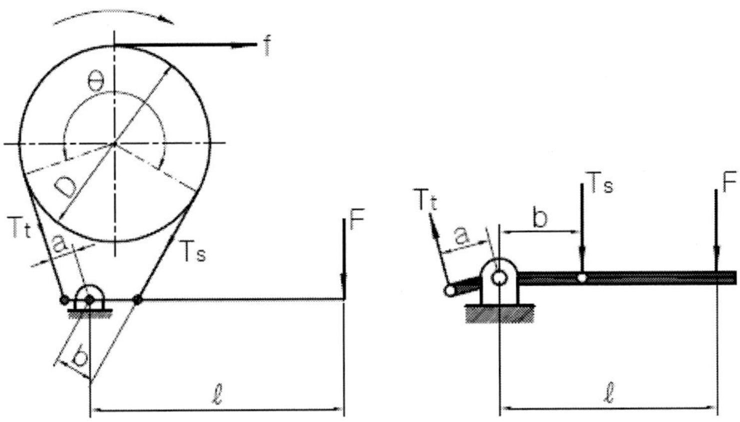

그림 15-10
밴드 브레이크
(차동식)

7 자동하중브레이크

도르래나 크레인 등으로 들어올리기용 전동기(motor)를 정지시켰을 때 짐이 내려가지 않도록 멎게 하거나, 크레인 등으로 짐을 내릴 때 강하속도가 빨라지지 않도록 억제하기 위한 브레이크이다.

(1) 웜 브레이크

그림15-11은 체인 블록(chain block)에 부착되어 있는 웜 브레이크를 표시한 것이다. 웜 축을 우회전(화살표 방향)시키면 하중이 들어 올려지고, 웜 축의 왼쪽으로 스러스트를 받으므로 안쪽원추가 바깥원추에 눌려 들어가 일체로 되어 회전한다. 축의 회전을 멈추면 래칫 휠에 폴이 걸린 상태로 정지된다.
끌어 내릴 때에는 훰 축을 역회전 시키면, 안쪽원추, 바깥원추는 서로 분리되면서 브레이크는 풀리게 된다.

그림 15-11
웜 브레이크

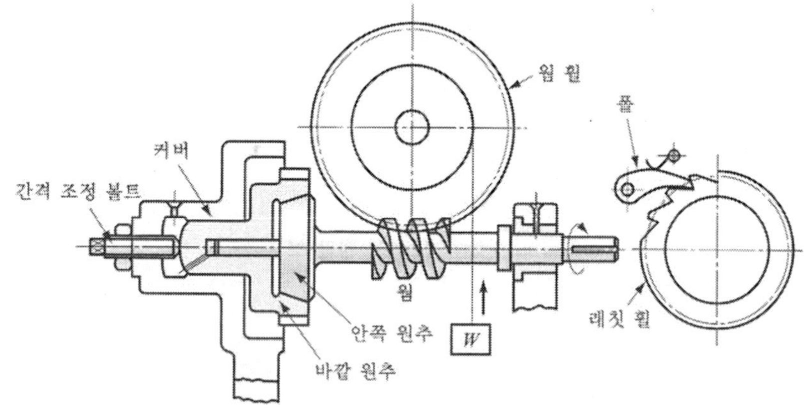

(2) 나사 브레이크(screw brake)

그림15-12는 나사 브레이크로 웜 브레이크의 웜 대신에 나사를 사용한 것이다. 그림에서 a기어는 내측에 암나사(왼나사)가 축에는 수나사가 왼나사로 깎여져 있다. b는 래칫 휠로 안쪽에 미끄럼 베어링을 사용하여 축위를 자유롭게 회전하도록 되어있으며, 원판 c는 축과 키로 결합되어 있다.

물체를 들어 올릴 때는 기어 a가 좌회전을 하게 되면, 왼나사의 작용에 의해 a,b,c,는 일체가 되어 회전하고, 원판 c는 키로 고정되어 있으므로 축이 회전하여 물체를 들어 올린다. 물체를 끌어 내리는 경우 래칫 휠은 폴에 걸리고 기어 a가 우회전 하게 되면, a,b,c,사이에 틈새가 생긴다. 그래서 원판 c는 축과 함께 하중에 의해 우회전한다.

그림 15-12
나사 브레이크

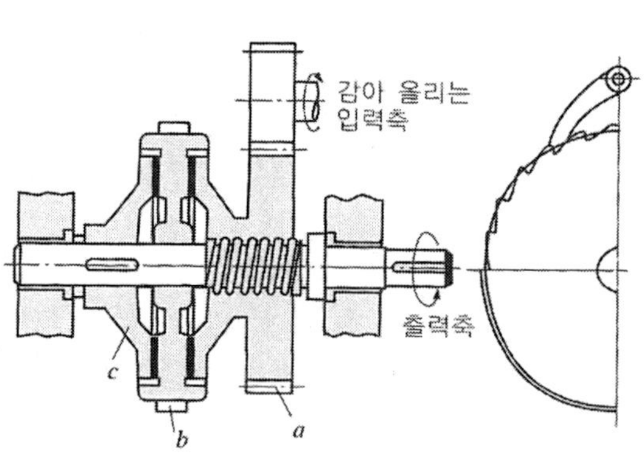

(3) 원심 브레이크(centrifugal brake)

그림15-13와 같이 원심 브레이크는 정지시키기 위한 제동은 없고, 오로지 물체를 들어 올릴 때 속도를 일정하게 유지시키기 위한 것이다.

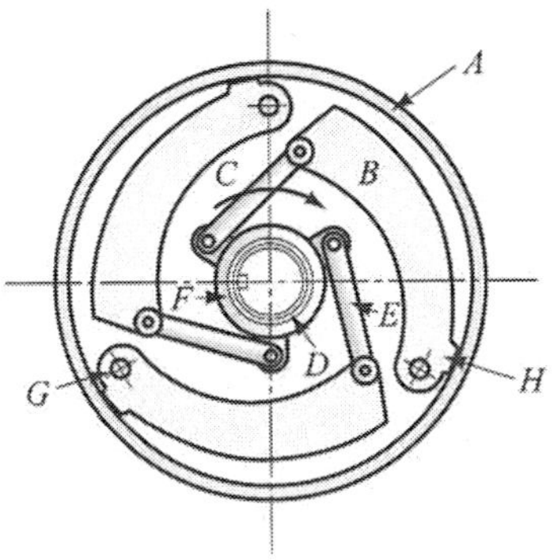

A : 브레이크 드럼
B : 브레이크 블록
C : 회전 원판
D : 코일 스프링
E : 링크
F : 보스부
G : 핀
H : 돌기부

그림 15-13
원심 브레이크

a는 케이스로 브레이크 드럼에 해당하며 고정되어 있다. b는 원심력에 의해 작동하는 브레이크 슈이다. 물체의 낙하 속도가 증가하여 b의 원심력이 스프링의 인장력보다 커지면 회전핀을 축으로 하여, 바깥쪽으로 벌어져 케이스 a의 안쪽에 밀착하여 마찰력이 생기므로 축을 제동하게 된다. 속도가 감소되면 b는 스프링의 힘으로 안쪽으로 되돌려지고, 따라서 제동력이 감소되어 하물의 낙하 속도는 증가한다.

(4) 전자 브레이크(magnetic brake)

전자 브레이크는 2장의 마찰 원판을 사용하여 두 원판의 탈착조작이 전자력에 의해 이루어져 브레이크 작용을 하는 것이다. 복잡한 조작 기구를 필요로 하지 않고 원격조작이 용이하며, 다판식으로 하면 소형으로도 큰 제동 토크를 얻을 수 있어 전자 클러치와 같이 다방면에 널리 사용되고 있다.

그림15-14은 단판식 전자 브레이크의 간단한 일례로 고정 원판측의 코일에 전류를 통하면 전자력에 의해 회전 원판이 끌어 당겨져 제동 작동이 일어나고, 전류를 끊으면 스프링 작용으로 원판이 떨어져 회전을 계속한다.

그림 15-14
전자 브레이크

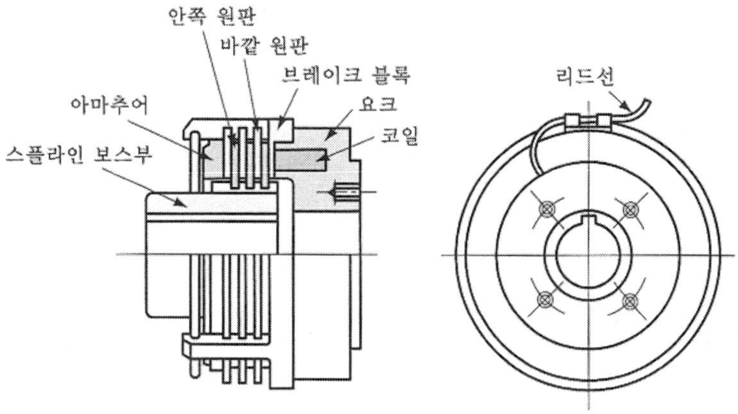

계 산 문 제

01 드럼의 지름 50mm 인 브레이크 드럼축에 1000 $N \cdot mm$ 토크가 작용하고 있는 블록브레이크에서 제동력의 힘은 얼마인가? (단, 마찰계수 0.2)

SOL $T = f\dfrac{D}{2} = \mu P\dfrac{D}{2} = 0.2 \times P\dfrac{50}{2} = 1000$

P = 2000 N

02 그림과 같이 드럼이 250rpm 으로 좌회전 하고 있다. 단동 브레이크에서 F = 200N 이면 제동할 수 있는 동력(kW)은? (단, $\mu = 0.2 \quad \theta = 250°$)

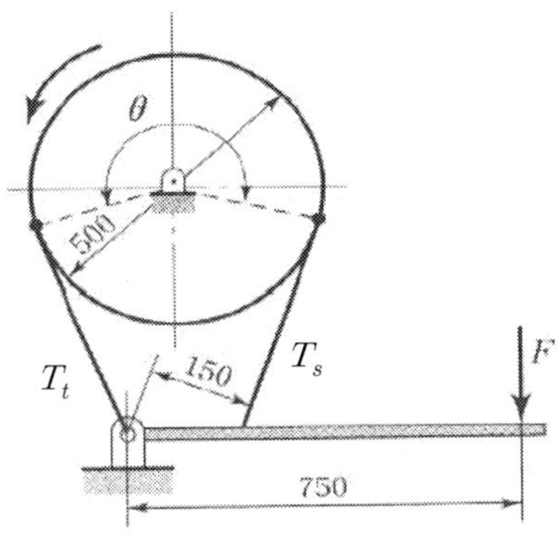

SOL $T = f\dfrac{D}{2} = (T_1 - T_2)\dfrac{D}{2}$

$= 9550 \times 10^3 \dfrac{H_{kW}}{N} \ (N \cdot mm)$

Drum이 좌회전

$F\ell = T_t a \quad 200 \times 750 = T_t \times 150 \quad T_t = 1000\,N$

장력비 $e^{\mu\theta} = e^{0.2 \times 250 \times \frac{\pi}{180}} = 2.393$ (각도 $\Rightarrow rad \quad \theta \times \frac{\pi}{180}$)

$e^{\mu\theta} = \frac{T_t}{T_s} = \frac{1000}{T_s} = 2.393 \quad T_s = 417.88 \fallingdotseq 418\,N$

$T = f\frac{D}{2} = (1000 - 418)\frac{500}{2} = 9550 \times 10^3 \frac{H_{kW}}{250}\ (N \cdot mm)$

동력 $H_{kW} = 3.8\,kW$

03 **브레이크 드럼에 5000kN · mm의 토크가 작용하고 있을 때 이 축을 정지시키는데 필요한 접선방향 제동력은 몇 kN인가?**(단, 브레이크 드럼의 지름은 500mm이다.)

SOL $T = f\frac{D}{2} = \mu P\frac{D}{2} = f\frac{500}{2} = 5000$

$f = 20kN$

04 **시계방향으로 회전 하고 있는 드럼의 회전 토크는 5000 $N \cdot mm$ 이다. 드럼과 브레이크 패드사이의 마찰께수는 0.2 이다. 드럼을 제동하기 위하여 막대 끝에 가하여야 할 조작력을 구하여라.** (단, a =1000mm b=300mm c=50mm 드럼의 지름은 500mm 이다)

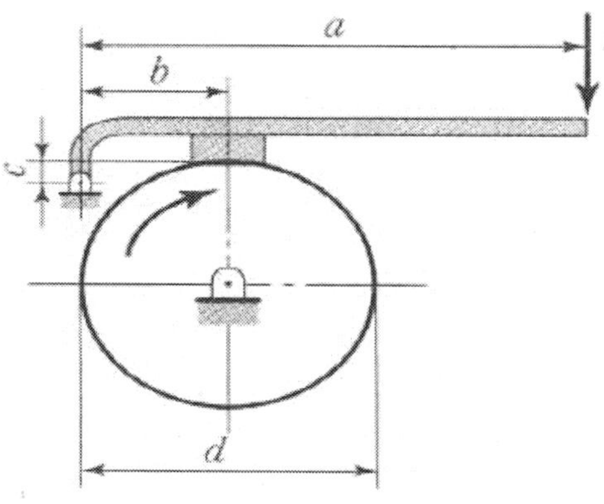

SOL 외작용 (C < 0) 우회전

조작력 $Fa - Pb + \mu Pc = 0$

$$F = P \times \frac{b - \mu c}{a}$$

$$= 100 \times \frac{300 - 0.2 \times 50}{1000} = 29N$$

$$T = f\frac{D}{2} = \mu P\frac{D}{2}$$

$$= 0.2 \times P\frac{500}{2} = 5000 \qquad P = 100N$$

05 브레이크 지름이 D=600 mm 의 밴드 브레이크에 있어서 밴드의 두께 h= 6mm, 폭 = 50mm 의 경우 얻을 수 있는 최대 제동 토크는 몇 N · m 인가? (단, 밴드와 브레이크 드럼 사이의 마찰계수 μ =0.3 θ =250° 밴드의 허용 인장응력 σ =60 N/mm^2 한다.)

SOL 제동 토크(torque)

$$T = (T_t - T_s) \times \frac{D}{2} = (18000 - 4865)\frac{600}{2}$$

$$= 3.94 \times 10^6\ N \cdot mm = 3.94 \times 10^3\ N \cdot m$$

장력비 $e^{0.3 \times 250^\circ \times \frac{\pi}{180^\circ}} = 3.7 \qquad e^{\mu\theta} = \frac{T_t}{T_s}$

허용 인장응력 $\sigma_a = \frac{T_t}{bh} = \frac{T_t}{50 \times 6} = 60$

긴장측 장력 $T_t = 50 \times 6 \times 60 = 18000N$

이완측 장력 $T_s = \frac{T_t}{e^{\mu\theta}} = \frac{18000}{3.7} \fallingdotseq 4865N$

06 그림과 같은 블록 브레이크에서 드럼축에 156.96 N · m 의 제동 토크를 발생 시키기 위해 레버 끝에 F =981 N의 힘이 필요한 경우 레버의 길이 a 는 약 몇 mm인가?

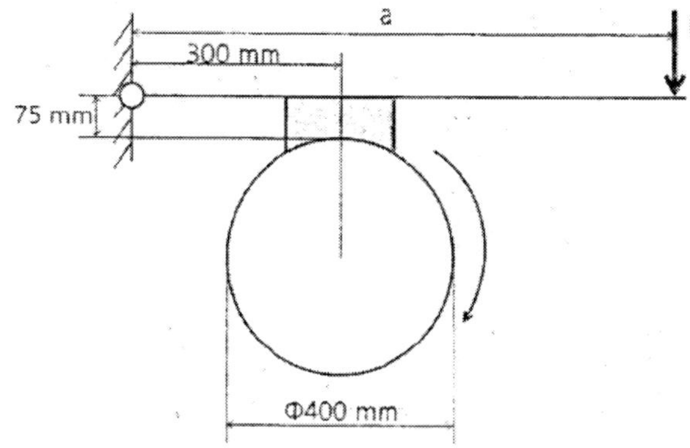

SOL 내작용 (C 〉 0) 우회전

$$Fa - Pb - \mu Pc = 0$$

① 조작력

$$F = \frac{P(b+\mu c)}{a} = \frac{3924(300+0.2\times 75)}{a} = 981$$

$$a = 126mm$$

② 제동 토크

$$T = \mu P\frac{D}{2} = 0.2\times P\frac{400}{2} = 156.96\times 10^3 N \cdot mm$$

$$P = \frac{2\times 156.96\times 10^3}{0.2\times 400} = 3924N$$

07 **플라이휠을 SF 490A의 단강제로 제작하는 경우 허용할 수 있는 원주속도를 구하시오. 단, 재료의 비중은 7.850이고, 안전율 $s=5$로 한다.**

SOL $\sigma_a = pv^2$ $\therefore v = \sqrt{\frac{\sigma_a}{p}}$ 이고, 밀도 $p = 7850[kg/m^3]$

안전율 $S=5$, 인장강도 $\sigma_t = 490[N/mm^2] = 490000[kN/m^2]$이므로 허용인장 응력 σ_a를 구하면 $\sigma_a = \frac{\sigma_t}{S} = \frac{490000}{5} = 98000[kN/m^2]$이고, 원주속도 v의 식에 이들을 대입하면 $v = \sqrt{\frac{\sigma_a}{p}} = \sqrt{\frac{98000}{7850}} = 3.53[m/s]$

기출 및 예상문제

01 다음 중 브레이크의 용량은?(단, 원주속도=m/sec, 접촉면적 =mm^2 이다.)

㉮ 마찰력 × 드럼의 원주속도/접촉면적

㉯ 마찰력 × 접촉면적/드럼의 원주속도

㉰ 접촉면적 − 마찰력/드럼의 원주속도

㉱ 마찰력 = 드럼의 원주속도/접촉면적

SOL 브레이크 용량 $\mu qv = \mu \frac{P}{A} v = f \frac{v}{A} \ \ N/mm^2 \cdot m/s$

답 ㉮

02 브레이크 라이닝의 구비조건으로 적당하지 않은 것은?

㉮ 내마멸성이 클 것

㉯ 내열성이 클 것

㉰ 마찰계수가 작을 것

㉱ 제동 효과가 양호할 것

SOL 브레이크 라이닝의 구비조건

① 내열성, 압축성, 내구성, 전단성을 가질 것.

② 고온, 고속에서 균일한 마찰계수를 유지할 것.

③ 물이나 먼지 등에 덜 민감할 것.

④ 열 부하가 많이 걸려도 경화되지 않을 것.

답 ㉰

03 다음 중 밴드 브레이크의 밴드 접촉 각으로 옳은 것은?

㉮ 180° ~270° ㉯ 270° ~360°
㉰ 360° ~450° ㉱ 450° ~630°

답 ㉮

04 다음 중 하물을 감아올리 때는 제동 작용은 하지 않고 클러치 작용을 하며, 내릴 때는 하물 자중에 의해 제동이 걸리는 브레이크는?

㉮ 원판 브레이크 ㉯ 캠 브레이크
㉰ 밴드 브레이크 ㉱ 내확 브레이크

답 ㉯

05 밴드 브레이크에서 밴드와 드럼 사이의 간극은 보통 얼마로 하는가?

㉮ 5.0~10mm ㉯ 1.0~5.0mm
㉰ 0.5~1.0mm ㉱ 0.2~0.5mm

SOL 밴드와 브레이크 드럼사이의 틈새는 브레이크 드럼의 크기에 따라 1~5mm 정도로 한다.

답 ㉯

06 브레이크 슈 의 길이 및 폭 이 75mm x 28mm 브레이크 슈를 미는힘이 35N일때 브레이크 압력 (N/mm^2)은?

㉮ 0.067 ㉯ 35
㉰ 0.017 ㉱ 14.67

SOL $q = \dfrac{P}{bh} = \dfrac{35}{75 \times 28} = 0.017\ N/mm^2$

답 ㉰

07 마찰면을 원판형 또는 원뿔형으로 하여 나사와 레버등으로 축방향으로 밀어 붙이는 형식의 브레이크는?

㉮ 자동 하중브레이크 ㉯ 블록 브레이크
㉰ 축압브레이크 ㉱ 밴드 브레이크

SOL 축압 브레이크 : 클러치와 가장 유사한 방법으로서 단판, 다판식 구분되며 소형으로서 큰 제동력을 얻을 수 있다.

답 ㉰

08 **축의 역전 방지 기구로 사용하지 않는 것은 어느 것인가?**

㉮ 마찰 포올 브레이크 (friction ratchet wheel)

㉯ 외측 포올 브레이크 (outer pawl brake)

㉰ 내측 포올 브레이크 (inside pawl brake)

㉱ 나사 포올 브레이크(screw pawl brake)

SOL 래칫 휠 : 폴(pawl)과 결합하여 사용되며 축의 역전을 방지하기 위한 장치
축의 역전 방지기구 : 외측 포올 브레이크, 내측 포올 브레이크, 마찰 포올 브레이크

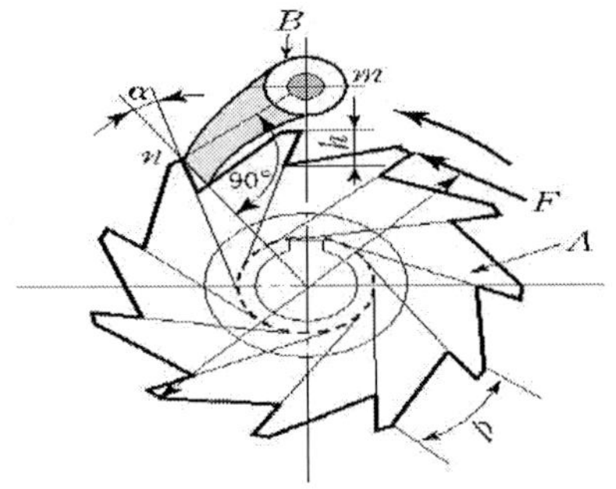

답 ㉱

09 **다음 그림과 같은 블록 브레이크에서 드럼축이 회전 할때 F를 F_1 좌회전 할때의 F를 F_2 라고 하면, F_1/F_2 의 값은 얼마인가 ?**

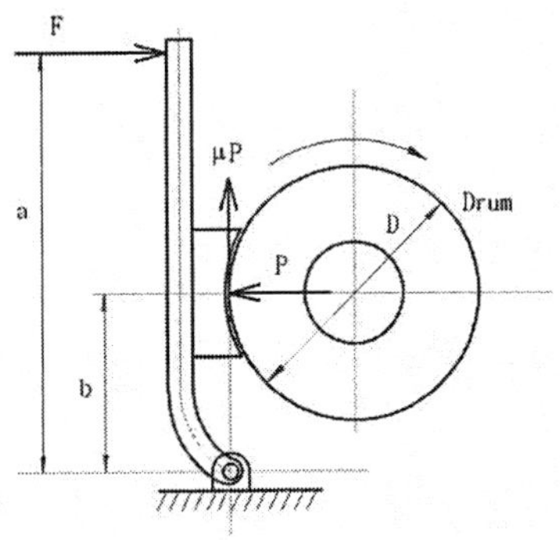

㉮ 1　　　　㉯ 1.5

㉰ 2　　　　㉱ 2.5

SOL C=0 (중립)

$$F_1 = F_2 = P\frac{b}{a}$$

답 ㉮

10 **브레이크를 작동부의 구조에 따라 분류할 때 해당되지 않는 것은?**

㉮ 벨트 브레이크
㉯ 블록 브레이크
㉰ 밴드 브레이크
㉱ 축압 브레이크

답 ㉮

11 **블록 브레이크에 대한 설명중 틀린 것은?**

㉮ 큰 제동력을 얻기 어렵다.
㉯ 큰 회전력의 전달에 알맞다.
㉰ 블록 브레이크 회전장치의 제동에 사용된다.
㉱ 브레이크 드럼에 하나의 브레이크 블록을 갖는다.

답 ㉯

12 **제동장치에 대한 설명으로 틀린 것은?**

㉮ 제동장치는 기계 운동부의 이탈방지 기구이다.
㉯ 용도는 일반기계, 자동차, 철도차량 등에 널리 사용된다.
㉰ 제동장치에서 가장 널리 사용 되고 있는 것은 마찰 브레이크 이다.
㉱ 운전 중인 기계의 운동에너지를 흡수하여 운동 속도를 감소 및 정지 시키는 장치이다.

SOL 마찰브레이크 : 마찰을 통해, 열 에너지로 운동 에너지를 변환하여 차량을 느리게하거나 중지시키는 브레이크

※ 종류 : 블록 브레이크, 밴드 브레이크, 드럼브레이크, 디스크 브레이크 등

답 ㉮

제16장 캠(CAM)

1 캠의 개요

한쪽의 기계요소와 직접 접촉에 의해 지정된 시간, 목적된 운동을 기계적으로 설계된 운동방식으로 소기의 운동을 전달하는 기계요소이다.

그림 16-1
캠 운동

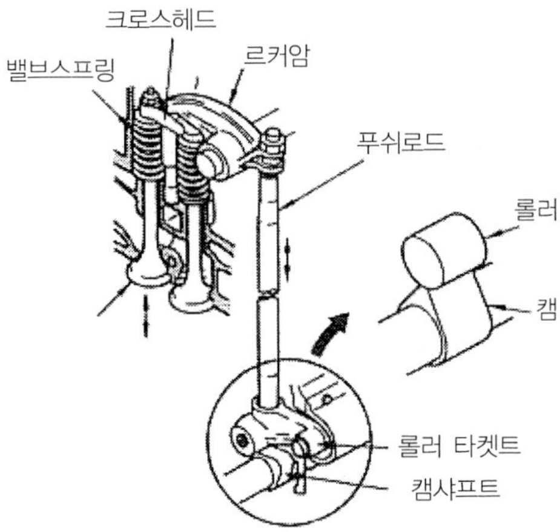

캠기구는 원동절에 직선운동나 회전운동을 주므로 피동절에 왕복직선운동을 또는 왕복각운동을 주기적으로 일으키는 기구로서 그 운동은 기본적으로 미끄럼 접촉을 하며 또한 캠의 구조가 간단하면서도 복잡한 운동을 얻을 수 있으므로 자동기계 등 그 적용범위가 널리 사용 된다.

- 캠 : 회전운동
- 종동절 : 요동운동, 병진운동, 왕복 직선운동

2 캠의 종류

캠은 접점의 자취에 따라 평면곡선을 가지는 평면캠과 공간곡선을 가지는 입체캠으로 종동절을 원동절에 접촉시켜 불 구속적인 원동을 하는 소주적 캠과 등절을 원동절에 접촉시켜 구속적인 운동을하게 하는 확동캠으로 나눈다.

(1) 평면캠

원동절과 피동절의 접촉점의 궤적이 평면 곡선을 그리며 일종의 비구속 캠으로 속도가 빨라지면 캠팔로우(cam follow)가 이탈(Jump)하는 단점이 있다.

그림 16-2
평면캠의 종류

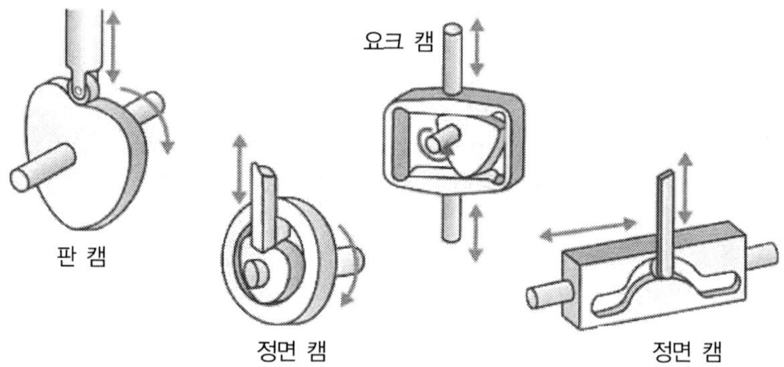

① **평판캠**(Plate cam) : 면을 따라 움직임

② **래디알캠**(Radial cam) : 원주를 따라 움직임

③ **홈캠**(grooved cam): 캠의 홈을 따라 캠팔로우가 리브의 양변에 구속된 상태에서 운동을 하며 백래쉬가 생기는 단점이 있음

④ **확동캠**(positive motion cam) : 캠 홈에 롤러를 끼우고 운동 의 전달을 확실히 해주는 캠으로 원동절의 회전운동이 빨라져도 정확하게 작동한다

⑤ **직동캠**(translation cam) : 운동절이 수평왕복 운동을 하면 피동절은 상하왕복운동을 하는 캠

⑥ **반대캠**(inverse cam) : 역동캠으로 피동절이 캠이 되는 경우.

(2) 입체캠 (3차원 캠)

원동절과 피동절의 접촉점의 궤적이 공간곡선을 그리며, 평면 캠에 비해서 공간에 차지하는 용적을 작게 할 수 있고 자동기계.에 많이 쓰인다.

① **단면캠** : 원통의 끝면을 이용한다.

② **원뿔캠** : 원뿔 표면에 홈을 판 캠으로 작용은 원통캠과 같다.

③ **경사판캠** : 원동절의 판이 경사져 있어 회전 할 경우 그 진폭 만큼 피동절이 상하운동을 한다.

④ **원통캠** : 원통 표면에 홈을 판 캠이며 이것을 회전시켜 피동절에 왕복 운동을 일으킨다.

⑤ **구형캠** : 구면에 홈을 파서 만든 것으로 피동절은 상하운동 없이 왕복 선회운동을 한다.

그림 16-3
입체캠의 종류

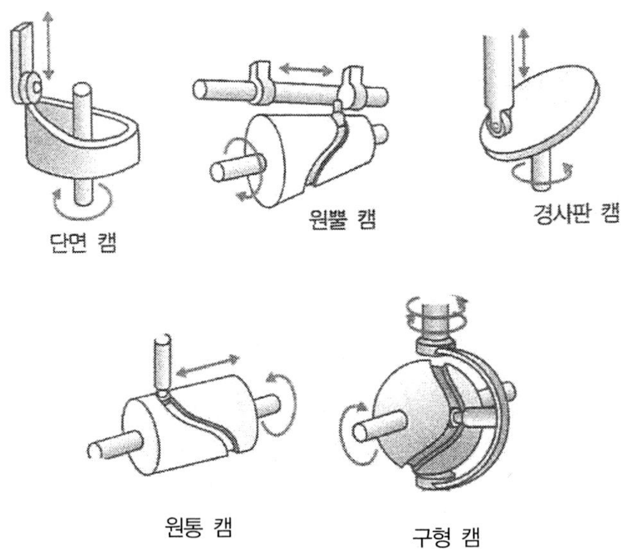

3 캠의 각 부분의 이름과 캠선도

① **추적점**(trace point) : 롤러의 중심에 해당하는 점이며, 종동절의 위치를 효과적으로 결정하기 위한 기준점의 역할을 한다.

② **기초원**(base circle) : 캠의 중심에서 캠 곡면의 최소 반지름으로 하는 원으로서 기초원의 크기에 따라 캠의 크기가 결정되며 캠설계시 가장 먼저 결정 한다.

③ **피치곡선**(pitch curve) : 캠이 정지하여 있고 종동절이 캠의 주위를 회전한다고 가정하여 얻어지는 추적점의 궤적이다.

④ **주원**(prime circle) : 캠의 중심으로부터 피치곡선에 접하는 최소원이다.

⑤ **압력각**(pressure angle) : 추적점에서 피치곡선에 세운 법선과 종동절의 운동방향이 이루는 각도로, 보통 캠의 회전수 100rpm 이하인 경우에는 압력각을 45°까지 그 이상에서는 30°이하로 제한한다.

⑥ **피치점**(pitch circle) : 피치 곡선상에서 압력각이 최대로 되는 점

그림 16-4
캠의 각부분 이름

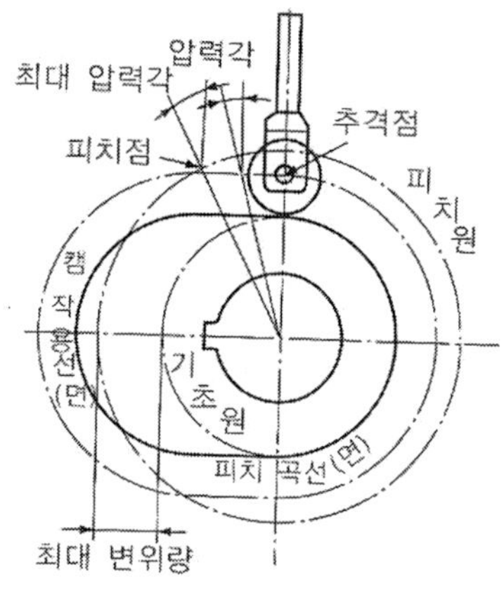

4 캠선도

캠의 윤곽을 결정할 때에는 캠의 각 순간에 대한 종동절의 위치, 속도 및 가속도를 고려하여야 한다.

(1) 등속도 선도

종동절이 등속도 운동을 하면, 변위 선도와 속도 선도는 모두 직선으로, 가속도 선도는 처음과 끝이 무한대의 값이고, 그 밖에는 0의 값으로 나타난다.
이럴 경우 종동절에 큰 충격이 작용하므로, 이 캠은 고속 회전이나 하중이 큰 장치에 사용되기에는 부적당하다. 따라서, 기초 곡선의 처음과 끝을 둥글게 완하시켜 충격을 줄일 필요가 있다.

그림 16-5
등속도 선도

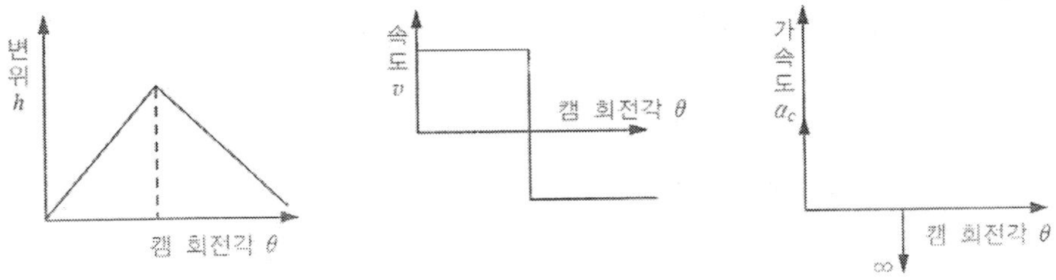

(a) 변위선도 (b) 속도 선도 (c)가속도 선도

(2) 등가속도로 선도

가속도의 급격한 변화로 무한대의 저크(jerk)가 발생 하며, 고속회전에는 부적합하다.

> **용어** **저크**(jerk) : 가속도를 미분한 값은 저크(jerk)라고 합니다. 얼마나 가속도가 빠르게 증가하는가에 대한 지표입니다.

그림 16-6
등가속도 운동

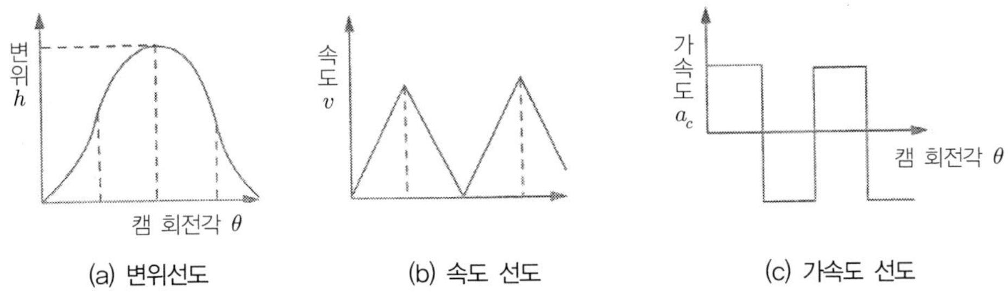

(a) 변위선도 (b) 속도 선도 (c) 가속도 선도

(3) 단순 조화 운동 선도

가속도의 불연속성에 기인하는 문제를 없앨 목적으로 사용된다.

① 운동의 특성

㉠ 최대 속도는 행정의 중앙에서 발생하고 양끝에서는 0이다.

㉡ 운전속도는 중속이다.

㉢ 가장 매끄러운 가속 곡선을 그리며 운동하나, 급격한 가속의 변화가 발생한다.

㉣ 최소의 요구 동력이 소요 된다.

㉤ 가장 작은 최대 압력을 갖는다.

㉥ 가속도의 변화는 고속운동에 특히 심하다.

그림 16-7
단순조화 운동

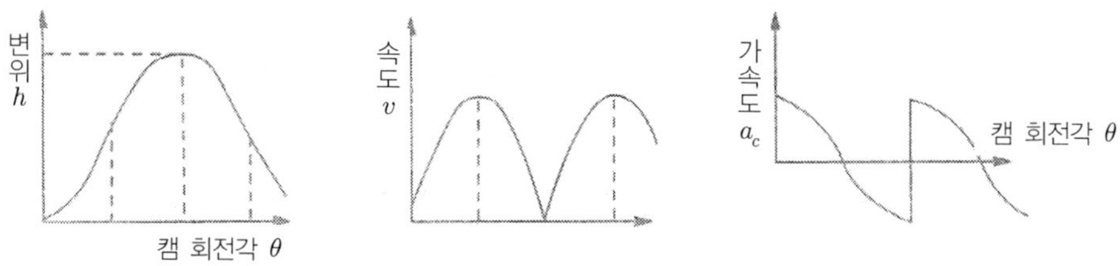

(a) 변위선도 (b) 속도 선도 (c)가속도 선도

5 캠의 설계

(1) 캠의 윤곽 곡선

캠을 설계할 때에는 캠의 윤곽 곡선, 전달력, 종동절의 절대 속도, 관성 등을 고려하여야 한다. 또, 캠의 윤곽 곡선은 최대 압력각, 최대 변위량, 편심량 등에 의하여 작성된 기초 곡선에 의해 결정한다.

변위 선도가 주어졌을 때, 윤곽 곡선은 다음과 같이 작성된다.

① 변위 선도를 등 간격으로 나누어 각 구간에서의 변위를 변위 선도에 표시한다.

② 적절한 크기의 기초원을 그리고 이를 등 구간으로 나눈다.

③ 기초원상의 등 구간점에 변위 선도에서 구한 변위만큼을 방사선 방향으로 표시하여 추적점의 위치를 결정한다.

④ 각 기초원을 원만하게 연결하여 윤곽 곡선을 완성한다.

그림16–8은 캠의 변위 선도와 윤곽 곡선을 나타낸다.

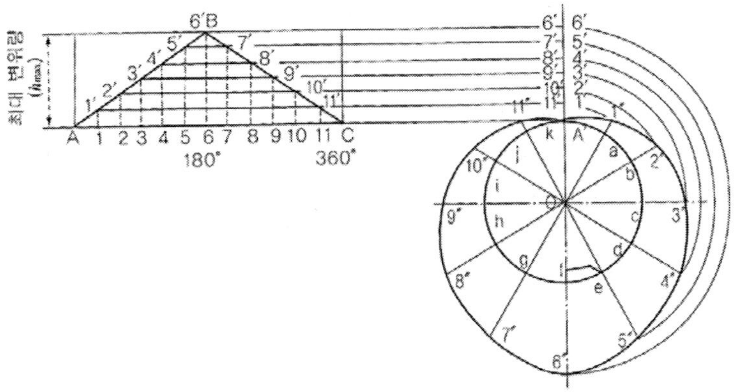

(a) 변위선도 (b) 윤곽선도

그림 16–8

캠의 변위 선도와 윤곽 곡선

기출 및 예상문제

01 서로 미끄럼 접촉을 하는 한쌍의 기소(element) 중에 곡선 윤곽을 갖는 구동체를 무엇이라 하는가?

㉮ 종동절(follower) ㉯ 나이프 에지(knife-edge)
㉰ 롤러(roller) ㉱ 캠(cam)

답 ㉱

02 기계의 운동전달 방법 중에서 직접 접촉에 의해 운동전달하는 것에 해당되지 않는 것은 어느 것인가?

㉮ 마찰차(friotion wheel) ㉯ 캠(cam)
㉰ 기어(gear) ㉱ 링크(link)장치

답 ㉱

03 구조는 간단하나 복잡한 운동을 쉽게 실현할 수 있어, 내연 기관의 밸브 개폐기구나 공작기계, 인쇄기계, 자동 기계 등의 운동 변환기구에 사용되는 것은?

㉮ 마찰차 ㉯ 나사
㉰ 키 ㉱ 캠

답 ㉱

04 다음중 캠의 왕복운동을 하면 종동절도 왕복운동을 하게 되는 캠은 어느것인가?

㉮ 사면캠　　㉯ 끝면캠

㉰ 직동캠　　㉱ 판캠

SOL 판캠 : 회전운동 → 상하 왕복 운동

직동캠 : 수평왕복 운동 → 상하 왕복 운동

확동캠 : 회전운동 → 좌우 한정 운동

답 ㉰

05 다음과 같은 자동차 기관의 부속 장치중 캠을 사용하지 않는 곳은?

㉮ 밸브방치　　㉯ 점화장치

㉰ 냉각장치　　㉱ 연료장치

답 ㉰

06 캠에서 종동절이 운동을 하면, 변위 선도와 속도 선도는 모두 직선으로, 가속도 선도는 처음과 끝이 무한대의 값이고, 그 밖에는 0이 되는 운동 형태는?

㉮ 단순조화 운동　　㉯ 등속도 운동

㉰ 등가속도 운동　　㉱ 사이클로드 운동

답 ㉱

07 다음 캠을 설계할 때 고려 할 사항이 아닌 것은?

㉮ 전달력　　㉯ 관성

㉰ 위험속도　　㉱ 윤곽곡선

SOL 캠의 윤곽곡선, 전달력, 종동절의 속도, 관성

답 ㉰

제17장 스프링(Spring)

1 스프링의 개요

스프링은 자동차의 무게를 지탱하고 적정한 차고를 유지하면서 충격을 흡수하는데 그 역할이 있습니다. 타이어를 통하여 전달되는 노면으로부터의 충격을 최초로 흡수하는 부분이 스프링인데 그 자체가 바운드를 반복함에 따라서 충격을 완화하게 되는 셈이지만 스프링 종류와 형상 등에 의하여 흡수방식은 달라집니다.

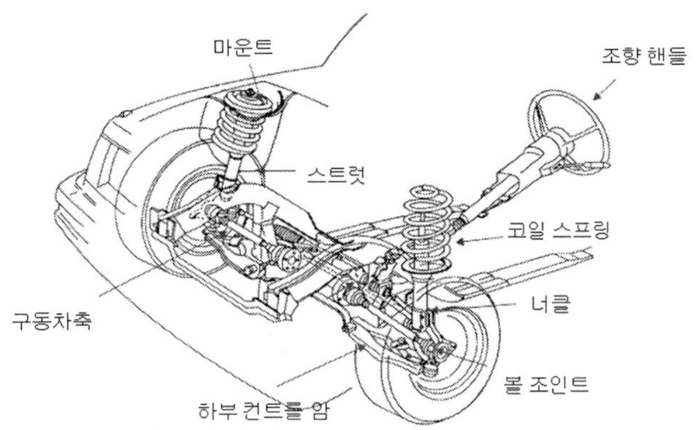

그림 17-1
전방 현가장치

2 스프링의 용도

① 진동 또는 탄성에너지를 흡수하여 완충 또는 방진의 작용을 합니다.

예 승강기의 완충 스프링, 전동차, 자동차 등의 현가장치 등

② 에너지를 저축하여 놓고, 이것을 동력원으로 작동시키는 데 사용합니다.

예 계기용 스프링, 시계나 사진기의 태엽, 완구용 스프링, 총포의 격심용 스프링 등

③ 복원성을 이용하여 일정한 압력을 가할 때 사용합니다.

예 스프링 와셔, 안전 밸브 스프링

④ 힘의 측정에 사용합니다.

예 스프링 거울, 각종 압력 게이지

3 형상에 의한 분류

금속스프링에도 여러 가지 종류가 있으나 이들 형상이나 특성에 대하여 간단히 설명한다.

(1) 코일 스프링(인장, 압축, 비틀림 스파이럴 등)

강선을 코일 모양으로 감아서 만든 스프링. 환봉 또는 각봉을 원통형으로 감은 기계 부품으로서 가장 많이 사용되고 있는 스프링이다.

그림 17-2
코일의 모양

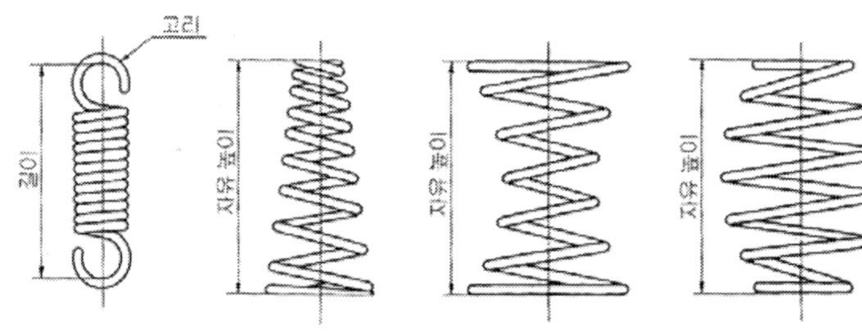

(a) 원통형 (b) 원추형(압축) (c) 장고형(압축) (d) 볼록통형(압축)

승용차의 서스펜션으로 가장 많이 쓰이는 스프링이다. 스프링의 강도는 주로 두께로 정해지며 굵을수록 딱딱 해지고, 감는 횟수가 많을수록 부드러워지며, 코일의 지름이 클수록 부드러워진다.

코일의 모양에는 **그림17-2**와 같이 원통형(cylindrical spring), 원추형(conical spring), 장고형(hourglass shaped spring), 볼록통형(barrel shaped spring) 등이 있

다. 또, 코일 축심방향에 압축하중을 받는 코일을 압축 코일 스프링(compression spring), 인장하중을 받는 스프링을 **인장 코일 스프링**(tension spring)이라 한다. 또한, 중심선 둘레에 비틀림 모멘트를 받는 것을 **비틀림 코일 스프링**(torsion spring)이라 하며, **그림17-3**는 압축 코일 스프링과 그 응용 보기이고, **그림17-4**은 인장코일과 그 응용 보기이다. 이들 가운데 원형 단면의 재료를 사용한 원통압축 또는 인장코일 스프링이 널리 사용된다.

※ 종류 : 인장, 압축, 비틀림, 스파이럴, 원뿔코일스프링

그림 17-3
압축 코일 스프링

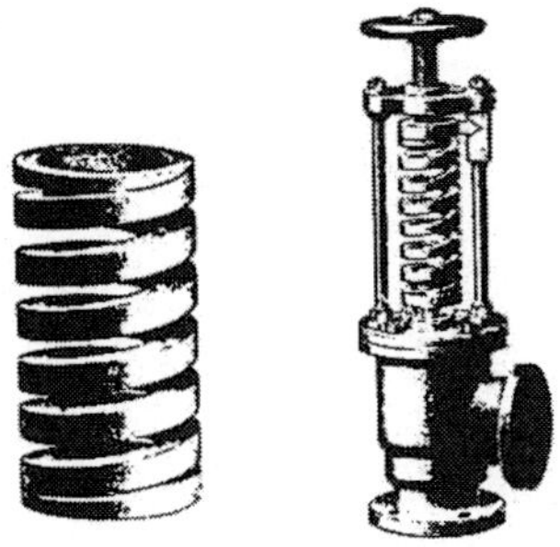

(a) (b)

그림 17-4
인장 코일 스프링

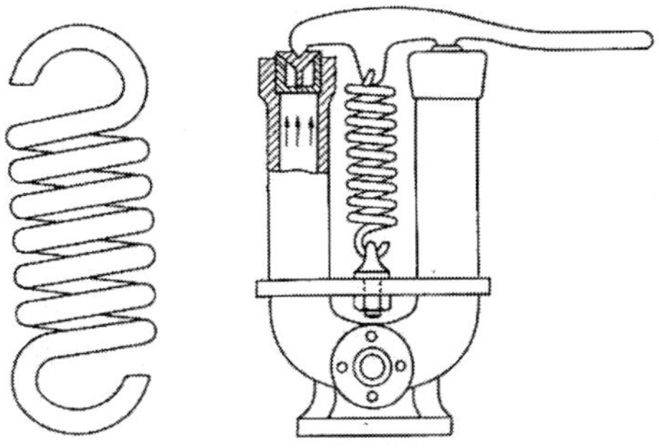

(a) (b)

(2) 토오션 바(torsion bar)

토션바 스프링은 비틀었을 때 탄성에 의해 원위치하려는 성질을 이용한 스프링 강의 막대이다. 스프링의 힘은 바의 길이와 단면적에 따라 결정되며 코일 스프링과 같이 진동의 감쇄작용이 없어 쇽 업소버를 병용해야 된다.

그림 17-5
토션바(torsion bar)

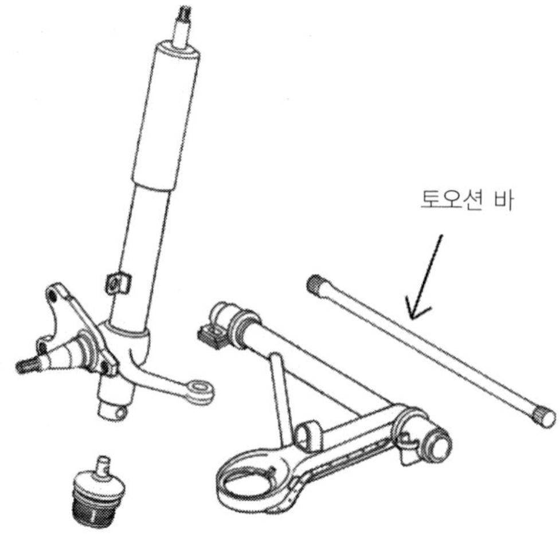

(3) 겹판스프링(leaf spring)

철도차량이나 자동차의 차체를 지지하는 부분에 사용된다.

그림 17-6
겹판스프링(leaf spring) 종류

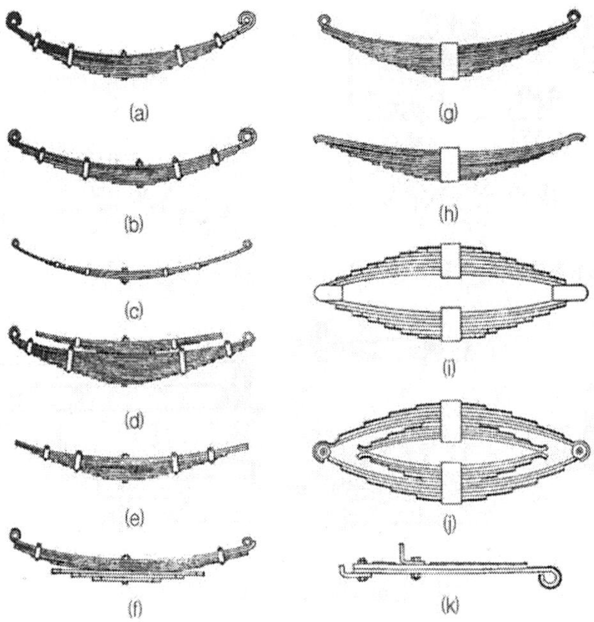

이 스프링은 길이가 다른 금속판을 몇 겹으로 겹쳐 만든 완충장치로서 구조는 간단하지만 승차감과 안정성이 뛰어났다. 재료는 스프링강이 대부분이며, 스프링의 하중특성은 지정하중일 때 그대로 또는 높이를 지정한다. 필요한 경우에는 스프링 상수를 지정하여도 좋다.

(4) 접시 스프링(disk spring)

접시 스프링은 단위체적당 축척에너지가 코일 스프링에 비하여 매우 크기 때문에 작은 공간에서 짧은 스트로크로 큰 부하 능력을 가지고 있다.
또 그림 17-7에서 보는 바와 같이 직렬형, 병렬형 또는 직병렬형으로 비교적 좁은 스페이스에서도 몇 개의 접시 스프링을 조합할 수가 있고, 조합에 의하여 여러 가지 스프링 특성을 쉽게 얻을 수 있다.

그림 17-7
접시 스프링 및
접시스프링의 조합

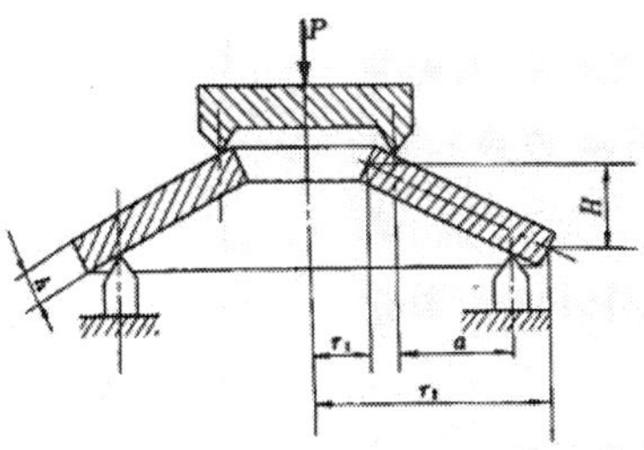

(a) 접시스프링

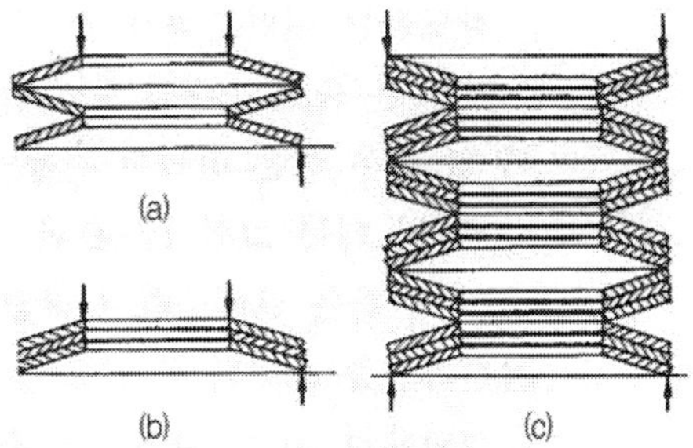

(b) 접시스프링의 조합

(5) 볼류우트 스프링(volute spring)

태엽스프링을 축방향으로 감아올려 사용 하는 것으로 압축용으로 쓰인다.
용도는 오토바이 자체 완충용으로 쓰인다.

그림 17-8
볼류우트 스프링
(volute spring)

(6) 공기 스프링(에어 서스펜션, 에어 스프링)

공기의 성질을 이용한 것이 공기 용수철로써, 사람이나 화물을 적재했을 때는 압축되므로 반발력이 강해지며, 그것들을 내리면 원래의 반발력으로 돌아온다. 때문에 평상시에는 상당히 부드러운 용수철 정수를 설정할 수 있으며 적재시에는 아무리 압축해도 기체는 없어지지 않고 보다 강한 반발력을 얻을 수 있다. 공기스프링의 용도는 주로 자동차 및 철도차량용의 서스펜션 기계 등의 방진용에 사용된다. 다음과 같은 공기스트림의 특징을 요약하면 다음과 같다.

① 측면방향의 강성이 없다.
② 매우 유연한 스프링을 비교적 쉽게 얻을수 있다.
③ 공기 자체의 압축성으로 인해 감쇠특성이 크므로 작은 진동을 흡수 할 수 있다.
④ 공기스프링 내부의 공기 압력을 조절하여 하중이 변화 해도 차높이를 일정하게 유지 할 수 있다.
⑤ 공기의 공급원이나 변장치, 차고의 조절이 필요하게 되어 구조적으로는 복잡해진다.

※ 용도

철도차량, 대형 자동차

그림 17-9
공기 스프링 현가 장치

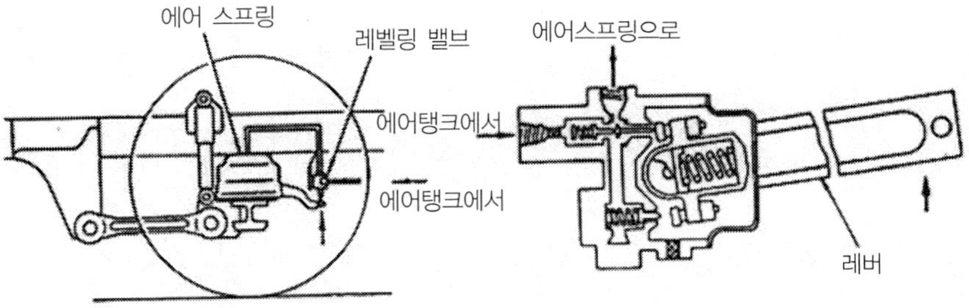

(7) 고무 스프링 (rubber spring)

특성은 비선형이다. 형상을 변하게 할 뿐만 아니라 재료, 경도, 상대적인 크기를 변하게 함에 따라 스프링 상수를 변경시킬 수 있다.

고무 스프링은 주로 차축과 프레임 사이에 위치하여 자동차가 갑작스러운 돌출물에 의하여 바운드되어 스프링만으로 충격을 흡수하기 힘든 경우 서스펜션이 너무 과도하게 변형되어 차축과 프레임이 직접 닿으면 차축이나 프레임 또는 서스펜션이 손상을 입을 경우가 발생한다. 이러한 경우를 대비하여 차축과 프레임 사이에 고무로 된 범프(bump), 스토퍼(stopper)를 두어 충격을 흡수시키는 것이 새시용 고무 스프링의 주요한 용도이다.

그림 17-10
고무 스프링
(rubber sping)

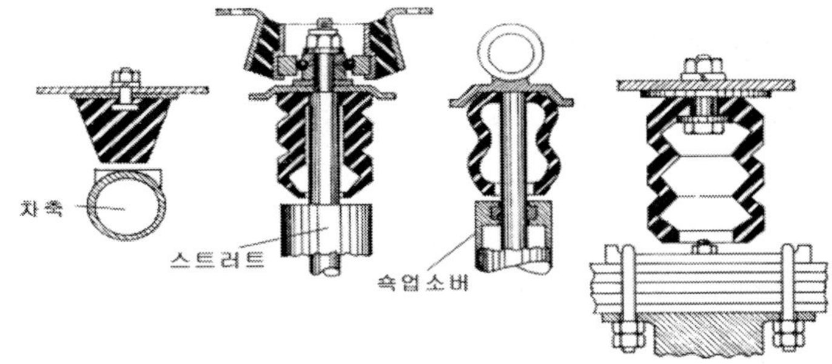

(8) 스파이럴 스프링 (태엽 스프링)

스파이럴 스프링(Spiral spring)은 박판강판 또는 대강을 같은 평면상에 나선형으로 감은 것이며, 각을 감은 면이 서로 접촉되어 있는 것을 태엽이라고 하는데, 시계나 축음기의 원동력으로 사용된다.

그림 17-11
태엽스트링

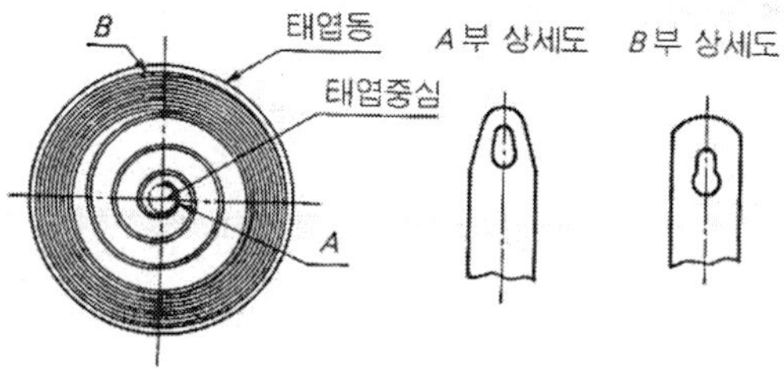

(9) 기타 스프링

그 밖에 그림 17-12와 같이 막대에 비틀림 변형을 주어 나사의 구실을 시키는 비틀림 막대 스프링(torsion bark, 그림 17-12, 박판재료를 적당한 형상으로 가공시켜 스프링 작용을 시키는 박판 스프링(flat spring, 그림 17-13), 선을 적당한 형상으로 굽혀 스프링 작용을 시키는 선세공 스프링(wire forms spring, 그림 17-14, 원추 마찰면을 가지는 내륜과 외륜을 서로 포갠 링 스프링(ring spring, 그림 17-15등이 있다.

그림 17-12
비틀림 막대 스프링

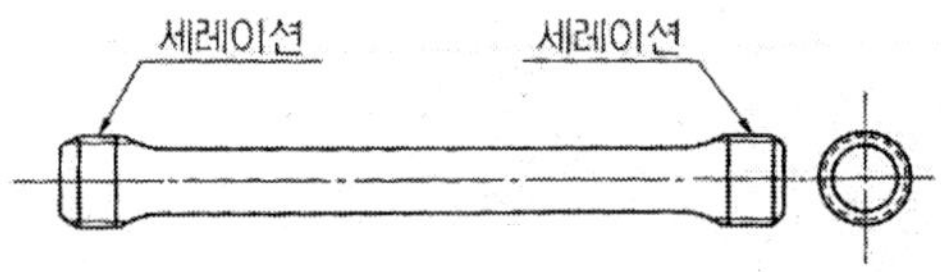

그림 17-13
박판 스프링

그림 17-14
선세공 스프링

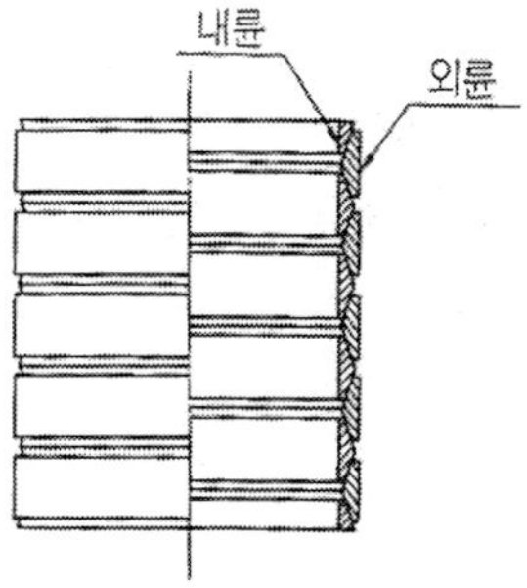

그림 17-15
링 스프링

4 재료에 따른 분류

(1) 금속 스프링

스프링강 (SPS) 경강선 (SW-B) 스프링용 스테인레스강(STS), 황동선, 인청동선, 베릴륨동선 등

(2) 비금속 스프링

비금속 스프링은 플라스틱, 고무, 공기, 기름 등도 힘의 완충작용을 한다.

5 코일스프링 설계

(1) 스프링 상수

단위변위 당 들어가는 힘이 되겠습니다. 따라서 스프링상수가 크면 힘이 많이 들어간다.

스프링 상수 $K = \dfrac{W}{\delta}$ (N/mm)

병렬 $K = K_1 + K_2$

직렬 $\dfrac{1}{K} = \dfrac{1}{K_1} + \dfrac{1}{K_2}$

여기서 W : 하중(W)

δ : 변위 또는 처짐(mm)

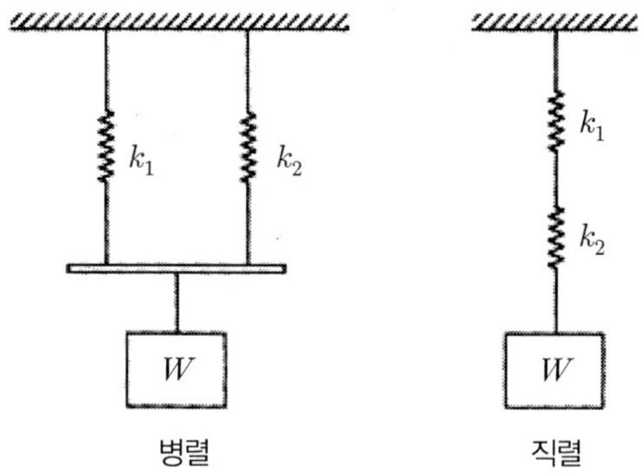

그림 17-16
스프링의 조합

(2) 코일 스프링의 처짐

비틀림 강성식 $\theta = \dfrac{T \cdot l}{GI_p}$ 을 이용

처짐 $\delta = \theta \times R = \dfrac{T\ell}{GI_P} \times \dfrac{D}{2}$

$$\frac{P\dfrac{D}{2}\pi Dn}{G\dfrac{\pi d^4}{32}} \times \frac{D}{2} = \frac{8PnD^3}{Gd^4}$$

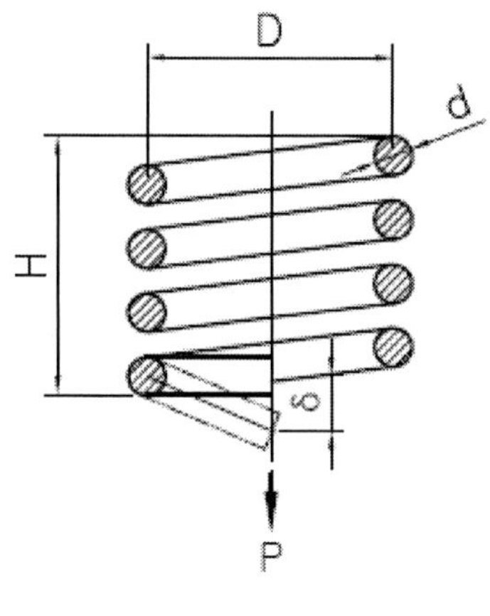

그림 17-17
축방향의 하중을 받을 때

여기서 D : 스프링의 평균지름 (mm)

d : 소선의 지름(스프링의 지름) (mm)

H : 자유높이 (mm)

G : 소선의 전단탄성계수(GPa)

ℓ : 소선의 유효 길이 ($\ell = \pi Dn$)

n : 유효감김수 (실제 작동이 가능한 권수)

I_p : 극 관성모우멘트 ($I_p = \frac{\pi d^4}{32}$)

T : 회전력 ($T = P \times \frac{D}{2}$)

(3) 스프링의 전단응력

$$\tau = \frac{KT}{Z_p} = K\frac{16}{\pi d^3}P\frac{D}{2} = K\frac{8PD}{\pi d^3} = K\frac{8PC}{\pi d^3} \quad (N/mm^2)$$

여기서 K : 와알의 수정계수 ($K = \frac{4C-1}{4C-4} + \frac{0.615}{C}$)

C : 스프링 지수 ($C = \frac{평균지름(D)}{소선의\ 지름(d)}$)

일반적으로 4 ~10 정도

Z_p : 극단면 계수 ($Z_p = \frac{\pi d^3}{16}$)

> **참고** 종횡비 ($r = \frac{H}{D}$) : r 값이 크면 작은 하중에도 스프링이 휘어질 염려가 있다. 보통 0.8~4.0 사이로 하는것이 좋다.

(4) 스프링에 저축된 에너지 (탄성에너지)

$$U = \frac{1}{2}P\delta = \frac{1}{2}k\delta^2 = \frac{1}{2}P\frac{8nPD^3}{Gd^4} = \frac{4nP^2D^3}{Gd^4} = \frac{V\tau^2}{4k^2G} \quad (N \cdot mm)$$

여기서 V : 부피 ($V = \frac{\pi d^2}{4} \pi Dn$ (mm^3)

k : 스프링 상수 ($k = \frac{P}{\delta} = \frac{Gd^4}{8D^3n} = \frac{Gd}{8C^3}$)

6 토션바 스프링

판 스프링과 코일 스프링등과 함께 자동차에 쓰이는 대표적인 스프링중 하나인 토션바 스프링은 우리나라 4WD 차량들의 앞쪽 서스펜션에 많이 사용되고 있습니다. 곧은 막대기의 한쪽 끝을 고정시키고 다른 끝을 비틀어 그때의 비틀림 변형에 의한 스프링 작용을 이용하는 것이 토션바 스프링인데 단위 체적당 저장된 탄성 에너지가 크기 때문에 경량이고 공간을 적게 차지하고 형상이 간단하며 스프링 특성이 설계와 잘 일치하는 점등이 장점이라고 합니다.

그림 17-18
토션바의 사용예

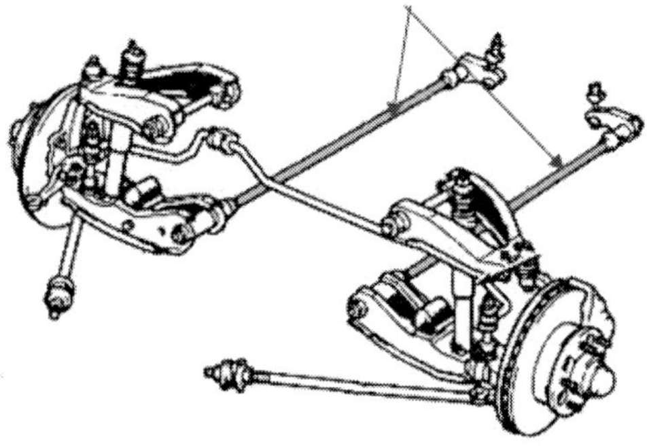

(1) 토션 바의 용도

① 자동차의 현가용 스프링

② 고속회전 엔진의 밸브 스프링

③ 구동축의 토크 완화용 스프링

④ 공기스프링을 사용한 철도차축과 버스의 안정화 스프링

참고 토션 빔 액슬형

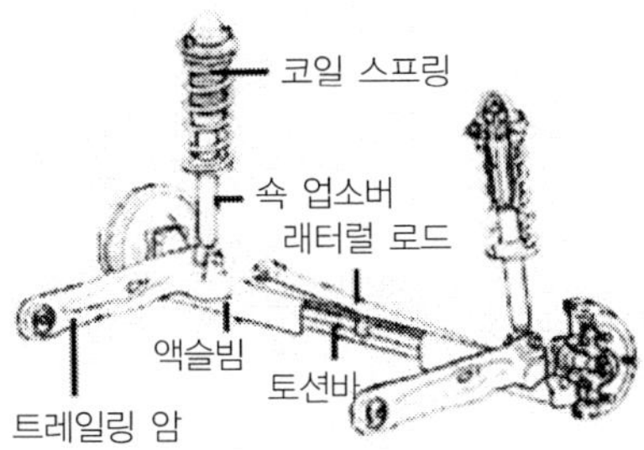

이 형식은 자체로 전달되는 진동을 감소시켜 조향 안정성과 승차감이 좋다.

좌축 선회시 차체 경사에 의해 우측 트레일링 암은 떠오르기 때문에 액슬 빔 및 토션 바가 세게 비틀어지고, 이 비틀림에 대한 반력이 좌우 트레일링 암의 반대로 보정하는 방향으로 작용하기 때문에 차체의 경사를 억제하여 변화하지 않는 노면 캠버와 함께 뛰어난 주행 승차감을 얻을 수 있는 방식이다.

계 산 문 제

01 **그림의 스프링 장치에서 100N의 하중이 작용할 때 처짐은 얼마인가?**(단 $k_1 = 20N/mm$ $k_2 = 30N/mm$ 이다)

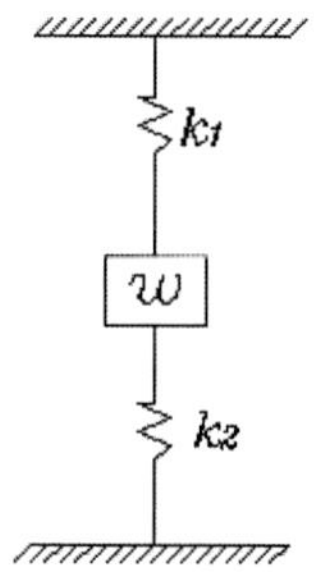

SOL 병렬 열결 $K = K_1 + K_2 = 20 + 30 = 50\,N/mm$

처짐 $\delta = \dfrac{W}{k} = \dfrac{100}{50} = 2mm$

02 **안전 밸브용 스프링에 1 kN의 작용하중이 작용할 때, 소선의 지름 dmm 는 얼마인가?** (단, 스프링의 지름 D= 80mm 허용 전단응력 $\tau = 200\,MPa$이고, 왈(Wahl)의 수정계수는 K=1.3로 한다)

SOL $\tau = k\dfrac{8PD}{\pi d^3}$ $\left(\tau = \dfrac{kT}{Z_p}\right)$

$$d = \sqrt[3]{k\frac{8PD}{\pi\tau}} = \sqrt[3]{1.3\frac{8\times1000\times80}{\pi\times200}} = 10.98 \fallingdotseq 11mm$$

03 그림과 같은 스프링 장치에서 각 스프링상수의 상수 $K_1 = 4N/mm$ $K_2 = 5N/mm$ $K_3 = 6N/mm$ 이며 하중방향의 처짐 δ =150mm 일 때 P는 얼마인가?

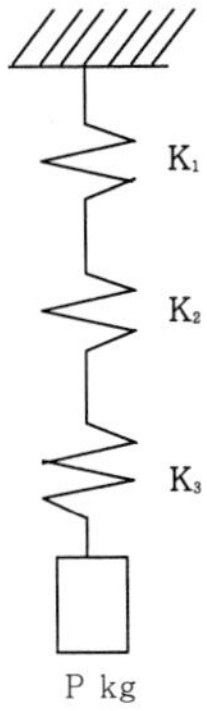

SOL 직렬연결

$$\frac{1}{K} = \frac{1}{K_1} + \frac{1}{K_2} + \frac{1}{K_3}$$

$$\frac{1}{K} = \frac{1}{4} + \frac{1}{5} + \frac{1}{6} = \frac{74}{120}$$

$$K = \frac{120}{74} = \frac{60}{37}$$

$$K = \frac{P}{\delta} = \frac{60}{37} = \frac{P}{150}$$ P= 243.2N

04 그림과 같은 스프링 장치에 질량 W의 물체를 매달 때 물체의 처짐량 (mm)은?
(단, $k_1 = k_2 = 100\,N/mm$, k_3 =50N/mm, W =200N이다)

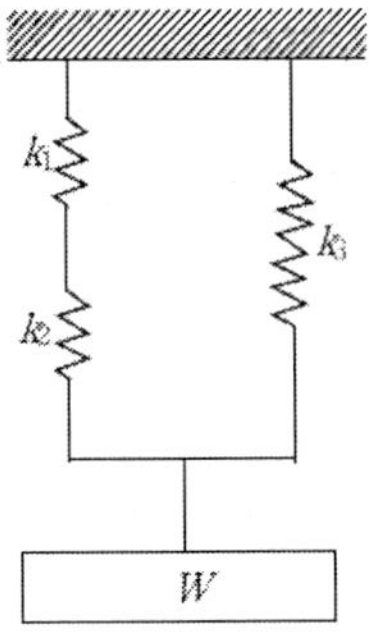

SOL 스프링 상수 = 직렬 + 병렬 = $\frac{W}{\delta}$

직렬 $\frac{1}{k_o} = \frac{1}{k_1} + \frac{1}{k_2} = \frac{1}{100} + \frac{1}{100} = \frac{2}{100} \quad k_o = 50\,N/mm$

스프링 연결 $k = k_o + k_3 = 50 + 50 = 100\,N/mm$

$k = \frac{200}{\delta} = 100 \qquad \delta = 2\,mm$

05 **압축 코일스프링에서 코일의 평균지름과 소선지름을 각각 2배 증가시키면 스프링 상수는 어떻게 변화하는가?**(단, 스프링 재료와 유효권수는 변화없다.)

SOL $k = \frac{P}{\delta} = \frac{P}{\frac{8nPD^3}{Gd^4}} = \frac{Gd^4}{8nD^3} = \frac{(2d)^4}{(2D)^3} = \frac{16}{8} = 2$

스프링 상수 2배

06 **압축 코일 스프링에서 하중 W= 200N 인 경우의 처짐은 얼마인가?** (단, 코일의 평균지름 D=30㎜, 소선의 지름 d=5㎜, 유효감김수 n=10, $G = 8.0 \times 10^4\,N/mm^2$ 이다.)

SOL $\delta = \frac{8\,WD^3 n}{Gd^4} = \frac{8 \times 200 \times 30^3 \times 10}{8 \times 10^4 \times 5^4} = 8.64\,mm$

07 **코일 스프링에서 하중 2N 선경을 2mm, 스프링 직경을 20mm라 할 때 코일에 생기는 전단응력 (N/mm^2)은?** (단, 와알의 수정계수 k=1.14 이다)

SOL $\tau = \frac{K \times T}{Z_P} = \frac{1{,}14 \times 2 \times \frac{20}{2}}{\frac{\pi \times 2^3}{16}} = \quad 14.5\ N/mm^2$

08 **소선의 지름 d=8mm 스프링의 지름 D=80mm 인 압축 코일 스프링에서 하중이 P=300N 작용하였을 때 처짐 δ=20 mm가 되었다. 다음 물음에 답하여라. 단, 전단 탄성계수 G=8×$10^4\ N/mm^2$ 이다.**

(1) 스프링 지수 C (2) 스프링 상수 k (3) 유효 감김수 n

SOL (1) 스프링 지수 $C=\dfrac{D}{d}=\dfrac{80}{8}=10$

(2) 스프링 상수 $k=\dfrac{P}{\delta}=\dfrac{300}{20}=15\ N/mm$

(3) 유효 감김수 $\delta=\dfrac{8nD^3P}{Gd^4}$

$$n=\frac{\delta Gd^4}{8PD^3}=\frac{20\times 8\times 10^4\times 8^4}{8\times 300\times 80^3}=5.33 \fallingdotseq 6$$

09 하중이 360N이 작용하는 클러치에 스프링이 5개 있으며, 평균지름이 17mm이고, 스프링의 지름이 4mm일 때 스프링에 생기는 비틀림 응력은?

SOL 비틀림응력(전단응력)

$$\tau=\frac{KT}{Z_p}=K\frac{16}{\pi d^3}P\frac{D}{2}=K\frac{8PD}{\pi d^3}$$

$$=1.37\frac{8\times 72\times 17}{\pi\times 4^3}$$

$$=66.72N/mm^2$$

스프링 1개당 압축하중

$$P=\frac{W}{n}=\frac{360}{5}=72N$$

와알의 수정계수

$$K=\frac{4C-1}{4C-4}+\frac{0.615}{C}=\frac{4\times 4.25-1}{4\times 4.25-4}+\frac{0.615}{4.25}=1.37$$

스프링지수 $C=\dfrac{D}{d}=\dfrac{17}{4}=4.25$

기출 및 예상문제

01 스프링의 용도를 기능면에서 볼 때, 스프링 와셔는 다음 중 어디에 해당되는가?

㉮ 충격 에너지를 흡수하여 완충, 방진을 목적으로 하는 것
㉯ 하중을 조정하는 것
㉰ 탄성 변형한 스프링의 저축 에너지를 이용하는 것
㉱ 스프링에 가해지는 하중과 신장의 관계로부터 하중을 측정하는 것

답 ㉯

02 압축 코일 스프링이 축방향 하중을 받을 때 소선에 가장 큰 영향을 주는 응력은?

㉮ 압축응력
㉯ 인장응력
㉰ 전단응력
㉱ 굽힘응력

답 ㉰

03 직사각형 단면의 판을 축방향으로 원추형으로 감아올린 압축용 스파이럴 스프링으로 주로 오토바이의 차체 완충용에 사용되는 스프링은?

㉮ 벌류트 스프링
㉯ 원추형 코일 스프링
㉰ 판 스프링
㉱ 링 스프링

답 ㉮

04 **중앙에 구멍이 있고 원추형 모양이며, 병렬 또는 직렬로 조합하여 강성을 쉽게 조정할 수 있으며, 프레스의 완충장치, 공작기계 등에 쓰이는 스프링은?**

㉮ 토션스프링 ㉯ 판스프링

㉰ 태엽 스프링 ㉱ 접시 스프링

답 ㉱

05 **다음 중에서 단위중량당 에너지 흡수율이 크고, 경량이며, 구조가 간단한 기계요소는?**

㉮ 토션바 ㉯ 판스프링

㉰ 코일 스프링 ㉱ 고무 스프링

답 ㉮

06 **코일 스프링에 관한 일반적인 특징 설명으로 틀린 것은?**

㉮ 압축 스프링의 단면은 원형과 각형이 있다.

㉯ 제작이 쉽고 가격이 싸며, 형태와 단면의 형상에 따라 여러 가지가 있다.

㉰ 코일스프링의 총 감긴수는 유효 감긴수에서 무효 감긴수를 뺀 값으로 나타낸다.

㉱ 인장 스프링은 양단에 hook을 만들어 사용하며, 작용하지 않을 경우 코일이 밀착될 수 있다.

SOL 총감기수(n_t) : 코일의 끝에서 끝까지의 감김수

유효 감김수(n_a) : 스프링 정수의 계산에 쓰이는 감김수(스프링의 기능을 발휘)

자유감김수 : 총감김수에서 양끝의 자리 감김수를 뺀 감기수

총감기수와 유효 감김수 관계 : $n_a = n_t - (x_1 + x_2)$ (x_1 , x_2 = 상 하 무효 감김수)

답 ㉰

07 **코일 스프링 설계시 고려해야 할 사항과 가장 관계가 적은 것은?**

㉮ 전단응력 ㉯ 유효 감김수

㉰ 좌굴 ㉱ 인장응력

답 ㉱

08 **다음은 스프링에 대한 설명이다. 옳지 않은 것은 어느 것인가?**

㉮ 탄성이 큰재료로 만들어지며, 하중의 작용에 따라 변형한다.

㉯ 코일 스프링은 하중의 방향에 따라 압축코일스프링과 인장 코일스프링으로 나뉜다.

㉰ 겹판스프링은 볼트의 머리와 중간재 사이 또는 너트와 중간재 사이에서 충격을 흡수한다.

㉱ 스프링 재료에는 스프링강재(SPS 6) 피아 노선(SWP), 황동선(C 2600 W)등이 있다.

답 ㉰

09 **원통형 코일 스프링에서 코일의 평균지름을 강선 재료의 지름으로 나눈 값을 무엇이라 하는가?**

㉮ 스프링 수정계수　　㉯ 스프링 지수

㉰ 스프링의 상수　　㉱ 스프링의 종횡비

SOL ① 스프링의 지수($C = \frac{D}{d}$) : 4-15까지의 법위가 좋다

② 종횡비($\lambda = \frac{H}{D}$) : 0.8-4까지의 범위가 좋다

스프링의 자유높이와 중심경과의 비(H/D)를 좌굴비라 하며, 이 비(比)가 클 때에는 압축하중을 가하면 좌굴이 발생하게 된다.

답 ㉯

10 **코일스프링의 감긴 수를 n, 축방향 하중을 P, 횡탄성계수를 G, 소선의 지름을 d, 코일의 직경을 D라 할 때 코일 스프링의 처짐량 δ를 구하는 식은?**

㉮ $\delta = \frac{64PD^3n}{Gd^4}$　　㉯ $\delta = \frac{8PD^3n}{Gd^4}$

㉰ $\delta = \frac{64PD^3n}{Gd^3}$　　㉱ $\delta = \frac{8PD^3n}{Gd^3}$

답 ㉯

11 **코일의 평균지름 D=50mm의 압축코일스프링에 250N의 하중을 가하여 δ =25mm의 변위를 생기게 하려면 재료의 지름을 얼마로 하면 좋은가?** (단, 스프링 지수(C)=코일의 평균지름(D)/재료의 지름(d)=5.40)

㉮ 약 2.54mm　　　　㉯ 약 4.63mm

㉰ 5mm　　　　㉱ 9.26mm

SOL $C = \frac{D}{d} = \frac{50}{d} = 5.4$

$d = 9.26mm$

답 ㉱

12 **금속 스프링을 그 모양에 따라 분류하였을 때 이에 속하지 않는 것은?**

㉮ 판스프링　　　　㉯ 유체 스프링

㉰ 토션 스프링　　　　㉱ 스파이럴 스프링

SOL 모양에 따른 분류

① 판 스프링 : 얇은 판을 여러개 겹쳐서 포개 만든 스프링

② 코일 스프링(coil spring) : 스프링 강선을 코일 모양으로 감은 것

③ 고무 스프링 : 고무가 가지고 있는 탄성을 이용한 것으로 자동차 부품에 많이 쓰인다.

답 ㉯

13 **코일 스프링에서 스프링 지름만 2배로 하면 축방향의 하중에 의한 늘음은 몇 배인가?**

㉮ 2　　　　㉯ 4

㉰ 6　　　　㉱ 8

SOL $\delta = \frac{8n\,wD^3}{Gd^4}$　　　$\delta \propto D^3$

답 ㉱

14 **다음 중 스프링의 종횡비에 관한 설명으로 옳은 것은?** (단, H는 하중을 가하지 않은 경우의 압축 스프링의 자유높이이고 D는 코일의 평균지름 이다.)

㉮ 종횡비는 H/D이다.

㉯ 종횡비는 D/H이다.

㉰ 종횡비가 작으면　스프링은 구부러진다.

㉣ 종횡비가 크면 스프링은 구부러지지 않는다.

SOL 스프링지수 $C = \dfrac{D(\text{평균지름})}{d(\text{소선지름})}$ 종횡비 $\lambda = \dfrac{H(\text{자유높이})}{D(\text{평균지름})}$

답 ㉮

15 압축 코일 스프링에서 단위 체적마다 흡수 되는 에너지를 크게 하려면 다음과 같다. 틀린 것은 ?

㉮ 전단응력(τ) 을 크게 한다.
㉯ 탄성계수 (G)를 작게 한다.
㉰ 스프링 지수 (C)를 크게 한다.
㉣ 와알의 응력수정계수 (K)를 크게 한다.

SOL $U = \dfrac{P\delta}{2} = \dfrac{32nR^3P^2}{Gd^4} = \dfrac{V\tau^2}{4k^2G}$

답 ㉣

16 주로 나비가 좋고 얇은 긴 보로서 하중을지지 하는 스프링은?

㉮ 원판 스프링　　㉯ 겹판스프링
㉰ 인장 코일 스프링　　㉣ 압축 코일 스프링

답 ㉯

제18장 관계요소

1 개요

유체를 수송할 때 보통 공업용으로 사용되는 관에는 주철관, 강관, 구리관, 황동관, 납관, 휨관 등이 있으며, 수송하는 유체의 종류, 압력, 온도 및 설치장소에 따라 적당한 관을 사용하여야 한다. 일반용 관에는 금속관 외에 철근 콘크리트관, 토관, 죽관, 고무관, 염화 비닐관 등이 있다.

2 금속관의 종류

관은 재질에 따라 금속관 및 비금속관으로 분류한다. 금속관에는 주철관, 강관, 비철 금속관이 있고, 비철금속관에는 동관, 납관, 마그네슘관, 니켈관, 크롬관, 티탄관 등이 있다. 또한, 비금속관에는 고무관, 염화비닐관, 폴리에틸렌관, 연질비닐관 등이 있다. 관의 재료는 관내의 유체 압력, 온도, 부식성 및 경계성을 고려하여 선정한다.

관을 용도에 따라 분류하면 수도용, 압력배관용, 열교환기용, 구조용 등이 있고, 관의 표면 처리에 의해 몰탈 라이닝관, 아연도금관, 폴리에틸렌 피복관 등이 있으며, 제조방법에 다라 이음매 없는 관, 용접관, 원심주조관 등이 있다.

㉠ 주철관

강관보다 무겁고 약하나 내식성이 강하고 값이 싸므로 수도관, 배수관, 가스 수송관, 저압 증기관, 전선의 지하 케이블용 등 매설관으로 사용된다. 주철관은 주형을 회전시켜 주입하는 원심 철조법으로 만든다.

ⓛ 강관

리벳으로 이은 파이프와 용접한 파이프, 이음매 없는 파이프 등이 있다. 종류로서는 배관용, 압력 배관용), 보일러용, 고온 고압용, 특수 고압관용, 화학 공업용 등이 있다.

일반용으로 가장 널리 사용되는 것은 배관용 강관의 배관용 탄소강 강관으로서 가스관이라고 불리며, 증기·물·기름·가스·공기 등의 수송을 위한 배관용으로 사용된다. 표 18-1은 그 기본치수와 무게를 나타낸다.

ⓒ 구리관

전기, 열의 전도성이나 내식성이 좋아 복수기, 열교환기, 압력계관, 급유관 등 화학공업용으로 사용된다. 6 mm 이하의 관은 코일 모양으로 가공하기가 쉬우므로, 만곡부분에 사용하기 쉬운 장점이 있다.

ⓔ 연관

압출 제관기로 만들어지는 납 또는 납합금의 이음매 없는 관으로, 굴곡이 자유로우며 내산성이 강하기 때문에 수도, 가스, 산성 액체 및 오수관(汚水管)으로 사용된다.

ⓜ 황동관

이음매 없는 파이프로 지름이 작은 것이 많고, 구리관과 성질이 비슷하며 값이 싸다. 열교환기나 복수기 등에 사용된다.

ⓑ 휨관

아연 도금강, 구리, 황동 또는 알루미늄 박판을 굽혀 나선형으로 조합시킨 관이며, 그림 18-1과 같은 구조이다. 끼워 맞춤부에는 고무, 석면 등의 패킹을 넣어 만든다. 열가스, 증기, 물, 기름 등의 수송용, 전선의 보호관 또는 신축 이음용으로 사용된다. 치수는 안지름으로 표시하며, 사용압력이 높은 것은 2중관으로 되어 있어 압력 15 kgf/cm^2 정도까지 견딘다.

그림 18-1
횡관의 형상

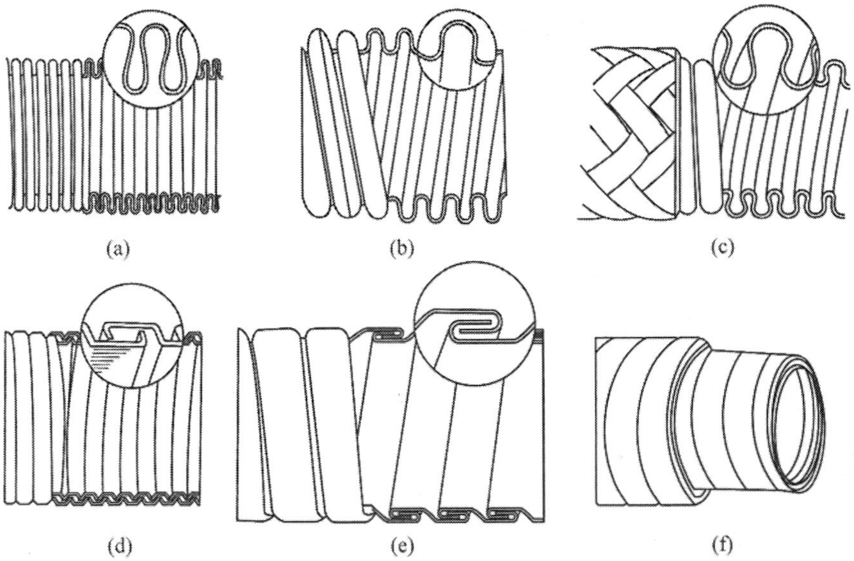

(2) 비금속관의 종류

㉠ 합성 수지관

염화비닐 및 폴리에틸렌을 주원료로 한 파이프이며, 고무호스나 납관, 강관 대신에 화학공업, 식품공업, 가스, 수도 등에도 사용된다. 강도가 크고 가벼우며, 내산성·내알칼리·내유성·내식성이 강하고 또 전기의 절연성도 좋으며, 휨성이 우수하여 가공접착이 쉽고 착색성도 좋다. 사용온도는 10～40℃이다.

㉡ 고무관

고무, 인조고무 또는 강인한 천에 고무를 결합해서 만든다. 굴곡이 자유롭고 운반이나 운동성을 필요로 하는 경우에 사용한다.

㉢ 특수관

배기용·배수용·하수도용으로 콘크리트관이나 흄관(Hume), 굴뚝용 또는 배기용으로 에타니트관(시멘트·석면제로 내열, 보온성이 좋다)이 사용된다.

3 관이음

파이프와 파이프 또는 파이프와 다른 부품을 접속시키는 데는 용접이나 납땜 등에 의한 영구이음, 나사식 이음, 관의 방향을 바꾸기 위한 휨이음, 온도변화를 조절하기 위한 신축이음이 있다.

(1) 나사식 관이음

나사심은 부분의 누설을 막기 위하여 파이프에 1/16에 테이퍼 나사를 깎아 그 부분에 페인트, 광명단, 흑연 등을 바른다. 규격(KS B 1531)에 의하여 상용압력 10 kgf/cm2 용 가단 주철제관이음쇠가 규정되어 있다.
표 18-1과 그림 18-2에서는 나사식 관 이음쇠의 종류를 나타낸 것이다. 관 이음쇠의 호칭방법은 종류, 명칭, 관의 호칭으로 나타낸다. 지름이 다른 경우의 관의 호칭 방법은 그림 중 ①②③④의 순서에 ①×②, ①×②×③, ①×②×③×④와 같이 표시한다.

[표 18-1] 나사식 이음쇠(KS 표 2)

엘 보	쇼트 벤드	암수 소켓
암수 엘보(스트리트 엘보)	암수 쇼트 벤드	지름이 다른 소켓
45°엘보	롱 밴드	편심 지름이 다른 소켓
45°암수 엘보(45°스트리트 엘보)	암수 롱 벤드	부 싱
지름이 다른 엘보	수 롱 벤드	니 플
지름이 다른 암수 엘보(지름이 다른 스트리트 엘보	45°롱 벤드	지름이 다른 니플
T	45°암수 롱 벤드	멈춤 너트(로크 너트)
암수 티(서비스 T)	45°수 롱 벤드	캡
지름이 다른 T	45°Y	플러그
지름이 다른 암수 T(지름이 다른 서비스 T)	90°Y	유니언
크로스	되돌림 벤드(리턴 벤드)	조립 플랜지
지름이 다른 크로스	소 켓	

비고 90°의 각종 엘보 및 벤드에는 종류의 명칭에 각도를 붙이지 않는다.

■ **보기** 엘보 $1\frac{1}{2}$〔그림 18.2(1)〕, 지름이 다른 엘보 2×1〔그림 18 · 2(5)〕

지름이 다른 T1× $\frac{1}{2}$ ×1〔그림 18 · 2(9)〕, 지름이 다른 90°Y $1\frac{1}{2}$×1×1〔그림 184 · 2(14)〕

지름이 다른 크로스 1×$1\frac{1}{2}$× $\frac{1}{2}$× $\frac{1}{2}$〔그림 18 · 2(16)〕

(2) 관 플랜지

파이프의 지름이 크거나 고압관일 때는 관 플랜지(pipe flange)에 의한 플랜지 조인트(flange joint)가 사용된다. 관 플랜지에는 관에 붙이는 부착식과 관과 한 덩어리로 주조나 단조를 한 일체식이 있다. 부착식은 **그림 18-2**와 같이 플랜지를 강관이나 구리관에 붙이는 것으로서, 나사식 플랜지, 삽입용접 플랜지, 맞대기 용접 플랜지, 리벳 플랜지, 활동형 플랜지 등이 있다. 플랜지 재료로 부착식에는 주철, 주강, 강판, 청동, 황동 등이 있고, 일체식에는 주철, 주강, 청동 등으로 주조한 것이거나 탄소강, 합금강 등을 단조한 것이 있다.

호칭압력 2~20kgf/cm2의 철강제 관 플랜지의 기준치수에 대하여 규격에 규정되어 있다. 또, 강관 삽입 용접식 플랜지에 대해서는 규격(5, 0, 16, 20, 30 kgf/cm2)으로 규정되어 있다.

그림 18-2
관이음의 종류

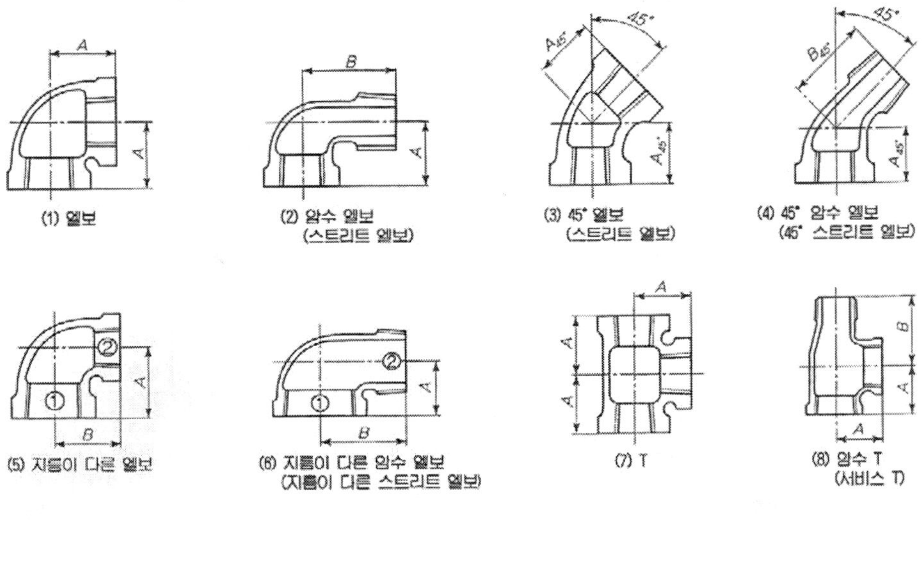

그림 18-2

관이음의 종류(1)

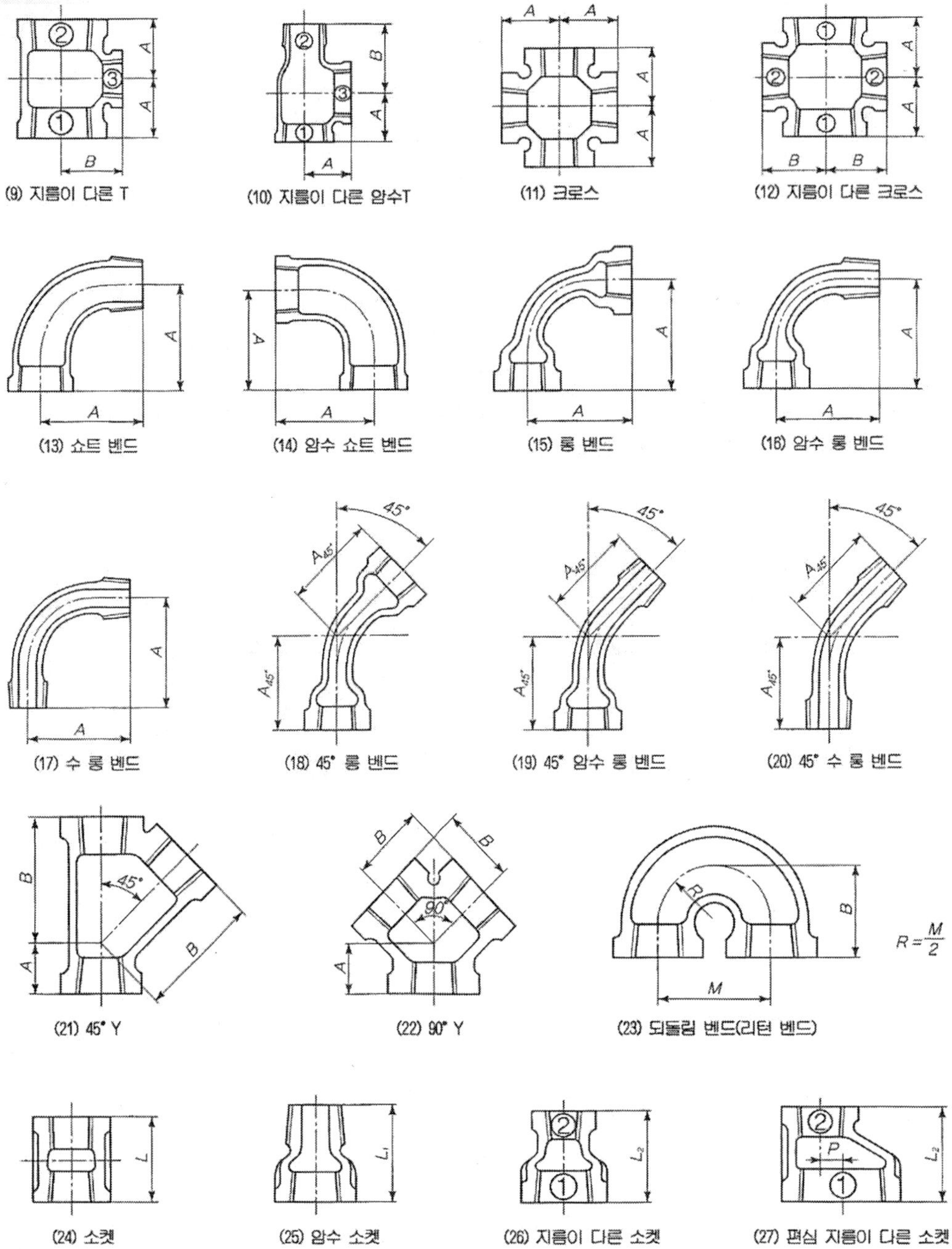

그림 18-2
관이음의 종류(2)

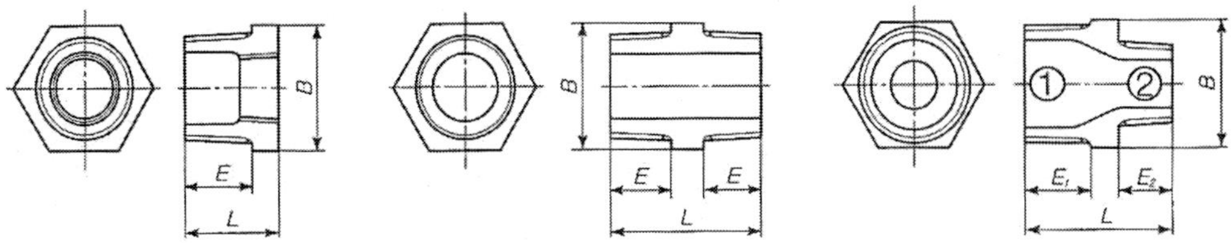

(28) 부 싱　　(29) 니 플　　(30) 지름이 다른 니플

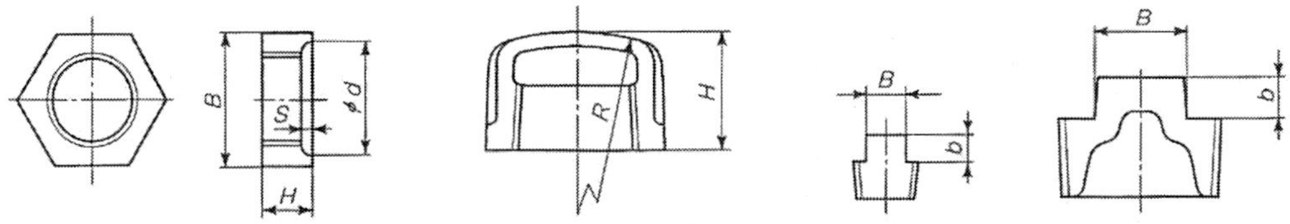

(31) 멈춤 너트(로크 너트)　　(32) 캡　　(33) 플러그

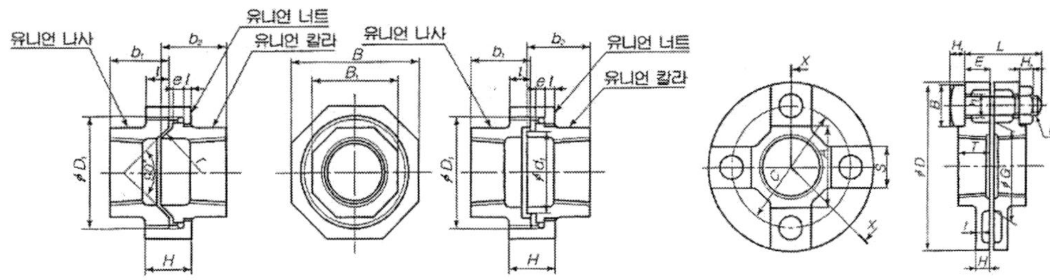

(34) 유니언　　(35) 조립 플랜지

그림 18-3
부착식 관 플랜지

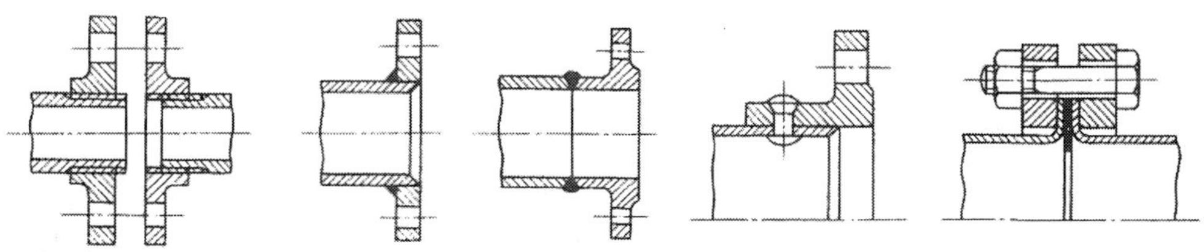

(a) 나사식 플랜지　(b) 삽입용접 플랜지　(c) 맞대기 용접 플랜지　(d) 리벳 플랜지　(e) 활동 플랜지

(3) 신축관 이음

파이프는 온도변화에 의하여 신축작용을 한다. 이 신축량을 흡수, 조정할 목적으로 신축관 이음(expansion pipe joint)이 사용된다. 신축관 이음에는 고온, 고압증기의 긴 수송관으로 파이프를 반지름(4~5) d로 굽혀 그 탄성으로 신축을 흡수하는 밴드 이음과 저압의 증기, 물, 공기, 가스 등의 짧은 관로의 이음으로 사용하는 강제 벨로스 관이음, 포화증기등의 대형 관로용의 이음에 사용하는 미끄럼 이음이 있다

(4) 벨 및 스피것 이음

파이프의 중심선이 일치되지 않을 경우에도 사용되는 이음으로서, 휨 성질이 있는 수도, 가스 및 배수용으로 지하 매설용 수송관에 사용된다. 결합부는 소켓에 파이프의 가는 끝부분을 넣고, 그 사이에 삼 또는 무명실 등의 패킹을 굳게 다져 넣은 다음, 다시 그 위에 납을 녹여 붓는다.

그림 18-4
신축관 이음

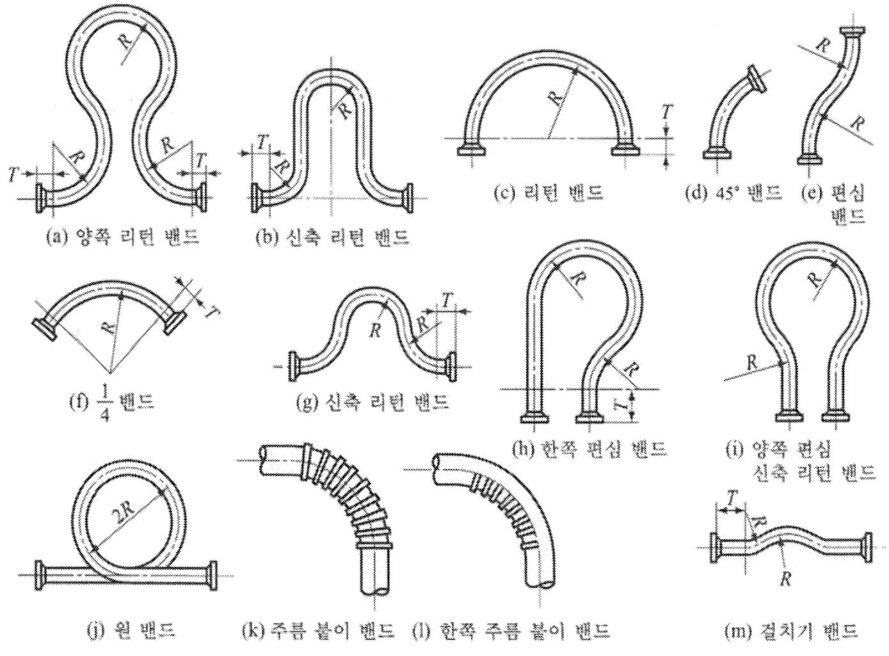

4 밸브종류 및 콕

관 속을 흐르는 유체의 유량과 압력, 온도를 제어하기 위하여 밸브나 콕이 사용된다. 밸브나 콕의 재료는 보통 청동이 사용되나 고온, 고압, 내식성이 요구되는 곳에는 주철, 주강, 합금강이 사용된다. 사용목적에 따라 스톱 밸브, 체크 밸브, 게이트 밸브, 안전 밸브, 감압밸브 및 콕 등이 있다.

(1) 스톱 밸브

보통 사용되는 스톱 밸브(stop valve)로는 글로브 밸브와 앵글 밸브가 있다.
밸브실 안에서 유체의 흐름 방향이 바꾸어지고, 밸브가 완전히 열린 상태에서도 밸브가 유체 속에 들어가 있으므로 유체의 에너지 손실이 크다는 결점이 있다. 밸브의 개폐가 빠르고 밸브와 밸브 시트의 접촉이 쉬우며, 값이 싸므로 널리 사용되고 있다.

㉠ 글로브 밸브

유체가 흐르는 방향에 입구와 출구가 일직선상에 있는 밸브가 리프트 밸브(lift valve)로서, 밸브 시트에 대해 수직방향으로 운동하며 전개하였을 때의 흐름에 대한 저항이 크다. 지름이 큰 것을 플랜지형, 작은 것은 나사식으로 한다.

그림 18-5
플랜지형 스톱 밸브

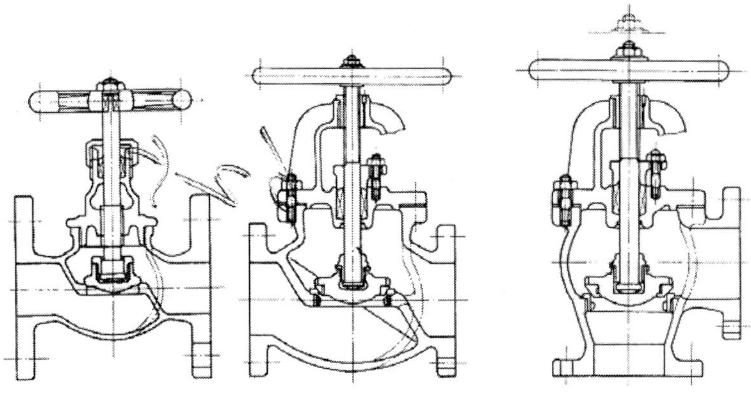

(a) 글로브 밸브 (b) 앵글밸브

글로브 밸브의 주요부분인 밸브 몸체와 밸브 시트는 **그림 18-6**에 표시한 것과 같은 것이 있다. 밸브 몸체는 **그림 18-6(e)**와 같이 안내 날개가 붙어 있는 것도 있다. 밸브 재료는 밸브 본체가 소형·중압·중온일 때는 청동제, 고온과 고압일 때는 단강, 큰 것은 압력과 온도에 의해 청동, 주철, 주강, 합금강이 사용된다.

그림 18-6
밸브 몸체와 시트

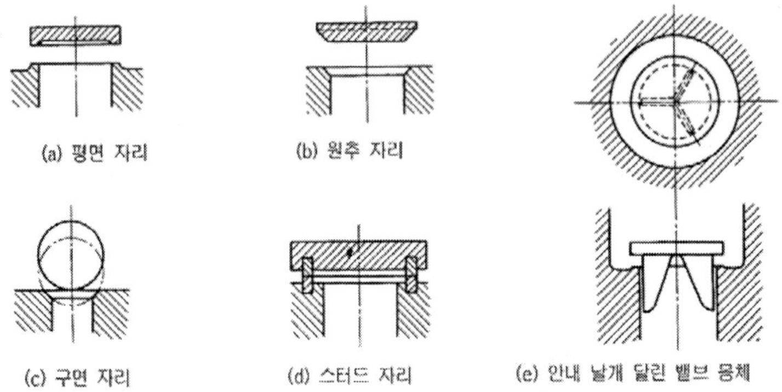

㉡ 게이트 밸브

유체가 흐르는 방향에 대하여 입구와 출구가 직각인 것을 말하며, 밸브를 밸브 시트에 꼭 끼게 하여 밸브를 개폐시키는 것으로 플랜지형과 나사죔형이 있다. 밸브가 밸브스템과 함께 상하로 움직이는 것과 밸브만이 상하운동을 하는 것이 있다. 전자는 저압증기 관로나 수로용으로, 후자는 고압용으로 사용된다.

(2) 체크 밸브

유체의 역류를 막는 데 사용되는 밸브이다. 밸브의 중량 및 밸브의 양면에 작용하는 압력차에 의한 유체의 배압에 의하여 밸브가 자동적으로 작동할 수 있도록 되어 있다. 체크밸브에는 리프트 체크 밸브와 스윙 체크 밸브가 있다.

그림 18-7
체크 밸브

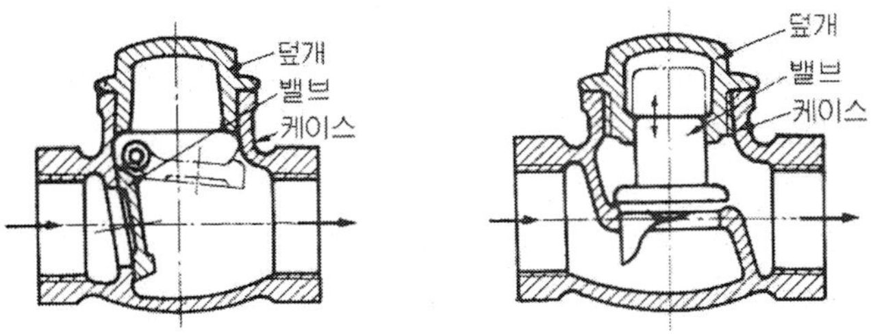

(b) 스윙형 (a) 리프트형

(3) 안전 밸브

탱크 안의 유체의 압력을 일정하게 유지시킬 목적으로 부착된 밸브이며, 상용 이상의 압력이 되면 외부로 유체를 배출하는 자동밸브이다. 그림 18-8과 같이 스프링 안전밸브와 중추 안전밸브가 있다.

그림 18-8
안전 밸브

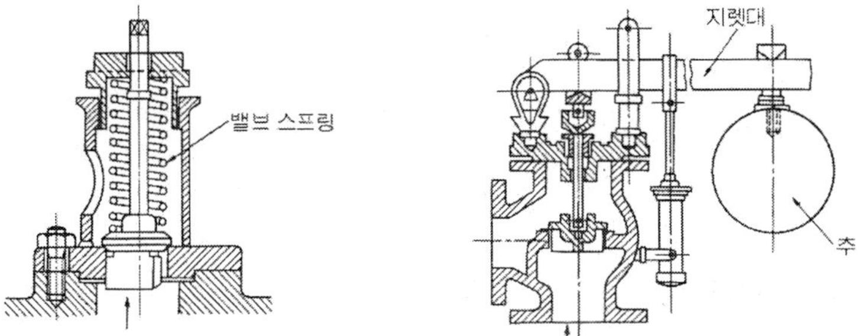

(a) 스프링 안전 밸브 (b) 추 안전 밸브

(4) 감압 밸브(pressure reducing valve)

유체의 압력이 사용압력을 초과할 때는 자동적으로 압력을 낮추고, 감압된 유체의 압력을 일정하게 유지하는 밸브를 말한다. 구조는 감압 후의 압력을 스스로 검출하고, 이것에 따라 밸브의 개폐를 스스로, 또는 타력으로 가능하도록 한 것이다.

(5) 콕(cock)

그림 18-9에서와 같이 원추 모양의 마개(plug)를 회전시켜 유체의 통로를 개폐하여

유체를 차단할 수 있는 밸브를 콕이라 한다. 플러그는 90° 또는 그 이하의 각도로 회전시켜 콕을 개폐한다. 콕의 개폐 속도가 빠르고, 콕이 완전히 열린 상태에서 저항이 가장 적다. 콕은 구조가 간단하지만 누설이 많고, 고압 · 대유량에는 부적합하다.

그림 18-9
감압 밸브 및 콕

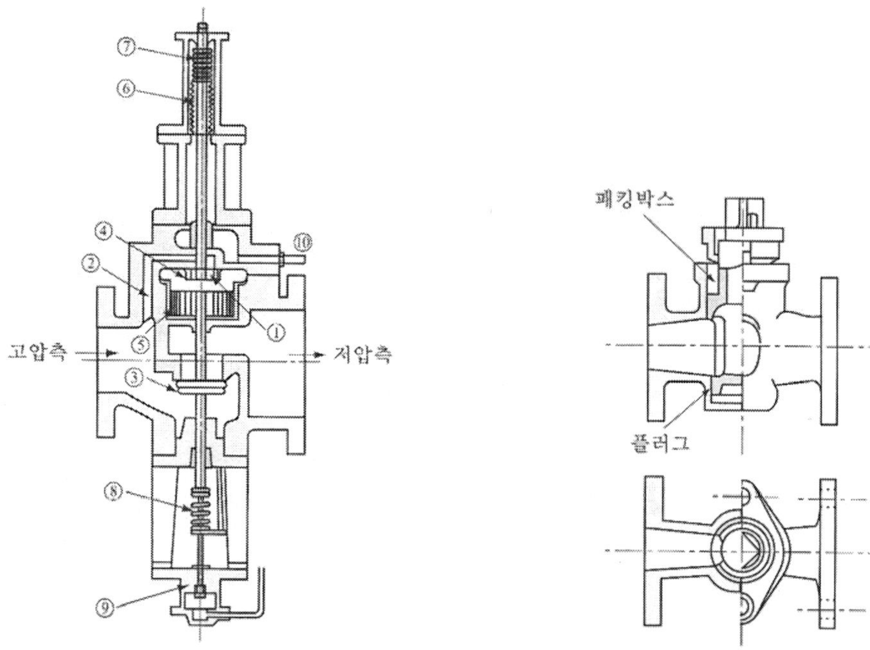

(a) 감압 밸브 (b) 콕

5 관의 설계

(1) 관의 안지름

관내를 흐르는 유체의 속도 분포는 중앙이 빠르고 관벽의 근처에서는 늦어진다.

$$Q = Av = \frac{\pi d^2}{4} \times v \ [m^3/\text{sec}]$$

$$1\ell = 1000cc = 1000cm^3$$

여기서 Q : 유량 (m^3/sec)

d : 파이프의 안지름 (mm)

v : 속도 (m/sec)

(2) 관의 스케줄 번호(Schedule No)

강관의 치수는 바깥지름을 기준으로 하여 두께에 따라 안지름이 결정되며, 사용압력에 따라 스케줄 번호를 다음과 같이 계산한다.

$$\text{스케줄 번호(SCH)} = \frac{P}{\sigma_b E} \times 1000$$

여기서 P : 사용압력 (관내의 수송 유체 압력) [N/mm^2]

σ_b : 강관 재료의 허용응력 (N/mm^2)

E : 이음매 유무에 따른 계수

(이음매가 없는 경우 : 1, 이음매가 있는 경우 : 0.85)

[표 18-2] 스케줄 번호에 따른 배관용 강관의 치수표 단위 mm

A	B	외경	SCH10	SCH20	SCH30	SCH40	SCH60	SCH80	SCH100	SCH120	SCH140	SCH160
6A	1/8"	10.5				1.7		2.4				
8A	1/4"	13.8				2.2		3.0				
10A	3/8"	17.3				2.3		3.2				
15A	1/2"	21.7				2.8		3.7				4.7
20A	3/4"	27.5				2.9		3.9				5.5
25A	1"	34.0				3.4		4.5				6.4
32A	1 1/4"	42.7				3.6		4.9				6.4
40A	1 1/2"	48.6				3.7		5.1				7.1
50A	2"	60.5				3.9		5.5				8.7
65A	2 1/2"	76.3				5.2		7.0				9.5
80A	3"	89.1				5.5		7.6				11.1
90A	3 1/2"	101.6				5.7		8.1				12.7
100A	4"	114.3				6.0		8.6		11.1		13.5
125A	5"	139.8				6.6		9.5		12.7		15.9
150A	6"	165.2				7.1		11.0		14.3		18.3

6 밸브의 재료

관 속에 흐르는 유체의 양이나 압력 및 흐르는 방향을 조절하는 데 쓰인다.

밸브는 유체의 속도 및 방향 변환이 클 때는 유동저항이 증가하고, 압력손실을 가져오므로 이에 대한 응력을 지탱할 수 있는 재료를 사용하여야 한다.

밸브 본체는 소형 밸브일 때는 200[℃]이하의 중압까지는 청동이 사용되고, 고온 · 고압은 주강으로 만든다. 대형 밸브의 본체는 온도 및 압력이 높을수록 청동, 주철, 주강, 합금강의 순으로 재료를 결정한다.

또한, 밸브 및 밸브 자리는 경도가 커서 내마멸성과 내부식성을 가져야 하고, 밸브 본체와 열팽창계수의 차이가 작아야 한다. 250[℃]이하의 물이나 저압증기에 대해서는 청동을 사용하고, 그 온도 이상의 유체에 대해서는 모넬 메탈과 스테인리스강, 질화강 등의 함금강을 사용한다.

밸브대 및 밸브대의 안내 나사부는 소형 밸브의 경우 200[℃]이하에서는 청동과 황동으로 만들고, 400[℃]이하에서는 일반적으로 강이 사용되며, 부식의 우려가 있을 때는 스테인리스강으로 만든다.

7 밸브의 규격

밸브는 규격품이므로 밸브의 지름, 압력 등의 사용조건을 고려하여 규격품에서 선택한다. 각종 밸브에 대한 규격의 표시는 표18-3에 나타낸 규격번호에 상세히 기술되어 있다.

[18-3] 밸브의 규격표

밸브 명칭	밸브 규격
청동 밸브	KSB 2301
볼 밸브	KSB 2308
황동 단조 나사식 게이트 밸브	KSB 2319
플러팅 밸브	KSB 2330
수도 꼭지	KSB 2331
수도용 제수 밸브	KSB 2332
수도용 버터플라이 밸브	KSB 2333
수도용 덕타일 주철제 수밸브	KSB 2334
플러그 밸브	KSB 2335
수도용 공기 밸브	KSB 2340
주철 밸브	KSB 2350
주강 플랜지형 밸브	KSB 2351
세척(대 · 소변기) 밸브	KSB 2369
청동 나사식 플러그 콕	KSB 2371

계 산 문 제

01 안지름 254.6mm의 관에 120ℓ /s의 양으로 물리 흐를 때 평균유속은?

SOL 1 L = 1000㎤ = 1000 $(\frac{1}{100}m)^3$ = $1000m^{-3}$

$$Q = Av = \frac{1}{4}\pi d^2 \times v = \frac{1}{4}\pi(\frac{254.6}{1000})^2 \times v = 0.12$$

V = 2.35m/s

02 압력 7.5 MPa 의 물을 상온 부근에서 흐르게 하는 이음매 없는 강관 STPG 38 (허용 응력 95 N/mm^2)을 사용 할 때 필요한 스케줄 번호를 구하여라.

SOL 스케줄 번호 $= \frac{P}{\sigma_b E} \times 1000$

$$= \frac{7.5}{95 \times 1} \times 1000 = 79 \quad (\#80\ 사용)$$

E : 이음매 없는 관 (계수 =1)

03 안지름 1.2 m, v = 3m/s 인 수력 원동소 수도관 2개를 사용 할 때 전체의 유량을 구하여라.

SOL $Q = Av = \frac{\pi}{4}(\frac{d}{1000})^2 vn = \frac{\pi}{4}(\frac{1200}{1000})^2 \times 3 \times 2 = 6.79\ m^3/s$

04 **판의 두께가 8mm, 인장강도가 45MPa인 연강판으로 만든 내경이 50mm인 원통관에 작용할수 있는 내압의 크기는 몇 MPa인가?** (단, 안전율은 4, 이음효율은 1, 부식여유는 1mm이다.)

SOL $t = \dfrac{pD}{2 \times \dfrac{\sigma_u}{S} \times \eta} + C = \dfrac{P \times 50}{2 \times \dfrac{45}{4} \times 1} + 1 = 8$

$P = 3.15MPa$

05 **유량** $250\ell/s$, **압력** $15MPa(45Mpa = 45N/mm^{2})$ **일 때, 상온에서 사용하는 이음매 없는 강관의 외경은 몇 mm 인가?** (단, 평균유속 $v = 10m/s$, 허용응력 $\sigma_a = 80\ N/mm^2$, 이음효율 $\eta = 1$ 부식 여유 C =1mm 로 한다.)

SOL 유량 $Q = Av = \dfrac{\pi}{4}D^2 \times 10 = 0.25\ m^3/s$

관의 안지름 $D = 0.1784m = 178.4mm$

관의 두께 $t = \dfrac{pD}{2\sigma_a\eta} + C = \dfrac{25 \times 178.4}{2 \times 80 \times 1} + 1 = 28.875mm$

관의 외경 $D_o = D + 2t = 178.4 + 2 \times 28.875 = 236.15mm ≒ 236mm$

기출 및 예상문제

01 역류를 방지하여 유체를 한쪽 방향으로만 흘러가게 하는 밸브를 무슨 밸브라 하는가?

㉮ 콕밸브 ㉯ 체크밸브
㉰ 게이트밸브 ㉱ 플랩밸브

답 ㉯

02 유채의 흐름을 단속하거나 방향을 전환시키기 위하여 사용하는 것은?

㉮ 플랜지 ㉯ 패킹
㉰ 시일 ㉱ 밸브

답 ㉱

03 압력용기의 축방향의 응력은 원주방향의 응력의 몇 배가 되는가?

㉮ 0.5배 ㉯ 같다.
㉰ 2배 ㉱ 2.5배

SOL 압력용기 = 보일러

답 ㉮

04 파이프 안의 압력이 규정 이상이 되었을 때 자동적으로 작동하여 유체를 흐르게 하든지 원상태로 돌아가게 하는 것은?

㉮ 콕 ㉯ 나비밸브
㉰ 슬루스 밸브 ㉱ 이스케이프 밸브

SOL 이스케이프 밸브 : 송출량의 감소에 따른 압력증대를 방지 하기 위해, 유체의 일부를 밖으로 흘러 보내는 밸브이다.

답 ㉣

05 온도변화에 따라 배관에 열응력이 크게 발생하면 관과 부속장치의 변형 및 파손이 일어나는데, 이를 방지하기 위한 이음은?

㉮ 신축 이음　　㉯ 리벳 이음

㉰ 플랜지 이음　　㉱ 나사 이음

SOL 철의 선팽창계수 α는 1.2×10^{-5} m/m · ℃로 강관의 경우 온도차 1℃일 때 1m 당 0.012 ㎜ 만큼 신축이 발생하므로 직선거리가 긴 배관에 있어 접합부나 기기의 접속부가 파손될 우려가 있어 이를 미연에 방지하기 위하여 신축이음을 배관 중에 설치하는 것이다.

※ 신축이음 종류

① 스위블 조인트 : 방열기 주변 배관에 2개 이상의 엘보를 사용하여 이용하며 저압에 사용된다.

② 슬리브형 : 보수가 용이한 곳(벽, 바닥용의 관통배관)

③ 벨로즈형 : 설치장소가 적고 응력이 생기지 않으며 응축수가 고이면 부식의 우려 트랩과 같이 사용

④ 신축곡관형 : 고압에 잘 견딘다. 옥외배관에 적당하다.

⑤ 볼 조인트 : 고온 고압에 사용

답 ㉮

06 파이프 이음 중 신축이음의 주 사용 부분이 아닌 것은?

㉮ 배관이 받는 온도차로 생기는 신축의 특수 부분

㉯ 전동원과 배관과의 완충부분

㉰ 상수도 배수관등의 지하 매설 이음 부분

㉱ 오일시일의 사용에 의한 배관축의 편위 조정 부분

답 ㉰

07 관이음에서 방향을 바꾸는 경우 사용하는 관 이음쇠는?

㉮ 소켓 ㉯ 니플

㉰ 엘보 ㉱ 유니언

SOL 니플 (nipple)

유니언 (union)

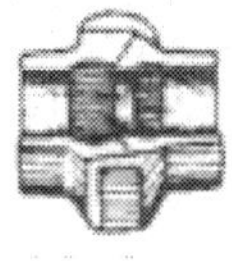

소겟 (socket)

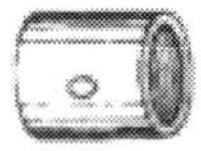

엘보 (elbow)

※ 사용목적에 따른 분류

① 관의 방향을 바꿀 때 : 엘보, 벤드 등

② 관을 도중에 분기할 때 : 티, 와이, 크로스 등

③ 동일 지름의 관을 직선 연결할 때 : 소켓, 유니온, 플랜지, 니플(부속연결)등

④ 지름이 다른 관을 연결할 때 : 레듀셔(이경소켓), 이경엘보, 이경티, 부싱(부속연결) 등

⑤ 관의 끝을 막을 때 : 캡, 막힘(맹)플랜지, 플러그 등

⑥ 관의 분해, 수리, 교체를 하고자 할 때 : 유니온, 플랜지 등

답 ㉰

찾 아 보 기

(ㅈ)

(ㅊ)

참 고 문 헌

1. 정선모 저 : 표준기계설계학 - 진영사

2. 주원식 저 : 기계설계학- 삼성북스

3. 유헌일 저 : 기계설계공학 – 동명사

4. 차홍석외 3인저 : 기계요소설계 – 일진사

5. 장병주외 5인 공저 : KS기계제도 - 진영사

6. 정남용 저 : 기계설계 – 삼성북스

7. 홍장표 저 : 기계설계 – 교보문고

8. 강명모 저 : 기계설계 – 구민사

9. 정태환 저 : 기계설계 –문운당

10. 박재춘외 저 : 신기계설계학 – 청문각

11. 민철기 저 : 기계설계학 – 오문당

기계요소설계

2023년 09월 02일 인쇄
2023년 09월 07일 발행

저자	이호근.은종명.이옥배.김규로
발행인	황영하
발행처	도서출판 명진
주 소	서울시 노원구 월계동927
전 화	(02)462-3257
팩 스	(02)462-9428
등 록	2006년11월26일 제25100-51호
E-mail	mjbooks1@naver.con
ISBN	978-89-6651-146-4

정가 28,000원

* 파본은 교환해 드립니다.